Mobility Technology Revolution Future Report 2030

모빌리티 기술혁명

미래보고서 2030

박승대

인공지능 모빌리티 시대가 온다!
에어모빌리티! 한 번도 겪어보지 못한 세상이 다가온다.

형설 eLife

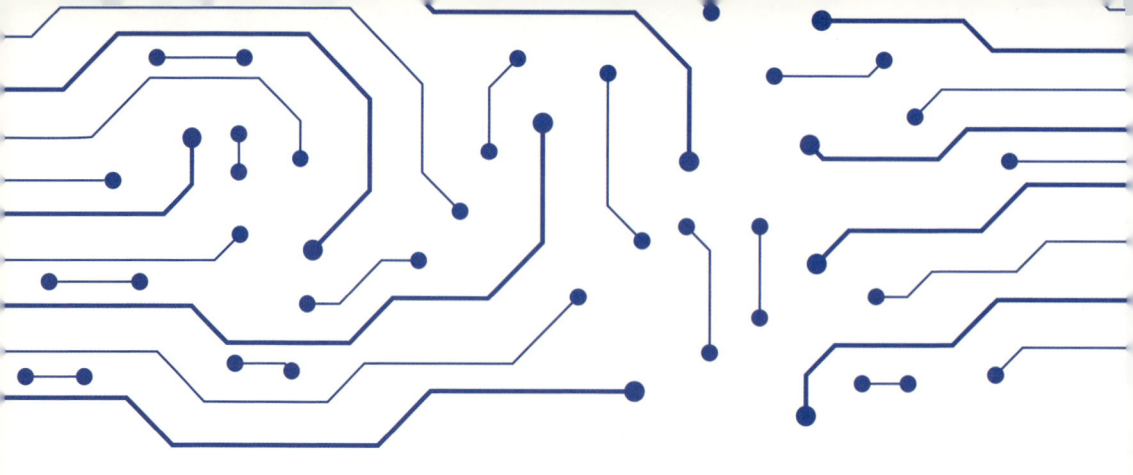

머리말

필자는 10여 년 전에 한국방송통신전파진흥원과 정보통신산업진흥원을 거쳐 정동영 의원실의 국토교통상임위에서 항공교통 관련 정책보좌관을 하면서, 사회와 산업이 너무 크게 변화하고 있음을 알게 되었다. 이런 세상의 대변혁에 대한 의문점은 인간사에 대해 인문학적 탐구와 과학·기술적 탐구로 이어졌고, 그 중에 '기술 혁명'에 대한 키워드에 학문적 탐구를 하게 되었다. 특히 모빌리티 기술혁명은 기존 대변혁에 대한 의문점을 풀 수 있는 키워드로 다가왔다. 계속된 탐구는 철기시대의 바퀴에 따른 사회변혁과 대항해 시대의 나침반에 따른 사회변혁이 물류와 산업의 변화를 추동하면서 기술혁명을 이끌고 있음을 보게 되었다. 특히 산업혁명에서 증기기관의 철도에 따른 물류이동과 가솔린기관의 자동차에 따른 물류이동은 가히 혁명적인 변화를 인간사에 제공하고 있었고, 현대의 변화를 이끄는 기술혁명의 초석임을 알게 되었다.

이런 변화하는 기술혁명에 대해 제도적인 뒷받침이 필요하다는 인식에서 미래의 항공 물류와 새로운 첨단 항공 관련 법률을 입안하자는 생각을 하였다. 특히 항공물류 중심의 4차 산업혁명 내용을 담은 법안이면 더욱 좋다는 생각으로 전문가들과 지속적인 협의를 했다. 그 결과 국토부와 정동영 의원실에서 2019년 5월 "드론 활용의 촉진 및 기반 조성에 관한 법률"을 세계 최초로 입법화했다. 그 후 사회 대혁명과 드론(이동체) 및 교통물류혁명을 주제로 책 기획을 시작했고, 2년 만에 "사회 대변혁과 드론시대"라는 책을 출고했다. 그후 2년 만에 2번째 책인 '모빌리티 기술혁명 미래보고서 2030'을 출간하게 되었다.

현재는 4차 산업혁명과 에어모빌리티 물류혁명에 대한 세상의 시선이 많이 달라지고 있기 때문에, 모빌리티에 기술혁명을 연결하여, 사회 대변혁을 좀 더 구체적으로 책을 쓴다는 것은 많은 난관이 있었다. 그러나 모빌리티 기술혁명을 철기시대와 대항해시대 그리고 철도와 자동차 시대를 거치는 기술혁신의 핵심기술로 파악하면서, 4차 산업혁명에 대한 범용기술이 미래모빌리티 핵심기술과 일맥상통한다는 것을 파악했다. 그래서 교통물류 기술혁명과 사회 대혁명의 거대담론을 1년여의 노력 끝에 실마리를 찾아서, 이렇게 책을 묶어낼 수 있었다.

첫 번째 책인 "사회 대변혁과 드론시대"에서도 4차 산업혁명의 핵심기술을 IoT(사물이동통신), Big·Data (빅데이터), AI(인공지능), 5G(초고속 네트워크), VR·AR(가상·증강현실) 등의 범용기술GPT을 활용한 자율자동차, 로봇, 에어모빌리티 등으로 파악했다. 다시 말하면, 미래사회는 지금과는 전혀 다른 인공지능 자동화 세상 속으로, 우리가 한 번도 겪어보지 못한 전혀 다른 기술 중심의 미래가 2030년부터 펼쳐질 것이라고 많은 전문가와 필자는 예측한다. 2030년은 '인공지능'이 산업과 사회의 대혁명을 이끌면서, 디지털화가 촉발했던 정보혁명시대 보다 더 큰 기술의 변화를 추동하며 산업혁명을 이끌 것이다. 특히 이 기술은 IOT, 빅데이터, 5G, VR·AR 등이 인공지능과 융·복합을 통해서, 모든 산업과 사회의 대변혁을 이끌 것으로 보인다.

사회 대변혁의 모빌리티 기술혁명은 사회와 산업에 물류의 대(大)변화를 일으켰다. 농경사회에서 산업사회로, 산업사회에서 기계사회로, 기계사회에서 로봇사회로의 대변화를 추동시켰고, 추동할 것이다. 현재는 인공지능을 통한 4차 산업혁명이 새로운 대변혁의 사회를 만들어가고 있다. 다보스포럼 회장인 클라우스 슈밥은 '4차산업혁명의 핵심을 인공지능AI, 로봇공학, 사물인터넷, 자율주행차, 3D프린팅, 나노기술과 같은 6대 분야의 새로운 기술혁신'이라 말한다. 이 책도 사회 대변혁을 '모빌리티 기술혁명' 키워드 중심으로 구성했다.

1장은 모빌리티의 역사와 혁신을 통해 미래 모빌리티를 인공지능 에어모빌리티로 보면서 자율주행의 기술과 진화를 다루었다.

2장은 모빌리티와 4차산업혁명의 기술혁신의 결과를 에어모빌리티인 UAM으로 보고, 기술혁신에 따른 시스템과 산업변화를 기술하면서, UAM의 산업전망과 관련 기업들의 국내외 동향을 다루었다.

3장은 과학기술혁신과 정책 및 국가혁신체계와 국가기술혁신정책 등이 국가의 번영에 미치는 영향을 기술하면서, 모빌리티 기술혁명에 따른 각 시대의 사회와 산업의 대변혁을 다루었다.

4장은 에어모빌리티의 한국 현황과 운용 미래전략을 기술하면서, 각 산업별 전략을 플랫폼, 스마트, 물류 등의 서비스와 사물인터넷, 빅데이터, 인공지능 등의 비즈니스로 나누어 조사 분석을 하였다.

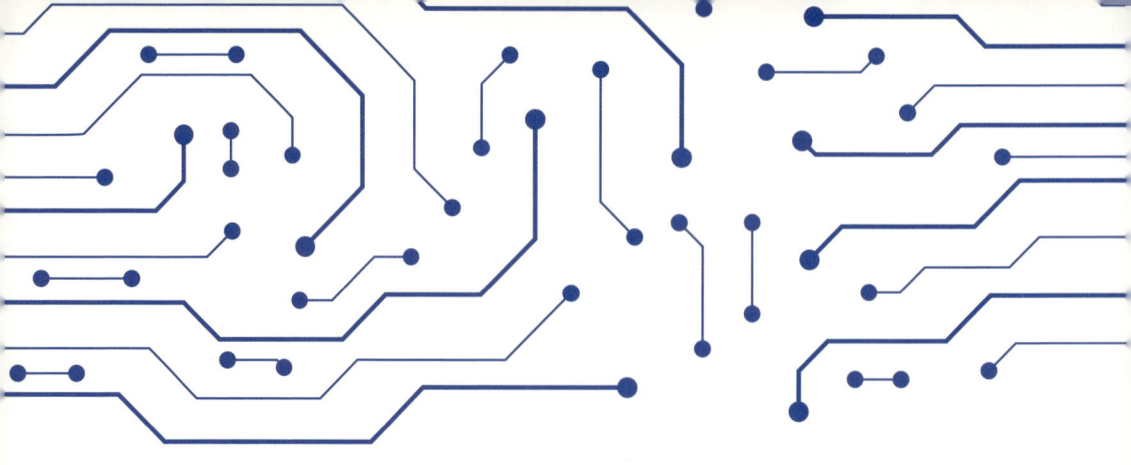

추천사

성동규 - 중앙대학교 미디어커뮤니케이션학부 교수

박승대 박사의 이전 저서인 『사회대변혁과 드론시대』가 4차 산업혁명의 현실화에 대한 예비적 분석이었다면, 『모빌리티 기술혁명 미래보고서 2030』은 저자의 해박한 지식과 통찰력을 바탕으로 모빌리티 기술혁명이 가져올 혁신적 변화를 설명하고 있다. 스마트폰 대중화 이후 가장 상징적 키워드인 챗GPT 이상으로 세상을 바꿀 모빌리티 혁명을 이 책을 통해 확인해 보길 권유한다.

임종일 - 국가철도공단 부이사장

우리가 한번도 겪어보지 못한 전혀 다른 기술중심의 모빌리티 세계가 2030년부터 펼쳐질 것이라고 많은 전문가들이 예측하고 있는 현 시점에서, 4차 산업기술을 이용한 혁신적인 자율주행의 기술진화, 에어모빌리티 UAM의 장래 동향, 이를 위한 국가기술혁신정책 필요성과 미래전략분석의 중요성을 제시하고 있다.

또한 Urban Air Mobillity(도심항공)통해 4차 산업혁명을 풀어가면서 한국의 미래 교통 물류를 선도하고, 2027년 이후 상용화에 대비하여 드론, 플라잉카, 무인항공기, UAM 등, 에어모빌리티 기술이 기술쇄국정책으로 세계적 경쟁에서 뒤쳐질 수도 있다는 저자의 갈급함이 보인다.

교통물류의 시대적 변화를 비교하고, 물류, 운송비용 해소를 위해 등장한 모빌리티 기술과 패러다임의 변화, 혁신기술과 자율시스템, 인공지능의 발전과 사회 대변혁을 준비할 수 있도록 물류 서비스 및 비즈니스 전략의 필요성을 강조 하고 있으며, 본 보고서 작성을 위해 국내에 발전된 교통, 물류인프라와 자율주행기술 및 탄소중립을 위한 노력이 담긴 여러 기술서적을 참고 및 소개 하고 있다.

자율주행은 물류시장을 스마트인프라 구축을 통해 로봇배송, 드론배송, 무인배송 상용화를 위한 새로운 물류시설법, 건축법 등이 마련되어야 하고, 특히 물류의 Door-To-Door를 위해 이동모빌리티를 이용한 화물운송, 택배, 퀵서비스, 사람을 나르는 개인용 항공기(PAV) 등을 원격자동 비행기술 발전을 강조하고 있으며 이를 위한 도시 하늘의 공역관리와 교통관리의 필요성을 제시하고 있다.

저자는 많은 참고문헌을 통한 자신의 주장을 명확하게 제시하고 있고, 인프라 기준마련을 위한 환경구축, 국가적 기술개발지원, 교통,기상,공간데이터 필요성 강조와 대변혁은 에어모빌리티에서 시작할 것이고, 세상의 모든 변화를 이끌 것이다. 라고 예고하는 것 같다.

백정선 – 인천국제공항보안(주) 사장

금번에 집필한 본 도서는 정책 연구기관, 국회 및 대학에서 장기간 고루 경험한 엘리트 전문가로 『사회 대변혁과 드론시대』의 후속편으로 미래 예측이 불가한 시대를 살아가는 우리들에게 4차 산업혁명과 미래 모빌리티를 통해 다양한 플랫폼을 차별성 있게 다룸으로써 "세상을 연결하게 될 꿈"에 빠르게 다가설 것으로 확신됩니다.

정부 정책수립 담당자, 산업현장, 4차 산업혁명을 공부하는 이들에게 이 도서를 통해 많은 분들에게 미래를 준비하는 데 있어서, insight를 얻게 되므로 통찰력이 높아지기를 기대하며 좋은 성과를 창출할 수 있을 것으로 확신되어 적극 추천 드립니다.

박건수 – 국토교통부 국토정보정책관

박승대 교수의 『모빌리티 기술 혁명 미래보고서 2030』은 전작인 『사회 대변혁과 드론시대』에 이은 문명 탄생 이래 모빌리티의 패러다임을 고찰하고, 향후 발전 방향을 고찰하고 있다. 이 책은 저자가 경험한 경력과 연구를 토대로 모빌리티의 기술발전을 일목요연하게 정리하고 있다. 전작이 드론에 초점을 맞추고 있다면 이번에 출간되는 책의 내용에는 한 단계 더 발전하여 에어 모빌리티(UAM)로 논의를 확장하고 향후 기술발전 방향을 예측하고 있다. 모빌리티를 공부하는 학생, 모빌리티 정책 담당자, 그리고 모빌리티에 관심을 가지고 있는 일반인 누구나 이 책을 읽으며 모빌리티 기술혁명을 정리하고 미래의 발전 방향을 예측해보는 것도 의미가 있을 것이다.

강창봉 - 한국항공기술원 본부장

『모빌리티 기술혁명 미래보고서 2030』은 미래항공 기술혁명이 선택이 아닌 필수라는 인식하에 드론, AAM 세상을 적극적으로 준비하기 위한 생태계 전반에 대한 현실분석과 운용, 서비스, 비즈니스 전략을 제시하고 있다. 전 세계적 열풍수준으로 생태계 선점을 위한 정부차원의 산업육성 경쟁이 가속화되고 있고, 우리나라도 2015년부터 법·제도·정책·인프라 등 산업 전반에 대한 단계별 총체적 육성전략을 통해 경쟁력을 높이고 있는 단계다. 본 보고서를 통해 미래항공모빌리티 상용화의 핵심관건인 대중수용성을 높이는 계기가 마련될 수 있을 것으로 기대된다.

홍종배 - 한국방송통신전파진흥원 본부장

박승대 박사는 『모빌리티 기술혁명 미래보고서 2030』을 통해 세상에 없는 콘텐츠이지만, 곧 등장할 콘텐츠, 특히 '기술(Tech)기반 콘텐츠'의 역사적 진화과정, 현황분석, 미래정책 및 미래전략까지 조망하고 있다.

인공지능과 결합한 에어모빌리티 자율주행시스템이야 말로 '4차 산업혁명의 완성작'인 동시에 탄소중립적이고 친환경적인 우리 사회의 모습이고, 지속가능(sustainable)하고 인간중심적(human cetric)이며, 회복탄력적(resilient)인 이미 우리가 경험하고 있을지도 모를 '5차 산업혁명의 트리거'임을 보여 주고 있다.

박승대 박사의 이번 저서는 인간과 기술이 하나의 과정으로 융합된 패러다임의 변화가 더 이상 외면할 수 없는 우리의 현실임을 직시하게 해 주는 모처럼 만의 수작이다. 꿈을 꾸는 것도 흥미로운 일이지만 꿈이 현실이 될 때 우리는 또 다른 미래를 꿈꿀 수 있다.

강병근 – 지필로스 전무이사(수소기업)

  어릴 때부터 공상 과학을 무척 즐겼다. 물론 지금도 마찬가지다. 박승대 박사는 그린수소 프로젝트를 함께 기획하며 처음 뵙게 되었다. 『모빌리티 기술혁명 미래보고서 2030』은 공상 과학으로 여겨왔단 것들이 조만간, 아주 가까운 미래에 현실이 된다는 것을 인정할 수밖에 없도록 한다. 그동안 비슷한 주장을 하는 글들을 자주 접했었지만 대부분 논리도 근거도 없는 3인칭 화법의 주장들이었다. 그러나 이번엔 다르다. 논리와 근거가 탄탄하다. 특히 특정분야에 국한된 단편적인 미래의 모습이 아니라 우리사회 각 분야에서 발전하고 있는 모습들을 기반으로 기술적인 관점 뿐 아니라 인문학적 감각까지 동원하여 새롭게 해석해냈다. 미래를 내다보는 혜안을 갖추는 기회로 삼길 권한다.

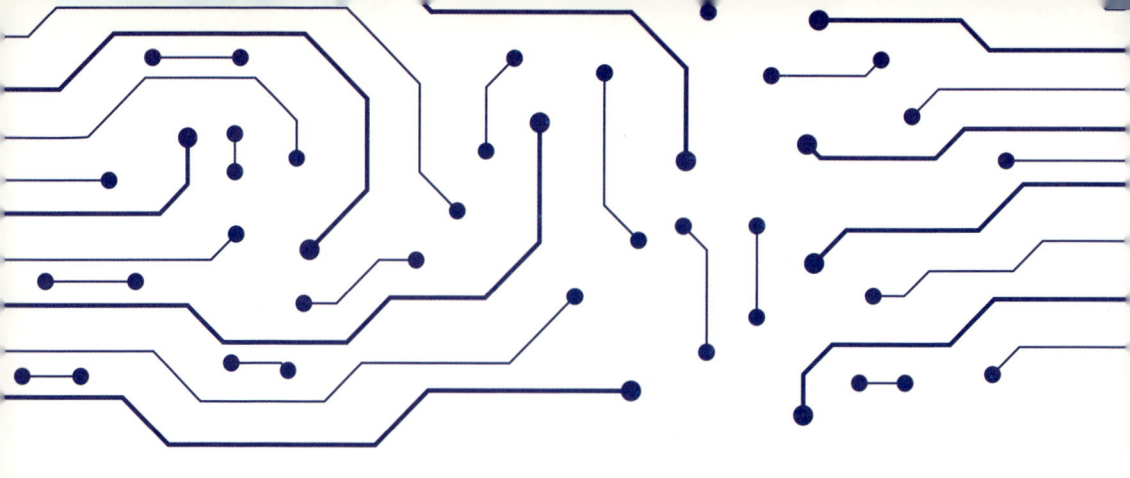

목차

머리말 ·· 002

추천사 ·· 004

프롤로그 ·· 012

1. 모빌리티와 패러다임 변화
(1) 모빌리티의 역사와 혁신 ·· 019
(2) 모빌리티 혁신과 혁명 ·· 036
(3) 모빌리티와 인공지능시스템 ·· 051
(4) 모빌리티와 자율주행 ·· 075

2. 4차산업혁명과 에어(AIR)모빌리티
(1) 모빌리티 혁신과 4차산업혁명 ····································· 094
(2) 드론과 에어(AIR)모빌리티 ·· 108
(3) 에어(AIR)모빌리티와 UAM ·· 124

3. 과학기술혁명과 사회대변혁
(1) 과학기술혁신 ·· 164

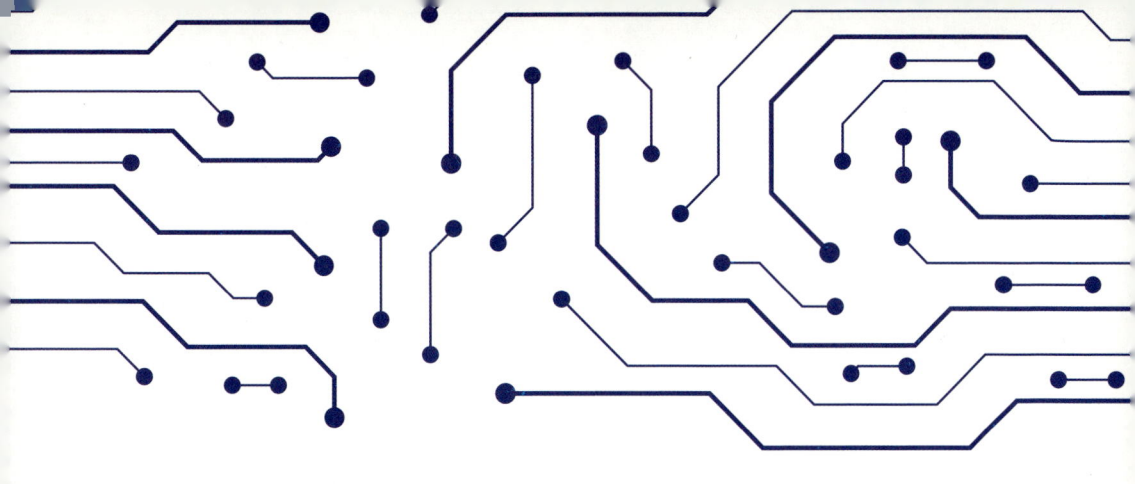

(2) 국가 혁신체제론과 미국 혁신 …………………………………… 176
(3) 이동 기술혁명과 산업혁명 ……………………………………… 192

4. 에어모빌리티와 미래전략

(1) 에어모빌리티 정책 ………………………………………………… 229
(2) 에어모빌리티 산업전략 …………………………………………… 246
(3) 에어모빌리티와 서비스전략 ……………………………………… 256
(4) 에어모빌리티와 비지니스전략 …………………………………… 273

에필로그 …………………………………………………………………… 302

참고 문헌 ………………………………………………………………… 306

부록1 ……………………………………………………………………… 318

부록2 ……………………………………………………………………… 330

프롤로그

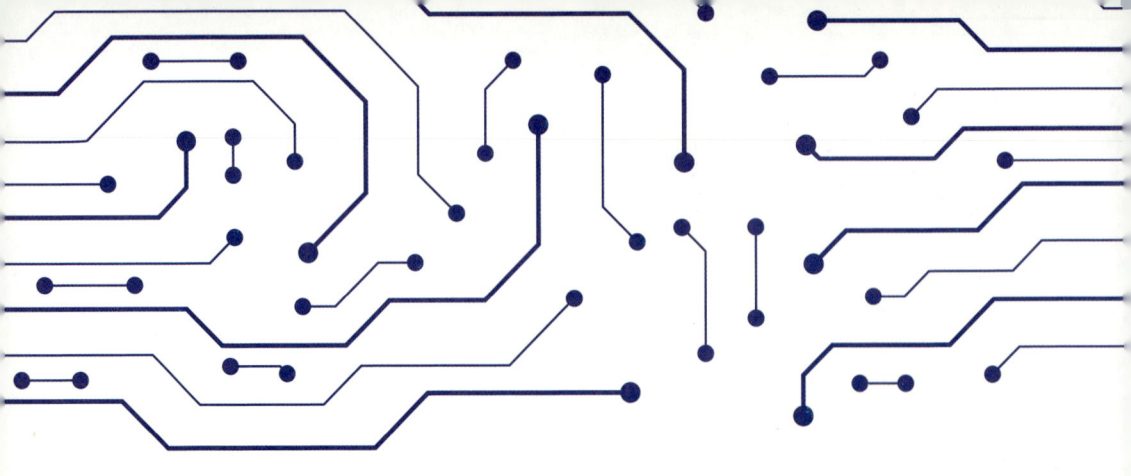

　미래의 기술혁명인 4차 산업혁명을 한 마디로 요약하기는 매우 어렵다. 아마도 인간이 산업의 주체가 아니라 객체가 된다는 말로 가름할 수 있을지 모르겠다. 클라우드슈밥이 언급한 초연결·초융합·초지능을 앞세운 초시대를 미래기술혁명이라고 얘기하는 이들이 많다. 이런 점에서 인공지능(AI)을 기반으로 한 지능형 에어모빌리티(드론)를 4차 산업혁명에서 미래 1차 인공지능 혁명의 주인공으로 배분하면 좋을 것이다.

　모빌리티 혁신을 주도하는 한국의 현대기아차는 2023년 CES에서 뉴모비스의 핵심 전략으로 제시한 '모빌리티 플랫폼 프로바이더'는 전동화, 자율주행, 커넥티비티 등 AI 기술혁신을 바탕으로 고객의 다양한 니즈에 맞게 혁신통합 솔루션을 제공하겠다고 한다. 이번에 공개한 미래 PBV 콘셉트 모델 '엠비전 TO'에 잘 나타나 있다. 엠비전 TO는 전동화 기반 자율주행 차량으로, e-코너 시스템과 자율주행 센서, 커뮤니케이션 라이팅 등이 적용된 통합 필러 모듈과 배터리 시스템을 중심으로 한 드라이브 모듈이 통합된 솔루션이다.

　엠비전 TO는 목적에 따라 차량의 크기와 형태를 변형할 수 있다. 바퀴가 90도까지 꺾이기 때문에 크랩 주행이나 제로 턴 등 이동의 자유가 크게 확장되는 모빌리티 솔루션이다. 현대모비스가 제공하는 미래 모빌리티 솔루션은 신뢰성 있고 안정적인 소프트웨어와 반도체 기술 역량이 있어야 구현 가능한 것이라면서 통합 솔루션의 핵심 경쟁력으로 소프트웨어와 반도체를 강조했다. 현대모비스는 현재 AI반도체 개발과 사업 전담 조직을 구성하여, 미래 에어모빌리티를 중심으로 자동차에서 모빌리티 그룹으로 탈바꿈을 하면서 지능형로봇과 함께 모빌리티 미래전략을 준비하고 있다.

　에어모빌리티의 미래 상황을 생각하면서, 경기도 분당에서 서울 광화문으로 출근하는 A부장의 10년 후 출근 상황을 그려 보자. A부장은 자율주행 에어모빌리티(UAM)에 탑승하여, 목적지인 광화문을 네비게이션 시스템에 말한다. 이 시스템은 사물인터넷(IOT)를 통해 모든 정보를 초고속 네트워크 통신(5G)으로 빅데이터(Big Date)를 수집한다. 이 빅데이터를 인공지능(AI)으로 연산하고 분석하여, 최적의 교통 주행상황을 설정을 한다. UAM은 현재 주변 상황을 센서(Sensor)로 살피고, 자율주행을 시작한다. 그 사이 A부장은 UAM 시스템을 통해 직원들에게 전화를 걸어 미리 회의 준비를 하고, 다른 기업의 B부장에게 회의 자료를 요청하여 미리 받아보고 회의 준비를 한다. 주행 중인 UAM의 인공지능시스템은 모든 실시간 교통정보와 날씨 정보, 뉴스, 이슈 등을 A부장에게 브리핑한다. UAM은 25분만에 광화문 회사에 도착하여, A부장은 바로 회의를 주재한다. 이렇듯 우리는 지금까지 겪어보지 못한 새로운 모빌리티 세상을 살아가야 한다.

모든 문명사적 대변혁의 시작은 교통물류혁명이 주도했다. 이 시대 4차 산업혁명기의 혁명 역시 교통물류 지능형 로봇이 주도하며, 산업, 경제, 사회의 모든 변혁을 견인하고 있다. 에어모빌리티가 주도하는 교통물류혁명은 유통에만 그치지 않는다. 농업과 국방, 제조, 의료, 교육, 문화, 콘텐츠 등 산업과 경제 대부분의 대변혁을 추동하고 있다. 에어모빌리티의 UAM은 4차 산업혁명 시대의 교통물류 혁명을 주도하는 주역임은 분명하다. 이 책에서 논하고자 하는 지능형 로봇은 곧 에어모빌리티이고, 특히 혁신형 모빌리티인 UAM을 다루려 한다. 에어모빌리티의 한 분류인 UAM을 통해 4차 산업혁명을 풀어간다면, 혁명적으로 변화하는 에어모빌리티를 미래 교통물류로 확신하면서, 한국의 미래혁명으로 선도하려는 이유다.

최근 도심항공 모빌리티(UAM; Urban Air Mobility)가 도로교통 혼잡, 도시인구 증가, 환경문제를 해결할 미래형 3차원 교통수단으로 급부상하고 있다. UAM은 eVTOL(전기동력 수직이착륙 항공)을 이용하여, 도시 권역을 운항하는 항공 교통체계를 의미한다. 과거에는 비행체 설계 수준에 머물렀지만, eVTOL 기반기술인 분산전기추진, 전기동력, 저소음 기술 등의 발달에 힘입어, 2027년 이후에 상용화될 가능성이 매우 높아지고 있다.

글로벌 UAM 시장은 2040년 1.5조 달러 규모로, 2021~2040년 중 연평균 30%씩 성장할 것으로 전망하고 있다. 같은 기간, 전기차 시장의 연평균 성장률 18.9%보다 더 빠른 속도의 성장세다. 또한 2016년 6개 기종에서 2021년 5월 '멀티로터', '리프트&크루즈', '틸트' 등 다양한 비행방식과 사이즈의 400여개 eVTOL 모델들을 선보이면서, 불과 수년 사이에 그 수가 폭발적으로 증가했다.[1] 이들 중 대부분은 미국, 독일, 영국 등 선진국의 전문 스타트업들이 개발 주도하고 있다. 한국도 한화 시스템이 미국 오버에어社와 합작하여 '버터플라이' 기체를 개발 중에 있고, 현대차도 우버와 KAI, LIG넥스원 등과 연합하여 UAM 관련 대규모 투자에 나섰다.

---

1) 무역협회(2021.7), 도심항공모빌리티(UAM), 글로벌 산업 동향과 미래 과제

선진국 정부는 다양한 지원정책을 마련하고 있다. 미국은 민간 업체과 공군의 협력을 통해 eVTOL 기술개발 및 시장주도권을 위해 노력하고 있으며, EU는 eVTOL에 대한 새로운 인증체계 구축에 빠르게 나섰다. 최근 한국도 'K-UAM 로드맵 및 기술로드맵'을 연속 발표하면서 UAM 단계별 추진 전략을 마련하고 있다. 2030년 이후 UAM은 본격적인 상용화를 통해 대중화를 빠르게 진행할 것으로 보인다. 인구밀집 지역에서 대중 편의성과 연결성, 운항 안전성, 수익의 경제성 등을 종합적으로 감안한 제도 개선과 신기술 개발, 비즈니스모델 구축 등의 문제 해결을 통해 미래 교통물류 산업으로 발전시킬 것이다.

에어모빌리티는 다양한 산업분야가 유기적으로 연결된 거대한 모빌리티 생태계로 기체 양산에서부터 인프라 구축, 인력 관리, 운송서비스 및 플랫폼 등으로 구성된다. 한국은 여타 선진국 대비 항공분야 기술력이 비교적 약하지만, UAM 관련 기술 틈새시장에 진입하여 경쟁력을 확보할 수 있을 것으로 보인다. 특히 IT 첨단기술을 통한 공항터미널(버티포트) 관리, 운송 플랫폼 구축 등 수요자 편의 UAM 서비스산업을 우선 육성하는 전략도 검토해야 한다. 운송수단에서 이동서비스의 구입으로 소비자들의 가치가 변화하고 있는 상황에서, 우리 기업들은 UAM 관련 서비스 분야에 서둘러 진출하여 종합 에어모빌리티 솔루션을 제공하는 기업으로 거듭날 필요가 있다.

앞서 얘기한 것처럼 4차 산업혁명의 시발점이라 할 수 있는 지능형 이동로봇인 에어모빌리티(UAM) 혁명이 세상의 대변화의 선두에 있다. 이는 플랫폼을 기반으로 자율주행차, 에어모빌리티, 로봇 등을 앞세워 인공지능 시대의 대변혁인 모빌리티 대혁명을 주도할 것이다.

철기의 수레를 통한 물류이동의 발전과 나침반을 통한 이동의 자유인 대항해시대는 모빌리티의 혁신적 발전이었다. 모빌리티 혁명은 단순히 이동성을 효율화하는 것뿐만 아니라, 접근성, 지속가능성을 증대해 최종 목적지까지 끊김 없이 이동하는 것이다. 산업혁명시대의 기계의 발전으로 1903년 라이트형제가 비행기를 시작하였고, 1940년 제트기를 등장시키며 항공기 시대를 열었다. 결국 첨단기술의 발전은 모빌리티 기술혁명으로 이어져, 공간적 에어모빌리티 혁명을 달성하면서, 지구촌 에어모빌리티의 미래시대를 열고 있다.

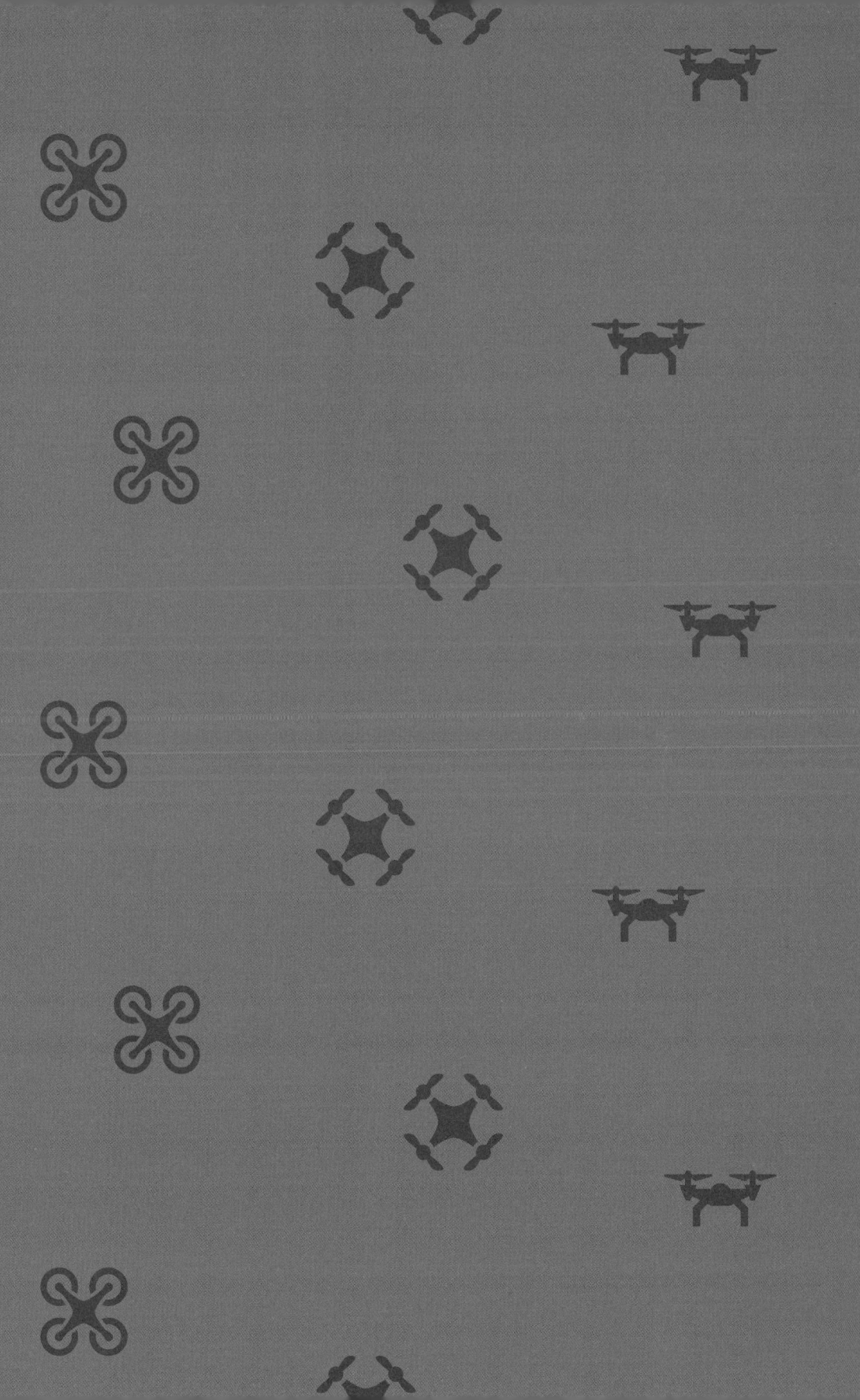

1

모빌리티와
패러다임 변화

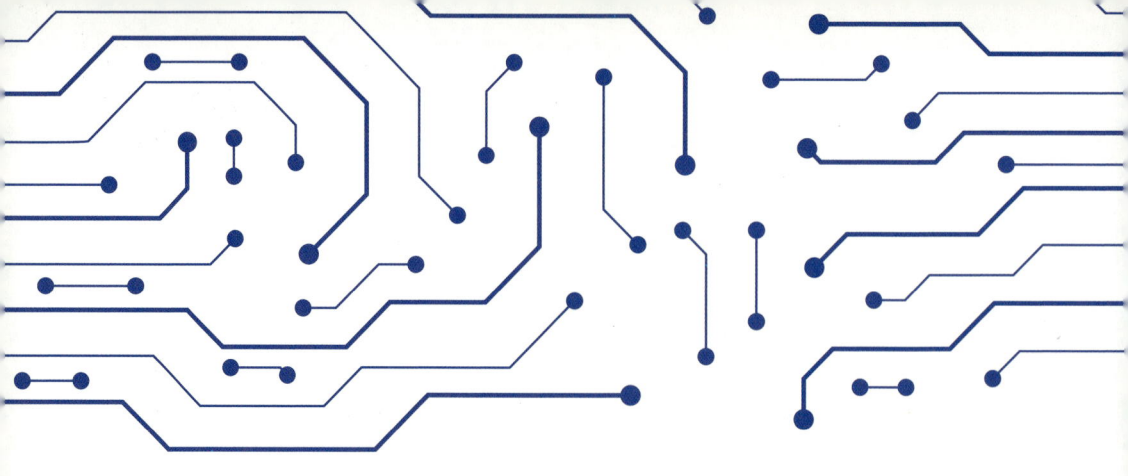

　기술혁명과 모빌리티 혁신을 비교해 보면, 철의 혁명, 나침반의 혁명을 거쳐 제1차 산업혁명(중기기관 기반의 기계화)이었다. 증기기관은 마차 산업에서 자동차 산업으로 혁명을 일으켰고, 제2차 산업혁명(전기 에너지 기반의 대량생산 혁명)의 전기혁명은 내연기관차 대량 생산체계의 포디즘 혁명을 일으켰다. 제3차 산업혁명(컴퓨터와 인터넷 기반의 지식정보혁명)의 IT혁명은 자동차의 전자기계화를 통해 항공 산업의 발전의 혁명을 가져왔다. 제4차 산업혁명(빅데이터, AI, IoT 등의 정보기술 기반의 초연결)의 인공지능혁명은 플라잉카, 전기차, 자율주행차, 수소차 등 다양한 모빌리티 혁명을 일으키고 있다. 또한 화석연료 에너지에서 전기(배터리, 수소, 태양광, 풍력 등)에너지로의 변화와 내연기관에서 전지모터기관으로 변화되고 있다. 이처럼 모빌리티 산업의 혁명은 환경문제, 기술혁신, 도시인구집중 등의 문제해결을 위한 혁신동력으로 작용할 것이다.

　이처럼 미래에 일어날 모빌리티 혁명의 원동력은 인간이 이동하고자하는 근본적 본성에서 기원한 기술혁명의 기본 에너지를 가지고 있기 때문이었다. 그동안의 모빌리티 기술 혁명은 문명의 대변혁으로 이어졌다고 할 수 있다. 현재의 전기차와 자율주행차는 환경문제, 도로 혼잡, 안전사고 등의 피해를 감소시키고 있고, 이러한 기술 개발은 새로운 모빌리티 혁명의 기본적 에너지로 작용하기 때문에 사회 대변혁은 필연적이다.

(1)모빌리티의 역사와 혁신

모빌리티의 의미

모빌리티와 이동

　현대 도시이론에서 모빌리티 문화는 더 이상 어떤 장소에 매여 있지 않고, 혼종적이며, 역동적인 경로에 가깝게 이해되고 있다. 진보로써 모빌리티, 자유로써 모빌리티, 기회로써 모빌리티 등으로 현대 서구사회에서 널리 통용되고 있는 여러 가지의 의미를 가지고 있다. 모빌리티가 생리학적, 행동학적 표기방식의 이동에서 건축에 이르기까지 다양한 활동들 속에서 어떻게 지식의 대상으로 자리를 잡고 있는지를 살펴야 한다. 지난 세기 동안 서구사회의 산업적 문화적 사회적 맥락 속에서도 살펴야 한다. 모빌리티는 먼저 위치와 위치 사이를 이동하는 행위이다. 즉 위치A와 위치B 사이의 이동을 할 때 나타난 누적된 결과물로서의 시각은 여행, 경로, 노마디즘, 비행노선 등으로 표현되는 사회이론으로 이해할 수 있다. 그렇다면 이동은 사람들이 위치들 사이로 이동할 수 있게 해 주는 위치의 변화 행위를 뜻하는 이동의 유형, 전략, 사회적 등의 일반적 사실이다. 다시 말하면 이동은 추상적 공간 속에서 위치의 동적 등가물(dynamic equivalent)이라고 할 수 있다. 모빌리티가 장소의 역동적 등가물이라면, 이동은 위치의 역동적 등가물이다. 지리학에서 이론과 철학에서 장소는 의미 있는 공간의 부분인 의미와 권력이 있는 위치를 말한다. 지리학에서 고정성이 정체되어 있는 것과 동일시한다면, 모빌리티는 장소와 같이 공간적, 지리학적으로 인간의 이동적인 세계 경험이 핵심이다.

　다음은 모빌리티는 사회적 이동성이다. 3가지 측면에서 관계학적로 설명하면 다음과 같다. 첫째로 관찰이 가능하고 세상에 존재하는 사물이자 경험적인 현실로 여긴다. 둘째로 영화, 법, 의학, 사진, 문학, 철학 등에서 나타나는 재현 전략들이 보여주는 개념이다. 셋째로 우리가 생활하는 세상에 존재하는 하나의 방식이다. 이러한 인간의 모빌리티는 환원 불가능한 구체적 경험이고, 걸을 때 발의 통증이나 얼굴에 부는 바람을 느낄 수도 있으며, 뉴욕에서 런던으로 날아갈 때 잠을 못 자 괴로워할 수 있다.[1] 데이비드 델라니(David Delaney)에 의하면, 인간의 모빌리티는 물질적 환경 속을 이동하는 물리적 신체, 그리고 재현된 공간 속에서 이동하는 범주화된 인물 둘 다를 뜻한다고 했다.

　또한 칸트는 시간과 공간을 삶이 이루어지는 근본적인 축이며, 가장 기본적인 분류의 형

---

1) 팀 크레스웰, 최영석(2021. 1), 온 더 무브의 모빌리티 사회사, 앨피출판사

식이라고 했다. 이동은 시간의 공간화, 공간의 시간화로 시간과 공간이 구성된다. 시간과 공간은 이동의 맥락이자 이동의 산물이고, 움직이는 사람과 사물은 시간과 공간의 생산에서 행위의 주체이다. 시간과 공간의 압축은 현재의 교통과 통신 기술의 혁신이 가져온 속도의 향상으로 모빌리티의 속도를 향상시켜 사실상 지구를 축소시켰다. 그 사례를 보면 19세기 철도의 등장과 20세기 자동차의 등장은 모빌리티 형식이 혁명적으로 변하였다.

마지막은 학문적 측면이다. 사회학적 관점에서 영국 사회학자인 존 어리(John Urry)교수는 2007년 저서 '모빌리티'를 통해 사람뿐만 아니라 물건의 이동과 정보의 전송, 그리고 이를 가능하게 해주는 각종 장치와 인프라, 제도들까지, 모두를 모빌리티에 포함시키고 있다. 사람, 물건, 기계, 정보, 생각, 이미지 등 모든 것의 이동이 모두 모빌리티 개념에 들어간다고도 설명했다. 이를 바탕으로 '모빌리티 사회학'은 교통·통신의 발달에 따른 인간의 움직임을 사회 학문이자 인문 학문으로 꾸준히 연구하고 있다. 현재에서 모빌리티는 사전적으로는 '유동성 또는 이동성·기동성'의 이동을 뜻하는 말이다. 일반적으로 사람의 이동을 편리하게 하는 데 기여하는 각종 서비스나 이동수단을 광범위하게 일컫는 말로 사용되고 있다. 더 확장해보면 비즈니스 영역에서의 모빌리티 산업은 하나의 고유 명사화되어 있다. '인간과 사물, 혹은 원하는 대상의 물리적 이동을 가능하게 하는 모든 서비스인 서비스 알고리즘, 플랫폼 서비스, 디바이스, 이동체(퍼스트모빌리티~라스트모빌리티: 전동기, 자동차, 오토바이, 버스 등), 운영 및 유지 보수, 폐기 등'의 전 과정으로 정의하기도 한다.

모빌리티의 이론[2]

인간의 모빌리티에 대한 사고와 행동은 근본적으로 형이상학[3]을 지리적 상상인 장소, 공간질서, 모빌리티 등에 관한 관념들이 어떤 식으로 연결되어 있는지를 살펴보면 좋을 것이다. 즉 형이상학적 방식인 정주의 형이상학과 유목적 형이상학의 2가지로 보자. 우선 정주의 형이상학은 장소, 근원, 공간질서, 소속이라는 틀 속에서 모빌리티를 보는 것이다. 다음으로 유목적 형이상학은 모빌리티를 우선시하며 장소에 애착을 품는 것을 싫어하고, 흐름, 역동성, 유동성 등을 즐긴다. 두 경우 모두 장소와 모빌리티의 지리학이 도덕적 상호작용을 더하여 다양한 관행과 문화 존재론과 인식론, 정치 등까지 영향을 끼친다.

---

[2] 팀 크레스웰, 최영석(2021. 1), 온 더 무브의 모빌리티 사회사, 앨피출판사
[3] 아리스토텔레스는 천문, 기상, 동식물, 심리 등에 관한 연구를 자연학(自然學, physica)이라 했다. 이것을 먼저 배운 다음에 모든 존재 전반에 걸친 근본원리, 즉 존재자로 하여금 존재하게 하는 근본원리를 연구하는 학문인 제1철학을 형이상학이라고 했다.

정주의 형이상학

우리는 공간과 장소의 고정성이 이동보다 도덕적이며, 논리적 우위에 있다고 할 때, 고향은 토양에 뿌리를 두는 정체성의 완벽한 정주의 형이상학적이다. 정주의 형이상학의 탄생은 세계를 명확한 경계의 영역으로 나누고자하는 끝없는 욕망에서 출현한 것이다. 즉 문화적 사고방식은 나라나 국가나 장소로 세계를 구분한 것이며, 이것은 문화와 정체성을 고정과 경계와 뿌리로 파악하는 개념들로 정주라는 사고방식의 형식적인 사고방식의 연결인 것이다. 눈에 보이지 않을 정도로 몸에 배어있는 정주의 형이상학은 문화라는 틀 속에서 공간에 존재하는 사람들에게 많은 영향을 끼친다. 모빌리티는 땅과 지역, 국가, 장소에 속하는 정체성들을 적극적으로 만들어 내며, 위치 이동에 따른 질병의 원인, 형태 등의 담론도 생산한다.

공간 상호작용이론

인간의 모빌리티 연구는 문화지리학에서 주목한 것으로 기원과 확산 개념에서부터 혼종성과 세계화까지 인간의 이주 역사를 주목했다. 모빌리티는 지리학의 고정성(fixity) 개념을 통해 공간 상호작용이론과 인본주의적 지리학에 초점이 맞춰져 있었다. 즉 교통 지리학이나 이주 이론 같은 인문지리학은 인간의 움직임을 공간학의 핵심 주제로 다뤘다. 공간학의 중심 원칙이나 이론 중 상당수는 모빌리티와 관련이 있으며, 공간 상호작용이론도 그중 하나이다.

로우(Lowe)와 모리아다스(Moryadas)는 '이성적인 이동하는 인간'이라고 말했다. 즉 동물들과는 다르게 이동은 인간들이 상품, 용역, 정보, 경험 등에 대한 욕구이다. 먼저 지금의 장소가 아닌 다른 장소에서 해결할 능력을 얼마나 갖고 있는가, 그리고 그 장소가 얼마나 그러한 욕구를 충족시켜 줄 수 있느냐에 따라 일어난다고 말했다. 다음으로 이주자는 현재의 위치에 어떤 가치를 부여하고, 그가 갈 수 있는 다른 장소보다 또 다른 가치를 부여한다. 즉 장소의 현재 위상과 다른 곳의 잠재적 위상을 비교한 후에 거리나 위험성에 따른 여러 대안도 비교 검토한다. 마지막으로 이주자는 자신이 최선이라고 보는 장소를 전략적으로 선택한다고 말했다.

모빌리티의 공간적 상호작용은 사람들이 움직이거나 움직이지 않기 위해 취하는 여러 방식들을 고려하지 않는다. 아담스, 애블러, 굴드는 '전형적인 이동'을 시간의 반복, 공간의 차이로써, '면에서 선으로, 면에서 면으로, 면에서 부피로 이어지는 패턴의 차이'일 뿐이라고 말했다. 인간의 이동은 각자가 갖는 차이를 잃고, 나아가 자연의 움직임과도 동일시된다. 다시 말하면 동물들이 물을 마시러 숲에서 강으로 나오는 것, 통근자가 차를 몰아 차고에서 나와 직장에 가는 것, 비가 모여 물이 지붕으로 흘러내려 강으로 들어가는 것 등 모든 차원에서 일어나는 일연의 이동이다. 어떤 것이든 최소한의 수고로 인식할 때, 면에서 선으로 이동한다고 말한다.

이것이 '최소한의 수고(least net effort)' 법칙이다. 물리학에서 관성의 법칙을 차용한 것으로 사물은 가능한 한 움직이지 않으려고 한다는 가정 하에, 이동을 일종의 기능장애로 치부한다. 공간 구조가 이동의 필요성을 최소화하는 방식으로 조직된다는 원리를 차용한 것이다. 즉 공간 배치는 이동을 없애기 위해 존재하며, 이동 거리를 계속 줄여야 할 필요 때문에 만들어 진다. 공간학은 인간의 이동을 이동의 합리성의 산물이며, 차이를 고려하지 않은 보편적인 산물이다. 본질적으로 기능장애이며, 공간의 배치와 위치의 특징을 갖는 2차적 성격이라고 규정한다.

모빌리티 특성과 문화

문화와 모빌리티를 연관성 차원에서 본다면, 인본주의 지리학에서는 '인간의 고향으로서의 지구'라는 학문적 명제를 추구하였다. 인본주의 지리학은 문학, 예술, 건축에서 여성의 액세서리까지 모든 문화를 대상으로 탐구한다. 에드워드 렐프는 인간이 되려면 의미 있는 장소들로 가득한 세상에 살아야 하며, 인간이 되려면 자신의 장소를 갖고 자신의 장소를 알고 있어야 한다고 했다. 여기서 장소는 현상학적 출발점이다. 어떤 장소에 뿌리를 두고 있다는 것은 세상에 본질적인 지점을 확보하고, 사물의 질서속에 자리를 잡고 뿌리를 내리는 것이며, 어떤 곳에 정신적, 심리적 안정과 애착을 품는 것을 의미한다. 인간은 '장소, 고향, 뿌리를 갖는 것'을 인간의 기본욕구라고 한다.

모빌리티와 장소의 상관관계에 대해 푸 투안(Yi-Fu Tuan)은 "장소를 조직화된 세계"라고 했다. 현대인들은 너무나 유동적이어서 뿌리를 내리지 못한다. 장소는 본질적으로 도덕적인 개념이기 때문에, 애착과 헌신을 빼앗아버리는 모빌리티와 이동은 도덕적인 세계의 반대편에 놓인다. 그래서 현대인들은 장소 경험을 한낱 피상적으로 생각한 것이기에 모빌리티는 수많은 결여를 안고 있는 것처럼 생각한다. 공간학과 인본주의 지리학은 모빌리티를 존재론[4]적으로, 인식론[5]적으로, 규범적으로 강력한 도덕적 지리학이기 때문에, 지리학의 철학적 바탕은 매우 중요하고 지배적인 역할을 한다.

현대인들은 너무나 이동적이기 때문에 뿌리를 내리지 못하고, 장소적 경험은 너무나 피상

---

[4] 사물의 존재에 선행(先行)해서 존재하는 사물 이외의 힘(신들)에 의해 사물의 존재를 설명(신화적)하지 않고, 사물의 존재를 있는 그대로 보는 전체적인 추구라고 했다.

[5] 지식의 본질, 기원, 근거, 한계 등에 대한 철학적인 연구 또는 이론을 말한다. 문제로 삼는 것은 인식이 성립하는 기원, 인식의 과정이 취하는 형식과 방법, 진리라는 것은 무엇을 의미하는가 등에 대한 고찰이다

적이다. 그래서 기계화된 캐러밴을 몰고 다니는 '유목민'에 비유한다. 문화는 지역과 단단하게 결부되어 있다고 보기 때문에, 고정성, 안정성, 기원성, 연속성 등과 관계 깊은 것으로 해석한다. 여기서 현대인의 이동성은 문화를 해석하는 것에 문제를 많이 야기한다. 윌리엄스와 엘리엇은 장소와 공동체의 연속성을 문화와 결부시켜서 문화를 정주하는 것으로 생각한다. 윌리엄스의 도덕적 지리학은 도시지역의 실제 장소에 거주하는 사람들을 바탕으로, '왔다 갔다'하는 이동인을 버려지는 플라스틱 유목민에 비유했다. 장소는 이동하는 자들이 지닌 위험성을 이해해주는 일관된 기준으로 '전투적 특수주의'로 잘 표현하고 있다.[6]

현대인들의 대중오락성은 문명 질서를 계속 위협하는 야만적 유목민과 얄팍하게 반짝이는 미국식 '솜사탕 세계'인 것이다. 본질적으로 장소의 안정성과 모빌리티의 이동성과의 대립이 현대문화에 나타나고 있는 것이다. 유목민들은 '한곳에 머무는 사람들과 같은 부류가 아니다'는 말처럼, 지리적 모빌리티의 제약으로부터 자유롭고, 능동적이며, 긍정적인 가치를 지니고 있다. 현대인들의 삶에서 나타난 모빌리티성 문화를 앨빈 토플러(Alvin Toffler)는 설명을 한다. 현대인들이 보여주는 모빌리티의 빈도와 속도에 대한 수많은 사례들은 목적 지향적인 현대인들에게 재빨리 반응하지 않으면 안 될 방향 감각 상실과 과부하를 '미래의 충격'이라는 병리적 현상으로 진단을 한다고 했다.

오늘날 사회과학은 모빌리티가 기존 학문에 비해 변화가 매우 큰 사례이다. 현대이 모빌리티 세계는 변혁에 맞춰있다. 이동이 더욱 잦아지는 세계 속에서 안정, 구조, 질서의 기존 세계보다는, 모빌리티를 우연적 이동의 질서로 정의한다. 즉 사회에 내재하는 것이 아니라 여행을 거치면서 사회적 정체성이 탈 국가적인 특성으로 변한다는 것을 모빌리티성이 증가한다고 한다. 인류학을 여행과 번역이라는 관점에서 보면, 인류학의 초점은 경계가 있고 기원을 지닌 고정되고 제한된 문화가 아니라 이동 경로에 있다고 했다. 즉 모빌리티를 통해 여행의 정체성이 나타나고 작동한다는 점에서 문화는 더 이상 어딘가에 위치한다고 말할 수 없게 되었다. 비장소는 본질적으로 여행자의 장소가 되었다. 이동하는 세계를 더 깊숙하게 파악하기 위해서 모빌리티와 이주는 우리시대의 표지가 되었다.

현재 우리가 세계를 인식하는 방식도 더 유동적으로 변했을 뿐만 아니라 약한 사고나 유목민적 사유가 학문들 간의 경계에서 나타나고 있다. 고급문화와 대중문화를 나누는 경계, 학문적 세계와 일상적 세계를 나누는 경계가 희미해지고 있다. 이런 새로운 사유의 방식들은 포스트모더니티[7]의 징후이다. 포스트모던 유목민들은 모든 뿌리, 유대, 정체성에서 벗어

---

6) 피터 메리만 외(2019), 모빌리티와 인문학, 밀크북
7) 포스트모더니즘은 20세기 후반, 테크놀로지의 발달로 인해 구세대를 대표했던 모더니즘적 세계관이 더 이상 유효하

나려는 시도이고, 유목민적인 삶의 창조성과 생성의 실험이며, 반전통적이고 반순응적이다. 따라서 국가와 모든 일반화하는 권력에 저항한다. 앞으로 문화학, 사회학, 인류학 연구가 그랬듯이 지리학은 '모빌리티가 세계를 어떻게 바꿨는지?' 또는 '모빌리티 세계를 인식하는 방식이 어떻게 변했는지?'에 대해 관심이 크게 시작될 것이다.[8]

모빌리티 역사와 자동차

모빌리티와 문명

인간이 만든 문명의 도시는 인간이 지금까지 만들어놓은 기술적 진보와 사회의 혁신 시스템이 어우러진 형체의 공간이다. 인간이 이동하는 방식은 에너지의 활용방식과 상호 관계를 맺고 과거부터 현재까지 이어져 왔다. 인간의 모빌리티 발전 과정을 보면, 고대에는 동물의 에너지를 활용한 마차, 근대에는 증기기관을 활용한 철도, 현재에는 가솔린기관을 활용한 자동차, 미래에는 전기기관을 활용한 개인비행체로 발전할 것이다. 이러한 이동체들은 정보와 물자를 교류하고 이동하는 수단이었다. 또한 이동체 이용시설을 구축하고 사회 시스템과 결합하여 도시를 탄생시킨 것이다. 따라서 도시의 문제를 발견하고, 이를 해결할 방법은 모빌리티에 있다. 문명의 과거와 현재는 모빌리티를 보면 알 수 있다. 인구는 과거부터 현재까지 농촌에서 도시로 이동하는 것이 오래된 흐름이다. 선진국은 도시화라는 인구의 거대한 이동 단계를 마친 국가들이다. 현재의 개발도상국은 도시화 흐름이 진행되는 나라라고 할 수 있다. 즉 현대 인간들의 대부분의 삶이 이루어지는 공간이 도시이고, 문명의 탄생 배경도 도시이다. 도시의 문제는 인간 삶의 문제인 것이고, 그 문화의 문제인 것이다. UN 자료에 의하면 전 세계적으로 도시의 인구가 약 52%를 차지하고 있기에 도시의 문제는 나라의 문제라 할 수 있다. 이러한 도시화의 가속화는 2050년에 도시의 인구가 전체 인구의 2/3를 넘는다고 한다. 결국 도시문제의 해결은 나라의 문제를 해결하는 것이고, 이러한 도시 문제는 이동(Mobility)의 문제를 해결하는 것이 첫째이다. 각 나라마다 이 이동(Mobility)의 문제를 해결하기 위해 역사적, 사회적 맥락에 맞게 미래 도시를 구축하려 노력하고 있다. 전문가들은 미래도시를 정적인 구조물로 보는 것이 아니라, 동적인 하나의 플랫폼으로 보고 있다. 즉 스마트도시 사업은 첨단 모빌리티를 도시 인프라로 구축하는 데 목표를 두고 있다. 그것

지 않다는 인식과 더불어 시작된 사조이다. 예컨대 파편화된 현실에 통일성과 총체성과 질서를 부여하려고 노력했던 모더니즘과는 달리, 현실의 파편성과 비결정성과 불확실성을 그대로 받아들이고, 다양성과 탈중심을 추구했다.

8) 피터 애디(2019), 모빌리티 이론, 앨피

은 각 스마트 인프라들이 능동적으로 도시에 결합할 수 있는 시스템을 구축하는 데 목표를 두고 플랫폼 구축 사업을 하고 있다고 할 수 있다. 그 중심에는 모빌리티가 있고, 스마트도시 구축의 문제 해결의 첫째는 스마트 모빌리티 시스템 구축이다. 모빌리티 미래에서 사람들의 모빌리티 문제는 도로, 새로운 교통시설 구축으로 해결되는 것은 아니다. 전기차, 수소차를 위한 충전시설과 시스템, 자율주행 관련 시스템 및 제도와 법 등도 만드는 것이다. 즉 모빌리티의 문제는 도시 내의 에너지시스템, 자율주행시스템, 환경시스템, 보안시스템 등 수많은 시스템의 상호 연계 플랫폼이 구축이 되어야 해결점을 찾을 것이다.

사례를 보면, 먼저 유럽 자동차사들은 2010년 정도에 도시 이동성의 해법을 소형차-전기차-자율주행-카셰어링-무선충전으로 제시했었다. 도시 이동성의 해결을 위해서는 모빌리티 전기차의 보급, 1인 차량의 증가에 따른 소형차의 확산, 전기차 충전 인프라의 확산 등이 추진되고 있다. 또한 라스트 마일 모빌리티를 위한 자전거와 전동 킥보드 등과 자율주행차의 활용, 차량 공유와 승차 공유의 확대 등을 통해 연결·복합 교통 서비스 지원 등이 고려되고 있다.

다음으로 미국의 콜럼버스시는 V2X(Vehicle to Everything) 인프라, 전기차 충전 인프라, 자율주행차 등의 여러 모빌리티 관련 기술을 바탕으로 도시 문제를 해결하는 것을 목표로 삼았다. 복합 교통 서비스 제공을 위한 스마트폰 앱도 중요한 목표이다. 버스, 지하철에서 택시나 승차 공유 차량을 갈아타거나, 자전거, 킥보드 등을 손쉽고 빠르게 연결할 수 있도록 시스템을 구축하고, 사용자에게 스마트폰 앱으로 제공하는 것이다.[9]

〈그림1.1〉 모빌리티서비스의 스마트 시티

자료 : LG CNS(2020), 모빌리티로 도시 문제 해결을, 콜럼버스 스마트시티

---

9) LG CNS(2020.11), 모빌리티로 도시문제 해결을, 콜롬버스 스마트시티

둘째는 스마트시티 챌린지 사업이다. 편리한 모빌리티 서비스의 제공을 넘어, 도시 내에 산적한 문제 해결을 해결할 수 있도록 진행되고 있다. 구도심과 신도심의 연결, 취약 지구 주민의 편리하고 빠른 이동 지원, 장애인 및 임산부의 이동 지원 등을 통해서 도시의 균형 발전에 도움이 되도록 하고 있다. 피츠버그 관계자는 '출퇴근 시간이 가난에서 벗어나는 데에 매우 중요하다'고 했다. 도시가 변화해 나가면서 도시 불균형을 해소하기 위한 교통 개선이 필수적으로 수반되어야 한다고도 했다. 앞으로, 스마트시티의 발전은 모빌리티의 진화가 필수이기 때문에, 편리한 이동으로 사용자의 생활을 더욱 윤택하게 하는 스마트모빌리티 구축이 필수이다.[10]

모빌리티 역사

인류문명의 역사에서 이동수단의 중요성을 보여준 나라는 로마라고 할 수 있다. 세계 여러 강대한 나라 중 로마 번성의 요인에 대한 의견에서 로마의 도로시스템을 가장 언급을 많이 한다. 바퀴의 발명은 로마문명에서 마을과 마을을 이어주는 이동수단의 진화로 이어졌고, 물자를 교환하는 시장을 번성시켰고, 시장과 마을이 모여 사는 도시를 형성하게 했다. 도시형성의 핵심 도구인 바퀴가 달린 이동수단은 대규모로 이동할 수 있는 도로 인프라를 국가가 건설을 하게 했다. 이 점에서 실행한 로마는 큰 도시들을 갖은 제국이 되었다. 수레나 마차는 물건과 사람을 운송하지만, 군대를 이동하게 하는 전차는 로마 군대의 상징이었다. 로마는 병력과 보급물자를 빠른 속도로 이동할 수 있는 도로망 약 40만km를 광범위하게 구축하였다고 한다. 그 도로는 평편한 돌을 사용하여 포장된 도로가 8만km나 되었다고 한다. 이렇게 거대한 도로망을 바탕으로 로마는 113개의 속국을 관리할 수 있었으며, 이 도로망 때문에 세계사에서 1000년을 이어가는 나라로 성장을 했다고 할 수 있다.

이러한 로마의 도로시스템은 중앙 집중적인 구조로 구축되었으며, 이 도로망을 중심으로 수많은 시장과 상업도시와 항구 등이 자발적으로 생겨났다. 인류문명의 역사는 농업을 주업으로 시작되었고, 각 나라들은 농업중심의 자급자족 경제가 발달했다. 그 후에는 생산 물건을 상호 교환을 위한 시장이 생겨나고, 여러 시장의 군집들이 모여 도시가 형성된 것이다. 근세에는 대규모의 상업 중심지인 항구를 중심으로 도시가 형성되었다. 배는 수레의 40배 이상을 실어 나르기 때문에 교통을 더욱 발달시켰고, 항구를 중심으로 도로망이 형성되는 이유인 것이다. 즉 말, 나귀, 낙타, 소 등을 이용한 육상 교통은 물량의 이동면에서 차이가 너무 크기 때문에 항구를 중심으로 한 물류네트워크가 형성된 것이다. 그래서 인류 문명

---

10) LG CNS(2020.11), 모빌리티로 도시 문제 해결을, 콜럼버스 스마트시티

은 하천문명에서 내해문명, 내해문명에서 대양문명으로 이동한 인류문명 이동설을 도출할 수 있다.

〈그림1.2〉 로마 폼페이 도시의 도로

자료 : 자유 소프트웨어 재단(http://www.neep.net/photo/italy)

항해술과 조선술의 발전은 커다란 배를 만들고 운영할 수 있는 것으로, 바다를 중심으로 형성된 베네치아, 나폴리 등 지중해 중심의 내해 국가중심이었다. 그러나 기술혁신으로 큰 바다인 대서양 중심의 포르투갈, 스페인, 네덜란드 등으로 물류의 중심이 옮겨갔다. 커다란 바다를 항해하기 위해서는 지도, 해도, 나침반, 항해기기 등과 거대한 선박을 제작할 수 있는 조선술의 발달이 필수적이었다. 새로운 대양시대는 포르투갈과 스페인을 시작으로 네덜란드와 영국, 프랑스 등이 경쟁적으로 뛰어들었다. 이들은 아메리카, 아프리카 대륙의 식민지를 개척하면서 국력을 키워 나가면서, 유럽 제국을 탄생시켰고, 이것은 부자나라의 탄생이다.

산업혁명은 19세기에 증기기관에 의한 철도의 탄생이 본격적인 시작이다. 산업혁명은 영국, 독일, 미국을 중심으로 발전하면서, 세계 부의 중심이 바뀌었다. 산업혁명의 시작은 제니 방적기(Jenny Spinner)가 섬유산업 분야에서 활용되면서 의류 혁명을 일으키는 도화선이 되었다. 그 후 토마스 뉴커먼(Thomas Newcomen)이 만든 대기압식 증기기관은 탄광 채굴에 이용되었고, 제임스 와트(James Watt)에 의해 증기기관이 개량되어 산업에 활용되기 시작했다. 특히 방적기의 발명은 옷감의 원료가 들어오는 항구도시 주변에 방적공장을 만들어 의류를 생산하고, 물건을 유통하고 연계하는 육상과 해상 교역의 시작이었다.

〈그림1.3〉 미국 1900년대 철도운행 모습

자료 : arrts-arrchives.com

철도의 등장은 육상에서 물류 운반의 패러다임을 바꾸는 계기였다. 그동안 마차는 말과 소 등을 이용해서 소규모의 물건 운반에 사용하였으나, 철도의 등장은 사람과 물건의 이동에 규모와 거리에서 혁명과 같은 변화였다. 영국에 철도가 처음 놓이면서, 철도 노선의 역마다 도시와 공장이 형성되기 시작했고, 이러한 양상은 미국으로 전파되어 대륙 횡단 철도가 놓이면서 새로운 산업 발전의 토대를 만들었다.

미국은 영국과는 달리 공업도시가 발전하면서, 내연기관을 발명하였고, 철도보다는 자동차산업 중심으로 발전을 하였다. 포드, 크라이슬러, GM 등 당시에는 세계 최대의 자동차 회사들로써 다양한 모델을 만들면서, 미국이 산업발전의 중심으로 떠올랐다. 이시기에 미국정부는 전역을 이용할 수 있는 고속도로를 만들기 시작하면서, 도시의 발전은 철도중심에서 고속도로 중심으로 새로운 양상을 보이기 시작했다. 최근의 도시계획을 보면 대규모의 도로계획과 대규모의 건물들 그리고 거주지를 도로중심으로 계획하고 난 후에, 상업지구와 공업지구 등이 결정이 되었기 때문에, 도시구조는 도로 계획방식을 채택하고 관리하는 구조였다.[11]

---

11) 피터 메리만 외(2019), 모빌리티와 인문학, 밀크북

자동차 발전과정을 보면, 먼저 1870년경에 마차 차체와 증기기관을 활용한 자동차를 개발하는 붐이 일어났고, 다음으로 독일의 기술자 고틀리프 다임러(Gottlieb Daimler)가 자동으로 불꽃을 점화하는 오토점화법을 개발했다. 그 후에 가솔린 내연기관을 최초로 발명한 사람은 칼 프리드리히 벤츠(Karl Friedrich Benz)는 1885년에 독일 만하임(Mannheim)에서 내연기관 자동차를 만들고, 1888년에 자동차를 생산해 판매하기 시작하였다. 1900년대 미국에서는 자동차를 증기자동차(40%), 전기자동차(38%), 가솔린자동차(22%)로 운행되었지만, 1910년에는 가솔린자동차의 주도권을 미국이 차지하게 되면서, 자동차는 가솔린 기관을 중심으로 발전하였고, 현대의 자동차 모습으로 진화되어 발전하였다.

자동차의 혁신[12]

포드의 혁신

자동차 역사에서 새로운 혁신은 20세기 초에 헨리 포드(Henry Ford)가 자동차에 대량생산 방식을 도입하여 생산방식에 혁명적 변화를 이룩하였고, 자동차를 사치품에서 일반화시켰다. 생산방식은 도축장에서 이용되는 돼지 해체 라인의 컨베이어 벨트 방식을 자동차 생산에 적용하여 공장의 생산성을 극도로 향상시켰고, 자동차의 가격을 대중화 시켰다. 예를 들면 실린더 생산에 오고가는 거리를 1200미터에서 100미터로 단축하는 등 최종 조립 시간을 750분에서 93분으로 단축을 시켰다. 그래서 포드는 타 경쟁사인 GM, 캐딕락 등의 생산성보다 10배 이상의 생산성을 가져왔다. 포드 생산방식의 혁명은 자동차 산업을 넘어 제조업 생산에도 엄청난 변화를 불러일으켰다. 이러한 변화는 사회 전반에 변화를 일으켜 개개인의 일상생활까지 크나큰 변화를 넘어, 사회에 큰 변혁을 일으켰다.

포드의 대량생산 방식의 첫 모델인 '포드 모델T'의 가격은 1908년 950달러에서 1914년 490달러로 하락을 하였다. 자동차의 가격하락은 일반 대중화를 빠르게 앞당겼다. 포드의 혁신적 생산은 1920년에 미국의 자동차 2000만대 보급에 큰 역할을 했다. 관련 철강 산업, 주유소 인프라, 정유 기업, 도로 건설, 정비 인프라 등 연계 인프라를 대규모로 구축하는 계기를 만들었다. 또한 금융업, 물류유통업, 쇼핑몰, 관광지 등 미국 산업 전반에 걸쳐 혁신을 이룩했고, 포드가 직간접적으로 일으킨 나비효과는 산업적으로 매우 컸다.

---

12) 정지훈 외(2017), 모빌리티 혁명, 메디치

〈그림1.4〉 포드사의 1900년대 실제 컨베이어벨트

자료 : ford.com(conveyor system)

GM의 혁신

자동차 혁신의 다른 하나는 GM이다. GM은 오늘날 자동차 모델의 라이프 스타일의 기준을 제시하면서, 브랜드의 전략과 스타일, 라이프 사이클 등의 브랜드 관리, 자동차 관리에 사이클을 만들었다. GM은 쉐보레, 뷰익, 올즈모빌, 캐딜락, 셰리단, 오클랜드, 스크립스-부스 등 일곱 개의 계열사를 흡수 합병하여 보유했다. 기존 자동차 기업의 일률적인 관리에서 제품과 브랜드별로 스타일을 차별화해 관리를 하면서, 자동차산업의 리더로 급부상을 했다.

도요다의 혁신

일본의 도요다 자동차의 린(Lean) 생산방식은 포드의 대량 생산으로 인한 재고의 문제점을 해결하기 위해, 생산 라인을 적시에 인력과 설비를 적당량만 공급해 유지함으로써 생산성의 효율을 극대화하였다. 도요다는 생산에 있어 재료나 부품이 공급되는 만큼 현장에서 제품을 생산하는 방식이 아니다. 필요한 재료와 제품의 종류와 수량을 현장에서 결정하고, 그 만큼만 공급 받아서 생산하는 방식이다. 자동차 제조 산업을 거대한 비즈니스 생태계 관리의 체계로 만들었다. 현장에서 문제가 생기면 그 현장에서 생산을 중단시키게 하여, 생산 라인 현장 작업자들이 직접 해결할 수 있게 하여 생산성을 극대화 하였다. 이 결과 재고비용을 감소시켰고, 직원들의 적극적 참여를 유도하였고, 제품의 품질도 향상시키는 결과를 얻었다. 유럽의 자동차 기업에서 자동차 생산에 36시간이 필요하다면, 일본의 도요다는 16시간이면 자동차를 생산할 수 있었다.

테슬라의 혁신[13]

　전기 자동차는 1888년에 독일 발명가인 안드레아스 플로켄(Andreas Flocken)이 만든 '플로켄 엘렉트로바겐(Flocken Elektrowage)'이 최초의 전기자동차로 알려져 있다. 1900년대 초에 미국에서 운행하는 자동차의 38%가 전기자동차였다. 그런데 당시 전기자동차의 결함은 배터리 기술의 한계로 주행거리가 짧다는 것이었다. 그러나 가솔린 자동차는 엔진에 혁신을 가져왔고, 차 가격과 가솔린 가격의 하락으로 전기자동차는 경쟁력을 잃게 되어 사라진 것이다.

　최근에는 베터리 용량 기술의 발전으로 한번 충전에 500km를 달리는 자동차들이 등장하면서 상황이 반전되었다. 지구 온난화에 따른 이산화탄소 감축이 산업의 화두로 떠올랐기에, 관련 규제가 시행되면서 전기차의 수요는 폭발적으로 늘어났다. 또한 전기차의 충전 인프라가 크게 확대되었고, 충전 시간도 10분 내외로 발전이 되면서 전기차의 경쟁력은 자동차 회사의 경쟁력보다 뛰어나게 되었다. 2003년 테슬라는 전기를 에너지로 하는 자동차기업을 창업하여 자동차 산업을 선도하는 미래차 기업으로 성장하였다. 테슬라는 전기의 기술력과 부분 자율주행 기술을 채택했고, 모델 브랜드의 고급화를 추진하면서 수요층이 폭발적으로 늘어났다. 관련 주가 총액은 세계 자동차 기업에서 최고를 기록했다.

〈그림1.5〉 테슬라 멤버스-모델3

자료 : tesla.com(model3)

---

13) 한일산업기술페어(2022. 11), 테슬라의 파괴적 혁신과 도요타의 점진적개선

테슬라 기업의 혁신은 전기 동력원과 부분 자율주행 기술을 채택하는 것뿐만 아니라, '슈퍼차저(Super Charger) 네트워크'라는 무료 급속 전기충전소 서비스에 있다. 이 서비스 네트워크는 미국과 유럽 전역에 구축되어 있어서, 자동차 구매 시에 미래 에너지 연료를 한 번에 구매한 것과 같았다. 이 슈퍼 충전소는 태양광으로 충전시스템을 구축하였기에 전기 무료서비스가 가능한 상황이었다. 이와 같이 테슬라의 혁명적 변화는 모빌리티 기업들에게 단순한 혁신을 넘어서, 생산성 관리, 브랜드 관리, 모델의 라이프 사이클 관리, 에너지 공급 방식, 이동수단의 속도 등 자동차의 혁명적 변화를 요구하고 있다. 즉 자동차가 단순히 사람과 물류 이동의 개념을 넘어서, 오락, 휴식, 거주 등의 공간으로써 새로운 가치를 편입시키는 혁신적 기기라는 점을 강조하고 있다.

모빌리티의 혁신과 기술

모빌리티의 흐름

연결의 혁신

　모빌리티의 주변 환경의 연결은 이동성의 스마트화가 매우 중요하다. 모빌리티의 연결성은 차량과 통신 네트워크의 환경 구축이 필요하다. 이를 위해 먼저 정보 교환을 위해 차량과 기반시설에 통신 네트워크 구축하는 것이다. 자동차와 교통신호등, 교통표지판과의 통신, 스마트주차 시스템 등과의 통신이다. 다음은 차량과 차량 간의 통신으로 교통상황 및 장애물 관련 정보를 상호간 주행 관련으로 조율을 한다. 이 결과는 교통 흐름 및 안전을 증진시키고, 인간이 운전하는 것처럼 급가속 급정거를 하지 않도록 하면서, 교통 흐름을 개선한다. 즉 반자율주행 차량이 스마트한 주행을 가능하게 하도록 하고, 더 나아가 자동차가 단순한 혁신을 넘어 자율주행을 하도록 유도를 할 것이다. 앞으로의 자동차는 단순한 이동수단을 넘어서 차량 - 교통시설, 차량 - 집, 차량 - 응용기기, 차량 - 인터넷, 차량 - 제조 서비스 사 등과의 모든 연결을 통해 차량 중심으로 네트워크 사회가 이루어진다는 의미이다.

도시화의 혁신

　도시의 인구가 2007년부터 시골인구를 앞섰다. 이런 추세는 아시아를 중심으로 급격히 진행되고 있으며, 앞으로도 계속 될 것이다. 서울, 상하이, 베이징, 호치민, 마닐라, 뭄바이, 자카르타 등의 주변 인구는 2000만을 넘어섰다. 아메리카의 주요 도시인 뉴욕, LA, 멕시코 시티, 상파울로 등도 넘어서고 있으며, 전 세계의 인구가 도시 집중을 하면서, 전체 국내생산량(GDP)의 60%를 넘었다. 이러한 도시의 집중은 각국에 많은 문제를 야기하고 있다. 그 중 첫째가 교통체증이다. 교통체증은 인구 과밀에 따른 차량의 증가에 따라 환경오염도 뒤따르게 된다. 이러한 원인을 해결하기 위한 효율적인 교통이동수단의 필요에 따라 전기자동차와 드론이 결합된 도심형 자율항공기체(UAM)가 활발하게 개발되고 있고, 2027년에 상용화를 이룰 것으로 예측하고 있다.

전기화의 혁신[14]

전 세계에 전기자동차의 판매 대수가 2015년에 50만대를 넘어섰다. 글로벌 자동차 제조사들은 2025년경에 제조되는 자동차의 50%를 전기차로 생산하겠다고 발표하고 있다. 배터리 용량의 증가와 자율주행차의 도입으로 예측운전이 가능하여 급정차와 급가속 및 교통체증이 적어지면서, 주행거리 1회 충전에 600 km를 넘었고, 급충전 기술개발로 10분이면 400km를 운행할 충전이 가능하게 되었다.

또한 스마트폰과 차량의 결합에 따른 자율주행기술의 발전과 교통시설의 발전은 더욱더 세상의 이동 속도를 빠르고 쾌적하게 하고 있다. 이러한 모빌리티의 시작은 전기에너지를 통한 전기모터의 구동을 통해 시작되었다. 전기자동차는 모터 회전력이 곧 바로 바퀴의 회전력에 전달되는 장점 덕분에 부드럽게 가속을 할 수 있다. 전기자동차를 넘어 수소 연료전지 자동차는 수소를 전기에너지로 변환하는 전기모터를 구동하기에 이르렀다. 이러한 혁신은 새로운 에너지 혁명의 시발점으로 여겨지고 있으며, 향후 도심항공교통(UAM)에 수소전지를 적용하였을 때에는 교통물류의 혁명이 이루어질 것으로 예측하면서, 전문가들은 수년 내에 상용화 될 것으로 말하고 있다.

공유의 혁신

1980년 이후에 태어난 Y세대 사람들은 소유보다는 경험에 대한 가치를 중요시하는 세대이다. 즉 물건을 하나라도 더 소유를 하면 이동에 장애를 받고, 자유가 제안을 받는다고 생각을 한다. 꼭 필요한 물건이 아니면, 물물교환을 하거나 빌려서 쓰려고 한다. 잔디 깎은 기계, 드릴, 파티 드레스 등이 1년에 몇 번 사용하지 않는 물건으로 소유보다는 렌트가 더 합리적이라고 생각한다.

이와 같이 공유경제는 돈으로 지불이 되기 때문에 신뢰가 중요하며, 자동차 카풀과 자동차 랜트 등은 상호간에 이익을 합리적으로 공유하는 공유경제에서 발전한 형태이다. 현재에는 스마트폰 앱을 통해서 차를 부르고, 목적지에 도착하면 거리나 시간에 따라 요금이 자동적으로 결제되는 시스템으로 발전을 했다. 이러한 공유경제와 기술혁신은 도시지역을 중심

---

14) 임신덕, 임현준(2022), 미래 세상의 모빌리티, 한빛아카데미

으로 자율주행 택시의 등장으로 더욱더 빠르게 변화를 할 것으로 보인다. 운행이 될 것으로 보인다. 미래자동차는 언제든지 사용 가능하고, 최신 기술을 반영하는 기기이기 때문에 자동차를 소유하기보다는 일정한 기간을 지정하여 사용하고 비용을 지불하는 렌트 제도가 활발하게 운행될 것으로 보인다.

혁신적 기술의 등장[15]

혁신기술은 기존기술에 비해 미흡하거나 어설플 수 있어서, 고객들이 혼란스러워하며 구현을 할 때도 있다. 고객이 새로운 기능을 이용하려면 행동 방식을 많이 바꿔야 하기 때문에, 혁신제품의 유용성을 알아보지 못할 때가 많다. 보통 사람들은 익숙한 습관을 버리거나, 신기술을 다루는 법을 익히거나, 새로운 시각으로 새로운 응용 방법을 찾으려고 하지 않는 경향이 많다. 그러나 새롭게 만들어진 기술이 자리를 잡고, 기존 기술을 넘어서면 많은 고객들은 많은 비용을 지불할 정도로 자신의 행동을 바꾸며, 새로운 기술에 거부감을 버리게 된다.

이러한 사례를 보면, 우선 2000년대 초에 전 세계 핸드폰의 40%이상을 점유했던, 노키아 핸드폰은 새로운 기술인 컴퓨터와 핸드폰을 결합한 스마트폰의 등장으로 사라졌다. 다음으로 IBM과 DEC(Digital Equipment Corporation)는 퍼스널 컴퓨터의 등장을 대비하지 못했고, 폴라로이드 사진기는 디지털 카메라의 등장을 대비하지 못해서 사라졌다. 현재의 상황은 자동차와 컴퓨터가 결합한 자율주행차의 등장으로 글로벌 자동차 업계는 위기에 처해 있다. 어떠한 기술 혁신으로, 어떤 혁명을 겪을 것인가에 대해, 시장은 많은 의문에 쌓여 있다.

이동수단인 모빌리티의 역사는 새로운 기술의 등장으로 기술의 파괴와 생성이 거듭되는 혁명의 역사를 가지고 있다. 철도의 등장으로 사람들은 새로운 이동체 논란을 불러일으키며, 기존의 2000여 년 동안 이어진 동물의 힘을 이용한 '이동의 역사'를 단숨에 바꾸어 놓았다. 그 당시의 많은 사람들은 소음, 수많은 승객과 동행, 기차역까지의 거리 등을 이유로 수용을 거부했다. 그러나 새로운 기술은 사람들에 의해 더 열광적으로 받아 들여졌고, 새로운 사회의 모든 분야에 혁신을 제공했다. 엘리베이터 기술의 확산도 철도의 보급만큼 사회에 많은 영향을 끼쳤다. 19세기의 엘리베이터는 주로 광산에서 사용하면서, 줄이 끊어지는 사고가 많았다. 그러나 20세기가 되면서 수압식 기술개발이 이루어지면서, 줄에 매달려있는 것보다 실린더 위에 서 있는 것이 안전하다고 느끼는 사람들이 많아지면서 확산에 확산을 이루었다.

이처럼 새로운 파괴적 기술이 개발될 때에는 사람들에게 불안감을 줄 수 있는 말을 쓰지

---

15) 박승대, 구본환(2021), 사회 대변혁과 드론시대, 형설

않는 것이 매우 중요하다. 향후에 많은 변화가 예상되는 모빌리티 분야의 자율주행 자동차의 경우가 유념해야 할 사항이다. 예를 들면, 캡슐이나 교통관제센터 등은 사람의 능동적인 역할을 부정하는 단어이기 때문에, 사용을 하지 않는 것이 좋다. 최고의 기술을 개발하여 자율주행이 이루어진다고 해도 문제가 있을 때에는 언제든지 인간이 개입하여 운전할 수 있는 장치를 만들고 홍보를 많이 해야 불안감을 줄이면서, 새로운 기술을 선택하게 된다는 것이다.

자율주행 자동차는 도로교통의 모습 및 기반시설과 사람과 물류운송 방법뿐만 아니라 우리의 생활모습 전반을 변화시킬 것이다. 예를 들면 시내도로, 사무실 건물, 아파트, 자동차 모양, 주차장 및 업무시간, 여과시간 등 많은 부분이 변경되고 조정이 되면서 사회의 모습은 매우 큰 변화가 예상된다. 또한 모빌리티 관련 기업들의 변화를 살펴보면, 자동차 제조기업, 부품 공급업체, 정비소 및 보험회사, 도로, 철도 관련 물류회사 등의 제조업과 교통물류 기업들의 변화는 혁명적으로 변하면서 기술혁명과 근본시스템의 파괴로 인해 기업 생존의 기로에 놓일 것이다. 즉 자동차 산업의 혁신역량은 미래설계를 가졌다하더라도 파괴적 기술의 변화 앞에서는 스스로 혁명적 기술 예측과 혁신을 통한 산업의 구조변화 및 기술혁신 예측이 필수이다. 선제적인 기술의 혁신과 대변화만이 기업이 살아남을 수 있다는 의미다.

이러한 사례는 산업의 많은 부분에서 감지되고 있다. 우버(Uber), 리프트(Lyft), 애플, 삼성, 엘지(LG) 등의 전통적인 ICT 기업들이 자동차 산업의 변화를 유심히 살피면서, 관련 전장 사업에 뛰어들고 있다. 또한 자동차 기업들은 전자, 컴퓨터 산업 및 반도체 기업들을 흡수하고, 연합하면서 새로운 혁신을 창조하려고 하고 있다. 대기업들은 기술개발보다는 산업의 기술발전과 혁신기술들을 살피면서, 기업 흡수합병 등을 통해서 산업의 대변화를 대비하려 한다.

(2) 모빌리티 혁신과 혁명

모빌리티의 혁신

모빌리티의 확장

　이동의 관점에서 모빌리티 물리적인 움직임은 미래차 시대에 이동의 상호 조합방식의 멀티모달(Multi Modal)[16] 형식으로 나타날 것이다. 나아가 이동체의 본질은 단순히 탈 것에서 이동 중에 동반되는 스마트 모빌리티로 진화할 것이다. 이것은 미디어, 엔터테인먼트, 헬스, 건강관리, 인터넷, 눈 등 다양한 서비스를 제공하는 '모빌리티 서비스'를 제공하는 스마트 이동체로의 진화를 의미한다.

　에너지 측면에서도 자동차, 오토바이, 버스 등의 동력에 큰 변화가 오고 있다는 뜻이다. 산업의 에너지 혁명만큼 거대하면서 혁명적인 새로운 에너지가 모빌리티에 적용되면서, 모빌리티의 대혁명이 목전에 있다. 결국 이동체의 미래는 이동 수단들을 연계하여 모빌리티 전체에 간편성, 통합성, 효율성의 극대화로 진화하면서, 새로운 혁신적인 형태의 모빌리티가 나타날 것으로 보인다. 그 가운데에는 에너지 혁명인 전기가 있고, 그 전장매체인 전지(빠데리)가 있다. 초기의 전지는 납을 사용했으나, 니켈·탄소를 사용한 혁신적인 전지가 나와서 전기차 시대를 열고 있으나, 향후에는 수소를 이용한 혁명적인 수소전지 모빌리티가 출현할 것으로 보인다.

　이동의 미래에서 모빌리티의 혁신은 이동체와 동력의 혁신도 있지만, 모빌리티 서비스에서도 매우 큰 혁신이 일어날 것으로 보인다. 이동체와 이동체를 연결하고, 이동체와 교통시스템과 모바일시스템 및 홈시스템 등을 연결하는 모빌리티 통합 컨트롤시스템이 등장할 것으로 보인다. 즉 모바일과 모빌리티 중심의 새로운 시스템이 구축될 것이라는 의미로 여겨진다. 이 모든 연결 서비스는 부가서비스인 결제 시스템까지 확장을 하면서, 모든 사물을 연결시키는 통합된 모바일과 연결된 '모빌리티 퓨처시스템'인 것으로 보인다. 이 결제 시스템은 '나카모도 사토시(가명)'라는 프로그래머가 2008년에 제안한 가상화폐인 비트코인[17]으로 정부 중앙은행의 개입없이 거래하는 P2P거래를 말한다.

　이 거래에서 나타나는 거래 금액, 거래 결과, 거래 시기 등의 전표를 블록체인이라 한다.

---

16) 기존의 공간 이동 행태가 한 종의 이동수단을 골라 목적지까지 이동하는 방식으로 주로 이뤄지던 것에서 차별화되어, 보편화되고 있는 전기자전거, 킥보드 등 개인화된 모빌리티를 중간 중간 환승하여 보다 효율적으로 이동하려 하는 최근의 트렌드를 새롭게 일컫는 말이다.

17) 그 특징은 거래에 활용되고 가치의 저장수단 역할을 해야 하는 화폐로서 그 가치가 시간 등에 상관없이 일정하게 유지된다. 또한 '어느 누구의 개입도 필요치 않는다'는 것으로 그 가치에 영향을 미칠 수 있는 것은 없다는 의미이다.

블록체인은 블록을 일종의 전표, 혹은 기록으로 이것을 체인처럼 연쇄적으로 묶여 있는 하나의 장부를 의미하는 것이다. 블록체인은 사용자의 수만큼 동일한 장부를 각자 보관하고 상호간에 실시간으로 모두를 제조하여 변경사항이 발생하는 경우에, 이를 복원한다. 장부를 중앙서버에 보관하는 것이 아니라, 사용자 개인들이 컴퓨터에 분산 보관한다고 해서 '분산 장부 시스템'이라고 한다. 그래서 블록체인은 절대로 위변조가 안 되는 장부를 아주 저렴한 비용으로 관리할 수 있게 해주었다. 가장 탁월한 특징은 아무리 복잡한 거래라 할지라도 거래 당사자 이외의 제3자가 전혀 필요로 하지 않는다는 점이다.

〈그림1.6〉 국제 송금에서의 블록체인 활용 사례

자료 : cashcardhub.com

블록체인은 위·변조가 불가능한 장부 기록의 한 방식으로, 사실상 대부분의 거래는 곧 장부를 기입하는 행위와 같기 때문에, 결국 모든 거래에 블록체인을 사용할 수 있는 것이다. 기존의 거래 안전성이나 신뢰성을 높이기 위해서 만들었던 중개서비스 비용은 절약되는 것이다. 특히 기존에 흩어져 있던 다양한 서비스를 고객의 관점에서 하나로 통합할 때, 생기는 거래의 복잡성, 신뢰성, 지불 정산 등의 문제를 극복시켜준다고 할 수 있다. 블록체인을 활용하면 상호간의 직간접 거래가 안전하고 효율적인 수행이 가능하고, 사물 간의 정보 교환도 극대할 수 있고, 위·변조의 위험성을 최소화할 수 있다. 특히 자율주행차나 IOT시스템의 보안을 위한 필수 인프라로 적용되고 있다.

모빌리티의 확장[18]

모빌리티는 초기에 개인화된 이동수단보다는 여러 명이 함께 탑승하는 이동체로 개발되었다. 이동수단이 발달하면서 개인 모빌리티로 발전하였고, 현재의 자동차는 개인화 경향을 띠고 있다. 자동차는 언제 어디서든 함께하면서 개인의 이동성을 극대화시켜주며, 동시에 생활과 관련된 부가서비스를 제공하면서, 인간 생활의 확장을 극대화하고 있다.

과거에 개인화된 일인용 이동수단은 자전거, 오토바이가 전담하고 있었으나, 이 이동체에 내연기관 시스템이 결합하면서 이동의 속도와 거리를 몇 배로 확장시켰다. 최근에는 내연기관 대신에 전기모터 시스템을 결합시키면서 이동체의 경량화를 실현하였고, 이동체의 종류를 다양화하였다. 예를 들면, 전기자전거, 전기스쿠터, 전기자동차, 전동 퀵보드, 전동 휠 등으로 이동수단이 매우 다양하게 발전했다. 2012년 '세계 전기자전거 보고서'에 의하면 2015년 전기자전거 시장은 4,000만대에서 2025년에는 1억3,000만대로 전망하였다. 그러나 중국에서 2013년에 1억5,000만대를 기록하면서 예상치를 크게 넘겼다.

이토록 중국 시장의 급성장은 리튬이온 배터리와 ICT의 발전으로 2017년 도시 전역으로 퍼지면서다. 공유 서비스 기업인 모바이크(mobike)에서 560만대의 공유 전기자전거를 생산하여 공유서비스를 구축하면서, 성장세는 매우 컸다. 모바이크는 대만 폭스콘의 투자 등으로 기업 가치는 그 당시 1조 6,000억으로 추산되었다. 이러한 공유 전기자전거 서비스의 장점을 보면, GPS가 장착되어 자전거를 주차하는 지정장소가 필요가 없고, QR코드에 의한 스마트서비스와 태양광 충전 등으로 사용과 이용이 매우 편리하게 된 것이 급격한 확장을 이룬 이유였다.

이렇듯 퍼스널 모빌리티의 확장은 '이동의 미래'에 있어 매우 중요한 의미를 내포하고 있다. 이중 전동 스쿠터에서는 '세그웨이(segway)' 기업이 선두에 있다. 이 기업은 안전성 문제와 높은 가격으로 성장은 못했지만, 중국 샤오미 기업에 인수되면서, 가격을 확 낮춘 '나인봇(ninebot)'을 출시로 매출 확대를 했다. 더불어 전동 퀵보드 시장까지 확장을 하여, 중국시장을 선점할 수 있었다.

---

18) 임신덕, 임현준(2022), 미래 세상의 모빌리티, 한빛아카데미

〈그림1.7〉 샤오미의 나인봇

자료 : sharehows.com(Ninebot)

　모빌리티의 확장은 스마트 자동차가 웨어러블 디바이스와 연계를 하면서, 부가서비스의 확장은 거의 혁명적으로 발전하고 있다. 스마트폰, 손목시계, 컴퓨터, 인터넷 등의 퍼스널 기계와 연결되어 수많은 서비스를 창조하고 있다. 예를 들어 운전자의 심장박동과 혈압, 체온, 등을 측정하여 실시간으로 건강상태를 확인할 수 있다. 더불어 피로도 측정을 통해 졸음운전, 주시태만 등의 위험을 모니터에 표시하거나, 경고음을 울리는 행위를 한다. 더 발전된 자율주행과 연계하여 자율주행모드로 바꾸거나 위험을 국가 비상시스템에 알리는 역할도 할 수 있다. 특히 자동차와 병원을 연계하여, 웨어러블 디바이스 생체신호 데이터를 활용한 서비스를 개발한다면, 개인 안전에 수많은 기여를 할 수 있을 것으로 보인다.

　또한 원거리 차량 잠금과 시동, 자동차 정비 알림, 차량 추적, 자동차 온도 조절 등 많은 기능을 스마트카 서비스에 탑재하고 있다. 향후에는 스마트폰과 차량과의 연결과 시스템 통합이 이루어진다면, 자동차에서 집과 회사 등의 많은 일을 처리할 수 있을 것이다. 정리하면 자동차가 다양한 웨어러블 서비스 및 스마트 서비스를 연계 처리하는 신개념 프로젝트의 완성이 눈앞에 와 있다. 특히 인터넷과 연결된 커넥티드카의 시대에 웨어러블 디바이스는 미래모빌리티를 좌우할 포인트이고, 모바일과의 연결은 개인의 행동반경과 일의 범위를 크게 확장시킬 것이다. 따라서 스마트폰, 웨어러블 디바이스와 미래자동차와의 연결은 인간의 확장으로 미래의 AI모빌리티 시대를 앞당길 것으로 보인다.

모빌리티의 패러다임

모빌리티의 공간의 재정의[19]

　미래 모빌리티는 사용자들이 이동하면서 다양하게 활용할 수 있는 공간의 재창조가 이루어지고, 용도에 따른 내부 공간 배치가 이루어질 것으로 보고 있다. 즉 미래 자동차는 내부 공간의 편의성과 이동성, 오락성 등을 두루 갖춘 아파트의 거실 인테리어처럼 변화할 가능성이 크다. 자동차의 새로운 시공간 가치 창출은 과거에는 생각할 수 없을 만큼 큰 변화를 이루면서, 나아가 인터넷 기반의 다양한 서비스와 결합을 하는 이동하는 거실과 사무실을 요약 정리한 기능을 갖출 것으로 보인다.

　모빌리티는 사람과 사물의 위치를 빠르게 이동시켜주는 '이동'이라는 수단을 통해서, 장소와 인간, 인간과 인간, 장소와 장소간의 소통과 교류를 증진시키면서 새로운(新) 가치를 창출하였다. 즉 모빌리티는 이동에 소요되는 시간동안 새로운 가치를 창출할 기회를 제공하고, 상호간에 소통의 공간을 제공하였다. 미래 자동차가 제공하는 시공간의 가치는 이동과 편의성이란 의제를 많은 자동차 기업들에게 숙제를 남겼다.

　그중 먼저 이동의 가치를 살펴보면 푸드 트럭이다. 모빌리티의 이동의 가치와 공간의 가치를 결합한 좋은 사례이다. 푸드 트럭의 역사는 미국의 개척시대에 유행한 음식 마차가 시초라 할 수 있다. 과거에는 공사장에 음식을 제공하는 자동차로 저렴한 음식을 빠르고 저렴하게 공급할 용도로 트럭을 개조하여 음식을 제공한 것이 푸드 트럭의 시작이라 하겠다. 포장마차도 식당을 리어카에 적용하여, 즉석 판매하는 매장이라 할 수 있다. 최근 푸드 트럭의 시작은 2008년 금융위기로 인해 미국의 건설과 건축업이 불황에 빠지면서, 트럭들이 저렴하게 나오고, 중·고급식당에서 해고된 요리사들이 창업을 위해 저렴한 트럭에 식당을 결합한 아이디어를 결합하면서 나타났다고 한다.

---

19) 안병하(2022), 모빌리티 혁명과 자동차 산업, 골든벨

〈그림1.8〉 미국의 푸드 트럭

자료 : austinlatino.com(Food truck)

이러한 푸드 트럭은 뉴욕이나 LA 등의 대도시에서 정보 찾기를 좋아하는 젊은 층을 대상으로, 싸고 맛있는 간편한 음식을 좋아하는 젊은 트렌드를 만들어냈다. 트위터나 페이스북, 유투브 등의 SNS를 중심으로 확산이 되어, 푸드 트럭은 전성기를 만들어 냈다. 2013년 8월 13일 프로리다주 탬파에서는 "푸드 트럭 랠리(food truck rally)" 행사를 열었는데, 푸드 트럭 99대가 모인 행사는 마치 음식축제와 같은 장관을 연출하였다. 푸드 트럭은 일시적인 현상으로 보일 수 있으나, 모빌리티의 변화로 인한 요식업의 변화는 혁신을 동반하는 것으로 생각할 수 있다. 음식 온라인 정보지인 '모바일 퀴진(mobile cuisine)'의 통계를 보면, 2015년 미국 푸드 트럭 시장규모가 약 12억 달러라고 한다. 푸드 트럭은 비즈니스가 특정한 장소를 기반으로 해야 한다는 선입견을 무너뜨린 한 사례라고 할 수 있다. 모빌리티의 계속된 변혁은 이와 같이 산업사회의 많은 변화를 창조시킬 것으로 보인다.[20]

다음으로 모빌리티 편의성의 가치를 살펴보면, 모바일 오피스와의 결합이라 할 수 있다. 이 모바일 오피스는 자율주행 차의 기술과 결합하여 자동차의 공간 활용 시나리오를 혁신적으로 바꾸었다. 메르세데스 벤츠 콘셉트카 F105는 자율주행을 선택하면서, 조수석과 운전석이 뒤로 회전하는 방식을 채택하여 좌석이 마주보게 했고, 전면의 대시보드도 안으로 스티어링 휠이 수납되게 하였다. 내부에는 스크린 6개가 장착되어 탑승자들이 터치하는 방식으로 다양한 기능을 수행하도록 하면서, 미래 자동차 기능을 창출하고 디자인을 연출하게 하였다. 새로운 미래 오피스 자동차는 이동하면서 일을 하는 '모바일 워커'족에 맞는 기능과 인테리어를 설계에 적용하고 있다. 또한 인터넷, 컴퓨터, 태블릿, 스마트폰 등을 자동차에 연결하여, 사무실을 연출하고, 간단한 회의실 및 카페 공간도 제공하는 기능을 갖추도록 하

---

20) RICH MINTZER(2016), 푸드트럭 스타트업 A to Z, 지식과감성

고 있다.

　이러한 자동차의 모습은 더 개인화된 공간이자, 더 안락한 공간을 제공하고, 첨단 오피스를 제공하는 공간까지 창출하고 있다. 미래의 사무실과 집을 대신하는 움직이는 공간이라 할 수 있을 것이다. 차량 내부에서 일을 할 수 있도록 도와주는 액세서리 시장은 계속해서 다양한 제품들이 개발되고 있다. 이들 중 퍼스널 컴퓨터를 자동차에 고정하여 사용할 수 있도록 모니터를 크게 만들고 있다. 그 외 액세서리는 제품과의 연계로 스마트폰, 테블릿, 모바일 프린터 등과 냉장고, 커피메이드 등은 다양하게 설치 운용되는 시장을 형성하게 할 것이다. 특히 컴퓨터 제품과 IT기기의 결합은 자동차의 자율주행 기능과 연계되어, 인공지능 모빌리티의 탄생을 앞당길 것으로 보인다. 이렇듯 갈수록 바쁜 직장인들과 CEO에게는 공간 이동의 최소화를 통한 업무효율의 극대화를 이룩할 수 있는 모빌리티 체계를 갖추는 기기를 개발할 것으로 예측된다.

　마지막으로 모빌리티와 하우스의 결합은 미래의 하우스 변화를 예측하기 힘들어지게 한다. 그러나 이동을 극대화하는 하우스로 변모할 것으로 예측된다. 이러한 변화는 자동차와 모바일 홈의 결합을 통해 여행의 자유를 만끽할 수 있는 자동차 트레일러의 등장으로 나타났다. 트레일러는 장기간의 여행과 현장이 가깝게 느끼기 위해서 만들어진 텐트형 자동차라고 할 수 있다. 즉 자동차를 개조하거나, 뒤에 매달아 캠핑을 특화하기 위해 가재도구를 갖춘 이동체라 할 수 있다. 자동차에 숙박과 생활공간을 갖춘 캠퍼밴(campervan), 모터홈(motorhome)이라 하며, 보통 2~9명까지 잘 수 있는 침대와 소파를 갖추고 있으며, 작은 주방까지 갖춘 캠핑카가 대부분 출시되고 있다.

〈그림1.9〉 캠핑카의 외부 모습

자료 : Mercedes-Benz.com(Forester)

미래 캠핑카의 변화는 자동차의 첨단화와 자율주행화로 인해, 하우스보다 모빌리티 중심으로 인간 생활범위가 이동할 것으로 보인다. 최근에는 하우스의 화장실과 샤워 부스가 구비되는 추세를 보이고 있고, 미래에는 기술의 발전으로 인해 운전석과 조수석이 회전가능하기 때문에 좌석이 거실로 변할 수 있도록 설계를 하고 있다. 좀 더 발전된 모델들은 식탁과 소파의 배치를 통해 카페 라운지처럼 설치하여 이동식 하우스를 구현하고 있다. 즉 자율주행 시스템과의 결합은 인간 본연의 모습인 미래의 유목민 생활로 바뀔 수도 있다는 분석도 있다.

　미래 자동차의 공간을 생활용 및 주거용으로 재해석하여 새로운 자동차로 변하는 구성을 알아본다면, 먼저 인테리어라고 할 수 있다. 현재의 구성은 앞을 바라보는 조수석과 운전석을 중심으로 운전대와 안전벨트, 브레이크, 가속페달, 기어 및 내부 인테리어 등 모든 설계가 운전자 중심의 설계로 맞춰져 있다. 즉 이동에만 포커스가 맞춰져 있고, 휴식과 오락은 생각할 수 없었다. 그러나 벤츠와 테슬라의 컨셉트 카에서는 일과 오락, 휴식에 많은 방점이 있는 구성으로 나타나고 있다. 그 사례로 테슬라 모델S와 콘셉트 카 엑스체인지(XchangE)의 경우 좌석 변경이 20개 부분 정도로 변형이 가능하고, 탑승자가 휴식을 다양한 방식으로 취할 수 있는 좌석 세팅을 할 수 있다. 또한 32인치 스크린을 통해 영화나 콘텐츠를 이용할 수 있고, 각종 IT기기를 사용하여, 이부아이 커뮤니케이션을 할 수 있게 첨단화된 기능을 갖추고 있다.

〈그림1.10〉 테슬라 컨셉트카 엑스체인지(XchangE)의 영화 시청

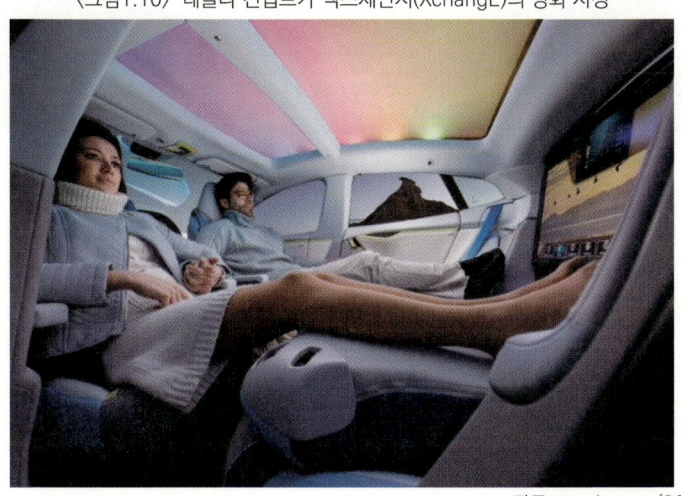

자료 : tesla.com(2022), XchangE

넛산의 IDS는 운전석과 조수석을 이동시키면서, 두 좌석 가운데에 테이블과 대시보드가 나올 수 있도록 구성을 하고, 운전대는 접히면서 자율주행 모드로 들어가는 설계 구성을 했다. 볼보의 인테리어 구성은 '운전에서 창작으로 변신 한다'는 주제로 운전석과 조수석을 뒤로 밀고, 테이블을 당기고 대시보드에서 태블릿이 나오는 등의 구성이다. 외부 인터넷과의 소통을 하며, 회의를 할 수 있는 모드로 전환을 쉽게 하는 디자인 구성을 하였다. 현대자동차는 스마트 하우스의 거실 구성을 자동차에 적용하는 비전을 설명하고 있다. 또한 하우스와 연계를 통한 스마트 주차장과 응접실이 상호 연계 작동하는 스마트 카의 기능을 재해석하고 있다. 미래 자동차는 과거와는 상상할 수 없는 만큼의 변화 속에서 컴퓨터와 인터넷 기반의 여러 서비스가 결합된 최첨단 스마트화가 인간의 편의성을 극대화하는 방향으로 진화를 할 것으로 보고 있다.

〈그림1.11〉 벤츠 컨셉트카 F015의 내부 인테리어

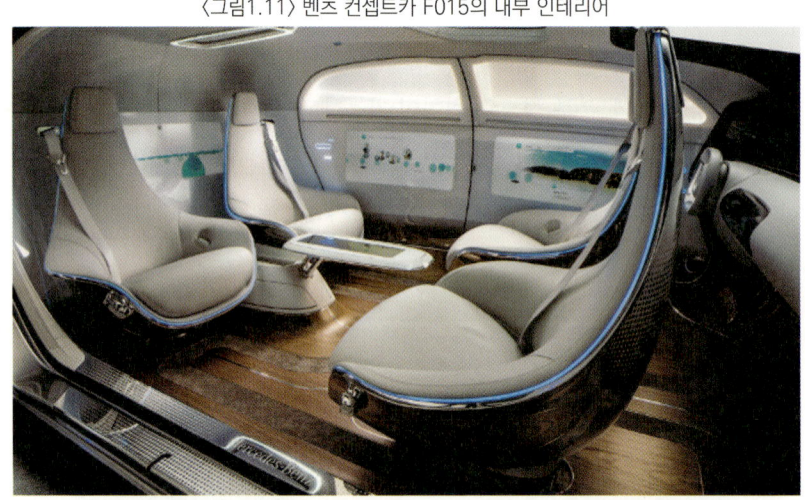

자료 : Mercedes-Benz.com(2017), F015

3) 모빌리티 혁명과 인공지능

모빌리티와 인공지능[21]

인공지능에 대한 논의는 1950년대에 존 매카시(John McCarthy) 과학자 등이 인공지능을 연구하면서부터 시작되었다. 카네기 멜론 대학교에서 연구의 틀을 잡은 허버트 사이먼

---
21) 한규동(2022), AI 상식사전, 길벗

(Herbert Simon)과 앨런 뉴웰(Allen Newell)은 인공지능이 그동안 밝혀지지 않은 수학정리를 증명할 것이라고 했다. MIT대학의 마빈 민스키(Marvin Minsky)의 인공지능 연구실에서도 세대에서 제기된 풀지 못한 모든 문제는 해결될 것이라고 했다.

인공지능 전성기는 1980년대 PC가 보급되고, 컴퓨터 성능이 발전전하면서 기술 전성기를 맞이했고, 인간의 두뇌를 연구한 인공신경망(Artificial Neural Network)에서 구현하게 되었다. 그러나 실제 문제를 해결하기에는 이 시대의 컴퓨터 기능과 데이터 처리와 학습이 많이 부족하였고, 특히 기능 저하로 인해 성과를 내는 것은 불가능했다. 2000년대가 되면서 그래픽프로세서(GPU)가 발전하여 분산처리 컴퓨터 기술이 개선되면서 새로운 시기를 맞이했다. 2010년대에는 스마트폰 보급과 중앙처리장치, 클라우드 컴퓨팅 시스템 구축으로 유튜브나 페이스북 등의 소셜미디어 등장으로, 수많은 데이터 학습이 체계화되기 시작했다. 또한 사물인터넷 기술의 활성화는 빅데이터의 누적과 반도체의 첨단 발전으로 이어져, 인공지능을 체계적으로 학습하고, 시스템 업그레이드가 이루어지면서 새로운 전기를 맞이했다.

2011년 IBM의 왓슨(Watson)이라는 슈퍼컴퓨터가 인간의 자연어를 학습하여 TV퀴즈쇼에서 압도적인 승리를 하였다. 구글의 알파고(인공지능 컴퓨터)가 이세돌 9단과 바둑대결에서 승리를 한 것은 본격적인 인공지능 시대의 시작을 알리는 신호라고 할 수 있다. 2012년 이후 딥 러닝 기술의 발전으로 IBM, 마이크로소프트, 구글, 페이스북 등이 집중적인 기술개발에 투자하면서 비약적인 발전을 이룩하였다. 인공지능의 가시직인 성과는 뉴욕의 유명 임센터에 도입되어, 의료분야에서 혁신적 가능성을 보여준 사례도 있다. 구글과 페이스북은 인공지능 소프트웨어를 오픈 랩에 올려놓아서 누구나 접근할 수 있도록 했다. 그 결과 초보 프로그래머들도 간단한 자율프로그램을 시도할 수 있어서, 기술발전의 속도는 매우 빠르게 진행되었다.

인공지능 이해의 첩경은 인간의 뇌와 같은 신경망인 뉴럴 네트워크(Neural Network)를 학습하는 방식인 '딥 러닝'을 이해하는 것이 답이다. 딥러닝의 출발점인 머신러닝은 컴퓨터가 데이터를 배우는 것을 말한다. 즉 컴퓨터가 다양한 이미지 데이터 형태를 인식하면서 학습하여, 판단을 하는 것으로, 데이터가 많을수록 학습을 잘하여 오류가 적어지는 것을 말한다. 예를 들면 개 사진을 보여주고 컴퓨터가 개라는 개념을 떠오려야 하는데, 수많은 개 종류(진돗개, 불독, 세퍼드, 삽살개 등)와 개와 유사한 늑대, 여우 등의 사진과 구별을 해야 한다. 문제는 수많은 데이터에서 개의 이미지를 떠올리고, 개라는 이미지를 찾아 판단할 수 있어야 한다는 점이다.

현재 딥 러닝의 기술발전은 인식문제를 주로 처리하는 CNN(Convolutional Neural

Network) 기술의 발전이다. 즉 뉴럴 네트워크를 시간에 따라 적층해서 처리하는 음성 인식과 자연어 처리가 발전하면서 데이터가 적은 상황에서도 주변상황을 판단하면서 반복을 통해 진화하는 강화학습(Reinforcement Learning) 기술이 분화되어 발전하한 것이다. 알파고의 딥 러닝은 수렴신경망과 강화학습의 방법을 활용한 것이다. 최근에는 창의적인 작업에도 활용될 수 있는 VAE(Variational Auto-Encoder), GAN (Generative Adversarial Network) 등의 기술이 딥 러닝에 다양하게 적용되어 많은 기술발전을 이루고 있다.

구글 브레인들은 GPU를 인공지능 칩으로 발전시키기 위해 연구를 진행하였고, 비메모리 반도체 회사인 인텔과 퀄컴도 인공지능 전문 칩인 NPU(Neural Processing Unit) 개발 경쟁에 뛰어 들었다. 인공지능 하드웨어 기술은 미래 모빌리티의 자율주행기술을 구현하기 위한 핵심 기술이기 때문이다. 여기에 시각 이미지를 인식하고, 적절한 판단을 내리고, 실시간 영상을 처리하는 등의 기술은 기존의 소프트웨어로 해결할 수 있는 문제가 아니다.

현재 인공지능 분야의 기술기반 회사로 두각을 나타내는 엔비디아(NVidia: 그래픽칩 전문 기업)는 하드웨어 GPU 기반의 기술을 개발하였고, 수많은 딥 러닝 연구의 표준 하드웨어 기술로 이용되고 있다. 출시된 제품은 'DRIVE PX2'인데 이 제품은 인공지능 자동차 컴퓨팅 개방형 플랫폼을 지향한다. 이 제품은 무엇보다 고속도로에서 초고해상도 지도 처리 등을 통해서 자동화 자율주행을 돕는다. 즉 자동차에 최적화된 기술이 하드웨어를 통해 복수의 카메라와 센서에서 제공된 데이터를 딥 러닝으로 처리하는 기능을 한다. 단일 모바일 프로세서는 초당 24조 개의 딥 러닝 연산이 가능한 복수 프로세서와 GPU로 구성된다. 이들을 병렬로 연결할 수 있기 때문에 인공지능을 접목하는 방법에 따라 고도의 인공지능 처리 시스템이 출현할 수 있는 것이다.

〈그림1.12〉 엔비디아의 자율주행 자동차 인공지능 하드웨어-DRIVE PX2

자료 : nvidia.com(DRIVE PX2)

최근 자율주행차 산업이 발달하면서 전통적인 자동차 제조회사들과 자율주행 기술개발 ICT 기업들이 융합하면서, 자동차 산업이 급격하게 발전하고 있다. 특히 Nvidia와 벤츠, Mobileye와 BMW가 협력해 자율주행차 개발을 진행하고 있다. 그 외에 애플, 구글, 우버, 바이두, 테슬라, 폭스바겐, 아우디, 도요타 등 많은 회사에서도 활발한 연구를 진행하고 있다. 한국의 경우 네이버, 현대차 등에서 자율주행차를 연구·개발하고 있다. 현재는 Level3 수준에 머물러있는 자율주행이지만 이러한 사회적인 분위기가 연구개발 투자에 국가적으로 많은 힘을 쏟을 것으로 보인다. 향후 Level 4, 5 수준의 완전한 자율주행이 가능해지는 시대가 가속화될 것으로 보이기 때문에, 인공지능 Platform에 많은 투자가 이루어져야 한다.

모빌리티와 로봇기술

인공지능 기술의 급격한 발전은 모빌리티 진화와 더불어 로봇기술의 발전으로 이어져 이동의 미래에 기술혁명을 촉발하는 매개체 역할을 할 것이다. 모빌리티 구성은 내부에 사람 탑승을 전제로 자동차를 디자인한 것으로 본다면, 한국이 개발한 로봇 '메소드-2(Method-2)'는 입고 타서 조종하는 형태의 로봇으로 모빌리티의 진화된 형태이다. 2017년 아마존이 개최한 '마스(MARS) 2017 컨퍼런스'에서 로봇을 직접 탑승한 사람이란 주제가 많은 사람의 눈길을 사로잡았다. 크기 4m, 무게 1.3ton에 이른 거대한 로봇인 메소드-2는 공장이나 산업현장, 위험지역 등 극한의 작업장에서 인간과 같이 작업을 수행할 수 있는 로봇이라고 설명했다.

〈그림1.13〉 국제 송금에서의 블록체인 활용 사례

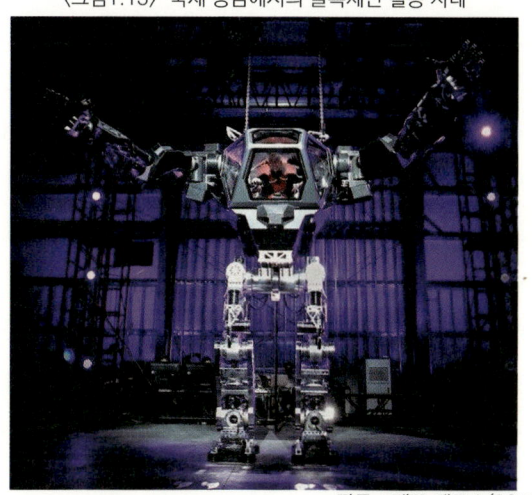

자료 : 제프 베조스(2017)-아마존 CEO./트위터

로봇기술과 모빌리티 기술이 결합되어 개발된 위 사례에서 볼 수 있듯이, 사람이 탑승한 것으로 이동의 미래를 예측할 수 있는 기술진보 사례이다. 향후 많은 영향을 줄 것이며, 이어서 나온 야마하(Yamaha) 기업에서 '데우스 엑스마키나(Deus Ex Machina)'에 콘셉트 디자인을 제공하였다. 오토바이 형태의 36개의 공압식 근육과 7개의 인공척추에 2개의 선형 액추에이터[22]가 연결된 디자인을 가지고 있고, 3개의 바퀴로 서 있을 때와 달릴 때에 자연스런 모습으로 안정된 외관 디자인이다.

〈그림1.14〉 2013년 도심의 접히는 소형 전기차, 히리코(Hiriko)

자료 : Hiriko.com(Hiriko)

　　로봇기술과 자동차가 결합한 시티카 프로젝트는 MIT대학 미디어랩의 디자인이 대표적이다. 미래 도시에 적합한 디자인으로 '히리코(Hiriko)' 자동차는 2인승을 기본으로 전기를 동력으로 사용하는 초소형의 자동차이다. 주차 공간을 최소화할 수 있도록 디자인되어 도로와 가정에서 차를 접어서 주차할 수 있어서, 주차에 큰 장점을 가지고 있다. 교통과 주차 문제가 심한 대도시에 적합한 디자인으로 지하철, 버스나 도시교통과 연계하여 퍼스트·라스트 마일에 적합한 제품이라 할 수 있다. 특히 복합적인 외부 구조가 부드럽게 디자인되었고, 접힐 수 있도록 되었다. 탑승자를 보호할 수 있는 강하면서 가벼운 탄소 소재를 사용하여 연비도 크게 증가시킨 것이 장점이다.

　　이 시티카 프로젝트는 유럽연합의 새로운 미래형 도시 자동차 모델로 실제 사업화를 했다. 스페인 바스크(Barsque) 지방에서 히리코는 500kg 정도로 가볍고 길이는 보통으로 2.5m, 접을 때는 1.5m로 매우 짧았다. 리튬이온 배터리를 사용해서 급속충전 시 15분에

---

[22] 전기, 유압, 압축 공기 등을 사용하는 원동기의 총칭으로써, 보통은 유체(流體) 에너지를 이용하여 기계적 일을 하는 기기를 말한다.

완충되고, 완충으로 120km를 달릴 수 있고, 속도는 50km/h로 달릴 수 있다. 특히 모든 바퀴에 드라이브 모터가 장착되어 4개의 바퀴가 모두 양 옆으로 120도까지 회전할 수 있는 특징이 있어서, 주차와 회전에 매우 큰 장점을 가진다.

한국의 카이스트 대학에서도 아르마딜로(Armadillo)라는 동물에서 착안한 '아마딜로-T'라는 접히는 자동차를 개발해서 공개했다. 이 차의 무게는 500kg, 크기는 주행 시에 2.8m, 주차 시에 1.65m로 매우 작아서 히리코와 견줄 수 있다. 특징은 4개의 바퀴를 독립적으로 제어할 수 있고 360도 회전이 가능한 큰 장점과, 차가 접힐 수가 있어서 주차에는 매우 큰 장점이 있다. 안정적인 성능을 가지며, 자동차와 로봇의 중간적인 모습으로 둘의 장점을 가지고 있다고 한다.

그렇다면 로봇을 넓게 정의할 경우에 자동차도 로봇으로 정의 할 수 있고, 로봇도 모빌리티로 정의 할 수 있다는 의미이다. 로봇 기술의 발전은 모빌리티 미래에 영향을 주고, 모빌리티의 발전은 로봇에 영향을 주는 상호 보완적인 관계가 되어 있다. 인공지능 기술은 로봇 기술의 인간화와 더불어 모빌리티의 자율주행 기술로 발전하면서, 완전 자율주행으로 향하고 있다. 현재의 상황을 볼 때, 기술의 발전은 계속해서 무어의 법칙[23]이 적용되는 미래로 향하고 있다. 이러한 기술의 상호보완적 관계를 로봇과 모빌리티의 관점에서 볼 때, 인공지능 기술과 로봇 기술이 발전한다는 것은 모빌리티 기술이 자율주행차를 넘어 항공과 로봇의 결합으로 새로운 에어모빌리티의 탄생으로 이어진다는 의미로 볼 수 있다.[24]

모빌리티와 기술혁명 사회

모빌리티 발전으로 인한 '문명의 전환' 과정에서 많은 나라와 사회가 많은 혜택 입을 수 있는 반면, 많은 손해를 입을 수도 있다. 한 사회가 발전전략 매뉴얼과 위기대응 매뉴얼을 갖추고 정책적 준비를 해야 한다는 점에서 모빌리티 혁명을 바라보아야 한다. 사람이 이동하고 잠자는 본성이 모빌리티 혁명의 본질에 있다. 모빌리티 혁명이 한 사회와 나라를 부강하게 만드는 원천이 된다는 것을 우리는 많은 사회의 대변혁에서 모빌리티 혁명이 그 가운데에 있다는 것을 알 수 있었다.

---

[23] 1965년 페어차일드(Fairchild)의 연구원으로 있던 고든 무어(Gordon Moore)가 마이크로칩의 용량이 매 18개월마다 2배가 될 것으로 예측하며 만든 법칙으로, 마이크로칩 기술의 발전속도에 관한 것으로 마이크로칩에 저장할 수 있는 데이터의 양이 24개월마다 2배씩 증가한다는 법칙이다. '인터넷은 적은 노력으로도 커다란 결과를 얻을 수 있다'는 메트칼프의 법칙, '조직은 계속적으로 거래 비용이 적게 드는 쪽으로 변화한다'는 가치사슬을 지배하는 법칙과 함께 인터넷 경제3원칙으로 불린다. 또한 컴퓨터의 성능은 거의 5년마다 10배, 10년마다 100배씩 개선된다는 내용도 포함된다.

[24] 이즈미다 료스케(2015), 구글은 왜 자동차를 만드는가, 미래의 창

모빌리티 업계는 어느 산업보다 빠른 속도로 발전하고 있다. 이러한 결과는 더 이상 라이벌의 국적도 의미가 없듯이, 기업들의 합종연횡은 예측할 수 없을 정도로 빠르게 진행 중이다. 100년이 넘는 라이벌 기업 BMW와 벤츠가 자율주행차 기술혁신을 위해 공동 법인을 설립하였다. 토요타와 소프트뱅크는 조인트벤처를 중심으로 완성차와 협력업체 사이의 연합 전선을 구축했고, 포드와 폭스바겐도 모빌리티 서비스 협력을 시작했다. 한국에서도 LG전자와 마그나인터내셜, 현대자동차와 앱티브, 포드와 SK이노베이션, LG에너지솔루션과 GM 역시 조인트벤처를 설립해 새로운 모빌리티 시장을 선점하려고 한다. 이처럼 어제의 적이 오늘은 동지가 되고, 어제의 동지가 오늘은 적이 되는 혼란 속에서 기업들의 전략은 기술개발과 플랫폼 구축에 사력을 다하고 있다. 기업들 상호간에 어떤 목적으로 어떤 전략을 세우고 있는지, 또 경쟁력 확보를 위해서 무엇을 하는지를 주시해야 한다.[25]

그럼 현재의 모빌리티 혁명이 미래에는 어떻게 나타날 것인지 알아보면, '전기차, 자율주행차, 공유' 이렇게 정리할 수 있다.[26] 첫째로 모빌리티에 전기에너지를 활용한 전기차이다. 전기차는 2017년부터 테슬라의 '모델3'가 등장하면서 본격적으로 시작되어 급격하게 확산을 하고 있다. 전기차는 배터리의 생태계 문제인 '전기배터리 충전기술⇒ 전기충전 인프라⇒ 전기차 보급⇒기술 개발'의 선순환 구조의 문제가 해결이 된다면, 확산은 시대의 대세라고 할 수 있다. 탄소의 원유가 고갈되고, 환경문제가 심각해지면서, 공해가 없는 에너지인 전기가 대두되고 있고, 전기를 생산할 수 있는 신재생에너지가 대두가 있고, 그 한 가운데에 수소에너지가 있다. 전기 충전 인프라는 선진국을 중심으로 빠르게 구축되고 있고, 완충시간이 15분으로 앞당겨지면서, 니켈과 수소 이온의 기술개발은 빠르게 미래 에너지에 혁신을 제공하고 있다.

둘째로 모빌리티 혁명은 자동차의 기술 진화속도이라고 할 수 있다. 기술의 진화는 인공지능 기술에 의한 자율주행차의 출현으로 모빌리티에 혁명적 변화를 가져올 것이라고 예측한다. 인공지능의 연산 속도는 18개월마다 2배로 빨라지며, 그에 따라 인공지능 기술의 발전은 무어의 법칙[27]에 따라 성능은 3년에 4배, 6년에는 16배, 12년에는 256배가 될 것이라고 예측할 수 있다. 현재의 자율주행차는 레벨3으로, 현대의 제네시스 G90은 업 버전을 통해서 레벨3의 부분 자율주행이 가능한 기술을 2023년에 탑재한다고 발표를 했다. 이 기술은 서울 톨게이트에서 전주의 톨게이트까지 약 80km/h로 스스로 달릴 수 있도록 부분 자

---

25) 차두원, 이슬아(2022), 포스트 모빌리티, 위즈덤하우스
26) 정지훈, 김병준(2017), 미래자동차 모빌리티 혁명, 메디치
27) 반도체에 집적하는 트랜지스터는 18개월마다 2배씩 증가하고 가격은 반으로 떨어진다고 정의했다.

율주행 설계가 되어 있다고 한다. 향후 2030년이면 누구나 안심할 수 있는 수준의 완전 자율주행차가 나타날 것이다. 더 나아가 하늘을 날수 있는 에어모빌리티인 UAM(Urban Air Mobility)이 상용화 될 것으로 보인다.

셋째로 인공지능 모빌리티의 공유이다. 기업의 입장에서 자율주행차의 첫 고객은 운수 사업자인 물류기업과 택시기업일 것이다. 자율주행차의 공유는 비즈니스와의 결합을 통해 기술의 발전이 급격하게 이루어질 것으로 보인다. 즉 전기차, 자율주행차, 공유자동차가 하나의 자동차로 합쳐 질 것이라는 큰 그림은 기업의 비즈니스 차원에서 모빌리티 비즈니스를 실현하고자하는 기업의 욕구에서 그려질 것이다. 공유자동차의 마일스톤은 국내 SNS의 주도적 기업인 카카오와 네이버 등과 모바일 기업인 SK, KT, LG 등에 의해 실현 가능성이 높아지고 있다. 또한 자동차 제조기업인 현대기아차가 뛰어들어 카카오와 네이버와의 연계를 통해 주도할 가능성도 매우 높아 보인다.

일반인 대다수는 자신도 모르게 발전하는 기술이 '사람 중심의 사회에서 기술 중심의 사회'로 변모되고 있다는 점도 간과되어서는 안 된다. 시간이 갈수록 새로운 혁신을 앞세운 차들은 계속 출시를 할 것이다. 그것은 인간이 소외되는 인공지능 모빌리티의 출현으로 장소와 장소를 이동함에 있어, 신체의 자유와 생각의 자유를 누릴 수 있는 환경 속에서, 인간은 기계에 예속되고 있다는 점을 알아야 한다. 자신도 모르게 핸들에서 손을 떼는 순간 자유과 위험이 싱존하는 세상이 된다는 것으로, 기계 없이는 이동의 자유가 없다는 의미로도 해석할 수 있다.

(3) 모빌리티와 인공지능시스템

모빌리티와 시스템 혁신

자동차의 동력시스템 혁신

자동차에 요구되는 최우선의 가치는 '이동'이라는 기능적 가치와 더불어 인간과 항상 함께하는 고급 주얼리와 같은 정서적 가치가 동반되고 있다. 자동차는 어떤 사람에게는 지위이자 존재감이고 스타일이라 생각하여 인간에게 특별한 상품이다. 즉 매스로[28]의 인간의 욕

---

28) 1951년부터 1969년까지는 브랜디스(Brandeis)대학교의 심리학 부장을 맡았다. 인본주의 흐름에 앞장선 인물로, 인간에 대해서 전체적이고 역동적인 관점을 가지고 있었던 매스로의 이론은 동기화 이론과 욕구위계이론이 가장 대

구에 따르면, 생리적 요구, 안전의 욕구, 애정과 소속의 요구, 자기존중의 욕구, 자아실현의 요구라는 욕구 5단계 설에 가까운 정서적 상품이 강하다. 그래서 자동차는 사람에게 자랑거리이자 일종의 문화로, 자동차의 첨단화는 인간과 가깝고, 친숙한 이동체로 인식이 확산되면서 기계의 로봇화가 진행되고 있다고 할 수 있다.[29]

자동차의 가치 중 이동의 가치와 더불어 중요시되는 가치는 '안전'의 가치임으로 미래 자동차 또한 안전제일이라는 가치 또한 최우선 과제일 것이다. 모든 IT시스템의 최우선은 안전이고, 편리성, 효용성 등이다. 자율주행차의 등장에서 제일 경계해야 할 일은 사망사고에 대한 안전문제가 될 것이다. IT제품이나 IT서비스는 문제가 생기면 수정하면 되지만, 자동차는 문제가 생기면 인명사고로 이어지기 때문에, 업계에서 가장 경계를 하고 있다. 인공지능 시스템의 등장은 이러한 시스템의 문제를 데이터에 의해 체계적이고 합리적으로 처리하여 많은 문제점을 해결하고 있다.

모빌리티 혼란의 시기에 자동차 산업의 구조는 자동차에 대한 가치관의 변화를 훨씬 웃도는 속도와 규모로 혁명에 가깝게 기술의 진화가 이루어지고 있다. 그 상징적인 사례가 테슬라의 등장이다. 테슬라는 미국 자동차의 상징과 같은 포드의 등장 이후 1세기만에 나타났다. 당시 포드는 자동차 산업에 혁신을 몰고 왔고, 테슬라 또한 현재의 자동차 산업에 혁명에 가까운 기술인 동력혁신을 이룩하고 있다. 전 세계 자동차 시장에서 테슬라의 전기에너지와 테크놀로지 및 디자인 등의 적용은 그동안의 없었던 혁명적인 사례로 업계의 구조를 붕괴시키면서, 새로운 첨단기술 트랜드를 창조하고 있다.

그 첫째가 디젤·가솔린 엔진을 전기 모터로 바꾸면서, 구동계의 혁신을 일으키며 등장한 전기차이다. EV볼륨(EV-Volumes.com)에 따르면, 2021년 상반기 세계 전기차 판매량은 전년 동기대비 168% 급증한 265만대가 판매되어, 전년 연간대비 80% 수준에 육박하고 있다. 22년 연간 전기차 판매량이 전년 대비 98% 증가한 640만대(BEV 400만대, PHEV 240만대)를 넘길 것으로 예상했다. 우드맥(Wood Mackenzie)[30]도 22년 전기차 판매량이 600만대 이상이 될 것으로 전망하고 있다. 우드맥은 전기차 판매가 2030년에 연간 2,300만대

표적이다.

29) 강준만(2012), 자동차와 민주주의, 인물과 사상사
30) 우드 맥켄지는 에든버러에 기반을 둔 작고 비교적 알려지지 않은 주식 중개인으로 설립되었습니다.1970년대에 이르러서는, 주식 조사의 품질로 유명한 영국의 3대 주식 브로커가 되었습니다.1973년, 당시의 주식 분석가들이 최초의 석유 보고서를 발표했고, 그 이후로 우리는 고객의 요구에 따라 글로벌 리서치 및 컨설팅 비즈니스를 구축해 왔습니다.

에 달해 자동차 신차 판매량의 23% 이상을 차지할 것으로 예상했다.[31]

EV볼륨[32]에 의하면, 2022년 글로벌 EV 판매에서, 현대와 기아는 지난 18개월 동안 아이오닉 5, 기아 EV6, 기아 니로, 제네시스의 EV 3대를 포함해 최소 9대의 신형 및 개량형 EV를 출시했다. 이들의 글로벌 성장은 이 분야의 성장을 능가했으나, 중국에서 이들의 EV의 존재감이 사라지고 있다. 유럽 및 일본의 다른 OEM 업체들은 자동차 시장 약화로 공급망 교란 및 EV 수요 과소 예측으로 인해 섹터의 성장을 따라잡지 못했다. 도요타와 재규어, 랜드로버는 지난해보다 EV를 덜 공급했다.

가솔린차는 수직 통합 비즈니스 모델로 기획, 생산, 판매 등에 이르는 구조를 갖는다. 수평 분업 비즈니스 모델인 전기차는 표준화된 부품을 조합하는 모듈화 방식으로 기획, 제조, 판매에 대한 각 단계를 외부업체에 맡기는 방식을 채택할 수 있다. 그래서 기존의 자동차 제조 방식을 혁신하고 혁명할 수 있다. 또한 아래와 같이 흡기계, 배기계, 냉각계 등 수많은 기계 계통 부품이 필요한 엔진시스템에서, 기계 부품이 간소화된 전기·전자 계통 부품 중심의 모터시스템으로 변경된 점이다. 제조의 접근성이 많이 낮아진 점이 특징이다. 즉 자동차의 전자화가 진행됨으로써 자동차라기보다는 전기첨단기기(자동차+전지+IT+AI)라고 부르는 것이 좋을 것이다.

〈표1.1〉 가솔린 디젤차와 전기차의 비교

구분	가솔린·디젤차	전기차
중심적인 부품	기계 계통의 부품 중심	전기 전자 계통의 부품 중심
중심적인 부품	무겁다	경량화
비즈니스 모델	수직통합 모델	수평분업 모델
부품 공급 관계성	계열부품 공급 진입 장벽 有	모듈화로 진입 장벽 파괴
부품 공급 포지션	단일 부품 중심	시스템 공급자 진화
제품 생명주기	비교적 생명주기 길다	생명주기 짧다
비즈니스 모델	공급망형 비즈니스 모델	계층 구조형 비즈니스 모델
동력 장치	엔진 시스템	모터 시스템
에너지 장치	연료 탱크·펌프, 인젝터 등	리튬이온 전지, 차량전지
제어계	엔진제어, 자량용 유닛	통합제어 시스템, 인버터 등
흡기계	스로틀 밸브, 에어 크리너 등	불필요

---

31) 글로벌오토뉴스(2022.1.3), 178. 파워트레인의 미래- 58. 전기차, 올 해에도 대형차와 SUV 위주
32) 글로벌 정보 소스를 사용자에게 친숙한 온라인 애플리케이션 제공과 플러그인 차량 및 해당 환경에 대한 글로벌 시장 데이터에 쉽고 빠르게 액세스하는 회사

배기계	배기 순환장치, 가스환원장치	불필요
냉각계	라기에니터, 워터펌프 등	간소 및 불필요
윤활계	오일펌프, 오일스트레이너 등	간소화
구동계	드랜스미션, 컨버터, 클러치	간소화 및 변속기

자료 : 정지훈, 김병준(2017), 미래자동차 모빌리티 혁명, 메디치

자동차와 모듈시스템[33]

　미래의 자동차는 자동차+전지+전자+AI까지 한 제품에 융·복합하는 제조 및 서비스까지 융합이 이루어지고 있다. 거의 모든 산업이 융·복합한다고 생각할 수 있다. 즉 자동차에 전기 시스템과 IT, 인공지능 등이 결합되어 인간이 최소한의 역할만 하는 새로운 형태의 모빌리티가 탄생할 경우에, 산업의 형태는 어떤 변화와 혁신이 이루어질지가 핵심 화두이다. 미래 자동차 산업은 전통적인 제조기업(아우디, GM, 도요다, 현대 등)에서 보는 모빌리티와 전자기업(애플, 소니, 삼성, LG 등)에서 보는 모빌리티의 시각이 다르다. 관점의 시작은 다르지만 목표인 모빌리티의 종착점은 인공지능 이동체가 될 것으로 보인다.

　미래 자율주행차의 차량은 하드웨어와 소프트웨어 시스템이 인공지능과 연결되어 거대한 모빌리티 플랫폼에서 스스로 작동할 것이다. 자율주행은 어떻게 운전하느냐가 아니라 어떤 모빌리티 플랫폼 안에서 운행이 이루어지냐에 따라 서비스와 콘텐츠가 달라진다고 생각하면 좋을 것이다. 마치 아이폰의 애플 플랫폼과 삼성, 샤오미 등의 구글 안드로이드 플랫폼의 선택에 따라 서비스 플랫폼 형태가 차이나는 것과 같이 비슷할 것으로 생각된다. 좀 더 설명하면 아마존이 빅데이터+인공지능을 통해 고객의 취향을 실시간으로 파악하여, 맞춤형 서비스를 제공하듯 자동차를 컴퓨터 세팅하듯 미래의 모빌리티도 같을 것으로 보인다.

　거대한 모빌리티 플랫폼에 연결된 AI자동차는 PC나 스마트폰 산업에서 일어났던 제조사에서 소프트웨어 업체로 주도권이 옮겨 간 역사를 살펴보면 좋겠다. 기존의 제조업 형태의 가치사슬의 구조가 수직형 구조에서 수평 모듈형 구조로 변함을 의미한다고 생각하면 될 것이다.

　PC산업의 OS는 컴퓨터의 두뇌로 소프트웨어의 성능이 좌우한다고 해도 좋다. 또한 하드웨어의 성능은 반도체의 직접도에 의해 발전하기 때문에 윈텔[34]은 관련 제품의 사양과 성능까지도 지배했다. 즉 PC의 두뇌를 다스렸던 마이크로소프트사와 심장을 지배했던 인텔사의

---

[33] 다니카 미치아키(2019), 누가 자동차 산업을 지배하는가?, 한스미디어
[34] 마이크로소프트 (MS)의 PC 운영체제 '윈도(Window)'와 CPU시장을 장악하고 있는'인텔(Intel)'을 조합한 용어. 세계 PC 시장에서 운영체제(OS)는 윈도, 프로세서는 인텔 칩이 업계를 장악해 왔다.

연계체제가 확립되어 있는 것과 같다. 스마트폰 산업은 애플과 구글+α의 지배체제로 애플은 OS, 하드웨어, 앱 서비스 등의 풀 라인업을 구축했으나, 구글은 OS, 앱 서비스를 삼성과 기타 기업이 하드웨어를 담당하는 연합군 형태를 구축하였다. 기타 기업으로 반도체, 디스플레이, 서비스 기업 등이 있다. 아래는 PC와 스마트폰에 대한 지배체제를 도표화 하였다.

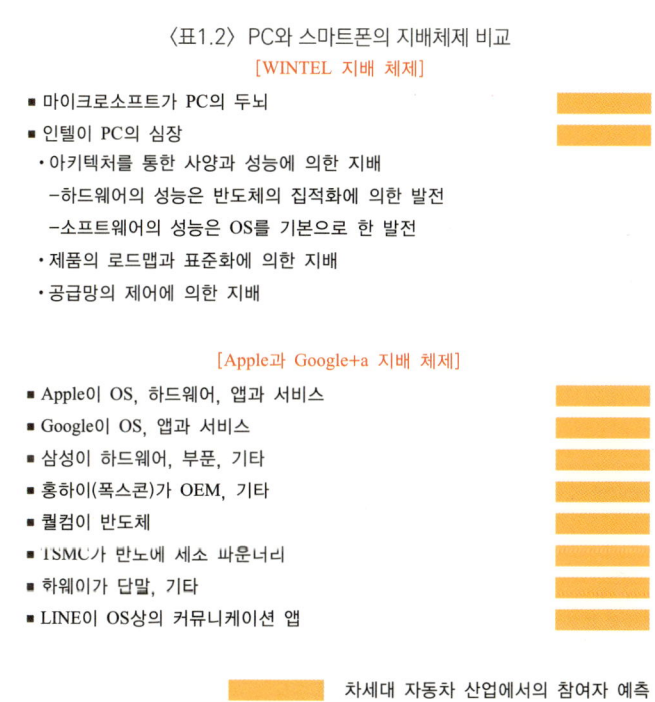

〈표1.2〉 PC와 스마트폰의 지배체제 비교

[WINTEL 지배 체제]
- 마이크로소프트가 PC의 두뇌
- 인텔이 PC의 심장
  · 아키텍처를 통한 사양과 성능에 의한 지배
    −하드웨어의 성능은 반도체의 집적화에 의한 발전
    −소프트웨어의 성능은 OS를 기본으로 한 발전
  · 제품의 로드맵과 표준화에 의한 지배
  · 공급망의 제어에 의한 지배

[Apple과 Google+α 지배 체제]
- Apple이 OS, 하드웨어, 앱과 서비스
- Google이 OS, 앱과 서비스
- 삼성이 하드웨어, 부품, 기타
- 홍하이(폭스콘)가 OEM, 기타
- 퀄컴이 반도체
- TSMC가 반노에 세소 파운너리
- 화웨이가 단말, 기타
- LINE이 OS상의 커뮤니케이션 앱

차세대 자동차 산업에서의 참여자 예측

모빌리티 미래산업 구조는 각 계층의 제품을 사용자가 선택하여 조합시켜 조립하는 방식으로, 스마트폰 제조 유통구조를 택할 것으로 보인다. 예를 들면 단말기는 애플, 삼성, 소니, 샤오미 등과 OS는 애플, 구글 그리고 통신회사는 도코모, SK, KT 등의 구조를 가진다. 그래서 미래의 자동차 산업도 대혼란이 올 것이며, 무한 경쟁의 시대가 도래 했다고 생각하면 될 것이다.

향후 모빌리티 산업을 스마트폰 산업과 비교하면서, 미래 자동차 산업의 선택지를 예측해 보면 다음과 같다. 하나, OS, 플랫폼 등 생태계를 제공한다. 둘, 단말, 부품, 하드웨어를 제공한다. 셋, 중요 부품을 중심으로 모듈연합체의 일원이 된다. 넷, OEM, ODM[35], EMS[36]구조의 참여자가 된다. 다섯, 미들웨어를 제공한다. 여섯, OS상의 앱&서비스 관련 제공자가 된다. 일곱, 공유와 지도 등의 서비스 제공자가 된다. 여덟, 유지보수 및 서비스 등의 제공자가 된다. 현 상황을 정리하면, 사업의 진화가 너무 다양하게 이루어질 것이며, 수직 통합, 수평 분업 등 수많은 재결합이 이루어지면서, 스마트폰 사업과 같이 거대한 모빌리티 제조 산업도 패권이 정해질 것으로 보인다.

〈표1.3〉 PC와 스마트폰의 지배체제 비교

- 상품 · 서비스 · 콘텐츠
- 클라우드 · 플랫폼
- 소프트웨어 · 플랫폼
- 차량용 OS
- 하드웨어 · 플랫폼
- 차량 레퍼런스
- 차체
- 통신 및 통신 플랫폼
- 전기 및 전기 플랫폼
- 도로(사회 시스템)

모빌리티와 스마트 시스템

자동차와 스마트 디바이스

구글이 2009년부터 완전 자율주행차 출시를 위해 노력하던 시기에, 전기차로 주목받던

---

35) 백화점에서 물건을 고르듯이 A의 제품들을 살펴보고 마음에 드는 것을 고른다. 그러면 A는 생산해서 납품하고 그 제품은 B의 브랜드가 찍혀 판매가 된다.
36) 기술의 발전 속도가 빠르다보니 양산준비를 하다보면 늦기 마련이다. 그래서 전자제품에서 중간단계에 있는 어떤 부품만 생산을 맡기는 것이다.

테슬라가 2015년 10월 오토파일럿(AutoPilot)이라는 브랜드 명으로 자율주행 소프트웨어를 전격적으로 출시했다. 테슬라의 모델S(Model S)자동차는 이 오토파일럿 운영체제를 스마트폰처럼 버전을 시기마다 업그레이드 하면서 부분 자율주행을 이용할 수 있게 했다. 즉 2014년 신차를 출시할 때, 자율주행에 필요한 각종 센서를 장착하여 출시를 했고, 자율주행 관련 사항을 철저하게 준비를 하여 신차 돌풍을 일으킨 것이다. 한편으로는 구글, 애플 등 IT 선도기업과의 경쟁에 두었기에 충분한 도로테스트를 거치지 않고, 먼저 신차를 출시하고 소프트웨어를 업데이트를 하는 것으로 했다. 테슬라 오토파일럿은 자율주행을 할 수 있는 모든 데이터를 실제도로에서 확보하는 것이 핵심이다. 때문에 오토파일럿은 데이터의 누적에 따라 자율주행 소프트웨어의 완성도는 계속 높아질 것이고, 현재도 계속 업데이트 되고 있다.

〈그림1.16〉 테슬라 모델S의 오토파일럿(AutoPilot) 시연 사진)

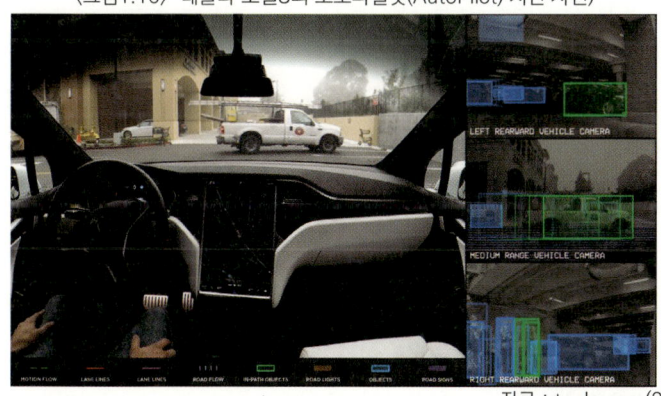

자료 : tesla.com(2022), AutoPilot

그 당시 테슬라의 오토파일럿 베타 테스트 프로그램은 자율주행 시스템으로써 설익은 소프트웨어라는 의견이 많았다. 하지만 테슬라가 자동차 시장에서 미래 자동차라는 인식을 각인하는 효과가 매우 크게 나타났고, 새로운 모빌리티의 출현에 대한 시장의 반응 또한 선풍적이었다. 기존 자동차 시장에서 신상품을 개발하여 출시하지 않고, PC나 스마트폰과 같이 소프트웨어 업그레이드만으로 신제품효과를 내고 있었기 때문이다. 기존 시장의 모델과는 자동차 제품으로써 근본적인 차이점을 가지고 있었다. 향후의 모빌리티 시장은 하드웨어뿐만 아니라 소프트웨어도 자동차의 가치를 결정하는 중요한 요인으로 작용하는 시대가 도래했기 때문이다.

미래자동차를 가전제품으로 보는 시각이 폭넓게 확산되고 있는 것은 애플의 최고 경영자인 제프 윌리엄스(Jeff Williams)가 2015년 5월에 이제 '자동차는 궁극적으로 모바일기기'로 칭하자는 말이 회자되면서 큰 반향을 일으켰다. 또한 애플의 자동차 산업 진출에 대한 기대가 시장에 폭넓게 퍼진 계기가 되었다. 애플카의 디자인이 유출되면서, 자동차 생산 OEM[37]업체를 찾는다는 소문이 무성했다. 테슬라 모델S 자동차는 자동차 및 IT 산업에 큰 반향을 일으켰고, 전기차와 자율주행차의 결합과 시너지는 스마트 혁명과 같은 폭발적인 시장의 변화로 읽히고 있다. 모바일 시장에서 '아이폰 혁명'은 2000년 초 모바일 시장의 최강자인 '노키아'를 단시일에 몰락하는 결과를 가져왔기 때문에 자동차 시장에는 큰 충격으로 받아들여지고 있다. 더 나아가 모빌리티 시장에 혁명과 같은 변혁이 몰아닥칠 것으로 전문가들은 예상하고 있다.

이런 측면에서 미래차 인테리어를 보면, 운전석을 중심으로 한 디지털 스크린으로의 변모는 멈출 수 없는 대세가 될 것이라고 한다. 과거 아날로그 계기판은 이제 비용면에서 더 이상 경쟁이 되지 않는다. 하지만 운전석을 제외한 차내 스크린 경쟁이 과연 어디까지 갈 것인지는 시간이 조금 흐르면 알게 될 것이다. 과시하려는 소비자들도 있을 테지만 정말 가치 있는 것인지 아닌지는 시장에서 나타나기 때문이다. 당분간은 프리미엄 브랜드를 중심으로 한 스크린 경쟁이 마치 과거 스마트폰의 사이즈 경쟁처럼, 서로 몇 인치의 스크린을 넣었다는 식으로 계속될 것 같다. 특히 고급 브랜드로 가면 갈수록 차별화할 수 있는 거의 모든 것을 좀 더 나은 것으로 바꾸면서 가격을 올려 받으려 하기 때문이다. 앞에서 말한 것처럼 제조사는 스크린에 대해 싸워야할 과제들이 많기 때문이다. 경쟁력이 아닌 비용으로 인식되는 순간, 아마 소비자가 아닌 제조사들이 먼저 버려야할 물건으로 생각할 것이다.[38]

그렇다면 미래자동차의 혁신이 모바일의 혁신인 스마트폰으로 여겨지는 이유에 대해 핵심 특징을 분석해보면 다음과 같다. 첫째, 배터리, 센서, 디스플레이, 카메라 등 중요 부품으로 구성된다. 둘째, CPU가 있고, OS를 통해 기기를 통제하고, 네트워크에 접속한다. 셋째, 비슷한 소프트웨어라고 해도, 소프트웨어 응용과 업그레이드를 통해 전혀 다른 가치를 제공한다. 넷째, 사용자 경험에 따른 디자인인 UX Design(User Experience Design)[39] 등의 중요성이 강조된다. 다섯째, 마케팅 측면을 보면 '미래 제품' 지향적 측면의 취향을 고려한

---

37) 대부분의 선진국에서는 높은 인건비로 인해 가격경쟁력을 상실한 경우가 많아, 인건비가 비교적 저렴한 동남아시아나 중국 등지에 공장을 세우거나 현지의 제조공장에서 OEM(original equipment manufacturing) 방식을 이용하여 제품을 생산하여 제3국으로 수출한다.
38) 박수례(2022), 자동차 인터페이스 디자인, 책만
39) 소비자가 제품이나 서비스 등을 선택하거나 사용할 때 발생하는 제품과의 상호작용을 제품 디자인의 주요소로 고려하는 것

플래그십 매장 성격으로 운영된다. 위 다섯 가지의 요인들 때문에 향후 자동차 산업의 트렌드를 모바일을 통해 예측할 수 있을 것이다.[40]

미래모빌리티와 플랫폼

자동차 산업을 떠올리면 포드가 컨베이어 벨트 시스템을 도입하여 자동차 산업의 혁신을 이루었고, 이 자동차 대량 생산 시스템은 다른 산업에도 도입되어, 인간 사회가 물질적 풍요를 이룩한 계기를 만들었다. 컨베이어 벨트시스템은 자동차 산업의 상징이자 대량생산 시스템의 상징으로 현대 산업사회의 표상과 같이 인식되었다. 그러나 향후 자동차의 생산은 PC나 스마트폰 산업의 형식과 유사하게 진행될 것이라는 것은 많은 전문가와 많은 자료가 말해주고 있다. 실제로 테슬라 모델S의 신차를 보면 더욱 실감이 날 것이다.

자동차 개발이 많은 시간과 많은 자본이 필요한 이유는 제품 설계와 디자인, 생산 공장, 부품 공장, 판매 대리점 등 수많은 공정이 있기 때문에 산업적 접근이 너무도 어렵다. 특히 생산 기간과 판매 기간이 길어지면서, 사업자의 금융 리스크 및 장기간 현실적인 사업조건(개발, 생산)을 감당하기 어렵기 때문이다. 또한 자동차의 핵심 하드웨어인 엔진에 대한 노하우는 보통 사업자들이 접근하기도 힘들고, 전체 기술 시스템에 대한 노하우 및 부분 기술도 너무도 많아서 더욱 힘든 부분이 많다. 이렇게 자동차 제품 개발과 생산 및 마케팅을 전반적으로 추진할 수 있는 것은 대기업만이 가능하다 할 수 있다.[41]

전통적인 자동차 산업의 가치 사슬을 보면, 제조과정 전부분을 완성차 기업에서 OEM을 책임지고 총괄하면서, 부품 업체들과 EMS 결합을 하고, 마케팅 업체들과 판매 결합을 하면서 순차적인 마케팅을 하는 결합방식을 채택하고 있다. 아래 그림은 기존과 미래의 자동차 가치사슬을 도식화해 보았다.

---

40) 커넥팅랩(2022), 모바일미래보고서2023. 비즈니스북스
41) 한국은행(2020), 자동차 산업의 가치사슬 변화

<그림1.17> 자동차 산업의 가치사슬 비교

기존 자동차 산업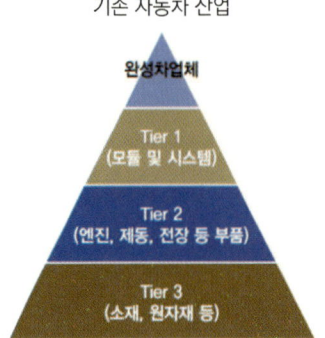

미래 자동차 산업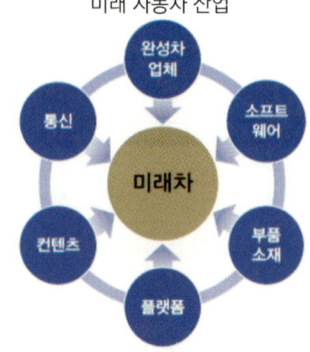

자료 : 한국은행(2020), 자동차 산업의 가치사슬 변화

　미래의 모빌리티 환경은 스마트폰 산업과 같이 소프트웨어가 자동차의 가치를 결정짓는 상황과 같이 기존의 자동차 생산구조와는 전혀 다르게 전개될 가능성이 매우 높다. 테슬라에서 시작된 자동차의 혁신을 넘어 혁명으로 향하고 있고, 기존과는 전혀 다른 생산과 마케팅 시스템이 창조될 것이다. 새로운 모빌리티 제품은 자동차를 넘어 항공과 결합한 에어모빌리티 제품이 개발되고 있고, 2027년에는 부분 운행을 한다고 한다. 이처럼 한 발짝도 알 수 없는 혁신에서, 혁신의 기술혁명 의한 변혁은 산업의 혁명을 넘어 사회혁명도 시작되고 있다. 이런 시작은 전기 자동차의 테슬라가 시작하여, 모바일의 애플도 애플자동차를 시작했다는 반응 속에서 산업의 변화는 빠르게 진행되고 있다.

　그중에 애플의 제품 설계와 소프트웨어 개발은 시장을 긴장하게 하고 있다. 아이폰을 대만의 폭스콘이 생산한 것처럼, 애플은 일본의 도요다, 한국의 현대기아차를 만나 생산을 협의한 적도 있었다. 애플의 자동차 산업에 대한 접근은 글로벌 자동차 업계 모두가 긴장하고 있다. 가장 빠르게 대응하고 있는 기업은 한국의 현대기아차로, 자동차 기업이 아닌 '모빌리티 기업'이라고 선언했고, 수익구조를 자동차 40%, 모빌리티 30%, 로봇 30%의 구조로 바꾸며 운영하겠다고 발표를 했다.

　이러한 배경에는 미래 모빌리티 플랫폼 구조가 기존 자동차 산업구조와 매우 다른 스마트폰 플랫폼 가치사슬 구조를 띠고 있다는 전제가 있다. 즉 수많은 부품업체의 공급시장과 소비시장의 양면 시장이 소프트웨어를 통해 연결되어 있다는 점을 창안하여, 새로운 생태계의 창출이 가치 형성의 지름길이라고 여기고 있기 때문이다. 여기서 플랫폼 사업자라 함은 팔고 사는 각종 회사 및 많은 개인들이 모여 거래하는 거대한 인프라로, 스마트폰 플랫폼과 같은 구조를 생각하면 된다. 이러한 구조는 단계적으로 모빌리티 시장의 형태와 결합되면서,

모빌리티만의 미래플랫폼을 형성할 것으로 보인다.

   미래 전기차를 생산하는 플랫폼을 생각해보면, 과거 컨베이어 시스템을 통해 제조하던 과정을 PC와 같은 모듈형태의 부품을 끼워 맞춰가는 조립과정으로 구조화한다고 생각하면 된다. 새로운 부품들이 쏟아져 나오는 전자상가에서 고객의 요구에 맞는 성능과 가격대에 맞춰 부품을 선택하여, PC조립을 하는 과정처럼 생산 시스템에 적용하면 될 것으로 보인다. 즉 자동차 하드웨어 제조사들은 다양한 부품사로부터 부품을 구매한 후 고객의 기호와 요구에 맞춰 조립을 하는 형태의 생산시스템을 갖추게 되면, 재고부담을 최소화할 수 있다. 또 자동차 마케팅도 상당한 분화가 이루어질 것으로 보이며, 이러한 자동차 가치사슬 생태계가 거대하게 구성될 것으로 보인다. 아래 표는 자동차 산업의 패러다임 전환에 대해 정리해 보았다.[42]

〈표1.4〉 가솔린·디젤차와 전기차의 비교

패러다임	변화 부분	전환 방향	의미
전기차	하드웨어	내연기관차→전기차	자동차가 내연기관 위주의 복잡한 기계에서 모듈화된 단순한 전기전자기기 구조로 전환
자율주행	소프트웨어	운전자조작→자율주행	전통적인 운전의 개념이 사라지면서 기술이 노동력을 대체하게 되고 잠재적 수요층이 확대
공유차	이용방식 (소프트웨어)	소유→공유, 재화→서비스	부가가치 창출 방식이 재화가 아닌 서비스 판매의 형식으로 이루어짐
커넥티드카	자동차 정의 공간의 개념 (초연결 지능형 공간)	이동수단→모바일 공간 단절된 공간→연결된 공간	이동만을 위한 단절된 공간에서 초연결 지능형 공간으로 탈바꿈하면서 자동차가 단순한 이동수단이 아닌 정보와 컨텐츠를 소비하는 공간으로 변화

자료 : 한국은행(2020), 자동차 산업의 가치사슬 변화

   자동차 미래플랫폼은 자동차의 가치가 PC나 스마트폰처럼 설치된 소프트웨어 따라 결정되고, 소프트웨어의 바탕에 어떻게 구성할 것인지는 고객에 따라 결정되기 때문에, 매우 다양한 자동차가 나타날 것이다. 즉 아이폰과 안드로이드폰은 하드웨어 기능과 스펙은 유사해도 구동하는 OS와 앱에 따라 매우 다양하게 나타나듯이 자동차도 사무, 물류, 여행, 드라이브, 캠핑 등 매우 다양하게 나타날 것으로 보이며, 각 분야별로 일과 개성, 취향에 따라 더욱

---
42) 한국은행(2020), 자동차 산업의 가치사슬 변화

세분화될 것으로 보인다.

　이러한 사항들은 자율주행차의 등장에 따라 하드웨어 등이 더욱 다양하게 나타나면서, 자율주행 OS의 종류와 버전에 따라 성능과 구조, 디자인 등이 달라지기 때문에 그 형태는 너무도 다양할 것으로 보인다. 예를 들면, 운행시간에 정보를 취득하고, 물건을 거래하고, 문화를 즐기고, 강좌를 배우는 등 매우 다양한 행위를 할 수 있다. 이러한 행위에 맞는 자동차의 구성은 하드웨어에 OS와 앱을 구성하고, 이에 맞는 구조와 디자인이 이뤄지고, 마치 컴퓨터와 같이 조립되는 자동차인 것이다. 이를 수행하기 위한 새로운 플랫폼은 수많은 기회와 가치 창출을 위해 수많은 새로운 일이 만들어질 것이고, 엄청난 부의 창출이 이루어 질 것이다.[43]

자동차와 자율주행 시스템

인간과 기계의 상호작용

　모빌리티 산업에 인공지능이 도입되면서, 운전자 보조로 부분 자율주행시스템이 장착되고 있다. 드라이빙과 정지, 출발 등에는 사람이 운전을 하지 않아도 자동차 스스로 알아서 하고 있다. 즉 자동차 스스로 간단하게 통제하면서 운전을 하고, 네비게이션 조작과 이메일을 확인, 전화 콜·백 등 간단한 조작을 보조하는 상황이 되었다.

　드라이빙이 기계에 의한 자율주행으로 변환되고 있는 시점에 운전자와 자동차의 상호작용을 담당하는 컴퓨터 디스플레이 디자인은 단순 제어에서 자율주행까지 변화하는 과도기 상황이다. 때문에 더없이 중요해지고 있다. 자율주행으로 넘어가는 시기에 인간과 기계의 상호작용의 원칙을 정리하면 다음과 같다.[44]

　첫째로 인간이 기계의 상태를 알아야 한다는 것이다. 즉 자동차의 상태와 모드를 적절하고 의미 있는 방법으로 운전자에게 알려야 한다는 점에서, 자동차의 모든 사항이 운전자에게 전달이 되어 대처를 할 수 있는 드라이빙 구조로 배치가 이루어져야 한다. 언제, 어디서 어떤 정보가 의미 있는 정보인가?, 기계가 어떤 모드로 드라이빙 하는지?, 대응 모드가 잘 진행되고 있는지? 등에 대한 상황을 시각과 청각을 통해 운전자에게 알려주어야 한다.

　기술사례를 살펴보면 헤드업 디스플레이는 자동차 주변, 차선 표시, 차 현재모드 등을 볼 수 있게 해주는 기술이다. 이 기술은 차에 설치된 카메라가 차량 주변 환경을 촬영해 이미지

---

43) 커넥팅랩(2022), 모바일미래보고서2023. 비즈니스북스
44) 김석준(2021), 전기 자동차와 자율주행, 커뮤니케이션북스

를 고성능 소프트웨어에 전송하면, 이미지를 내비게이션의 디스플레이 화면에 띄워서 차량 상황을 알려준다. 또한 다중 모드를 적용하면 운전자의 집중도가 좋아져 사람과 기계 사이의 정보교환이 쉽게 이루어지고, 사람은 차량과 드라이빙 정보를 많이 접하게 되어 정확한 판단을 하게 되는 것이다.

〈그림1.18〉 자동차의 헤드업 디스플레이 적용 사례

자료 : wayray.com(2022), Deep Reality Display

둘째로 사람과 기계 사이에 상호 의사소통이 이루어져야 한다는 것이다. 즉 사람과 기계가 상호 감시를 하고, 의사소통을 정확한 시스템체계에 의한 상호소통이 이루어져야 한다. 정확한 피드백은 자동차의 주행 모드에 혼선을 주지 않으면서, 명확한 주문과 모드 변환은 시각적 청각적 알림을 통해 전달한다. 특히 시각적 디스플레이에 대한 전달은 매우 중요함으로 주행 모드가 눈에 잘 띄도록 아이콘의 배치는 매우 중요한 사항이다.

2015년에 아우디 A7은 샌프란시스코에서 라스베이거스까지 자율주행에 성공할 때, 차량의 상태를 사람이 모두 알 수 있도록 하는 디스플레이를 배치하였다. 주행할 모드가 준비되면 계기판에 시스템 파일럿 모드 아이콘이 뜨면서, 운전자에게 상황을 알린다. 오토파일럿 모드의 작동을 원할 때는 두 손으로 핸들을 잡고 양쪽에 있는 버튼을 동시에 누른다. 오토파일럿 모드로 전환되면 디스플레이에 아이콘 버튼에 불이 들어온다. 운전자가 다시 차량 통제권을 가지려할 때에는 언제든지 핸들을 잡고 움직이면 아이콘 버튼에 불이 꺼지면서 통제권을 운전자가 가져올 수 있다.

〈그림1.19〉 자동차의 첨단 디지털 디스플레이 사례

자료 : mercedes-benz.com(2022) : A클래스- 4세대 10.25인치 디스플레이

미래의 자동차는 운전자가 명령 버튼을 누르거나, 음성 명령을 하면 시동이 걸리고, 근접 센서에 의해 사람의 눈에 연결이 되어 디스플레이를 통제 할 수 있을 것이다. 이 디스플레이에 뜨는 모든 데이터는 인공지능에 의해 종합되고, 관련 기능 상황에 대한 사항은 클라우드 센터와 운전자에게 전달을 하여 최종 명령이 떨어지면 차량은 드라이빙 모드를 거쳐 움직일 것이다. 운전자와 탑승자의 상황을 각 센서들이 파악을 하여, 안락한 상황을 유지하면서 주행을 지속할 것이다. 운전자의 취향에 맞는 문화오락을 제공하고, 뉴스나 맛 집, 관심지역 등을 디스플레이나 스피커를 통해 제공할 것이다. 이와 같이 사람과 기계는 끊임없이 소통을 하면서 최적의 드라이빙 상황을 제공할 것으로 보이기에 사람의 활동과 동선은 모빌리티를 중심으로 구성될 것으로 보인다.

자동차의 자율주행 환경

모빌리티 산업에서 시장과 사업의 관점의 변화가 생길 때 매우 중요한 문제는 기술혁신 폭과 시장변화 폭의 정도에 따라 다르게 전해질 것이다. 현재 기술 혁신의 정도는 인공지능과 수소에너지의 기술혁신에 따라 모빌리티 기술 혁명 정도는 정해질 것이다. 시장변화의 정도는 이산화탄소의 과다 배출로 인한 지구 온도 상승이 너무도 빠르고, 오존층 파괴로 인한 자외선의 증가가 인간의 생명을 위협하고 있는 상황이다. 두 가지 모두가 사회 대변혁의 요건 충족을 넘어 과도한 상황이다. 전기차와 부분 자율주행차가 도로에서 운행을 시작하면서, 시장 변화에 촉매제 역할을 하며, 인간의 이동에 대변화를 예고하고 있다.

먼저 기술혁신의 주체인 자율주행차와 관련된 논의는 모건 스텐리(Morgan Stanley)의 2022년 자료를 보면 알 수 있다. 전동화(EV) 기능부터 자율주행 기능까지 자동차 한 대당

들어가는 전자장치의 기술 가치가 계속 늘어나고 있다. 이에 따른 스마트 EV산업이 앞으로의 테크산업 공급망을 위한 새로운 텃밭이 될 것이라고 기대하면서, 실제 전체 자동차시장에서 전기차 비중은 2025년이면 18%에 이를 것으로 내다봤다. 특히, 전동화와 가장 밀접한 전력용 반도체가 유망하다고 봤다. 또한 광학 및 센서 기술도 성장성이 클 것으로 예상하면서 "이들 세 분야는 자동차에서 필요로 하는 새로운 기능인 자율주행, 고출력 전기에너지, 초고속 통신과 인포테인먼트 등이 가장 많이 채택될 것"이라고 했다. 한국자동차 연구원의 2021년 '빅테크발 자동차 생태계 변화 가시화' 자료를 보면, 선두주자는 글로벌 기업인 애플로, 2014년부터 '타이탄'이라는 프로젝트를 진행했고, 자율주행 전기차를 2024년 출시하겠다는 구체적인 계획까지 내놓았다. '애플카(가칭)'는 애플이 자체 개발한 '모노셀' 배터리, 반도체, 라이다(센서)를 장착해서 테슬라의 카메라 중심의 자율주행보다 뛰어난 성능을 갖출 것으로 예상된다고 했다. 일본 소니는 소비자 가전박람회 'CES 2021'에서 자율주행 전기차 '비전S'의 프로토 타입 주행 영상을 공개했다. 여기서 소니의 이미지센서, 차량용 인포테인먼트 시스템, 커넥티비티 등의 부품이 장착된 컨셉트카를 선보였다. 자율주행 기술은 유럽 자율주행 기술기업인 'AI모티브' 측과 협력해서 개발 중이고, 전기차 주요 부품은 세계 3위 부품기업인 '마그나'가 제공했다고 했다.[45]

〈그림1.20〉 소니의 자율주행 전기차 '비전S' 프로토타입

자료 : Sony.com(2022), VISION-S

중국 빅테크 기업인 바이두는 2021년부터 지리차와 합작해 '바이두자동차'를 설립하고, 전기차 사업 진출을 선언했다. 바이두의 가장 큰 강점은 2017년부터 진행해온 '아폴로' 프로젝트를 기반으로 하는 자율주행 분야에 전격 투자했다. 아폴로 프로젝트는 다임러, 현

---

45) 한국일보(2021.01.18.), IT 빅테크 기업들의 자동차 산업 진출 확대…"적과의 동침 늘어난다"

대차, 포드, 보쉬, 마이크로소프트(MS) 등 전 세계 130여개 업체와 1만2,000명 이상의 개발자가 함께하는 세계 최대 규모의 자율주행 플랫폼이다. 현대차그룹은 2019년 12월 미국 로봇 스타트업 '보스톤 다이내믹스'를 인수하면서, 로봇의 인공지능(AI), 제어 등의 기술을 활용한 새로운 형태의 모빌리티를 개발할 계획이라고 했다. 미국 자동차 업체인 'GM'은 LG에너지솔루션과 합작해 1,000㎞ 주행 가능한 '얼티움 배터리'를 개발했다. 도요타는 일본 빅테크 기업인 소프트뱅크와 자율주행 기술에 투자하여 기술 개발을 진행하고 있다. 메르세데스-벤츠는 미국 그래픽처리장치(GPU) 업체 '엔비디아'와 자율주행 시스템을 만들고 있다.[46]

자율주행 시장을 선점하기 위해 빅테크와 완성차업계가 협력과 무한경쟁을 하고 있다. 미래자동차 산업은 하드웨어(HW)·소프트웨어(SW) 플랫폼에 생산·통합 기능으로 3분할 될 것으로 분석된다고 한다. 기존 완성차업체와 부품업체들은 파워트레인과 섀시, 차체 등을 설계·제공하고, 빅테크 기업들은 자율주행 기능과 응용 서비스 구현을 위한 SW 제공에 우위를 점할 것으로 예상된다. 기존 완성차 업체나 주문자상표부착생산(OEM) 기업은 HW·SW 플랫폼을 통합해 완성차 생산하는 기능을 담당할 것으로 예상된다.

이렇게 모빌리티시장의 변화는 가속되고 있다. 그러나 자율주행 운행 관련 최초로 시험한 구글은 2016년까지 6년간 약 330만km를 자율 시험주행을 해서 성공했지만, 자율주행 관련 1건의 사고를 냈다. 자율주행차의 안전성을 판단하는 데 활용되는 일반적 기술 기준은 약 100만 마일 주행 당 인간의 개입이 한번 정도 했을 때에 성공이라 한다. 구글의 자율주행 시험이 성공에 가깝다고 하지만, 주변 인프라 구축 환경은 부족한 점이 너무 많기 때문에, 아직은 시기상조이다. 대부분의 국가에서 법과 제도적 준비가 아직은 매우 부족하고, 도로 환경 및 보험 관련 규약 및 해킹에 대한 보안도 매우 부족하다. 또한 기술의 완성도가 발전하고 있지만, 상품 출시와 더불어 운행은 매우 미흡한 것도 사실이다.

그러나 기술과 시장에서는 혁신과 변화가 시작되었고, 모두가 갈망하고 있기 때문에 설사 매우 어려운 문제로 가로막혀 있다고 하더라도 지금까지 극복해왔던 것처럼 극복할 것이다. 미래에 일어날 모빌리티 혁명의 원동력은 인간이 이동하고자하는 근본적 본성에서 기원한 기술혁명의 기본 에너지를 가지고 있기 때문이었다. 그동안의 모빌리티 기술 혁명은 문명의 대변혁으로 이어졌다고 할 수 있다. 현재의 전기차와 자율주행차는 환경문제, 도로 혼잡, 안전사고 등의 피해를 감소시키고 있고, 이러한 기술 개발은 인간의 새로운 모빌리티 혁명의 기본적 에너지로 작용하기 때문에 사회 대변혁은 일어날 것이다.

---

46) 한국일보(2021.01.18.), IT 빅테크 기업들의 자동차 산업 진출 확대…"적과의 동침 늘어난다"

자동차의 자율주행 장점

　모빌리티 산업에서 자율주행 기술은 우리사회와 경제에 가져다 줄 이점은 매우 크기 때문에, 관련 기술은 사회 변혁에 큰 영향을 미칠 것이다. 즉 자율주행은 인간 운전에서 기계운전으로 넘어가는 기술로, 사회적 영향은 시간, 비용, 안전, 여가 등 이동과 물류와 관련된 수많은 이점을 가지고 있다.

　우선 자율주행 기술은 제동장치와 가속장치를 차량의 흐름, 제어, 통제 등에 차량 상호간의 통신을 통해, 다른 자동차의 움직임을 훨씬 일찍 정확하게 파악할 수 있다. 이것은 자동차의 흐름을 서로 소통하면서 조율을 통해 통행량을 제어할 수 있다. 자율주행차를 이용하면 불필요하게 가다 서다를 반복하는 교통 상황을 피할 수 있으며, 그로 인한 브레이크 조작과 가속 페달 조작으로 발의 무리를 없애준다. 또한 시간당 차 통행량을 감소시켜 주행 속도를 증가 시키는 등 교통량을 효율적으로 조절할 수 있다. 결과적으로 주행속도와 통행량을 제어하는 효과로 이어져, 교통 상황을 최적화 할 수 있고, 매연과 분진의 원인인 이산화탄소 배출을 최소화 하여, 쾌적한 교통 환경을 조성할 수 있다.

　다음은 자율주행 기술은 연료소모량, 배기가스, 주행속도 등 최소화하여 주행거리와 상관관계 있는 것으로 알려져 있다. 자율주행차는 다른 차들의 움직임을 훨씬 일찍, 빠르고, 정확하게 알 수 있기 때문에 이동의 거리와 속도를 최적화할 수 있다. 즉 갑자기 가다 서다를 반복하지 않기에 순항제어를 통한 40km이상의 에코 드라이빙이 가능해지면서, 연료소모 10%이상 상승할 수 있었다. 이를 근거로 자율주행차를 이용하면 연료 소모량 감소가 극대화 할 것으로 보인다.[47]

　미국 교통부에 따르면 자동차가 정지 신호에 걸리지 않고 순조로운 드라이빙을 할 경우 차량의 흐름에 따라 다르지만 대략 2.5~18.1%의 연료가 절감된다는 결과를 얻었다. 즉 실시간 정보 시스템 구축을 통해 교통 흐름을 제어한 연구 내용이다. 도로의 상황과 신호등 상황, 차량 속도 등을 알고리즘에 적용하여, 최적의 교통상황을 차량, 신호등, 도로 상황을 실시간으로 상호간 연계 처리를 한 결과였다. 이러한 시스템이 모든 신호등 및 시스템과 연결되어, 인공지능 중앙교통 센터의 가이드에 따라 자율주행차량이 상호 연계 처리되는 실험이었다. 결과는 교통정체의 30%까지 줄일 수 있는 것으로 나타났다.

　마지막으로 자율주행기술은 차 구입 후 보험료, 연료비, 주차료, 수리비 등의 비용을 획기적으로 줄일 수 있다. 즉 자율주행 모빌리티 환경은 무인택시, 자율주행 버스, 차량 고유서비스 등으로 이동에 드는 비용이 획기적으로 줄 것이다. 이유는 기사가 없기에 전체적으로

---

47) 현대 모토그룹(2022), 테크-자율주행

이용비용은 40% 정도가 줄 것이고, 보험료 또한 사고가 적기 때문에 개인보다는 제조사에서 일괄 부담하는 형식이 될 것이다. 기타 사항으로 주율주행차는 책을 읽고, 이메일을 처리하고, 영화를 보고, 수면을 취하고, 뉴스를 보는, 업무를 처리하는 등 차를 운전함으로써 발생한 기회비용을 줄이는 효과도 막대할 것으로 보인다.

인공지능과 자동차

인간과 기계의 드라이빙

자율자동차의 과도기적 지원 시스템은 ADAS(Adanced Driver Assistant System)라는 말 대로 운전의 역할을 자동차 시스템이 일부를 대신하는 기능이다. 즉 일정 구간에서 차선을 넘지 않으면서 앞 차와의 간격을 유지하며, 서행하거나 가다 서다를 반복하는 구간에서도 복잡한 도로 구간에서도 페달을 밟지 않고 드라이빙을 유지하는 기능이다. 따라서 ADAS는 자율주행으로 가는 중간 단계인 자율주행 2-3단계인 부분 자율주행이라 한다. 이러한 기능은 자동차 제조사 마다 다르게 부르지만 일반적으로 'ADAS' 용어를 많이 사용하는데, 슈퍼 쿠르즈, 아이사이트, 파일럿 어시스텐트, 스마트 센스, 오토파일럿, 프리 센스, 액티브 세이프, 드라이빙 어시스턴트 프로, 드라이브 컨피던스, 세이프티 센스, 인 컨트롤 등 매우 다양하게 부른다.[48]

이러한 부분 자율주행 중 가장 앞서 있는 제조사 기술에 대해 미국의 21년 컨슈머리포트가 발표한 자료를 살펴보면, 1위 슈퍼 크루즈(캐딜락: 69점), 2위 오토파일럿(테슬라: 57점), 3위 코-파일럿360(링컨/포드: 52점), 4위 프리센스(아우디: 48점), 5위 스마트 센스/드라이브 와이즈(현대/기아: 46점) 등 상위에 오른 부분 자율주행의 기술 명칭으로 100점 만점으로 평가했다.

위의 컨슈머리포트의 평가 사항을 보면, 첫째, 스스로 주행할 때 차선을 벗어나는 정도에 대한 사항과 앞 차와 거리 간격을 안전하게 유지하며 주행하는지를 평가했다. 1위는 오토파일럿(테슬라 9점), 2위는 슈퍼 크루즈(캐딜락 8점), 현대와 토요다가 그 뒤를 이었다.

둘째, 자동차 스스로 운전하는 중에서 운전자가 언제든지 개입할 수 있는 준비 정도를 평가하였다. 1위 슈퍼 크루즈(캐딜락 7점), 2위는 현대, 링컨, 스마루, 토요다가 4점, 3위는 테슬라의 오토파일럿 3점이었다. 자동차 스스로 주행할 때 운전자의 개입이 자유롭고 즉시 이

---

48) 현대 모토그룹(2022), 테크-자율주행

루어져야 한다는 것이 전문가들의 견해이다. 부분 자율주행에서는 자동차가 운전을 잘한다 하더라도 운전자는 지속적으로 모니터링을 해야 되고 위험 요소가 있을 때는 즉시 개입을 할 수 있어야 한다는 의미이다.

셋째, 자동차 스스로 자율주행 하다가 위험시에 사람에게 건네주는 정도에 대한 평가를 하였다. 1위 캐딜락의 슈퍼크루즈(8점), 2위 현대차(4점), 3위 볼보, 테슬라, 벤츠, 랜드로버 등(2점) 이었다. 부분 자율주행에서는 1차적으로 자동차 자율주행 기능이 높으면 ADAS 기능이 좋지만 위험시에는 즉시 운전자의 개입이 중요한 사항이다.

넷째, 운전자가 드라이빙시에 위험을 노출된 상황(졸음, 혼절 등)에서 자동차의 대처의 정도에 대한 평가를 하였다. 1위 캐딜락(9점), 2위 닛산(7점), 3위 테슬라(6점), 4위 현대(4점) 등으로 대부분의 자동차가 이 상황에 대한 대처는 미흡했고, 부분적으로 속도를 줄여 멈추거나, 텔레매틱스 등으로 위험을 알리는 정도였다.

테크플러스 2021년 3월에 언급한 기사에서 테슬라는 2020년 완전자율주행(Full Self-Driving, FSD) 기술을 선보였다. FSD는 기본 옵션인 오토파일럿보다 향상된 기능으로 추가 옵션으로 제공된다. 자동 차선 변경, 차량 정체 구간 제어 등의 기능을 지원한다. 제너럴모터스(GM)에서의 캐딜락 에스컬레이드에 최신 자율주행 시스템인 슈퍼 크루즈(Super Cruise)를 탑재해 출시했다. 슈퍼 크루즈는 쉐보레의 SUV형 전기차 볼트 EUV에도 옵션으로 제공될 예정이다.[49]

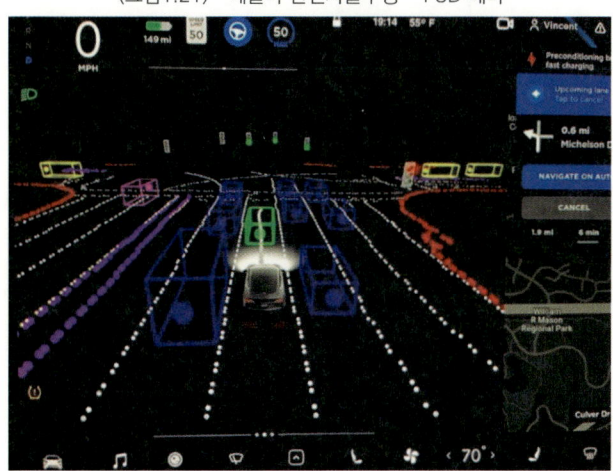

〈그림1.21〉 테슬라 완전자율주행 – FSD 베타

자료 : 테크플러스(2021. 3), 자율주행 경쟁 선두라는 테슬라 vs GM 차이는?

---

49) 테크플러스(2021.3.21.), 자율주행 경쟁 선두라는 테슬라 vs GM 차이는?

테슬라의 FSD에서는 스티어링휠에 손을 올리지 않아도 문제가 없었다. 자사 유튜브 채널에서는 손을 무릎 위에 올려놓고 운전하는 영상을 업로드하기도 했다. 반면 GM의 슈퍼크루즈는 적외선 카메라를 이용해 사용자가 한 눈을 팔거나 휴대폰을 보거나 눈을 감으면 알아차린다. 심지어 선글라스를 써도 알아본다. 운전자가 운전에 충분한 주의를 기울이지 않는다고 판단되면 스티어링휠에 녹색 표시등을 깜박이며 경고를 보낸다. 만약, 경고를 보냈는데도 반응하지 않으면, 알아서 차량 속도를 늦춰 결국 멈추게 된다.[50]

위 컨슈머리포트 시험 책임을 맡은 켈리 펑크하우저는 '자동차 회사의 ADAS가 고도화될수록 자동차 스스로 운전하는 시간이 길어지는데, 그럴수록 운전자는 모니터링 하는 능력도 높아져야 한다고 했다. 더불어 자율주행에서 안전이란 자동차와 운전자가 수시로 드라이빙을 건네받아야 안전이 확보되는 것'이라고 설명했다. 현재의 부분 자율주행은 부분적인 드라이빙으로 사용을 해야 한다면서, 향후 자율주행 4단계에 이를 때에 자동차를 신뢰할 수 있으나, 5단계가 되었을 때에 인간은 기계에게 이동권을 맡길 수 있을 것이다.

〈표1.5〉 자동차의 자율주행 단계별 드라이빙 수행 주체

구분	방향조종, 가속감속	교통상황 감시	위험시 드라이빙	시스템 드라이빙
0단계	운전자	운전자	운전자	해당 없음
1단계	운전자/시스템	운전자	운전자	일부 운전기능
2단계	시스템	운전자	운전자	일부 운전기능
3단계	시스템	시스템	운전자	일부 운전기능
4단계	시스템	시스템	시스템	일부 운전기능
5단계	시스템	시스템	시스템	모든 운전기능

인공지능과 자율주행

모빌리티와 인공지능의 결합으로 자율주행은 단계별로 진화 중이다. 자동차 스스로 합리적인 판단을 내리기 위한 센서들의 정보인식 기술 발전은 급격하게 이루어지고 있다. 인공지능 알고리즘에 따라 빠르게 분석하는 기능 또한 반도체 발전에 따라 매우 빠르게 진화하고 있다. 자동차 하드웨어뿐만 아니라 교통네트워크의 발전은 자율주행의 진화에 매우 긍정적이지만, 자동차처럼 움직이는 사물에 대한 판단은 매우 중요하며, 에러가 생길 때에는 인간의 생명과 직결되기 때문에, 매우 신중을 기해야 하는 상황이다.

현재 실험되는 프로젝트 중에는 자동차와 인간의 두뇌와 연결하여, 자동차 스스로 한발

---

50) 테크플러스(2021. 3), 자율주행 경쟁 선두라는 테슬라 vs GM 차이는?

먼저 대응하는 기능을 연구하고 있다. 일본 닛산의 'B2V (Brain to Vehicle)'에서 개발하고 있는 기술은 인간의 뇌에서 발생하는 뇌파를 자동차가 해석한 후 반응 시간을 줄이는 게 핵심이다. 운전자가 스티어링 휠을 돌리겠다고 하면 운전자가 실행에 0.3초 정도 앞서서 스티어링 휠을 회전하는 기능을 구현하는 기술이다. 이러한 기술이 실현되면 출발, 가속도, 정지 등에 브레이크와 페달 작동을 빠르고 정확하게 작동을 하여 사고의 상당부분을 줄일 수 있을 것으로 보인다.

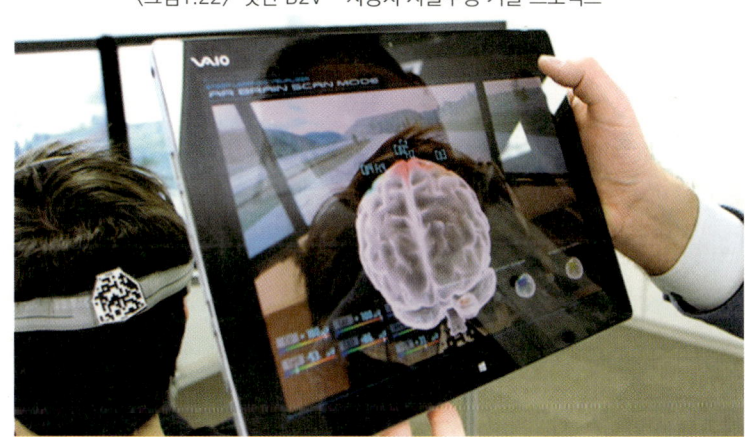

〈그림1.22〉 닛산 B2V – 자동차 자율주행 기술 프로젝트[51]

자료 : nissan.com(2021), Official Global Newsroom

이와 같은 유사 기술의 개발은 자율주행에 있어 치명적인 오류를 개선할 수 있을 것으로 보이며, 자동차의 자율주행 시에 시스템에 오류가 발생했을 때, 인간의 수동적인 개입이 빠르게 이루어질 수 있게 하는 것이다. 즉 인간이 멈춰야 한다는 생각만으로도 자동차는 멈추는 상황을 구현한다면 자동차의 에러를 빠르게 수정할 수 있을 것으로 보인다. 그러나 이것은 어디까지나 부분 자율주행 상황에서 과도기적 기술일 것으로 보인다. 완전 자율주행상황에서는 모든 상황에 대한 판단이나 대처를 인공지능이 할 것이고, 에러도 획기적으로 줄어들기 때문에, 인간의 판단보다는 정확하게 드라이빙을 수행할 것이다.

또한 닛산은 전장부품 기업 컨티넨탈(Continental), 통신 솔루션 기업 에릭슨(Ericsson),

[51) 닛산의 다니엘 스킬라치(Daniele Schillaci) 부사장은 "대부분의 사람들이 자율주행에 대해 생각할 때면 인간이 기계에 대한 통제력을 포기한 매우 비인간적인 미래를 상상한다. 하지만 B2V기술은 그 반대다. 운전자의 뇌에서 전달되는 신호로 인해 운전을 더욱 흥미롭고 즐겁게 한다"며 "닛산 인텔리전트 모빌리티를 통해 우리는 '더 많은 자율성, 더 많은 전기화 그리고 더 많은 연결성'을 통해 사람들의 삶을 보다 풍요롭게 변화시킬 것"이라고 말했다. B2V는 차량 주행, 동력 및 사회와의 통합의 변화에 대한 닛산의 비전인 '닛산 인텔리전트 모빌리티 (Nissan Intelligent Mobility)'가 개발하는 최신 기술이다.

통신 기업 NTT 도코모(Docomo) 퀄컴(Qualcomm) 등이 참여하는 자율주행 프로젝트를 진행하고 있다. 이 프로젝트는 자동차, 모바일, 통신, 소프트웨어 등 최고의 기업들이 협력하여 미래 자동차 기술과 개발 환경을 선점하겠다는 의미이다. 이 결합은 C-V2X(Cellular-Vehicle to Everything) 기술 개발로 이어졌고, 자동차와 자동차, 자동차와 인프라, 자동차와 보행자, 자동차와 네트워크 등의 상호간 모빌리티 환경을 구축하면서, 상용화를 위한 실증연구를 통해 실증하고 있다.

위의 사례처럼 자동차와 IT, 통신 등의 기업들이 상호 협력을 통해 미래 모빌리티 시장을 선점하려 하는 것은 결국 기술에서 뒤처지지 않기 위해 업종간의 융합을 하는 것이다. 한발 먼저 기술선점을 통해 미래 자율주행 기술을 먼저 확보하고, 이를 기반으로 플랫폼 구축을 선점하겠다는 의미이다. 결국 자동차는 PC나 스마트폰과 같이 접근하면서 제조업보다는 조립 산업으로 접근하는 상황이 전개될 것으로 보인다. 이러한 미래형 커넥티드카 시대를 준비하기 위해 나라별로 산업별로 법과 제도를 정비하고, 미래글로벌 커넥티드카 생태계(플랫폼) 구축에 최선의 노력을 해야 한다.

미래의 모빌리티산업은 모든 사물과 인간과 연결되어 자율주행 환경을 창조하지만, 그 가운데 최종의 판단은 인간이 한다는 기본 원칙은 세워져야 한다. 즉 기술로 모든 것을 해결할 수 있지만, 모든 기술의 발전은 인간 보호, 인간 편안함, 인간 즐거움 등을 위해, 모든 최종 결정은 인간에 의해 이루어지는 모빌리티 환경을 구축하는 것이 목표가 되어야 한다는 의미이다.

자율주행과 기술정책

모빌리티 산업의 물류시장은 자율주행에 대한 기대감을 많이 가지고 있다. 특히 화물 운송, 택배, 퀵 서비스 등에 자율주행 실증이 이루어지고 있다. 이 분야가 가장 먼저 자율주행 서비스가 이뤄질 것으로 기대하고 있으나, 인간을 이동하는 운송서비스는 인명 사고와 관계되기 때문에 상대적으로 늦을 것으로 보인다. 코로나19로 인한 비대면 사회로 전환은 배달 서비스에서 급격히 증가를 가져왔고, 따라서 생활물류서비스와 관련된 스타트업 기업들이 많이 나타났다. 이런 원인은 자율주행 서비스에 대한 플랫폼 서비스가 규모의 경제를 이룩할 수 있는 계기가 되었다.

세계경제포럼에 따르면, 전자상거래 수요 증가로 향후 10년 동안 도시의 물류 배달서비스는 약 36% 증가할 것으로 전망했다. 글로벌 자동차 전체 이동 거리의 34%가 사업적 활동임을 고려할 때, 매우 큰 성장이다. 현재의 자율주행이 적용된 물류서비스는 고정된 일정 구간에서 이루어진 서비스이다. 자율주행 서비스 구간을 확대하기 위해서는 자율주행 알고리즘 기술개발 투자에 적극적이면 매우 효과적일 것이다. 특히 공장 내의 무인 물류 이동서비스는 공장 자동화와 더불어 먼저 시작한 서비스로, 상용화가 가장 빠를 것으로 보인다.

진화된 상용화서비스가 이미 시작된 곳도 있다. 스웨덴 물류회사인 '아인라이드'는 원격 자율주행 트럭을 물류서비스에 투입하면서, 인간 운전자를 탑승시켜 자율 드라이빙을 보조하면서 감시 운행을 실증하고 있다. 현대차의 자율주행 화물서비스는 '울산 - 경기 의왕' 물류창고를 운행하는 화물트럭을 통해, 자율주행 실증서비스를 21년 9월에 성공적으로 진행했다. 아직은 도심의 복잡한 교통 환경에서 자율주행서비스를 적용하기가 쉽지 않아서, 고속도로나 국도 구간에서 적용 가능한 것만 실증하고 있다. 국토교통부는 22년 9월 '모빌리티 혁신 로드맵' 발표에서 2025년까지 운전자가 개입하지 않는 완전자율주행(레벨4) 버스·택시를, 2027년까지는 승용차를 출시하겠다고 발표했다. 또한 2025년 수도권 특정 노선(도심↔공항)에 UAM(도심항공교통) 서비스를 최초 상용화 하는 등 교통 체증 걱정 없는 항공 모빌리티 구현에도 나선다고 했다. 주요 로드맵의 하나는 운전자가 필요 없는 완전자율주행 시대 개막, 둘은 교통 체증 걱정 없는 항공 모빌리티 구현, 셋은 스마트 물류 모빌리티로 맞춤형 배송체계 구축, 넷은 모빌리티 시대에 맞는 다양한 이동 서비스 확산, 다섯은 모빌리티와 도시 융합을 통한 미래도시 구현 등 5개의 과제로 구성됐다고 했다.[52]

〈그림1.23〉 한국의 모빌리티 혁신 로드맵

자료 : www.korea.kr (국토부 정책브리핑: 모빌리티 혁신 로드맵)

국토부는 기존 교통 서비스에 ICT와 플랫폼, 첨단 기술을 융·복합해 다양한 모빌리티 수

52) 문체부 국민소통실(2022.9.20), 자율주행부터 드론택시 로봇배송까지

요를 획기적으로 충족시킬 수 있는 서비스 발굴·확산에도 나선다. 또한 인공지능(AI) 알고리즘을 활용, 실시간 수요를 반영·운행하는 수요응답형 서비스(DRT, Demand Responsive Transport) 등을 통해 이동 사각지대를 해소할 방침라고 했다. 이를 위해 현재 농어촌 지역 등으로 제한된 서비스 범위를 신도시, 심야시간대 등으로 확대하고 대도시권을 중심으로 지역별 서비스 여건을 고려한 체계적 서비스 제공이 가능하도록 서비스 가이드라인도 마련하기로 했다. 다양한 모빌리티 데이터 통합 관리와 민간 개방을 통해 민간 주도의 MaaS(Mobility as a Service)[53] 활성화를 지원하고 공공 주도의 선도사업도 추진한다고 했다.

또한 대도시권을 대상으로 지역 특성을 고려한 MaaS가 활성화될 수 있도록 버스, 지하철, 공영 PM 등을 연계한 시범사업 추진 방안을 마련한다. 2024년부터는 철도 운영 정보와 지역 대중교통, 여행·숙박 정보를 연계해 통합 예약·발권할 수 있는 서비스도 추진할 계획이다. 개인형 이동수단(PM)법 제정, 관련 인프라 확충, 인센티브 제공 등을 통해 개인형 이동수단을 활성화하고 공유차량(카셰어링) 관련 규제를 합리적으로 완화하는 등 퍼스트·라스트 마일 모빌리티도 강화한다고 했다.[54]

이렇듯 한국 정부는 모빌리티에 자율주행 환경구축 의지가 강하다. 더불어 각 국의 정책 의지도 매우 강하게 나타나고 있다. 특히 중국은 자율주행차 최초 상용화를 목표로 2030년까지 중국 내 자율주행 제품의 매출액 230억(27조원) 달러 시장을 만들겠다고 했다. 이 시장을 주도하고 있는 기업은 바이두, 텐센트, 알리바바 등이다. 이들은 물류운송과 공장운반 부문부터 먼저 자율주행을 실시하겠다고 한다. 승객 운송 자율주행 부분은 안전을 이유로 다른 선진 기술국과 보조를 맞추면서 추진하는 전략을 취한다고 했다.

4차 산업혁명을 논의할 때 빠지지 않는 소재가 '자율주행차' 부문이다. 현실 세계에서 대표적인 기술의 집합체로 여겨지는 모빌리티 기술은 선진 기술국만이 집중하는 부문이다. 기존 자동차 회사와 더불어 통신, IT, 데이터, 인공지능 등의 첨단 기업들도 상호간에 협력과 융합 및 M&A까지 추진하면서 기술을 선도하기 위해, 기업들은 소리 없는 전쟁을 하고 있다.

그 중심에 모빌리티가 있고, 그 핵심은 인공지능과 수소에너지 기술이 있으며, 그 기술 구현의 종착점에 자율주행 기술이 있음을 알아야한다. 인간의 개입이 전혀 없는 자율주행 기술은 기업마다 다르겠지만, 2030년이면 구현이 가능하다고 얘기를 한다. 그리고 자율주행

---

53) MaaS(마스)는 '서비스로서의 이동 수단'이라는 뜻이다. 버스, 택시, 철도, 공유차량 등 다양한 이동 수단에 대한 정보를 통합해 사용자에게 최적의 루트를 제공하는 새로운 모빌리티 서비스다
54) 국토교통부(2022.9.19.), 2027년 '완전자율주행' 시대 열린다…3년 뒤 도심항공교통 상용화

차를 넘어 하늘을 날르는 자동차인 에어모빌리티가 같은 시기에 비행을 할 것이라고 한다. 각 나라별 기업별로 협력을 위한 과학기술 정책 로드맵을 쏟아내고 있다. 그 기술의 실현은 기업과 나라의 경제를 좌우할 것이기 때문에, 모두가 총력을 기울여야 한다.

(4) 모빌리티와 자율주행

자율주행과 기술

자율주행 이해

운전자가 핸들에서 손을 떼고, 도로에서 눈을 뗀 채로 조종, 가속, 감속, 정지 등의 동작이 자동차 스스로 이루어지는 상태를 말한다. 즉 자동차 센서에서 수집된 주위 환경 데이터와 차량 운행입력 데이터(경로, 속도, 운행 등)를 처리장치에서 조정, 가속, 감속, 정지 등의 주행 동작을 스스로 일으키는 상태이다. 자율주행은 자동차가 운행에 필요한 방향 조정, 가속, 감속 등의 모든 조작을 처리장치와 센서 장치를 통해 스스로 판단하여 동작하는 상태이다.

자율주행의 권위자 암논 샤수아 교수[55]는 감지, 지도, 현재위치 인식, 계획 등을 자율주행의 주요한 요소라 했다. 이 4가지 기술을 살펴보면 첫째, 감지기술이다. 교통표지, 교통신호, 지형지물, 다른 도로이용자 등을 인식해야 한다. 인식 기술은 초당 1,000만 픽셀을 처리할 수 있는 엄청난 용량의 연산을 처리하는 기술이다. 즉 밤낮과 눈비, 원근 등의 열악한 상황에도 사물을 정확히 인식을 해야 한다. 둘째, 지도 기술이다. 목적지 관련 매우 정확한(최대 허용 오차 10cm) 지도 및 도로 상황 등을 담은 지도이다. 주요 지형지물과 도로정보를 추출하는 소프트웨어를 기반으로 한다. 셋째, 현장 위치 인식 기술이다. 도로는 매우 다양하고 예측 불가능한(난폭운전, 교통법규 안 지키기, 급제동 등) 도로이용자들이 매우 많다. 모빌아이 회사는 현재 위치와 차선을 고행상도로 정확히 인식할 수 있는 크라우드 소싱[56] 데이터를 개발했다. 넷째, 계획 기술이다. 목표 지점까지 가기위한 길 안내 계획을 최단거리,

---

55) Amnon Shashua(암논 샤수아): 히브리대학 컴퓨터공학 교수, 모빌아이(1999년 설립된 이스라엘의 자율주행차 관련 벤처기업: 카메라나 레이더 등에서 수집된 정보를 자동으로 분석해 차량 운행을 실시간으로 통제하는 솔루션을 개발했다) 공동창업자

56) Crowd sourcing(클라우드 소싱): 인터넷을 사용하는 대중들이 어떤 항목에 필요한 내용을 작성하고 사람들과 공유할 수 있도록 한 무료 인터넷 백과사전입니다. 모든 사람들이 작성할 수 있다는 특징이 있는데 실제 내용을 들여다보면 위키피디아가 좋은 사례임. 여기서는 여러 자동차로부터 오는 지도 데이터를 전송 받는다는 뜻.

교통량, 도로 상황 등을 탑재된 소프트웨어로 연산하여 계획 안내한다.[57]

자율주행은 탑승자가 목적지를 입력하면, 모든 정보를 취합하여 스스로 경로를 설정하여 운행을 한다. 예를 들면 최단 거리, 빠른길, 통행료 없는 길, 교통 상황, 길 상황 등을 고려하여 선택을 하고 운행을 한다는 뜻이다. 미래에는 술 취한 사람, 응급환자, 노약자, 어린이 등 그동안 자동차 이용이 어려웠던 사람들도 모두 이동의 자유가 보장된다는 것을 의미한다.

자율주행의 기술수준은 주로 미국의 도로교통안전청NHTSA[58]과 SAESociety of Automotive Engineers 정의에 따라서 인용하는데, 레벨 3단계부터 자동차는 인공지능이 주체가 되어 주행을 하고, 레벨 4단계부터는 사람의 개입 없이 자동화된 상황에서 주행 운영이 되는 것을 말한다. SAE가 자율주행차 기술수준을 분류한 자료를 보면 다음과 같다.[59]

〈표1.6〉 자율주행차 기술수준 분류기준

구분	기술 단계	특징	내용
사람	Level 0	비자동	운전자가 차량을 완전히 제어하는 단계
	Level 1	운전자 지원	조향, 가감속 등을 자동화해 운전자가 도움을 받는 수준
	Level 2	부분 자동화	고속도로와 같은 비교적 운행이 쉬운 구간만 자동차가 조작하고 운전하는 단계
자동차	Level 3	조건부 자동화	눈과 손을 자유롭게 해도 될 정도로 자동차가 조작하고 운전하나, 돌발상황에서는 사람의 제어가 필요
	Level 4	고도 자동화	자동차가 주행, 비상시 대처 등을 모두 조작하고 운전하며 운전자 제어가 불필요
	Level 5	완전 자동화	모든 도로 환경에서 시스템이 항상 주행하며, 사람이 타지 않고도 자동차가 스스로 조작하고 운전함

자료: SAE(국제자동차기술자협회: 2017)

자율주행 기술

자동차가 자율적으로 주행하기 위해서는 주위의 모든 물체와 상황을 인식해야 하는 센서가 있어야 한다. 아래 그림과 같이 라이다. 레이더, 카메라가 가장 중요한 센서로 자율주행에 필요한 주변환경의 모든 데이터를 기록하는 기술 장치이다.

---

57) 정보통신기술진흥센터(2019. 8), ICT R&D 기술로드맵 2023-자율주행차 분야
58) 1970년 설립된 미국 운수부산하조직. 자동차 완성품과 에어백 등의 부품은 물론 오토바이 유모차등 광범위한 제품의 안전도를 시험평가하고 시정(리콜-recall)명령을 내린다. NHTSA은 소비자들로부터 자동차 안전과 관련된 민원을 매년 3만여 건 이상 접수 받아 처리하고 있다. 특히 1979년부터 "신차평가제도(New Car Assessment Program)"란 충돌실험결과를 공표해오고 있다.
59) 도로교통공단(2017.12)자율주행을 위한 교통안전정보 제공방안 연구

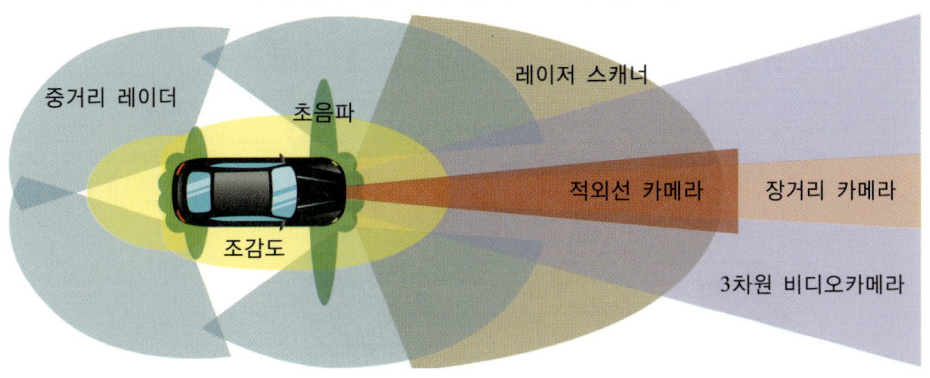

〈그림1.24〉 자율주행에 사용되는 주요 센서 및 역할

자료: Audi AG.

먼저 라이다Light detection and ranging 기술이다. 레이저를 이용해 자동차 주변 거리를 측정하는 장치로 100m 이내의 모든 물체를 측정할 수 있다. 수집한 데이터는 주변 환경 삼차원 지도를 재구성하고 작성하는데 쓰인다. 단점은 값이 비싸다.

다음은 레이더Radio detection and ranging 기술이다. 전자기파를 이용해 움직이는 물체의 거리, 속도, 각도를 측정하는 장치로 어떤 조건에서도 사용할 수 있다. 전자기파의 반사를 이용하기 때문에 눈에 안 보이는 물체도 식별할 수 있으며, 최대 250m까지 물체를 인식할 수 있다. 주로 보행자 탐지, 충돌 방지, 긴급 제동, 측면 접근 차량 경고에 쓰인다. 단점은 정확도가 떨어진다.

마지막으로 카메라 기술이다. 카메라를 통해 물체와 바깥 환경을 인식하고, 대량의 데이터를 처리하기 때문에 강력한 알고리즘 컴퓨터가 필요하다. 적외선 카메라도 처리는 유사하고 야간상황을 처리한다. 주로 교통 표지를 인식하고 차량 이탈 경고에 쓰인다. 그 외에는 초음파 장치를 이용해 물체의 거리를 측정하고 인식한다.

자동차 외부의 라이다, 레이더, 카메라 센서와 내부 센서가 감지한 모든 데이터는 중앙처리장치에서 통합하고 모듈별로 비교 평가하여 처리를 한다. 센서마다 고유의 측정 데이터는 처리장치를 통해 비교해 실제 환경의 모델로 계산된다. 연산된 데이터는 내비게이션에 제공되어 지도에 나타난 위치, 교통상황, 각종 온라인 데이터를 기반으로 처리를 한다. 방향 조정, 가속, 감속, 정지 등의 결정을 내린 후 조향장치, 엔진, 변속기, 서스펜션 등을 통해 각종 시스템에 명령을 내려 모든 동작을 통제한다. 아래 그림은 조향각, 가속도, 바퀴의 회전수, 브레이크 등을 감지하는 센서로 통제를 통해 동작이 이루어지는 구조이다.[60]

---

60) IITP(2019. 8), ICT R&D 기술로드맵 2023 - 자율주행차 분야

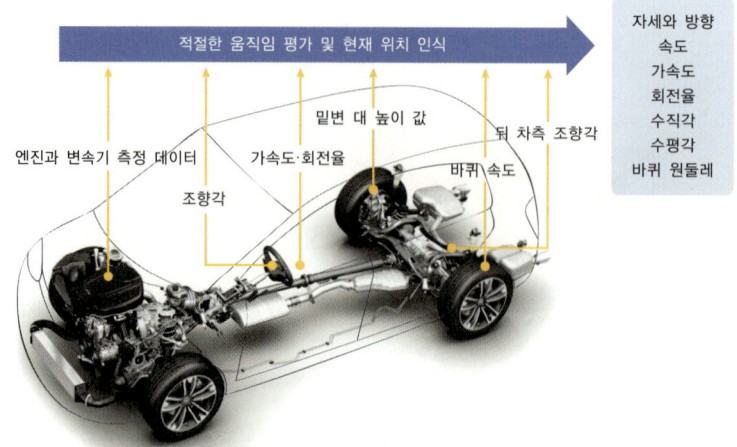

〈그림1.25〉 차량 동역할 정보 수집 센서 및 구조

자료: Audi AG.

  이러한 센서들이 감지한 데이터는 머신러닝 알고리즘에서 분석·평가하여 자율차가 물체를 인식하는 핵심역할을 한다. 분석된 샘플을 학습하고, 샘플화하고, 패턴 원리를 인식하면, 상황 외의 데이터도 평가할 수 있을 뿐만 아니라, 의도하지 않은 상황도 간파하고 예측할 수 있다. 즉 다양한 움직임, 다양한 옷, 보행자의 속도와 각 상황에 맞춰 질문과 답변을 통해 이루어진 수많은 교통 환경, 수많은 기후, 지도 등의 데이터를 머신러닝[61]에 알고리즘화[62] 하면, 그 데이터를 베이스화하여 구축하면 된다. 정리하면, 구축된 데이터는 각종 센서를 통해 수집된 자료와 구축된 데이터를 분석·평가하여 명령이 이루어지는 구조이다.

  현재 상용화 자율주행차 기술은 6가지 핵심기술로 자동차를 주행하는 데 운전자를 보조하는 차간거리 제어 기능, 차선 유지 기능, 자동 긴급제동 시스템,

---

61) 인공지능의 연구 분야 중 하나로, 인간의 학습 능력과 같은 기능을 컴퓨터에서 실현하고자 하는 기술 및 기법이다.
62) 어떤 문제를 해결하기 위한 절차, 방법, 명령어들의 집합, 즉 주어진 문제를 논리적으로 해결하기 위해 필요한 절차, 방법, 명령어들을 모아놓은 것입니다. 넓게는 사람 손으로 해결하는 것, 컴퓨터로 해결하는 것, 수학적인 것, 비수학적인 것을 모두 포함합니다.

〈그림1.26〉 국내 상용화되어 있는 자율주행시스템

자료: 현대자동차그룹(2019) - 자율주행시스템

후·측방 충돌 회피 지원시스템, 주차 조향 보조시스템, 차선 이탈 경보 시스템 기능들로 정의되어 있다. 주요 핵심기술을 설명해보면, 먼저 차간거리제어기능ACC, Advanced Cruise Control은 가속 페달을 밟지 않아도 차량의 속도를 일정하게 유지시키며, 전방의 차량을 감지하여 앞 차와의 거리를 일정하게 유지시켜주는 장치로 차선유지기능LKAS, Lane Keeping Assist System은 영상인식 센서를 이용한다. 전방 차선을 인식하고 스티어링휠을 제어하여 차선을 유지할 수 있도록 하는 기능이다.

다음으로 자동 긴급제동 시스템AEB, Autonomous Emergency Brake은 레이더와 카메라를 통하여 전방의 장애물과의 거리를 먼저 인식하여 충돌 위험을 알려주는 장치로, 충돌을 피하거나 충돌 위험을 줄이는 데 기여할 수 있다.

마지막으로 후측방 충돌 회피 지원시스템ABSD, Active Blind Spot Detection은 레이더를 이용하여 차량의 후측방 영역을 감지하는 장치로, 운전자에게 관련 정보를 제공해 준다. 또한 주차조향보조시스템SPAS, Smart Parking Assistance System은 차량 스스로 주차 위치를 탐색하고 운전자는 변속기와 페달만 작동하여 주차한다.[63]

자율주행차는 가감속, 조향 및 전방주시 등 제어기능 및 모니터링 역할에 따라 단계별로 다음과 같이 기술 수준의 제어권을 구분하고 있다.

〈표1.7〉 기술수준별 제어권 설정

기술단계 (SAE)	조향, 가속 및 제동 작동 주체	주행환경 모니터링	주행 중 비상상황 대응 책임	운전자 사용 유무		
Level 2	AI 시스템	운전자	운전자	×	×	○
Level 3	AI 시스템	AI 시스템	운전자	×	×	△
Level 4	AI 시스템	AI 시스템	AI 시스템	×	×	×
Level 5	AI 시스템	AI 시스템	AI 시스템	×	×	×

자료: UNECE/WP29/ITS-AD-04-05, SAE J3016, NHTSA 가이드라인

자율주행차의 처리장치는 끊임없이 변하는 교통 체증, 사고, 교통 흐름 등의 교통상황에 맞춰 자신이 선택한 경로를 재검토한 뒤 명령을 내릴 수 있는 정밀한 지도가 필수 조건이다. 정확한 디지털 지도는 모든 위치 기반서비스의 조건을 생성하고, 시시각각 변하는 차량 환경에 지도는 위치를 확인하는 핵심 요소로 모든 운전을 조작하는 원천자료인 것이다. 그래서 교통 환경과 관련된 모든 도로, 시설, 차선, 신호 등의 데이터는 계속 업데이트되어야 한다.[64]

자율주행 동작

자율주행은 이러한 조건하에서 수많은 시나리오를 작성하고 학습을 한 결과로 이루어지는 것이다. 예를 들면, 자율차가 다른 차를 추월하려 할 때, 추월 차선이 있는지? 차선의 폭은 어떤지? 추월이 허용되는 차선인지? 속도 제한이 있는지? 앞차의 속도는 어떤지? 등의 수많은 질문에 대한 처리를 하면서, 추월이 이뤄지는 행위이다. 즉 도로의 모든 환경에 대한 데이터를 기반으로 라이다, 레이더, 카메라 등의 센서를 통해 인식된 자료를 통해 가능한 시나리오를 선택하여, 중앙컴퓨터의 명령행위가 이뤄지고, 이 명령에 따른 각 분야의 장치가

---

63) 중소벤처기업부(2019. 12), 중소기업전략기술로드맵-자율주행차
64) 도로교통공단교통과학연구원(2017.12), 자율주행을 위한 교통안전정보 제공방안 연구

움직이는 동작이다.

　위와 같이 자율주행이 이뤄지기 위해서는 주행 환경의 모든 수많은 데이터베이스 관련 서버 센터가 구축이 된다. 중앙 센터뿐만 아니라 수많은 클라우드 센터가 구축이 되고, 이 센터들과 자율차가 통신을 안전하게 할 수 있는 5G통신 네트워크의 구축이 필수이다. 먼저 클라우드 센터는 전송된 자료를 모아 평가를 하고, 자료를 통합 처리한 자료를 실시간으로 자율차에 보내주는 역할을 한다. 다음으로 5G통신은 이런 자료를 안전하게 자율차에 도착하게 하는 통로인 유무선 네트워크 망서비스이다. GPS기간의 위치서비스와 교통정보서비스, 교통처리서비스 등이 오류 없이 자율차에 전달되어야 하기에 네트워크망은 20m 이상의 오차는 없어야 한다.

　자율주행은 실제 동작을 위해서 세 가지 단계의 주행 계획에 의해 이루어 진다. 첫째 단계는 현 위치에서 목적지까지 가는 경로에 대한 가장 빠른 경로를 연산arithmetic operation 한다. 어떤 길, 어떤 교차로 등과 교통상황 대한 종합적인 연산을 통해 주행로를 설정한다. 둘째 단계는 주행 중에 코너, 직선, 올르막, 내리막 도로 등에 대한 편안한 주행속도를 결정한다. 처리장치는 도로 교통법규에 대한 속도, 추월금지, 멈춤 등을 준수하도록 결정한다. 셋째 단계는 주행 중 교통상황을 고려하여 운전 조작을 결정한다. 처리장치는 앞차 거리, 속도, 추월 등을 결정하고, 주행 모드(스포츠카 주행, 경제적 주행, 안락한 주행)를 선택할 수도 있다.[65]

　자율주행은 감지, 탐색, 지도, 현재위치 인식 기술만으로는 주행에 대한 계획과 감시, 대응 등의 동작을 진행하기에는 많이 부족하다. 즉 계획은 자동차의 실제 동작으로 이어져 처리장치가 액추레이터(입력된 신호에 대응하여 기계적 동작을 일으키는 기계)에 지시를 하여 적절한 가속, 감속, 조정 등을 하게 만든다. 모든 차들이 자율주행을 위해서는 다른 차와의 속도 프로파일을 아는 상황에서 센서 데이터와 지도 데이터까지 모두를 고려하여 각자 움직임을 결정할 때 안전한 자율주행이 이루어질 수 있다.

　종합 정리해보면 첫째, 주행에 관련된 모든 상황에 대한 인지이다. 즉 주변차량, 보행자, 차선, 교통신호 등의 교통시설물, 장애물 등의 주변상황, 위치, 속도, 바퀴 등의 차량 상태와 같은 주행에 필요한 데이터를 수집하여 종합연산한다. 이와 관련된 기술은 카메라, 레이더 LADAR, 라이다LiDAR 등 센서, 전용 프로세서GPU, 헬, 고정밀·3D지도, 검출 및 인식 소프트웨어, 차량 통신V2X: Vehicle to Everything 등이 있다.[66]

---

65) 정보통신진흥센터(2018. 9),ICT R&D 기술 로드맵 2023 – 자율주행차 분야
66) 중소벤처기업부(2019. 12), 중소기업전략기술 로드맵 – 자율주행차

둘째, 전송된 주행관련 모든 데이터를 분석하고 판단한다. 즉 차량에서 수집된 데이터와 지도, 교통량, 도로상황 등 환경 데이터를 종합하여 최적의 주행경로와 속도를 결정한다. 관련한 기술은 인공지능AI 알고리즘, 빅데이터 분석, 경로계획 및 생성 알고리즘 등이다.

셋째, 분석된 정보를 판단하여 실제 주행 관련 제어를 한다. 즉 엔진, 브레이크 등 자동차의 각 부분을 제어하여 실제로 움직임을 구현한다. 관련한 기술은 조향, 가/감속, 제동 등 기존 자동차 전자제어 기술이다.

〈그림1.27〉 자율주행차의 개념 및 기존 자동차와 작동원리 비교

자율주행과 혁신

딥러닝 진화

자율주행 기술은 자신의 차량을 파악하고 보행자와 운행차 등을 감지하고, 차선과 신호, 제한속도, 표지판 등을 인식하여 가속, 감속, 정지, 차선변경 등의 움직임을 스스로 판단하고 제어하는 기술이다. 이러한 기술을 가능하게 하는 장치는 센서이다. 센서는 넓은 의미로 자율주행 드론·자율차의 눈이 되어, 차량 위치와 주변상황을 파악하여 전달하면, 중앙컴퓨터에서 파악한 정보를 바탕으로 조작 지시를 내릴 수 있도록 정보를 제공한다.

자율주행은 수많은 상황을 가정해야 하는데, 폭우가 내려 차선과 표지판이 보이지 않을 때, 사고로 인한 급정차, 공사로 인한 도로 정체, 통제, 차량들의 돌발 운행으로 인한 급정차, 장애물 등 수많은 예측 불가에 대응해야 한다. 사람이 운전 연습과 수많은 경험을 통해 학습하듯이, AI 기계는 빅데이터를 토대로 학습(트레이닝)을 반복하여, 규칙성과 관련성을 찾아 학습하는 것이 머신러닝이다. 머신러닝은 기계적 학습일 뿐 모든 상황을 가정하여 주행을 지시하기 때문에 찾은 답이 딥러닝(심화학습)이다.

　딥러닝을 통해 수많은 빅데이터를 학습하고, 센서기술의 발달로 인해 인공지능AI의 판단과 제어의 정확도와 속도는 사람과 같이 진화를 했다. 즉 머신러닝(기계학습)을 넘어 사람처럼 감지할 수 있는 딥러닝(심화학습)으로 실제적인 자율주행의 길이 열린 것이다. 이것을 우리는 딥러닝의 진화라 한다. 진화는 센서기술의 진화로 3차원 이미지 데이터를 클라우드에서 불러들어 머신러닝과 딥러닝을 하고, AI를 통해 추론하고 제어를 가능케 한 딥러닝의 진화가 AI의 진화이다. 딥러닝 기반 AI 물체인식은 이미지 센서, 마이크로프로세서 등의 기술이 발전하면서 카메라 모듈 내부에서 영상처리, 물체 인식 알고리즘을 수행할 수 있는 소형 카메라 모듈이 개발되어 활용되고 있다. 기존 카메라는 영상정보를 수집하고 저장하거나, 네트워크를 통해 영상데이터 전송 역할만 수행하여 물체 인식 및 상황인식과정을 카메라 외부에서 처리한다.[67]

　그러나 딥러닝 기반 물체인식 소형 카메라는 영상정보의 수집 및 전송 기능뿐만 아니라, 수집되는 영상정보를 통해 실시간으로 영상에서의 의미를 찾아내고 인식할 수 있는 기능을 포함하고 있다. 카메라 모듈이 소형화되어 있기 때문에 컴퓨터 기반이 아닌 임베디드시스템에서 영상처리 소프트웨어가 구동된다. 소형카메라 모듈은 임베디드시스템에 의해 구동되며, 컴퓨팅파워Computing Power가 한정되어 있기 때문에 딥러닝 기반 영상처리 소프트웨어가 정확도 높은 인식율을 높이기 위해서는 최적화된 학습 방법이 필요하다.

〈그림1.28〉 딥러닝 기반 소형 카메라에서의 물체 인식 과정의 복잡도

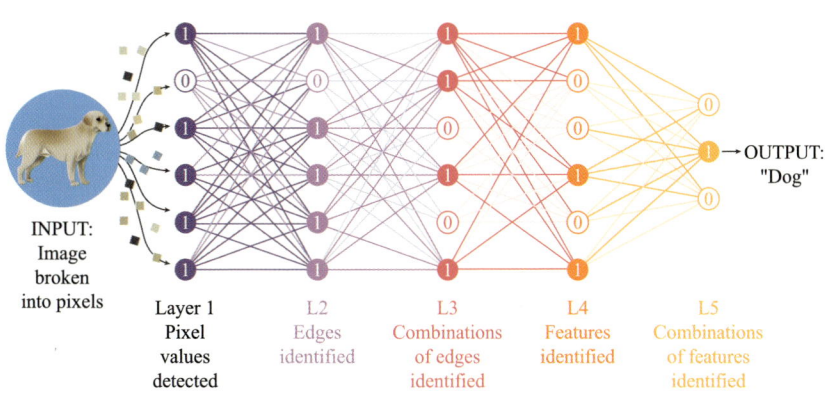

자료: SAE - 국제자동차기술자협회(2019)

---

67) 중소벤처기업부(2019. 12), 중소기업전략기술로드맵-자율주행차

위의 딥러닝 기반 카메라의 영상기반 객체인식 기술은 미리 학습된 영상정보를 기반으로 입력되는 물체의 영상에 대해 실시간으로 물체의 종류, 색상, 크기, 위치, 그룹지정 등을 처리하는 기술로 2차원 카메라 영상정보를 활용하여 3차원 공간정보를 생성한다. 또한 상황인식 기술은 영상에 포함되지 않아 객체인식이 어려운 정보, 기존에 학습되지 않은 객체 등에 대해 객체 주위의 정보를 이용해서 분석하고 추론하여 상황에 대해서 인식하는 기술이다.[68]

센서기술 진화

자율주행은 센서 기술의 발달로 3차원 이미지 데이터를 정확하게 인지하여 초고속 연산장치를 지닌 GPU에 전달해 판단과 지시를 내리기 때문에 자율주행이 가능해 졌다. 이 센서들의 3종 세트가 카메라, 레이더, 라이다이다. 먼저 카메라는 3차원 영상을 찍어 대상물인 문자, 숫자, 그림, 기호, 신호 등을 인식하기에 드론·자율차의 눈과 같다. 그러나 비, 안개 등의 악천후에는 정밀도가 떨어지는 단점이 있다. 즉 눈처럼 보이지 않는 환경을 인지하지 못한다는 것이기에 레이더와 라이다[69] 기술로 보완을 한다.

다음으로 레이더는 전파의 반사파를 이용하기 때문에 안개, 비, 눈의 악천후에 영향을 받지 않는다. 그러나 파장이 길어 반사가 약하다는 단점이 있어서 전방의 작은 대상물과 장애물을 발견하지 못한다. 고속도로와 같이 한정된 장소에서는 카메라와 레이더로 가능하지만 시내나 복잡한 도시의 운행은 불가능하기 때문에 라이더 기술로 보완을 해야 한다.

마지막으로 라이다는 광선의 반사가 짧기 때문에 거리, 형태, 재질 등을 오차가 10m 정도로 적게 판별한다. 도심의 GPS를 수신하지 못하는 지역에서 도로주변의 상황을 채증하여

---

68) 정보통신진흥센터(2018. 9), ICT R&D 기술로드맵 2023 – 자율주행차 분야
69) 라이다는 3차원 영상을 구현하기 위해 필요한 정보를 습득하는 센서의 핵심 기술로 등장하였다. 라이다를 항공기에 장착하고 비행하면서 레이저 펄스를 지표면에 발사해서 돌아오는 시간을 측정함으로써 반사 지점의 공간 위치를 분석하여 지형을 측량하면, 구조물에 따라 반사되어 돌아오는 시간이 다르므로 이로부터 광학영상으로는 얻기 어려운 3차원 모델을 얻을 수 있다. 지상 라이다는 여기에 GPS로 얻은 위치 좌표를 결합하여 정밀한 데이터를 얻기도 한다 (물리학백과).

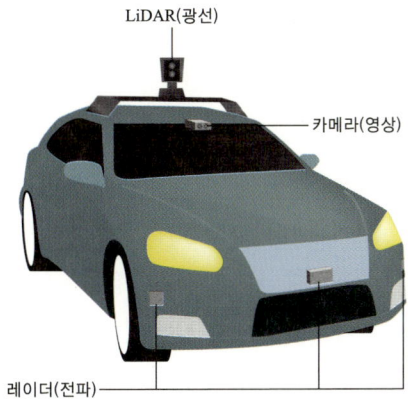

〈그림1.29〉 자율주행의 필수 카메라, 레이더, 라이더 위치

주변의 3차원 이미지 데이터로 전송하기 때문에 카메라, 레이더에서 온 데이터를 종합하면 정확한 정보를 파악할 수 있다. 도심에서는 보행자, 운행차, 장애물 등 때문에 1m 이내로 측정할 수 있는 정밀 센서가 필수적인데, 라이더뿐이다. 라이더의 단점은 장치가 고가이기에 소형화와 저가화가 시급하다. 지금까지 언급한 이 3종 세트인 카메라, 레이더, 라이더가 있기에 자율주행이 가능하다 하겠다.[70]

반도체 진화

자율주행은 센서가 취득한 3차원 이미지 데이터가 저장되고, 이 빅데이터를 즉시 연산을 하여 목적지까지 인간의 개입이 없이 스스로 주행하는 것이다. 이 행위에 인공지능의 역할이 핵심적인데, 인공지능AI의 두뇌를 이루는 것이 반도체이다. 특히 이미지 초고속 처리 반도체인 GPU가 핵심기술이다. 반도체는 하드웨어를 제어해 데이터를 주고받거나, 연산, 가공, 저장 등을 담당하는 CPU를 말한다. GPU는 CPU만큼 범용성은 없지만, 3차원 이미지의 연산처리를 고속으로 처리하기에 CPU가 1년 정도 처리할 작업을 1달 정도에 3D 이미지를 처리한다. 즉 GPU없이 AI가 자율주행을 할 수 없다는 의미로, GPU는 차량에 동력 전달 장치, 방향전환 장치, 브레이크, 에어컨 등 전자 제어 유닛이 탑재되어 고도의 연산처리를 한다.[71]

자율주행의 패권은 AI용 반도체 GPU 기술력을 누가 가지느냐에 대한 경쟁이 기업들에게서 이뤄지고 있다. 선두에는 엔비디아가 있다. 그 뒤는 인텔이 있고, 아마존, 애플, 구글, 삼성 등이 AI반도체 개발을 시작한 거대 기업들이다. 그중 엔비디아는 GPU를 AI의 딥러닝에

---

70) i-PAC(2018), 전자 ICT 산업동향분석 Report(무인이동체 기술)
71) 정보통신정책연구원(이영종, 2019. 12), 인공지능 발전에 따른 인공지능 반도체 성장

처음 사용을 했고, 차량 AI용 반도체 기술력은 독보적이다. 2017년 매출, 점유율에서 인텔을 넘어섰다. 삼성도 AI용 반도체 개발에 전력을 다하고 있고, 일본의 도시바, 덴소 등도 열심히 하고 있어서, 기술패권은 아직 누구라고 단정할 수 없다. 엔비디아는 기술개발에 더욱 힘쓰고 있으며, AI 차량용 컴퓨팅 플랫폼인 드라이브 PX2는 소비전력이 80~250W로 높고, 비용도 수백만 원이기 때문에 자율주행차량용 드라이브PX자비에DRIVE PX Xavier를 개발했다. 이 GPU는 30W저전력과 연산속도 30TOPS(초 당 30조 연산)를 자랑하는 저전력, 저비용, 고성능 반도체를 개발했다. 5단계 자율주행차를 만들기 위해서는 지금보다 2~3배의 기술력을 가진 GPU반도체가 개발이 돼야 한다고 전문가들은 말한다.[72]

〈그림1.30〉 인공지능과 시스템반도체-AI반도체

이러한 상황에서 정부는 2020년 10월 과학기술 관련 회의에서 '인공지능 반도체 산업발전전략'을 발표하였다. 즉 2030년까지 인공지능 반도체를 통해 '제2의 D램 신화'를 재현하는 것이 목표라고 했다. 그 내용을 보면 인공지능과 시스템반도체를 혁신성장 분야로 지정하여 집중 지원하고, 이번 발전전략을 통해서 민간의 혁신역량과 정부의 전략적 지원을 통해 '인공지능 반도체 선도국가 도약으로 인공지능, 종합반도체 강국 실현' 비전을 제시했다. ① 글로벌 시장 점유율 20% ② 혁신기업 20개 ③ 고급인재 3000명을 양성하겠다는 구체적인 목표도 제시했다.

---

72) 김용균(2018. 1), "반도체 산업의 차세대 성장엔진 AI 반도체 동향과 시사점", ICT Spot Issue, 정보통신기술진흥센터

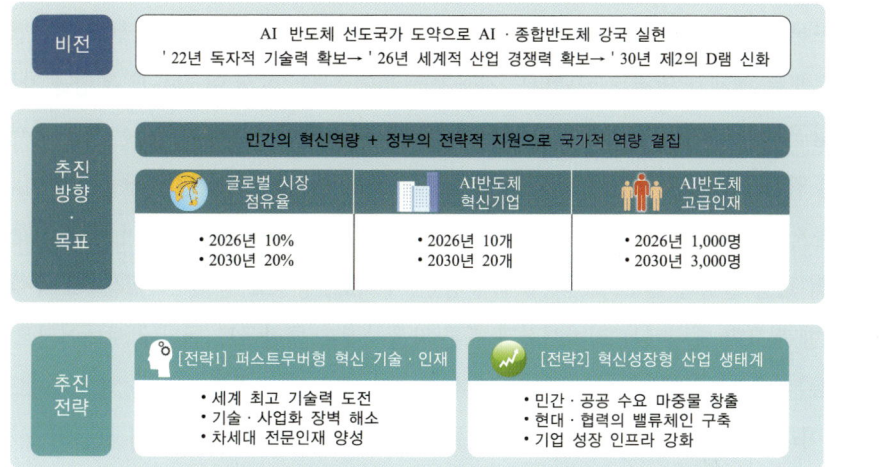

〈그림1.31〉 인공지능 반도체 산업 발전전략 비전 및 전략

자료: 관계부처 합동(2020. 10), "「인공지능 강국」 실현을 위한 인공지능 반도체 산업 발전전략"

〈표1.8〉 딥러닝 기반 소형카메라 모듈 분야 산업구조

후방산업	딥러닝 기반 소형카메라 모듈	전방산업
이미지센서, 렌즈, SoC, 모듈 설계, 패키지 제조, 임베디드시스템	드론 탑재형 소형 카메라 모듈, 빅데이터, 지능형 센서, 상황 판단, 5G 통신, 데이터 압축 및 전송	드론, 자율주행자동차 등 무인이동체 품질 검사 CCTV 활용 보안 감시 위험물 모니터링

이를 위해 2대 추진전략과 6대 실행과제를 통해 인공지능 반도체 글로벌 시장을 앞의 그림과 같이 주도하겠다는 것이다.

자율주행 관련 AI기술은 반도체기술을 중심으로 자율이동 및 판단의 기반이 되는 주변 환경 인식에 활용도가 증가하고 있다. 또한 드론, 자율주행차량 등에 탑재가 가능하도록 소형화된 딥러닝 기반 카메라 수요가 지속적으로 증가하면서 전방산업인 드론, 자율주행차량 등과 무인이동체 산업, 스마트팩토리의 자동화된 품질검사 산업, CCTV 활용 보안 감시 산업, 위험물 모니터링 산업 등으로 활용이 확대되고 있다.[73]

모빌리티의 자율생태계

자율 생태계 이해

자동차에 정보통신기술의 접목은 자율주행을 가능케 하여, 자동차의 본질을 변화시키고

---
73) 정보통신진흥센터(2018. 9), ICT R&D 기술로드맵 2023 – 자율주행차 분야

있다. 과거의 기계적인 자동차는 현재의 ICT 자동차로 변화를 통해 미래의 인공지능AI 자율차·드론으로 변모된다. 센서, 알고리즘, 프로세서, 빅데이터, 클라우드 센터를 동반한 자동차는 모든 세계와 연결된 커넥티드 자율차·드론이 된다. 현재 이·착륙과 운행을 자동으로 하는 항공기(보잉 787)를 생각하면 변화의 결과를 예측할 수 있다. 파일럿은 항공 운행의 보조적인 역할을 하는 것처럼, 미래의 자율차·드론에도 사람은 보조적인 역할을 할뿐이다.

드론·자율차는 다른 자동차나 기반시설 및 각 클라우드 센터와 연결되어, 소프트웨어, 부품 등의 점검 일정을 잡고, 그 외에 주차 공간, 주차료, 통행료 등의 여러 기능도 수행을 한다. 또한 필요한 데이터는 기반시설과 드론·자율차에서 클라우드 센터에 보내어지고, 분석된 자료는 제조사와 서비스센터, 대리점에 보내져, 드론·자율차의 기능을 업그레이드 시켜준다. 이러한 생태계 형성의 핵심은 정보통신기술과 인공지능이 연결되어 사람의 신경망처럼 움직이는 유무선 전파(데이터)가 역할을 한다.

드론·자율차는 기본데이터와 자체센서 입수데이터 및 기반시설로부터 입수한 데이터를 통해 자신의 동작 상태나 주변 환경을 종합적 판단하여 자율 운행을 한다. 드론·자율차가 실제 운행을 하면서 얻은 데이터를 클라우드 센터로 보내져서, 자율 주행의 이용 패턴, 유지·보수 서비스, 제품 최적화 등에 이용이 된다. 유럽의 다국적기업 스카니아의 모든 트럭은 끊임없이 자신의 위치와 정보를 주고, 받는 데이터 피드백을 통해 운송하기 때문에 타 회사와는 비교할 수 없이 효율적 운영을 한다.

정리하면, 자율생태계는 초연결 단말 및 스마트 콘텐츠 등 다양한 범주의 응용 서비스 융합을 통한 모바일융합 이동 서비스 플랫폼이 출현하고, 머신러닝 및 빅데이터 분석 기술과 융합된 사용자 맞춤형 초지능 이동서비스를 제공하는 기술로 발전할 것이다. 즉 자율주행 차량의 교통사고 데이터 수집, 분석, 제공을 통한 실시간 대응체계 운영 및 교통관리 시스템 고도화 추진이 요구될 것이다.

또한 자율주행 빅데이터 센터를 구축하고 분석을 통한 사고예측 시스템 구축 및 사고시의 대응 체계 등 교통관리 시스템의 고도화 및 새로운 교통운영 체계 구축이 필요하다. 주변차량, 도로인프라 및 클라우드와의 초연결을 위한 다양한 V2X 통신 플랫폼 및 서비스 출현이 전망된다. 고속 대용량 데이터 전송이 가능한 IEEE802.11px 등의 차세대 WAVE 통신[74] 및 3GPP Release 16 5G - NR 등이 표준화되어 안전 및 편의서비스에 지속적으로 적용될

---

74) 차세대 지능형교통체계(C-ITS) 표준 기술로 근거리전용무선통신(DSRC·웨이브) 방식을 지지해 온 국토교통부가 5G기반 차량사물통신(5G-V2X) 기술 도입 연구에 나섰다. 향후 5G-V2X 상용화를 고려해 한국이 C-ITS 기술을 선도할 수 있도록 하겠다는 입장이다.

것으로 전망된다.[75]

자율 생태계 시스템

드론·자율차의 효율적 운영은 빅데이터와 알고리즘에 대한 학습과 활용을 통해 드론·자율차를 제어하고, 주행 환경 데이터 분석으로 사전 지정된 값을 넘어서는 운행 값을 도출하고 지시를 통해 이루어진다. 또한 실시간으로 전해지는 운행 환경을 인공지능 시스템을 통해 컨트롤하고, 시시각각 변하는 운행 상황에 대한 대응도 이뤄진다. 즉 감시 및 제어 데이터를 통해 경로를 최적화하여 운행비용을 절감한다. 현재까지의 운행 환경은 T맵과 네비게이션에 의해 이뤄졌으나, 미래에는 지금과는 비교할 수 없는 물류 자동운행시스템이라는 인공지능을 이용하게 될 것이다.

이 시스템은 드론·자율차의 부품(브레이크, 오일, 필터) 점검 주기를 체크하여 정비소에서 자동으로 점검을 받고, 소프트웨어 및 기타 장비에 대한 업그레이드를 하여 최적의 운행 조건을 만들 것이다. 감시 및 데이터를 이용하면 드론·자율차의 경로를 실시간으로 최적화할 수 있어서, 생산성을 높이고, 운행 회당 비용을 절감할 수 있다. 즉 브레이크 오일 주기(5,000km)를 체크하여 오일 교환을 통한 사고를 미연에 방지할 수 있다. 또한 도로 정체구간 및 사고 정체 구간을 실시간 상호 정보소통(사물이동통신)을 통해 최단거리 구간을 설정하여 운행을 하면, 전문가들은 현재보다 약 30%의 시간 및 에너지를 절약한다고 말한다.[76]

자율 생태계 구축

아래 그림은 트랙터가 독립 제품에서 생태계로 발전하는 과정을 보여 준다. 자동화의 첫 단계에는 트랙터에 센서가 부착이 된다. 이 센서는 트랙터 운용(오일, 타이어 공기압 등)과 작업(주행거리, 화물 무게 등) 관련 데이터를 제조사, 대리점 등에서 관리한다. 둘째 단계는 물류환경에 따라 다른 장비들과 연계를 한다. GPS, 내비게이션이 중앙센터와 연결되어 주행경로에 대한 관리를 통행 도착시간, 에너지 관리 등이 이루어진다. 셋째 단계는 트랙터에 지게차, 물류 분배시스템, 작은 트럭, 드론 등이 연계되어 각 물건들이 작은 트럭과 드론, 이동로봇 등에 분배 작업이 이뤄진다. 넷째 단계는 분배가 된 물건 등을 작은 트럭, 드론과 이동로봇의 작은 물류팀이 각각의 물건들을 배달 작업에 의해 가정에 전달이 된다.[77]

---

75) IITP(2018. 9), ICT R&D 기술로드맵 2023 - 자율주행차 분야
76) i-DA(2018), 전자·ICT 산업동향분석 Report(무인이동체 기술)
77) 한국특허전략개발원(김효정, 2019. 11) 물류의 새로운 패러다임, 드론 물류에 관하여

〈그림1.32〉 트랙터에서 물류 생태계로 발전하는 과정

출처 : 안드레아오헤르만(2019. 8), 자율주행, 한빛비즈

미국 미시간대(앤아버)는 기업, 학교, 정부가 참여한 자율차 생태계 프로젝트에서 사람과 화물을 이동시키는 자동화된 자율차량들의 생태계가 상업성을 갖출 수 있도록 개발하는 것이다. 2021년까지 이 생태계를 개발 구축하여 작동시키는 것이 목표이다. 기술 외에도 법, 정치, 사회, 규제, 도시 계획, 비즈니스 등 많은 과제를 해결해야 한다. 실제로 자율차 생태계를 구축하여 우리 생활에 활용하기 위해서는 물류시스템 및 사회와 도시 구조의 변화가 같이 이뤄져야 하는 과제를 안고 있어서, 안착을 위한 시간이 필요하다.

다시 말하면, 미래사회 변화를 촉발시킬 수 있는 '스마트화', '서비스화', '플랫폼화', '친환경화' 등의 메가트렌드[78]와 기술경쟁력 및 시장매력도 등을 종합 고려하여, 10년 후 미래산업에 선제적으로 자율적 스마트물류시스템을 구축한다. 그러면 경제 산업적으로도 효율성의 극대화를 이루고, 실현가능성이 있는 미래 유망 신산업 제품(제품/서비스/비즈니스/플랫폼) 등을 더욱 많이 발굴될 것이다.

---

[78] 어떤 현상이 단순히 한 영역의 트렌드에 그치지 않고 전체 공동체에 사회, 경제, 문화적으로 거시적인 변화를 불러 일으킬 때를 가리킨다. 예컨대 소비자의 동조와 그 지속 기간을 기준으로 했을 때 사회 대다수의 사람들이 동조하며 10년 이상 지속되면 메가트렌드라고 볼 수 있다. 나이스비트는 현대사회의 메가트렌드가 탈공업화 사회, 글로벌 경제, 분권화, 네트워크형 조직 등을 그 특징으로 한다고 보았다(지식엔진연구소).

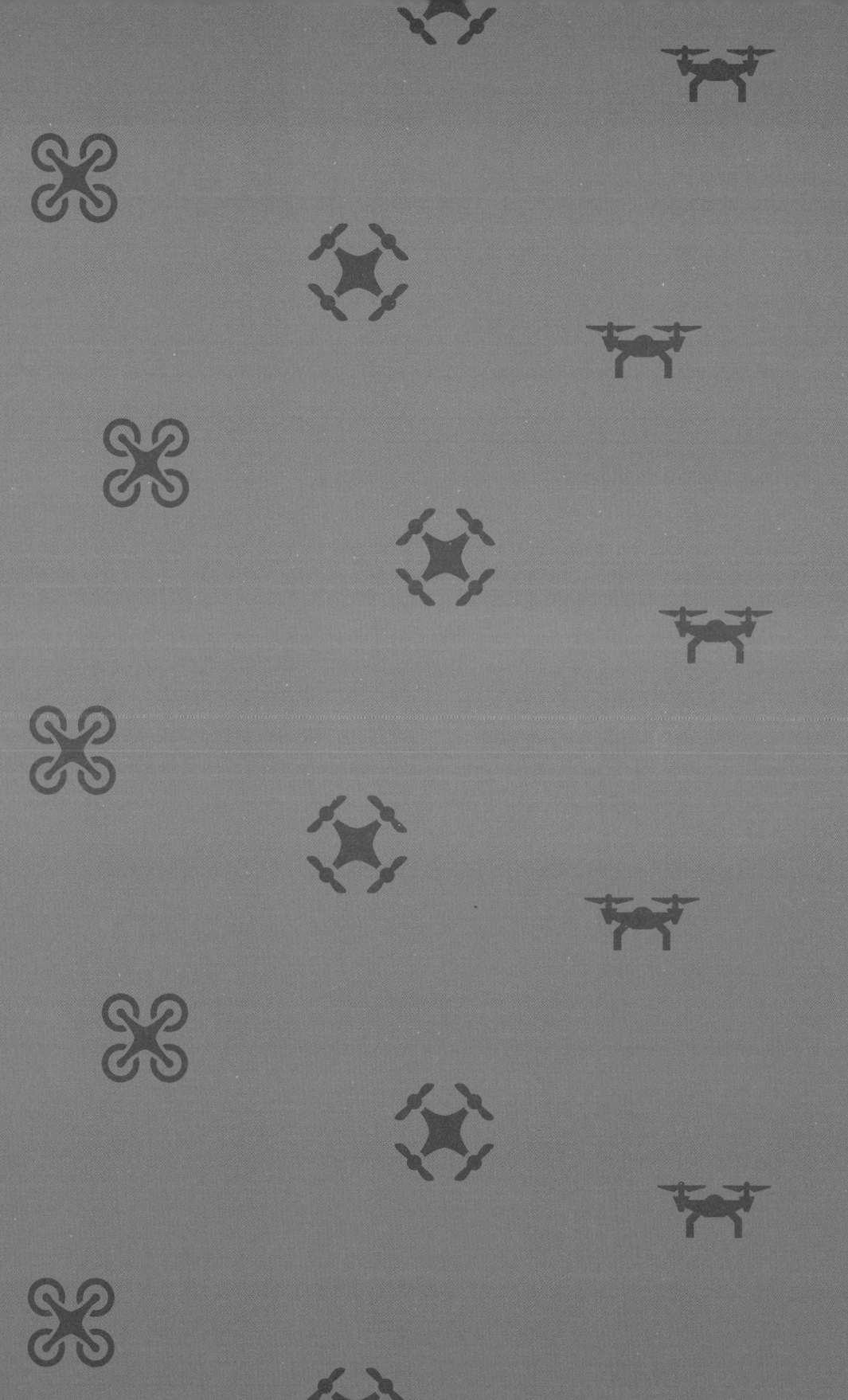

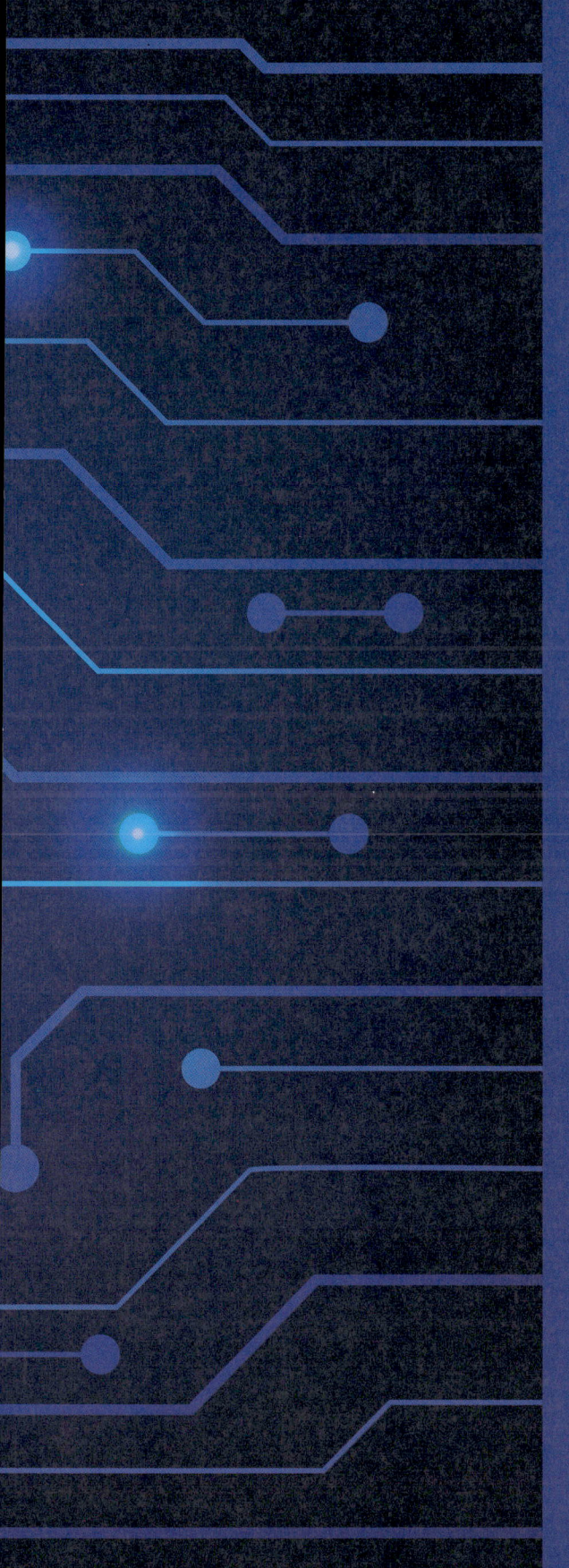

2

4차산업혁명과 에어(AIR) 모빌리티

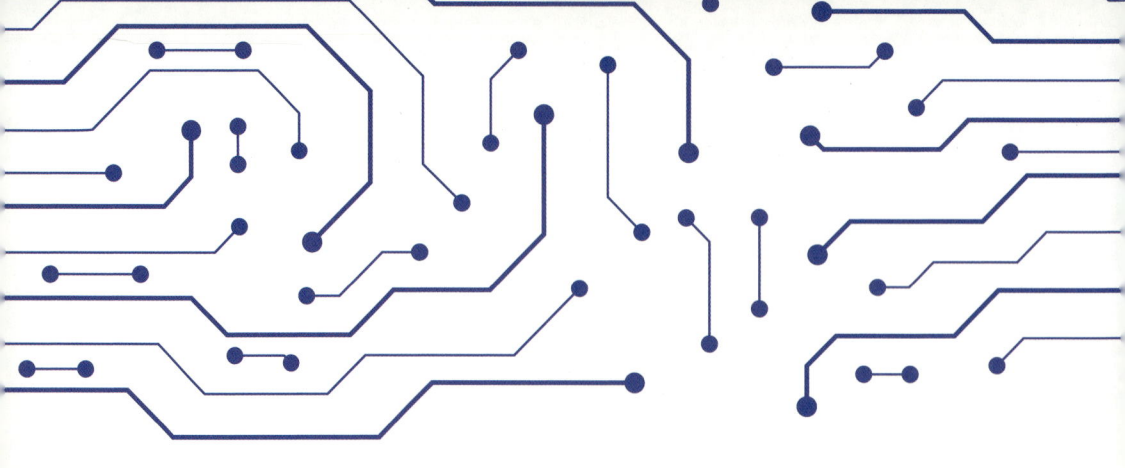

(1) 모빌리티 혁신과 4차산업혁명

　에어모빌리티에서 우리는 무엇을 할 수 있을까? 자율주행과 항공 관련 미래기술의 접목은 모빌리티 안의 생활에 큰 변화를 줄 전망이다. 즉, 이동체 내 결제 시스템을 갖춘 이동식 카페와 커뮤니티 공간처럼 내비게이션을 무선으로 자동 업데이트하는 OTA(Over The Air), 자연어 음성 인식이 가능한 인공지능 비서, 차량에서 집 안의 홈 IoT 기기를 제어하는 카투홈[1] 등 다양한 첨단기술이 적용된 이동식 공간이다. 즉 에어모빌리티는 인간의 공간 이동의 자유를 극대화하는 자율주행시대를 열었고, 그 기술의 중심은 인공지능과 수소에너지가 있다.

　미래의 에어모빌리티 이동체는 다양한 첨단 기술과 접목돼 보다 다채로운 기능을 제공할 것으로 보인다. 어떤 기업은 건강과 관련하여, '웰니스[2]케어'를 선보였다. 이 기술은 측정기를 통해 탑승자의 스트레스, 심박수, 심박변이도, 기분 상태 등을 확인할 수 있다. 이와 같은 건강 관련 케어 기술은 비대면 건강 진단, 탑승자의 응급상황 확인 등 자율주행 에어기술과 연계해 활용성이 매우 높은 부분(기술)이다.

　글로벌 자동차 브랜드들은 IT 기업 및 모바일 기업 등과 연합하고, 공동 연구를 통해 자율주행기술, 인공지능, 수소전지 등의 기술이 이동체에 적용하면서 다양한 편의 기능을 제공할 것이다. 즉 앞으로 나올 신기술인 AI, 5G, IOT, B-DATE 등은 에어모빌리티 시대를 앞당길 것이고, 이 기술들은 에어모빌리티 안에서 우리의 이동 경험을 완전히 새로운 모습으

---

1) '카투홈' 서비스는 기존 스마트홈 앱에 연결되어 있는 홈 IoT 기기 목록을 차량 내비게이션 화면으로 끌어와 제어를 하는 기능이다. 카에서 스마트 홈 화면을 터치하거나 음성명령으로 각 기능을 제어할 수 있고, 외출모드와 귀가모드를 설정하면 한 번의 화면 터치로 여러 개의 홈 IoT 기기를 제어할 수도 있다.
2) 생활과학으로서 운동을 일상생활에 적절하게 도입해 건강하게 하루하루의 삶을 보낸다는 의미에서 제창된 개념이다.

로(혁명에 가깝게) 바꿀 것으로 보인다. 과거 이동을 위한 자동차의 공간과는 완전히 다른 자율주행 이동식 AI스타일을 갖춘 커뮤니티 공간으로 완전 탈바꿈될 것으로 보인다.

모빌리티 시스템

모빌리티 진화

빠른 도시화, 인구구조 변화, 교통 혼잡, 환경문제, 공유경제 확대 등 사회경제적 여건이 크게 변화하고 있으며, 4차 산업혁명 등과 같은 기술의 발전으로 인하여 모빌리티 환경이 빠르게 변화하고 있다. 즉, 자율주행차, 전기자동차, 新에너지 개발 등과 같은 모빌리티 산업과 관련한 기술의 비약적 발전은 그동안 현실화가 어려웠던 새로운 모빌리티 시스템 구축을 가능하게 하고 있으며, 특히 자율주행 기술과 모빌리티 서비스의 융합으로 자율주행차, 로봇택시, 로봇셔틀, 에어모빌리티 등의 비중이 확대될 것으로 예상된다.

그동안 진행된 모빌리티 패러다임 변화를 살펴보면, 자동차 교통 및 자동차 산업을 중심으로 모빌리티1.0에서 모빌리티4.0으로 발전하고 있다. 모빌리티 1.0은 수직 계열화된 자동차 산업의 성격을 띠면서, 낮은 수준의 주행기술로 대량생산을 추구한다. 모빌리티 2.0은 주요 자동차 부품회사가 등장하며, 연관사업과의 거대 그룹을 이루면서 대량생산과 운영 효율화를 이루었다. 모빌리티 3.0은 글로벌화된 자동차 제조사(OEM)와 부품 제조사가 발전하면서 시스템 전장화, 안전성과 효율성을 강화했다. 모빌리티 4.0은 차량에 ICT가 융합되면서 자율주행차, 커넥티드카, 공유형 차량, 에어모빌리티 등의 시장으로 변모하고 있다.[3]

모빌리티 4.0은 '공유(Shared Mobility)'와 '자율주행(Automated Driving)'의 방향성을 가지고, 연결과 확장성 및 AI를 매개로 2030년에는 정점에 이를 것으로 전망되고 있다. 이러한 모빌리티 변화는 교통수단의 하나인 자동차 산업을 중심으로 보기 때문에 전체 교통시스템 차원에서 모빌리티를 접근하는 데는 한계가 있다. 모빌리티 4.0은 .4차산업 혁명시대의 인공지능, 빅데이터, 사물인터넷, 정보통신 기술 등을 활용한 물리적, 논리적 네트워크에 그 기반을 두고 있는 점에서 '스마트 모빌리티'와 유사하다.[4]

과거에는 스마트 모빌리티를 '기존 도로 효율을 저해하는 교통 혼잡을 최소화하고 도로 용량을 확대하여 궁극적으로 국민들에게 막힘없는 도로주행 환경을 제공하기 위한 교통·차

---

[3] 한국정보화진흥원(2016.11), 모빌리티 4.0 시대의 혁신과 새로운 기회, IT & Future Strategy 제8호
[4] 한국정보화진흥원(2016), 새로운 기술, 새로운 세상 지능정보사회(IT&Future Strategy)

량·도로·통신 융·복합 기반의 체계 종합형 시스템 기술'로 정의하고 있다.[5] 이는 시스템 측면에서 접근한 정의로 볼 수 있다.

최근 스마트 모빌리티의 개념 정의에 의하면, '스마트 모빌리티는 첨단 ICT 혁신기술을 활용하여 교통서비스 이용자의 선호도(preference) 등에 대한 기반으로 맞춤화(customized)된 교통서비스를 제공하는 체계이며, 안전하고 지속 가능한 삶과 효율적인 이동을 지원하고, 새로운 모빌리티 사업 창출을 통한 경제성장의 동력이 되는 새로운 패러다임(AIR)의 교통체계 개념'으로 정의하고 있다.[6]

그 대상은 주로 육상교통중심의 자율주행, 차량공유, 통합결제 및 요금정산, 철도, 버스 등 다수 연계 및 맞춤형 경로 등이나, 에어모빌리티에 관한 실체적 논의나 세부추진 방안은 미흡한 상황이다. 그러므로 인터모달리즘(Intermodalism) 차원에서 모빌리티의 범위를 육상, 해상, 항공 등의 전체 국가교통시스템으로 확대하고, 사람 이동과 함께 물적 이동 등을 포괄적, 체계적 물류로 접근하면서 연계구성해야 한다. 여기에 빅데이타, 인공지능, 5G 등의 4차 산업혁명 기술과 접목하여 스마트 인터모달리즘으로 발전하는 것이 바람직하다고 했다.

모빌리티 혁신 : 스마트 인터모달리즘

인터모달리즘(Intermodalism)은 모빌리티 효율성의 증대, 에너지와 환경 등 사회경제적 비용감축, 지속 가능한 교통개발 사회 경제적 요구와 육상, 해상, 항공 교통시스템의 발전에 따라 종전의 자동차·도로, 철도, 항공 등 개별수단(Mode) 차원의 단편적 교통문제 해결 방식에서 탈피하여, 전체 수단(All the modes)차원에서 교통시설 개발, 운영, 연계수송, 환적·환승, 요금체계 등이 비용 절감적으로 통합·연계된 효율적 교통체계를 말한다.

미국, 유럽 등 선진국들은 오래전부터 도로 등 개별교통체계는 교통물류분야의 막대한 사회경제적 비용을 감축하기 위한 해결대안이 될 수 없음을 인식하고, 인터모달리즘 정책을 추진해왔다. 미국은 '92년 인터모달리즘 근거법인 종합육상교통효율화법[7](Intermodal Surface Transportation Efficiency Act)을 제정한 이후에 법제도를 지속적으로 보완·강화해오고 있다. 교통시설 및 교통수단 사업자의 시간·비용최소화 필요성에 따라 "多수단 연계, 最適경로"의 통합연계 교통체계를 구축하였다.

---

5) 한국교통연구원(2014.1), 교통혼잡 최소화 및 도로용량 확대를 위한 막힘없는 첨단교통 로드맵 수립, 교통물류R&D 5대분야 정책토론회
6) 한국교통연구원(2019), 스마트 시티와 스마트 시티 교통부문 개념정립 연구
7) 1991년에 제정된 미국의 종합육상교통법으로 1997년 회계연도까지 연방정부지원 도로 프로그램을 위한 연방기금 및 지침이 수록되어 있으며, 여기에 ITS가 포함되어 있음

EU는 자원절약, 환경보전을 함께 고려한 사회적 비용절약형 통합교통정책을 추진해오고 있다. 또한 인프라와 교통수단의 효율적 연계·통합을 촉진하기 위하여 범유럽 교통망의 종합교통체계 강화, 연계환승센터의 설계 및 기능향상, 교통수단 기준 강화 등을 추진하고 있다. 수단간 운영호환성 및 상호연결성 강화를 촉진하기 위하여 공통된 가격결정원칙의 개발, 종합교통에 근거한 경쟁규칙과 정부보조기구의 조화 등의 정책도 추진하고 있다. 한편으로 적정한 서비스의 규제와 진흥, 스마트 시스템 구축, 표준화, 연구개발 등 모빌리티 향상 등의 인터모달리즘 정책을 강화하고 있다.

　　이와 함께 이용자의 양적, 질적 요구 변화도 인터모달라즘을 촉진하는 계기가 되었다. 즉 소득수준 향상, 시간가치 중시, 기업물류활동변화 등에 따라 단절없는(Seamless) 종합 서비스 요구가 증대해 왔다. 고속도로망 및 고속철도망, 공항시설 등 고속간선 교통망은 어느 정도 확충은 되었으나, 도심교통 혼잡 등으로 인하여 최종목적지까지 연계·환승된 지선교통서비스는 상대적으로 미흡한 실정이다. 또한, 기업측면에서는 물류전문기업을 통한 3者 물류(3PL), 화물의 적기인도(JIT) 등 자본 및 재고비용 절감 노력을 위해서는 인터모달리즘 강화정책이 기업경쟁력을 높이는 지름길이라고 생각하고 있다.

　　한국에서도 1999년 인터모달리즘 근거법으로「교통체계효율화법」을 제정하고, 2009년 이를 전면 개정하여 육상, 해상, 항공의 종합적인 계획인 20년 단위의 국가기간교통망계획을 수립하기 위해 체계적으로 연계통합정책을 추진하고 있다. 또한,「교통체계효율화법」에 따라 환적환승의 결절점(Node) 중심의 연계교통을 추진하기 위하여 전국 900여개소 주요 거점(Node) 반경 20~40㎞내의 연결교통망 운송시스템을 정비하여 30분내 간선교통망에 접근을 구상하였다. 그러나 예산과 관심부족 등으로 큰 진전이 없는 상태이다.

　　특히, 저탄소 녹색성장 시대 도래에 따른 친환경 비용절감형 교통체계에 맞는 모빌리티 및 환승 패러다임 전환에 따라 고속철도역 등 주요 교통 결절점[8]을 대상으로 교통수단간 연계·환승체계를 강화하고 있다. 편리한 대중교통 이용여건을 조성 및 직주근접형 고밀도 복합개발은 지역발전을 도모하기 위해 전국에 복합환승센터 개발을 추진하였으나 동대구 KTX 복합환승센터 등 일부만 조성되었다.

---

8) 철도나 노선버스의 집중에 의한 교통의 편의성이 기초가 되는 도시 기능의 만난점. 이들 사이의 부분을 링크라 한다.

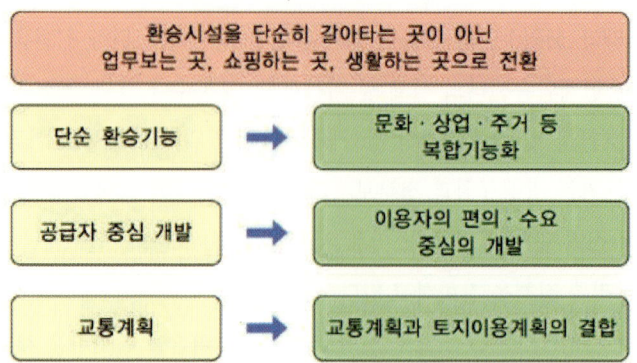

〈그림2.1〉 복합환승센터 패러다임 전환

자료 : 국토해양부(2010), 제1차 복합환승센터 개발 기본계획

앞서 언급했듯이 모빌리티 4.0은 4차산업 혁명에 따른 교통수단의 변화를 수용하는 개념으로 접근하고 있으나, 자동차 산업 관점, 제조업 관점에서의 접근법이기 때문에 다양한 이동성 관련 트렌드를 수용하기는 한계가 있다. 또한 스마트 모빌리티도 주로 육상교통 위주로 접근하고 있어 인터모달리즘을 포괄하는 데는 한계가 있다.[9]

한편, 기존의 인터모달리즘도 4차 산업혁명의 상징인 드론과 자율주행차 등 새로운 기술 등 여건을 수용하는데 한계가 있는 것이 사실이다. 그간 인터모달리즘의 중점과제를 5가지로 분류하기도 하였는데 내용을 보면 다음과 같다. ① 환승/환적 거점 내부 최적화(Optimization of the Node itself), ② 서로 다른 거점간의 최적화(Optimization of the Node including the others), ③ 거점 내 환승/환적체계의 최적화(Optimization of the Connectivity between the Node and the Link), ④ 동일 거점에서 이용 가능한 운송경로/수단간 최적화(Optimization of the Links connecting the Nodes,) ⑤ 서로 다른 거점들간을 연결하는 운송 경로간 최적화(Optimization of all the Links connected to the Node) 등이다. 위 같은 내용은 4차산업혁명 과제와 4차산업혁명의 시대적 변화와는 다소 거리가 있다. 어쩨튼, 인터모달리즘은 고정된 정적인 개념은 아니며, 시대적 여건 등 에 따라 지속적으로 변화하여 오고 있다.[10]

---

[9] 한국정보화진흥원(2019.4), 스마트 모빌리티 서비스의 현황과 미래
[10] 한국교통연구원(2010), 인터모달리즘(Intermodalism) 구축방안에 관한 연구

<그림2.2> 인터모달리즘 개념 발전단계

자료 : 한국교통연구원(2010), 인터모달리즘 구축방안에 관한 연구

 이제는 스마트 모빌리티에 기반을 둔 3차원 공간의 인터모달리즘으로 진화해야 할 때이다. 이를 위해 4차산업 혁명의 인공지능(AI), 빅데이터, 5G 등 첨단기술을 활용하여 통합적인 스마트 모빌리티를 구현하고, 미래의 에어포트, 에어터미널, 에어허브 등 에어모빌리티 거점과 기존 복합환승센터 등과의 새로운 개념의 융·복합, 그리고, 이들과 연결성과 편리성을 강화해주는 자율차 등 차세대 모빌리티를 구상하고 계획하는 것이 바람직하다. 또한, 기존의 법제도도 스마트 통합 모빌리티 등 차세대 인터모달리즘에 맞게 정비하는 것이 바람직하다.

4차산업혁명과 혁신

4차산업혁명 기술정책

 세계의 산업혁명을 살펴보면 혁명을 주도한 국가와 기업들은 엄청난 특혜를 받고, 세계시장을 지배하였다. 특히 국가별 생산력의 차이는 국제질서의 세력 판도를 바꾸었고, 정치 경제는 물론이고 국제 관계에서 우월한 위치를 선점하였다. 산업화를 선도한 수준 높은 국가들이 변혁의 새로운 프레임을 주도하면서 사회, 경제, 문화적 파장을 이해하고 앞서나가기 때문에 엄청난 이익을 얻을 수 있었다.
 3차 산업혁명을 넘어 4차 산업혁명의 도래는 기술혁명의 화두가 되는 사물인터넷(IoT), 빅데이터, 인공지능(AI), 5G, VR·AR 등 여러 가지 GPT(범용기술)들이 로봇, 3D프린팅, 드론에 적용되어 자율 시스템 혁명을 이끌 것이다. 그런데 지금까지의 산업혁명 과정을 보아

예측하지 못했던 기술이 부상하여, 새로운 변화를 이끌 가능성도 배제할 수 없다. 지금까지의 기술들은 기반 기술에 불가할 수도 있기 때문이다. 그렇기에 4차 산업혁명을 이끌고 있는 미국, 독일, 일본 등의 선진국들은 어떤 정책을 추진하고 있는지 주시해야 한다. 특히 세계 500대 기업들의 움직임도 살피면서 그들의 주요 기술 개발이 어디에 방점을 찍고 있는지도 주시해야 한다.[11]

세계를 무대로 진출한 다국적 기업들은 새로운 변화의 도전에 직면해 있다. 즉 생존을 장담할 수 없는 무한경쟁에 직면해 있고, 타 선진 기업들을 따돌리고 자신의 위치를 공고히 할 기술개발에 심혈을 기울이고 있다. 1980년 포춘지가 선정한 100대 기업 중 상위 30위 기업들의 생존율을 살펴보면, 1990년 22개, 2000년 13개, 2010년 8개로 나타났다. 그럼 포춘지의 1990년 500대 기업의 생존동향을 보면, 2000년 176개, 2010년 121개로 생존율은 24%정도이다. 이처럼 기업들은 생존의 무한경쟁 속에서, 그 시대를 주도할 범용기술(GPT)을 찾고 있고, 선도국가는 무한 지원을 하고 있다.

그럼 4차 산업혁명을 주도하고 있는 미국의 산업정책을 살펴보면, 1980년 이후 제조업에 대한 정책보다는 서비스업 육성에 힘을 기울이고 있었다. 그 결과 2000년대 경상수지 적자가 연간 3,000억 달러였고, 제조업이 차지하는 GDP 비중은 10% 미만으로 떨어졌다. 2002년 흑자를 유지해 왔던 하이테크 산업도 경상수지 적자로 돌아섰다. 전문가들은 2008년 미국의 금융위기를 불러온 원인을 '제조업의 경쟁력 부재'라고 지적을 했다. 이에 오바마 정부는 자동차 산업 부활을 포함한 제조업 강화 정책을 강력하게 추진했고, 특히 트럼프는 미국을 위한 정책만 펴겠다는 선언 속에서 제조업은 다시 살아나기 시작했으며 경상수지는 흑자로 돌아섰다.

이런 위기 극복은 오바마 정부가 2009년 미국혁신전략(Strategy for American Innovation)을 시작하고, 11년 동안 첨단제조파트너십(AMP: Advance Manufacturing Partnership) 프로그램을 추진한 결과였다. 이 첨단 제조업 계획의 시작은 바탕이 되는 첨단소재의 개발 기간 및 비용을 획기적으로 줄이고자 하는 '소재게놈계획'의 착수였다. 이어 2013년에는 제조업의 패러다임을 바꾸는 3D프린팅을 연방정부차원의 정책지원 프로그램으로 채택을 했고, 적극 지원하였다. 정리해보면, 제조업의 첨단화를 통해 국가산업 경쟁력을 높이는 것이 미국의 경쟁력 강화로 이어졌다. 체계적이고 일관성 있게 첨단제조업 강화 정책을 추진한 결과 4차산업 강국 미국의 모습을 볼 수 있었다.[12]

---

11) 박승대,구본환(2021.9), 사회 대변혁과 드론시대
12) 박승대,구본환(2021.9), 사회 대변혁과 드론시대

다음으로 독일을 살펴보면, 3차 산업혁명을 겪으면서 다른 국가들은 제조업의 비중을 줄이고 서비스업의 비중을 늘릴 때, 독일은 제조업 중심의 투자를 늘려갔다. 1990년 독일의 제조업 분야 임금은 주변 국가들보다 높았을 뿐만 아니라, 공기업의 임금보다도 높아서 많은 인력이 제조업으로 몰리는 것이 독일 제조업의 특징이다. 제조업의 세계 경쟁력을 유지하기 위해, 1999년 사물인터넷, 2000년 맞춤형 수요대응, 2004년 스마트공장, 2005년 스마트서비스, 2006년 사이버-물리시스템(CPS) 등 매년마다 제조업 선진화 정책[13]을 발표하면서, 독일은 제조 강국정책을 구체적으로 추진하였다.

이렇듯 국가의 경쟁력은 미래 산업의 발전 정도에 따라 경쟁력이 결정되기에, 각 나라별로 미래기술 개발을 위한 정책에 총력을 기울이고 있다. 여기서 2008년 세계 금융위기가 우리에게 남긴 교훈을 상기해보면 좋다. 당시 선진국들이 제조업의 비중을 줄이고, 서비스업 비중을 늘리는 와중에, 미국 발 금융위기가 전 세계 경제를 위험에 빠트렸다. 하지만, 제조업을 강화했던 독일 경제는 경기침체 기간에도 실업률이 감소하는 등 타 국가들과 확연한 차이를 보였다. 이렇듯 4차 산업혁명은 국가별 명운이 달린 국가 개발 계획이기에, 국가와 기업들이 체계적이고 일관성 있게 추진해야 할 필요성이 있는 것이 과학기술혁명의 과제이다.

4차산업혁명과 제조혁신

세소 혁명은 제조혁신을 통해, 현재의 제조업 패러다임에서 소재, 공정, 물류 등의 혁신을 추구하는 것으로 생각되었다. 그러나 현재의 제조 혁명은 제조혁신과 달리 제조업의 패러다임 자체를 바꾸는 것이 목표이다. 과거 인간이나 동물의 노동력에 의존한 작업방식을 기계의 작업방식으로, 자연에너지 동력을 인공에너지 동력으로, 수동 작업을 자동화 작업으로 전환하는 등 제조업의 패러다임 자체를 뒤집는 것이었다.

여기서 4차 산업혁명은 제조업이 중심이 되어야 한다는 견해를 살펴보면 다음과 같다. 첫째 제조업은 그동안 산업발전에 이르는 길이 되어 왔다. 18세기 말 영국에서 시작해 프랑스, 미국, 독일, 일본까지 번영의 한가운데에 제조업이 있었다. 둘째 제조업은 '강대국'의 기반이다. 발달된 생산기계를 통해 생산을 자동화하는 시스템을 만들어 제품 생산량을 많이 증가시켰다. 셋째 제조업은 경제성장의 핵심 원천이다. 제조 생산기지가 있어야 핸드폰, 반도체, 자동차, 항공기 등을 만들고, 지속가능한 성장기기를 생산할 수 있다.

넷째 세계무역은 서비스가 아니라 제품에 기반하고 있다. 대부분의 교역은 공산품이 80%이고, 서비스는 20%이다. 다섯째 서비스는 공산품에 의존한다. 공산품을 바탕으로 한 서비

---

13) 2010년 이후에도 계속해 추진했고, 2015년에는 인터스트리 4.0전략을 만들어 4차 산업혁명을 체계적으로 추진하고 있다.

스업은 도·소매업 11%, 금융업 13%, 의료업 8% 등으로 서비스업 또한 제조업 중심이다. 여섯째 제조업은 고용을 창출한다. 제조업 하나의 일자리는 타 산업의 세 개의 일자리를 파생한다.[14]

현대 산업을 살펴보면, 제품 수명의 주기는 짧아지고, 제조시설은 첨단화 되면서 제품의 보급 속도는 매우 빨라졌다. 전화의 수명은 40년(1876년), 케이블 TV는 30년, 핸드폰은 15년, 퍼스널 컴퓨터는 10년, 인터넷은 5년, 스마트폰은 0.5년 등 제품의 수명 주기는 매우 빨라졌다. 이유는 제조업이 첨단화되었기 때문이다. 그렇기에 기업들은 계속해서 새로운 제품을 개발해야 하는 숙제를 안고 있다.[15]

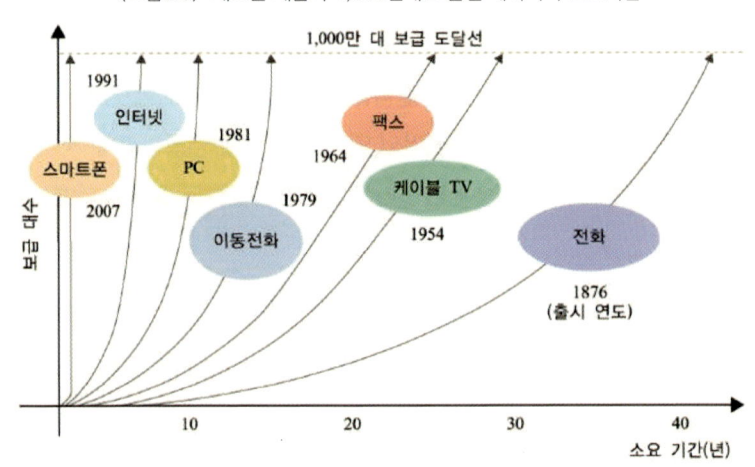

〈그림2.3〉 새로운 제품이 1,000만대 보급될 때까지의 소요시간

자료 : 한국교통연구원(2010), 인터모달리즘 구축방안에 관한 연구

3차 산업혁명과 4차 산업혁명이 동시 진행되는 2010년 후반기에는 기술이 고도화되면서 제조업의 가치사슬을 구성하는 요소들이 창출하는 부가가치에 변화가 생기기 시작했다. 세계 여러 지역에 흩어져 있는 소수 기업들이 전문 제조영역인 조립 생산 영역과 조립 이전의 연구개발, 제품설계, 소재개발 및 조립이후 영역인 물류, 마케팅, 서비스 영역 등 특화된 플랫폼 기업들로 분화되었다. 그 결과 제품의 품질은 향상되고, 생산단가를 최소화 할 수 있었다. 이 사례에는 애플이나 삼성이 스마트폰 시장의 이익을 대부분 가져갈 수 있는 글로벌 가

---

14) Roosevelt Institute(20011. 5. 23) "Six Reasons Manufacturing is Central to the Economy"
15) 박승대,구본환(2021.9), 사회 대변혁과 드론시대

치사슬(GVC : Global Value Chain)[16]을 형성하여 효율적 제품시스템을 구축한 것이었다. 즉 각국의 특장점인 연구개발과 마케팅은 선진국으로, 생산은 개발도상국으로 분화하여 효율을 극대화하는 시스템을 구축했었다.

이러한 혁신적인 전문화, 글로벌화의 가치 사슬변화는 제조업의 전문화와 한계비용[17]의 축소로 최고의 가치 창출의 영역을 특성화하는 전략으로 변했다. GVC로 얻게 되는 수익이 고용창출, 기술보호 등과 같은 국가 차원의 이익과 상충될 때 소비자들은 피해를 입을 수 있다. 최근 선진국의 제조업 회귀(Re-shoring)[18]와 같은 사례로, 해외로 옮겨갔던 생산기지가 다시 본국으로 돌아오는 현상이다. 즉, 제조업에 4차 산업혁신인 자동화 시스템 혁명이 진행되는 상황으로, 기술혁신이 담보되기 때문에 생산시설의 자동화에 따른 인건비의 비중이 작아져서 자국으로 리턴하는 현상이다.

새로운 제조혁신 공정은 3D프린팅 기술개발과 맞물려 혁신을 만들어내는 나노분말 소재기술, 잉크 기술, 플라스틱·탄소·세라믹 기술 등이 융합되어 자유롭고 유연한 혁신 생산기술로 탄생하고 있다. 예를 들면 반도체 제조기술에서 3D프린팅 기술은 3차원 전자회로를 구성하는 초정밀 공정분야에서 2차원의 한계 및 디자인의 한계를 벗어났다. 복잡한 형상을 가진 3차원 구조물을 제조할 때 정밀주조[19], 사출성형[20] 같은 공정을 벗어난 새로운 혁신기술을 찾은 것이다. 즉 제조혁신에서 새로운 제조 공정과 새로운 소재를 개발하는 것은 서로 뗄수 없는 관계이다.[21]

4차산업혁명과 범용기술(Generative Pre-trained Transformer)

제조업 혁신을 위해 독일이 인더스트리4.0을 추진하듯이 한국(제조업 혁신3.0)도 제조업과 IT 융합을 통해 생산시스템, 제품, 산업생태계 등 체계적으로 정책화하는 추진 과제를 설정해 실행하였다. 2020년까지 1만개의 공장을 스마트화하는 목표를 설정하였고, 빅데이터, 클라우드, 홀로그램, 스마트 센서, IOT, 3D프린팅 등을 통해 제조업의 소프트 파워 강화,

---

16) 가치사슬은 기획, 연구개발, 디자인, 부품·소재 조달, 제조, 판매, 사후관리 등에 이르는 가치 창출 활동 전 과정을 가리킨다. 가치사슬을 구성하는 다양한 활동은 여러 국가에서 이루어진다. (매경닷컴)
17) 기업의 목적이 총수입에서 총비용을 차감한 총이윤을 극대화시키는 것에 있다고 할 때, 한계비용과 한계수입이 일치할 때까지 생산을 증가 또는 감소시킨다. 한계수입은 생산물 한 단위를 추가로 판매할 때 얻어지는 총수입의 증가분이며, 한계비용과 한계수입이 같아지는 점에서 균형을 이루게 된다.(두산백과)
18) 생산비용이 작은 해외로 옮겼던 생산시설을 다시 본국으로 옮기는 현상이 나타나고 있음을 말한다.
19) 밀랍이나 파라핀 등의 수지로 복잡한 모양의 부품을 모래 거푸집에 넣어 공간을 만들어 그곳에 쇳물을 부어 만드는 제조 방법이다.
20) 일정한 모양의 공간에 유동성 있는 소재를 밀어 넣어 굳힌 다음 복잡한 형상의 제품을 만드는 방법이다.
21) 박승대,구본환(2021.9), 사회 대변혁과 드론시대

지능형 소재·부품 개발, 규제 개선, 인력 양성 등을 추진하였다. 독일과 한국은 과학기술혁신을 4차 산업혁명의 성공적 추진의 핵심이라고 생각했고, 가장 선두에 있는 미국을 따라가고 있다.

미래의 산업은 사회 전 영역에서 기술을 중심으로 혁신을 이룰 것이고, 그것은 IOT, 빅데이터, 5G, AI, VR·AR 등의 범용기술이다. 4차 범용기술(GPT)들을 활용한 산업영역은 로봇, 인공지능, 드론, 3D프린팅, 메타버스 등이다. 이 범용기술에 대한 집중 투자는 기술 선도국이 될 것이며, 더 나아가 2025년부터는 전 산업과 사회에 4차 산업기술이 적용되어 모든 영역이 극심한 변화를 남길 것이다.[22]

4차 산업을 살펴보면 첫째, 5G통신은 2020년 이후 추진되어 모바일 통신 기반의 초고속 네트워크가 구축됐다. 이것은 인간의 뇌를 구성하는 신경세포처럼 사회 곳곳까지 대용량 초고속 데이터를 처리할 수 있는 네트워크가 구축되어, 증강현실, 자율주행차, 지능형 로봇, 드론 등의 모빌리티산업에 혁신과 변혁을 일으킬 것이다.

둘째, 3D프린팅은 2025년경 인공지능 생산 시스템과 결합되어 개인 생산 시스템을 구축할 것이다. 가정과 개인이 3D프린팅을 이용하여, 필요할 때 마다 직접 생산하는 시스템을 갖추게 된다. 이것은 5G 통신, 인공지능, 빅데이터 등과 신소재 및 신에너지와 결합되어, 생산효율이 극대화된 자율생산시스템을 구축하는 것이다.

셋째, 인공지능은 2025년 이후 빅데이터, 클라우드 컴퓨팅, 사물인터넷, 양자 컴퓨팅 등과 결합되어 스스로 진화하면서 다른 기술과 융합 하는 등 자동화 자율시스템을 구축할 것이다. 인공지능은 새로운 기술, 새로운 산업 등을 창출할 수 있는 4차 산업혁명 기술의 총아라고 할 수 있을 것이다.

넷째, 로봇(드론)은 2025년 이후 5G, 인공지능, 빅데이터, 센서, 사물인터넷 등과 결합되어 물류와 제조 현장 등에 자율 자동화시스템을 구축할 것이다. 로봇 기술은 1939년 처음 출시 이후 1990년 지능형 로봇으로 발전하고, 현재는 산업용 로봇, 생활형 로봇, 헬스케어 로봇, 드론, 자율주행차 등과 결합되어 모든 물류와 산업에 걸쳐 돌풍을 일으키고 있다. 특히 드론과 로봇은 지금까지 예측하지 못한 산업의 변화를 사람이 주체가 아닌 기계가 주체인 인공지능혁명의 변화 길로 안내하는 길잡이가 될 것이다. 즉 에어모빌리티는 물류 산업에 혁명을 전 산업에 걸쳐 확산하면서, 혁명적 시스템 구축을 강요할 것으로 예측된다.

위에서 언급한 범용기술들을 중심으로 4차 산업혁명의 선도 기술들을 정리해 보면 다음과 같다.

---

[22] 박승대,구본환(2021.9), 사회 대변혁과 드론시대

- 5G 통신(유·무선 초고속 인터넷)
- 컴퓨팅(빅데이터, 클라우드 컴퓨팅)
- 인공지능(양자 컴퓨팅, 빅데이터)
- 로봇·드론(이동체로봇, 작업로봇 : 5G인터넷, 스마트 센서, 인공지능)
- 자율주행차(스마트 센서, 빅데이터, 인공지능)
- 스마트 공장(디지털화 공정, 제조, 조립 등 로봇 시스템)

 4차 산업혁명 선도 기술은 6가지 부문의 범용 기술과 활용 기술로서 역할을 한다. 하나의 범용기술이기도 하지만 다른 기술의 활용 수단이 되기도 한다. 예를 들면 인터넷은 디지털 기술이 융합하여 생산 시스템의 고도화를 가능하게 하는 클라우드 컴퓨팅, 빅데이터 기술을 활용하는 기반기술에 해당한다.

 세계 각국은 4차산업 혁명을 이끌어갈 교통물류산업의 새로운 미래 먹거리를 개발하기 위하여 모빌리티산업 육성을 국가전략 과제로 추진하고 있다. 초기 모빌리티 연구개발은 주로 미국과 유럽 등 선진국이 주도하였으나, 2000년대 들어와서 후발국인 중국이 민간부문의 세계 모빌리티시장인 드론시장을 장악하고 있다. 이에 따라 미래 모빌리티 시장은 에어모빌리티 시장 및 퍼스트모빌리티와 라스트 모빌리티 시장과 혼란이 되어 경쟁이 매우 치열할 것으로 예측이 된다.

4차산업혁명과 모빌리티

모빌리티와 첨단기술

 역사적으로 기술발전은 모빌리티 혁신에 직접적으로 영향을 미치는 중요한 요인이 되었다. 증기기관의 발명에 따른 증기기관차의 등장, 가솔린 자동차와 유인동력 비행기의 발명과 같이 기술발전은 모빌리티의 시스템, 서비스 등을 근본적으로 변화시킨 것이 그 예이다. 최근 지능화, 디지털화, 무인화 등으로 대표되는 21세기의 새로운 기술혁신에 따라 모빌리티와 관련이 있는 드론은 하늘을 나는 자동차(PAV) 등 교통물류분야에서 시스템, 서비스 그리고 에너지원에서 혁신을 넘어 혁명을 진행 시키고 있다.

 특히, 첨단기술과 AI의 결합은 혁명적 기술발전으로 이어져, 기존 교통체계와 통행패턴에 급격한 변화를 가져오고 있다. 이런 혁신적인 기술과 서비스는 기존의 산업구조에 충격과 변화를 가져오고 있는 반면, 법과 제도의 변화가 혁신의 속도를 따라잡지 못하는 속도격차

문제(pacing problem)가 발생하고 있다. 드론, UAM, PAV(Personal Air Vehicle : 개인형 자율 항공기) 등의 미래 이동체 혁명은 기존 교통수단과는 기술방식이나 운영체계가 많이 다르고, 교통시스템의 무인화, 자동화, 지능화의 혁신이 촉발되기 때문에 근본적으로 교통에 대한 개념과 교통시스템을 변화시킬 것으로 보인다.

우선, 드론택배의 경우 도서산간 지역에서 물품 및 각종서비스 제공에 활용가능하다는 점에서 우리나라를 비롯 각국에서 시험운행중이거나 상용화를 하는 등 기술개발을 적극 추진하고 있다. 미국의 Amazon은 2014년 드론택배를 세계최초로 도입한 바 있으며, 이 드론은 30km 이내에서 2.3kg 이하의 물류배송이 가능하며, AI의 머신러닝기술을 이용해 장애물 물체에 대해서도 충돌회피 기능을 가지고 있다.

다음으로 드론택시는 도심지에서도 교통체증을 피해 최단 시간내 여객을 운송할 수 있는 이점이 있기에 기술 개발 및 실용화가 적극 추진되고 있는 분야이다. 즉 수직이착륙이 가능한 개인용 자율항공기(PAV) 중 하나인 도심항공모빌리티(UAM : Urban Air Mobility)는 도심에서의 이동효율성을 극대화시켜 줄 것으로 전망된다. 전기 추진 기반의 수직이착륙이 가능한 UAM은 활주로 없이도 도심 내 이동이 가능하다는 점에서 교통체증 문제를 극복함과 동시에 모빌리티의 패러다임을 전환시키고 있다. 2016 CES에서 Ehang의 PAV를 시작으로 2020 CES에서는 한국의 현대차와 미국의 헬리콥터 제조사인 벨이 각각 개인용 비행체를 전시한 바 있다.

벨(BELL)은 미국에서 가장 오래된 헬리콥터 제조사로서, 우버와 함께 비행택시의 상용화를 추진 중이며, 2020 CES에서 발표한 도심항공 모빌리티 '넥서스 4E'는 2025년 상용화를 목표로 하고 있다. 중국의 드론제조사 이항(Ehang)은 Ehang216, FalconB 등 자율비행항공기(AAV, Autonomous Aerial Vehicle) 모델 5개를 보유하고 있으며, 승객수송 및 물류배송 같은 도심모빌리티 역할 뿐 아니라 화재진압, 교통관리 등 공공 목적으로도 이용되고 있다. 2019년까지 총 35대의 AAV(미래형 항공기체)를 인도했으며, 물류업체 DHL, 통신업체 Vodafone, 유통업체 Yonghui, 부동산 개발업체 Heli Chuangxin 등과 전략적 파트너쉽을 체결하였다. 일본의 AERONEXT는 2019년 에어 모빌리티(Air Mobility)인 '하늘을 나는 곤돌라'를 발표하면서, 2023년 사업개시를 목표로 일본의 경제산업성은 한국의 국토교통부와 협조를 하고 있다.

UAM 시장규모가 팽창할 것으로 예상되면서 민간 영역에서는 기존 항공기 사업자뿐만 아니라 자동차회사들도 드론교통 관련 스타트업에 투자하며 경쟁이 치열해지고 있다. 특히 미국의 우버는 UAM 전담 자회사인 Elevate를 설립하고 기체, 금융, 건설, 통신 등 다양한 산업군의 기업들과 협력관계를 형성하여, 2025년 상용화의 목표를 설정하였다. Embraer, Bell helicopter, Boeing, Aurora pipes, Karma aircraft, Jaunt 등 항공기 제조사가 에어택시용 드론 기체를 개발하고 있고, 시간당 200~1,000대의 에어택시를 이용할 수 있는 복합 승차공유 허브인 '스카이포트(Skyport)'도 추진할 예정이다.

모빌리티와 사회변화

모빌리티의 개념은 사전적으로는 '사회적 유동성이나 이동성·기동성'을 뜻한다. 즉 사람들의 이동을 편리하게 하는 데 기여하는 각종 서비스나 이동수단을 폭넓게 쓰는 말이다. 이것은 목적지까지 빠르고 편리하며 안전하게 이동한다는 의미이다. 예를 들면 자율주행차, 드론, 전기차, 전동킥보드 등 각종 모빌리티 이동수단은 물론 차량호출, 카셰어링, 승차공유, 스마트 물류, 협력 지능형 교통체계(C-ITS) 등 다양한 서비스 등이 모빌리티에 포함된다.[23]

먼저, 자율주행차(Self-driving car)는 사람이 차량을 운전하지 않아도 스스로 이동하는 자동차로, 스마트카를 구현하는 핵심 기술이다. 자율주행차를 위해서는 고속도로 주행 지원 시스템(HDA)을 비롯해 후측방 경보 시스템(BSD), 자동 긴급 제동 시스템(AEB), 차선 이탈 경보 시스템(LDWS) 등이 구현되어, 자율주행 4이상의 등급을 가진 인공지능형 자율차를 말한다.[24]

둘째, 드론(Drone)은 무인(無人) 비행기로, 기체에 사람이 타지 않고 지상에서 원격조종한다는 점에서 무인항공기(UAV)라는 표현도 쓰인다. 현재에는 UAM이라고 하여 사람을 태우는 유인 드론이라 표현하고, 교통환경의 혁명적 변화를 가져올 것으로 예측하고 있다. 드론의 쓰임새는 다양하여, 사람이 촬영하기 어려운 장소를 촬영하고, 인터넷 쇼핑몰의 무인(無人)택배 서비스로 많은 물류기업들이 시도를 하고 있다.[25]

셋째, 근거리 모빌리티(Mobility)는 전기 등의 친환경 동력을 활용해 근거리·중거리 주행이 가능한 이동수단을 일컫는 말로 전동식 킥보드, 전기스쿠터, 전동휠, 초소형전기차, 전기자전거 등이 이에 포함된다. 근거리 모빌리티는 대도시화와 1인 가구 증가에 따라 미래의 퍼스트모빌리티와 라스트모빌리티의 교통수단으로 많이 사용될 것이다.

넷째, 카셰어링(Car Sharing)은 한 대의 자동차를 시간 단위로 여러 사람이 나눠 쓰는 것으로, 렌터카 업체와는 달리 주택가 근처에 보관소가 있고 시간 단위로 차를 빌린다는 점에서 차이가 있다. 1950년대 스위스에서 사회운동 형태로 처음 시작됐으며, 특히 2008년 금

---

23) 한대희(2020), 드론 공유 서비스, 크라운출판사
24) 씨에치오 얼라이언스(2022.2), 2022 국내외 자율주행차 기술개발 동향과 시장전망
25) 김보라 외(2018.12), 무인기, 한국과학기술기획평가원

융위기 이후 실용적 소비 성향이 대두되면서 확산됐다. 카셰어링은 회원 가입 후 시내 곳곳에 위치한 무인 거점(차량보관소)에서 차를 빌리고 지정된 무인 거점에 반납하는 시스템으로 이뤄져 있다. 유사 승차공유서비스(Ridesharing service) 등은 차량과 운전자를 탑승자에 연결해 주는 것으로 일종의 공유경제로 분류된다. 즉 미래 모빌리티로 각광을 받을 것으로 예상된다.[26]

이렇듯 모빌리티는 과거에 수레와 배에서 시작하여 철도와 자동차에 이르기까지 교통물류 환경을 혁명적으로 변화시켰다. 현재와 미래에는 자연과 인간의 에너지가 필요 없는 인공에너지와 인공지능에 의한 자율이동체가 모빌리티 혁명을 이룩하고 있는 상황까지 만들어지고 있다.

(2) 드론과 에어(AIR)모빌리티

드론과 개인항공기(PAV)

드론의 개념

드론(Drone)은 하늘을 나는 항공기의 일종으로, 항공기의 개념과 정의에 따라 분류를 해야 이해가 쉽다. 국제민간항공기구인 ICAO(International Civil Aviation Organization)는 항공정책과 법제도를 총괄하는 UN산하 전문기구로 전반적인 항공의 입법과 행정기능을 수행하고 있다.[27] ICAO에서 정의한 "항공기란 공중에서 공기의 반작용(지표면에 대한 공기의 반작용은 제외)에 의해서 대기중에 떠 있을 수 있는 일체의 기계장치"[28]라고 정의하고 있다. 여기서 공기의 반작용이 항공기의 중요한 속성이기도 하다. 왜냐하면, 지면효과(ground effect)[29]의 반응을 제외하고 있기 때문이다. 미국 연방항공청인 FAA(Federal Aviation Agency)는 "항공기를 공중에서 비행하는데 이용하거나 이용할 의도를 가진 기계

---

26) 고태봉(2018.12), TaaS 3.0 시대(공유경제), 하이투자증권
27) 신혜경, 국내 부조종사 자격증명 제도 운영을 위한 교육, 훈련 방안
28) 영어식 표현 : An aircraft is any machine that can derive support in the atmosphere from the reactions of the air other than the reactions of the air against the earth's surface
29) 지면효과란 비행체가 지면과 가까운 고도에서 비행을 할 때, 비행체 아랫면과 지면사이에서 공기의 흐름이 변경되어 압력 변화로 인하여 공력 특성이 변화하는 현상을 말한다.

장치"30)라고 정의하고 있다. 우리나라 항공안전법 제2조제1호는 다음과 같이 항공기를 정의하고 있다. 항공안전법 시행령 제2조 제2항은 그밖에 대통령령으로 정하는 기기를 "지구 대기권 내외를 비행할 수 있는 항공우주선"으로 규정하고 있다.31)

> "항공기"란 공기의 반작용(지표면 또는 수면에 대한 공기의 반작용은 제외한다. 이하 같다)으로 뜰 수 있는 기기로서 최대이륙중량, 좌석 수 등 국토교통부령으로 정하는 기준에 해당하는 다음 각 목의 기기와 그밖에 대통령령으로 정하는 기기를 말한다.
> 가. 비행기   나. 헬리콥터   다. 비행선   라. 활공기(滑空機)

그럼 드론은 항공기중 어디에 속하는 것일까? 원래 Drone은 원래 수벌(a male bee)을 의미하였으나, 1970년대 이전 군사 분야에서 대공포 등의 사격표적으로 활용하는 무인비행체를 의미하였다. 그러다가 기술발전에 힘입어 1980년대에는 군사용 무인항공기로서 원격조종장치인 RPV(Remotely Piloted Vehicle)를 의미하였다. 1990년대에는 걸프전 등에서 군사용 드론이 인명손실을 최소화하고, 효율적인 작전수행에서 많은 활약을 하였다. 이때 무인항공기 UAV(Unmanned Aerial Vehicle)라는 용어로 많이 사용하게 되었다.32) UAV는 기존 드론과 RPV 등을 포괄하는 용이로 사용하면서, 지상에서 무선통신으로 원격조종하는 무인항공기를 의미하게 되었다.

2000년대에는 드론 기술이 더욱 크게 발전하였고, 특히 원격조종, 인공지능(AI), 사물인터넷(IoT), 센서(SENSOR) 등 4차산업 혁명이 확산됨에 따라, 군사분야는 물론 민간분야에서도 광범위하게 사용되었다. 이러한 민간기술을 활용한 중국의 DJI은 2006년에 상업적 이용이 가능한 드론을 출시하였다. 특히 미국의 Amaozon은 2014년에 드론을 이용한 택배서비스를 시작하였다. 중국의 Ehang은 2018년에 드론택시를 시범 운행하기 시작하면서, 도시형항공교통인 UAM이 공식적으로 언급되기 시작하였다. UAM이 모두에게 주목을 끈 이유는 자동차와 유사한 기체가 사람을 태우고 하늘을 통해 이동을 한다는 것이다.

이와 같이 드론 개념이 확장되고, 민간분야의 유인 이동체로까지 확산되면서 드론의 개념을 재정립하려는 움직임이 세계적으로 나타나고 있다. 그중에 ICAO는 드론을 원격조종 항

---

30) 영어식 표현 : Aircraft means a device that is used or intended to be used for flight in the air
31) 드론 활용의 촉진 및 기반조성에 관한 법률 시행규칙
32) 손현종(2021), 국가 중요시설 안티드론 시스템 운용에 관현 연구

공시스템을 RPAS(Remotely Piloted Aircraft System)로 개념 규정하고 있다. 드론을 단순히 비행체와 이와 결합된 원격비행장치가 아니라 시스템적 관점에서의 비행체로 정의했다. 즉 지상원격통제시스템, 통신, 인공지능 등 자율조종시스템, 운용인력 등의 지원시스템으로 포괄적 규정하고 있다. 미국도 종전의 단순한 무인항공기 개념에서 벗어나 시스템적 관점에서 무인항공시스템인 UAS(Unmanned Aircraft System)로 규정하고 있다.

개인항공기(PAV)

드론의 기능과 역할 등은 시간에 따라 계속적으로 발전과 진화를 하면서, 최근 미래형 개인 비행체인 PAV(Personal Air Vehicle)와 UAM (Urban Air Mobility : 도심항공교통) 등의 개념이 사용되면서 드론의 개념과 다소 혼선을 주고 있다. 개인비행체인 PAV는 초기에 자가용 자동차와 소형급 항공기의 융·복합 기능을 염두에 두고 도로주행과 항공비행을 겸할 수 있는 공륙(空陸)양용 형태로 개발되었다. 최근에는 2000년대부터 "Door-to-Door"가 가능한 개인 소유의 소형급 항공기라는 개념으로 사용되었고,[33] 최근에는 UAM 등과 혼용되어 쓰이면서 모빌리티의 개념이 혼돈되어 사용되고 있다.

그동안 모빌리티 연구보고서에 의하면[34], PAV는 개인소유의 근거리 비행체로 Point-to-Point 또는 Door-to-Door 개념의 비행체를 의미한다. 공항에서 공항과 집에서 집으로 이동하는 비행개념으로 300km 내외의 지상 주행모드 기능을 포함하고 있는 것으로 보고 있다. 즉 PAV는 개인용 항공기로 자동차와 비행기 기능에 IT와 인공지능 기술이 융합된 차세대 교통수단이다. 4차 산업혁명 시대를 대표하는 획기적인 유인 운송수단으로 활용될 예정이며, PAV는 육상과 항공교통의 장점에 ICT와 4차 산업혁명 기술을 융합한 신규 운송 수단의 개념으로 보면 좋겠다.

미국 항공우주국(NASA)은 제5회 'PAV Centennial Challenge' 대회에서 PAV개념을 정의한 사례가 있다. 여기서 NASA는 좌석수, 순항속도, 쾌적성, 신뢰성, 조종성, 운행 모드, 전천후 비행, 사용 연료, 항속거리, 공항 이용 등을 구분하여 PAV의 개념을 정의하였다.[35] 주요 PAV 개념은 5인승 이하의 인원이 탑승 가능하며, 자동차운전면허증 등을 통해 운행이 가능해야 하고, 특히 도시(Urban)에서 운행되는 비행체로 소음이 작아야 하고, 항속거리는 1,300㎞ 이상을 주행할 수 있는 배터리 확보가 필요함 등을 요건으로 제시하고 있다.

---

33) Mark D. Moore(2003), Personal Air Vehicles: A Rural/Regional and Intra-Urban On-Demand Transportation System, AIAA Paper 2003-2646

34) 안영수·정재호(2018), 드론 및 개인용 항공기(PAV) 산업의 최근 동향과 주요 이슈, 산업연구원

35) 산업연구원(2020.2), 드론 및 개인용 항공기(PAV) 산업의 최근 동향과 이슈

PAV는 집에서 출발하여 원하는 목적지는 어디든 갈 수 있는 개인 소유의 비행체를 의미하는 것으로 본다(Door-to-Door 개념). 소재, 전자, 자동차, 항공 등 산업의 발달과 항공기에 대한 운용 노하우의 축적으로 인한 안전성 확보, 인간의 편리한 운송 수단의 요구에 따라 탄생한 비행체의 개념이다.[36] 또한 PAV는 이동거리에 따라 City to City, Zone to Zone 및 Door to Door 등으로 구분하며, City to City는 기존 공항과 관제 시설을 활용하는 도심 간 교통수단으로 활용하는 PAV를 의미하며, 활주로를 활용하여 이착륙한다. Zone to Zone은 신규 소규모 도심 활주로와 PAV 중앙관제시스템의 통제를 받아, 특정 지역 간 교통수단으로 활용하는 것을 의미한다. Door to Door의 통합 교통관제 시스템의 통제하의 PAV는 모든 육로·항공 교통시스템과 연계된 UAM을 의미하기도 한다.[37]

현재 개발되고 있는 대부분의 PAV는 수직이착륙 방식을 채택하고 있다. 궁극적으로 수직이착륙 기술이 대세가 될 것으로 전망되고 있으며, 전기에너지를 동력원으로 하여 소음·공해를 저감하는 추세에 따라 eVTOL (electric VTOL)이 많이 사용될 것으로 전망된다. 도심 활용성으로 인한 제한된 이륙 거리는 멀티콥터형 PAV, 틸트(tilt)형 PAV 등 수직이착륙이 고려된 PAV가 개발되고 있다. 그런데 도심에서의 공간적 제한으로 인해 짧은 활주로를 이용한 이착륙 기술방식(STOL : Short Take-off & Landing)과 활주로가 필요 없는 수직이착륙 기술방식(VTOL: Vertical Take off & Landing) 등이 개발되고 있다.

또한, PAV는 운용의 경제성과 비좁은 도심공간의 안전성 등을 위하여 드론과 마찬가지로 자율비행이 필수적이다. 자율비행은 외부 환경에 스스로 대응하여 목표 지점까지 비행하는 기술로서 동체 제어, 경로 계획, 탐지 및 회피, 고장진단 및 자율대처 등의 기술로 구성되며, PAV의 비행영역인 도심의 저고도는 도심풍 등 예측이 어려운 장애 요소가 존재하고 있다. 그러나 자동비행은 조종사가 조종간을 지속적으로 잡는 대신, 기상모니터링, 항공관제센터와의 주기적 교신, 항행관리 등 다른 주요업무를 수행할 수 있도록 보조역할 기능에 가깝다. 자동비행은 충돌회피, 착륙기능 등이 제한적이며, 날씨패턴감지, 항로 최적화, 위기대응관리 기능 등에는 한계가 있는 것으로 자율비행의 한부분이다.[38]

PAV의 초기에는 자동차의 자율주행과 마찬가지로 기술적 한계 등으로 조종자가 탑승하여, 모니터링과 통신 등 자율비행을 보조하는 과도기 단계를 거쳐 원격제어 기술, 인공지능 기술, 센서기술, 초저지연 통신, 통신 보안, 고정밀 항법 등의 첨단 기술이 발전하면서 점차

---

36) 이대성, 미래형 항공기 (PAV : Personal Air Vehicle)개발 선행연구 수행성과 보고서, 한국항공우주연구원
37) 산업연구원(2020.02), 드론 및 개인용 항공기(PAV) 산업의 최근 동향과 주요 이슈
38) 한국항공우주연구원(2019), 개인용 항공기(PAV) 기술시장 동향 및 산업환경 분석 보고서

단계별 완전 자율비행으로 전환이 예상된다.

〈그림2.4〉 EU 항공안전청(EASA)의 자율비행 단계 정의

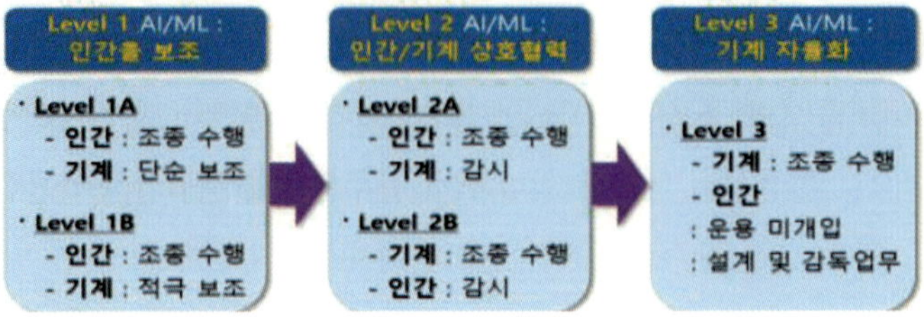

Level 1 AI/ML : 인간을 보조	Level 2 AI/ML : 인간/기계 상호협력	Level 3 AI/ML : 기계 자율화
• Level 1A - 인간 : 조종 수행 - 기계 : 단순 보조 • Level 1B - 인간 : 조종 수행 - 기계 : 적극 보조	• Level 2A - 인간 : 조종 수행 - 기계 : 감시 • Level 2B - 기계 : 조종 수행 - 인간 : 감시	• Level 3 - 기계 : 조종 수행 - 인간 : 운용 미개입 : 설계 및 감독업무

자율비행의 단계를 살펴보면, 유럽항공청이 분류한 level1 자율비행은 기존 대부분 항공기가 자동비행을 하기 때문에 이미 적용되었다. 일반 항공기보다 "원격·자동·자율" 비행을 하는 PAV의 경우는 특성상 level2나 level3에 해당한다고 볼 수 있다. 다른 사례는 무인운전 지하철(신분당선, 인천도시철도2호선, 부산도시철도 4호선 등)시스템이나 무인운전 철도시스템은 양방향 무선통신 열차제어 방식을 기반으로 관제센터에서 원격으로 자동 제어하는 무인운전시스템이나 만일의 비상사태에 대비하여 기관사가 탑승하고 있는 것이다.

자동차의 경우도 level0에서 level5까지 자율주행 수준을 설정하였다. 부분 자율주행은 level3에서 조건부 자동화로서, 돌발상황 발생시 인간이 제어하는 수준이다. Level4의 자율주행은 고도자동화단계로서 자동차가 모두 조작하고 운전하며, 인간의 제어가 불필요한 수준이다. level5는 완전자율화, 무인화를 말하며 인간이 목적지만 설정하면 스스로 모든 행위를 기계가 하는 것으로, 윤리적 문제, 사고시 책임문제 등으로 현재로서는 사회적으로 수용에 문제가 많은 이상적인 자율 수준으로 봐야 할 것이다.

여기서 PAV는 원격, 자동, 자율 비행을 포함하고 있으며, 도심항공교통(UAM), 미래형 드론, 유무인 겸용 개인비행체(OPPAV) 등 미래형 비행체가 등장해도 이 범위를 벗어 날수 없기 때문이다. 조종자는 결국 보조적 기능만 하기 때문이다. 최근 미국에서는 eVTOL(electric Vertical Take Off & Landing : 전기동력 분산식 수직이착륙 드론) 형태의 PAV, UAM 등 항공 모빌리티를 총칭하는 개념으로 AAM(Advanced Air Mobility : 첨단항공 모빌리티)으로 명명하고, 이들 생태계를 지원하고자 워킹그룹을 운영하고 있다.

개인항공기(PAV)의 산업 현황[39]

PAV는 미래형 개인용 항공기로 자동차와 비행기 기능에 IT산업 기술이 융합된 차세대 교

---
[39] 산업연구원(2020.2), 드론 및 개인용 항공기(PAV) 산업의 최근 동향과 이슈

통수단이며, 4차 산업혁명을 대표하는 획기적인 유인 운송 수단으로 등장하고 있다. PAV는 육상과 항공교통의 장점에 4차 산업혁명 ICT기술을 융합한 신규 운송 수단의 개념으로, 특히 타 운송 수단과 비교하여 자유로운 이동성, 정시 도착, 손쉬운 조종 및 이동범위 증대의 특장점을 보유하고 있다.

최근에는 산업·경제의 고도화 및 도시화에 따른 지상 교통수단의 포화상태, 소득 증가 등에 따라 개인의 이동 자유도를 증진할 수 있는 PAV에 대한 필요성이 크게 높아지고 있다. 첫째는 City to City이다. 기존 공항과 관제 시설을 활용하는 도심 간 교통수단으로 활용하는 PAV를 의미하며, 활주로를 활용하여 이착륙을 한다. 둘째는 Zone to Zone이다. 신규 소규모 도심 활주로와 PAV 중앙관제시스템의 통제를 받아 특정 지역 간 교통수단으로 활용한다. 셋째는 Door to Door이다. 통합 교통관제 시스템의 통제하에 모든 육로/항로 교통시스템과 연계된 PAV를 의미한다.

〈표2.1〉 PAV의 운용개념 및 내용

단계	운용개념	인프라	PAV형상	핵심요소기술
1	City to City	- 기존공항 및 관제시설	CTOL	- 자동차+항공기 통합 - 고효율 엔진
2	Zone to Zone	- 신규 소규모 도심 활주로 - PAV 중앙관제 시스템	STOL	- 충돌회피 - HTIS
3	Door to Door	- 통합 교통관제 시스템	VTOL	- 저소음/고효율 추진체 - 자동이착륙 - Autopilot

미국의 신개념 택시 운송업체인 우버(Uber)사에 의해 촉발된 PAV는 동사가 Elevate 프로젝트를 공표하면서, 2016년 Urban Air Taxi백서 발표를 통해 미래의 근거리 항공 승객 운송 개념을 제시하였다. 즉 기체 요구조건, 사회 인프라 및 운용, 탑승자 경험 및 경제성 등의 네 가지 카테고리 등으로 구분하였다.

우버사는 에어택시 플랫폼 개발을 전 세계 약 150개 이상의 업체들에게 요구를 했고, 전 세계적으로 PAV 개발에 수많은 업체들이 뛰어들었다. 주요 개발업체는 보잉(미국), 에어버스(유럽), 릴리움(독일), E-볼로(독일), 이항(중국) 등이며, 한국도 2019년부터 정부연구기관인 한국항공우주연구원(KARI)을 중심으로 KAI, 현대자동차 등이 컨소시엄형태로 PAV 개발에 착수하고 있다. 또한 우버사는 미국 로스앤젤레스, 댈러스 등에서 시범운영을 계획하고, 2023년 이후부터 본격적인 사업화를 계획하고 있다.

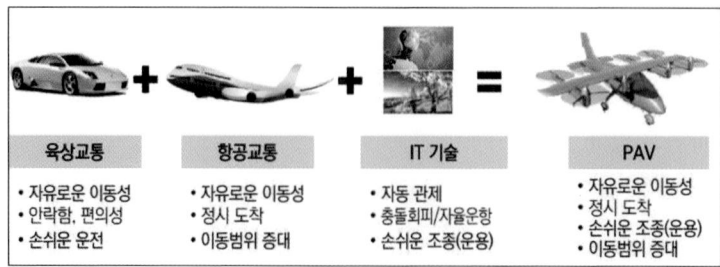

〈그림2.5〉 교통수단으로 PAV의 개념

자료 : KAI(2019). PVA기체

도심항공모빌리티(UAM)와 산업혁신

도심항공모빌리티(UAM)와 혁신

글로벌 경쟁시대에 대도시권은 산업 금융기반이 집약된 국가경쟁력의 핵심이자 중추로 기능을 하면서 인적자원(인구) 집중도가 더욱 심화되고 있다. 도로, 철도 등 확장에도 지상 교통 혼잡비용이 발생하는데, 국내 교통혼잡비용 전체(연간 38.5조)의 82%가 대도시권에서 발생하고 있다.[40] 이 상황은 교통시스템의 획기적 변화 없이는 지속될 것으로 전망되고 있으며, 그 해결책으로 3차원 교통수단인 PAV의 한축인 UAM이 대두되고 있다.

여기서 UAM의 개념을 살펴보면, 도시 권역을 수직이착륙(VTOL)하는 개인용 비행체(PAV)로 이동하는 공중 교통 체계를 의미하는 도심 항공 모빌리티(UAM; Urban Air Mobility)[41]라고 할 수 있다. 이 체계는 비행체의 개발, 제조, 판매, 유지·보수 및 인프라 구축, 항공 서비스 등 도심 항공 이동수단의 생산과 운영을 모두 포괄하는 개념이다. UAM의 특징은 우선 수직이착륙(VTOL; Vertical Take-Off and Landing)의 개념인 공중에서 정지하거나 활주로 없이 뜨고 내릴 수 있는, 수직으로 이륙과 착륙하는 비행체를 의미한다. 다음은 개인용 비행체(PAV; Personal Air Vehicle)인 일반인이 운전면허만으로 운전할 수 있는 개인비행체로 전기동력에 의해 움직이는 이동체이다.[42]

개인항공 관련 등장한 개념 도심 항공 모빌리티는 3가지 특성이 있다. 첫째 미래형 교통수단이다. 별도 활주로가 필요 없으며, 최소한의 수직이착륙 공간만 확보하면 운용이 가능해 도로 혼잡을 줄여줄 3차원 미래형 도시 교통수단이다. 즉 도로·철도·개인교통수단과 연

---

40) 정보통신기획평가원(2021.10), ICT Spot Issue(2021-14호)
41) 한국경제, 드론택시 도심항공모빌리티 2030년 상용화 날갯짓 할까
42) 중소벤처기업부, (2021-2023) 중소기업 전략기술로드맵

계한(Seamless) 교통서비스(MaaS)로 스마트시티의 중요한 교통축으로 자리 잡을 전망이다. 미래 교통수단은 소유에서 서비스 이용에 중점을 두는 것으로 변화라 할 수 있다. 둘째 친환경적이다. 전기 동력을 사용해 탄소 배출이 없고, 저소음으로 도심에서 운항 가능한 친환경 교통수단이다. 셋째 첨단기술 집약체이다. 소재, 배터리, 제어(정보통신), 항법 등 하드웨어와 소프트웨어 모두에서 高수준 기술이 요구되고 있다.[43]

UAM이 미래교통 차원으로 주목받고 있는 배경은 친환경적이기 때문이다. 교통수단의 확보가 국가 운송 경쟁력의 핵심 요건으로 인식되면서 도심 항공 모빌리티가 미래 교통의 대안으로 거론되기 시작했다. 이런 차원에서 보면 첫째로 세계는 급격한 도시화가 진행되고 있다. 즉 전 세계적으로 도시화가 빠르게 진행되면서 교통 혼잡 및 환경오염, 소음공해 등의 도시문제가 대두되면서, UN은 전 세계 도시화율(=도시 거주 인구 비중)이 2018년 55.3%에서 2035년 62.5%에 이를 것으로 전망했다. 인구 천만 명 이상이 거주하는 메가시티(Megacity)는 2010년 25개에서 2035년 48개로 증가할 것으로 예측된다.[44]

전 세계 도시 인구는 총 인구보다 2배 이상 빠른 속도로 증가 전망된다. 한국의 도시 거주 인구 비중도 2019년 91%로 이미 포화 수준이며, 수도인 서울 인구는 991만 명으로 2020년 기준으로 전 세계 거주 인구가 많은 도시 중 30위권이다. 한국 도시화율은 2000년 87.8에서 2005년 89.1, 2010년 89.6, 2015년 90.6 2019년 91.1로 계속 증가했다. 세계의 도시별 인구 수(만 명, 2018년 기준)를 보면, 1위는 일본 도쿄 3,747만 명이고, 2위는 인도 델리 2,851, 3위는 중국 상하이 2,558, 4위는 브라질 상파울로, 2,156, 한국의 서울은 34위로 996만 명이다.[45]

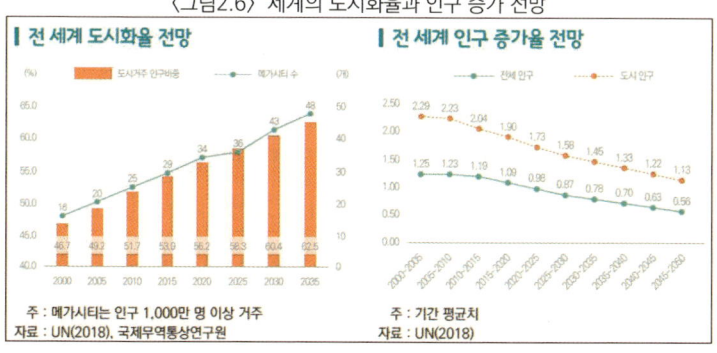

〈그림2.6〉 세계의 도시화율과 인구 증가 전망

---

43) 심해정(2021.6), 도심 항공 모빌리티(UAM), 글로벌 산업 동향과 미래 과제
44) 심혜정(2021.12), UAM 글로벌 산업동향과 미래 과제, 한국무역협회
45) 국제무역통상연구원(2019.12), 세계 도시화율과 인구 전망

둘째로 운송 효율성 저하이다. 이러한 도시집중화 현상으로 도시 거주자들의 이동 속도가 급격이 저하되고, 물류·운송 비용이 증가했다. 지난해 주요 도시들의 도심 내 평균 주행 속도는 30km 미만에 불과하며, 교통체증으로 시간 낭비와 이로 인한 경제적 손실이 발생했다. 미국은 2018년에 교통 혼잡으로 인해 97시간, GDP의 2~4%를 낭비했다. 세계 주요 도시들도 상황은 다르지 않다. 도로 건설에 한계를 가지고 있기 때문에 자동차 보급률도 높아 도로혼잡은 좀처럼 해결하기 힘든 문제가 되었다. 인구 1000명당 보유 대수를 분석한 자동차 보급률을 보면, 세계 평균은 2019년 4대이나, 2009에서 19년까지 증가율을 보면 북미는 639→ 723대, 유럽은 447→ 533대, 아시아는 66→ 129대, 남미는 144→ 203대 중동은 92→138대로 증가하고 있다.

셋째로 친환경 교통수단 관심이다. 전기 동력 기반의 도심 항공 교통은 차세대 친환경 교통수단 중 하나로 인식되고 있다. 왜냐하면 세계 전체 이산화탄소 배출량의 1/4을 교통수단이 차지하고 있다. 그 가운데 도로교통의 탄소집약도(Carbon Intensity)[46]는 일반 산업에 비해 높은 편이다. 자동차 운전자들의 이산화탄소 배출량은 2000년 이후 40% 이상 늘어난 가운데, 최근 미국, 유럽 등은 탄소배출 감축 목표를 상향 제시하면서(2021.4월 기후정상회의) 친환경 교통수단에 대한 관심이 고조되고 있다. 주요국 2030년 탄소감축 목표를 2010년 대비 9이다. 미국은-49%, EU는 -46%, 영국은 -58%, 일본은 -42%, 한국은 -18%이다.

넷째로 항공기술 발달이다. 과거에는 설계 수준에 머물렀던 도심형 항공교통은 기반기술 발달에 힘입어 실현 가능성이 크게 증가하였다. 개인항공기(PAV)는 전기동력, 분산전기추진 등의 기술발달로 수직이착륙이 가능해지면서 활주로 확보가 필요 없어졌으며, 저소음(60데시벨 이하)[47] 기술로 도심에서도 운용 가능해졌다. 기술(수직이착륙, 저소음, 틸트11), 소재(탄소 경량화), 배터리 효율성 개선, 통신(5G), AI(항공관제, 자율주행) 등 기술이 발전하였고, 제품 설계 수준에서 한 걸음 더 나아가 주요 스타트업들이 연달아 시험비행에 성공하였다.[48]

오늘날 현대 사회는 거리 위 수많은 자동차로 인한 대기오염과 극심한 교통정체로 몸살을 앓고 있다. 글로벌 교통분석 전문기관인 Inrix社의 보고서에 따르면, 2016년도 교통체증으로 인하여 미국사회 전체로는 약 3천억 달러, 운전자들은 인당 약 1,400달러의 비용을 지출하였다. 이 보고서들은 글로벌 주요 몇몇 도시에서 교통혼잡으로 발생하는 간접비용을 보여

---

46) 전세계 탄소집약도(gCO2//MJ, 2018년)8 : (도로교통) 67.9 (산업) 51.8
47) 한국 서울의 운행자동차 소음 허용수준(dB) : 승용차 100~105 UAM 제반기술 성숙과 더불어 사업화 가능성 증대 (글로벌 기업 및 스타트업의 투자 확대)로 현실화를 앞당김
48) 심혜정(2021.12), UAM 글로벌 산업동향과 미래 과제, 한국무역협회

주는데, 이들 도시들의 운전자들은 연간 전체 운전시간 중 평균적으로 약15%(80시간)를 교통정체 속에서 보낸다는 것이다. 한국교통연구원이 '15년도 기준 도로정체 등을 반영한 교통혼잡비용으로 약 33조원으로 추산한 것으로 보아, 우리나라도 이러한 문제로부터 예외는 아니다.

도심항공모빌리티(UAM) 산업 특성

세계 주요 국가들도 오랜 인류사에 걸쳐 존재해온 2차원적인 교통체계를 정비하여 3차원으로 확장하는 신개념 교통망 구축 필요성에 공감하고 있으며, 여기에 글로벌 민간혁신기업들이 저마다 개발 중인 '하늘을 나는 차(Flying Car)'E)들을 활용하는 것을 하나의 대안으로 여기고 있다. 각 나라의 정부부처와 지자체, 관련 당국 및 그 밖의 이해관계자들은 PAV 시장 실현을 위한 관련 법·제도 도입 방안을 모색 중에 있다. 두바이와 독일은 이미 유인 PAV 시범비행을 수년 전에 마쳤으며, 싱가포르는 2016년도에 에어버스(Airbus)-싱가포르 민간항공관리국 공동으로 'Skyways' 프로젝트를 출범시킨 이후 2018년도 2월에 시범비행을 수행하였다.[49)]

2021년도 하반기에 독일 볼로콥터社의 PAV 기종으로 항공택시 서비스의 시범운행을 실시한 것으로 전해진다. 가까운 나라인 중국에서도 자국기업인 이항(Ehang)社가 2020년 광저우 등지에서 자체 기종으로 시범비행을 마쳤으며, 일본도 도요타 중심으로 2024년부터 자율주행차 및 PAV를 이용한 도심 교통의 혼잡을 줄일 방법을 추진하는 것으로 알려지고 있다.[50)]

세계 각국은 4차산업 혁명에 대비하고, 새로운 미래먹거리를 개발하기 위하여 드론산업 육성을 국가전략 과제로 추진하고 있다. 초기 에어모빌리티 개발은 주로 미국 등 선진국이 주도하였으나, 2000년대 들어와서 후발국인 중국이 드론을 중심으로 세계의 취미와 촬영 드론 시장을 대부분 장악한 것은 에어모빌리티 산업 경쟁이 얼마나 치열한가를 잘 보여 주는 사례이다. 그럼 지금까지 논의된 에어모빌리티인 드론시장의 특성을 살펴보면 다음과 같다.[51)]

첫째, 드론산업은 ICT융합산업의 특성을 가지고 있어서 항공·SW·통신·센서·소재 등 연관산업의 기술을 포함하고 있으므로 드론관련 기술은 항공 등 연관분야로의 파급효과가 크다고 볼 수 있다.

---

49) 한국항공우주연구원(2019.5), 개인용항공기(PAV) 기술시장 동향 및 산업환경 분석
50) KARI(2019.5) 개인항공기(PAV) 기술시장 동향 및 산업환경 분석 보고서
51) 한 대희(2020), 드론 공유 서비스, 크라운출판사

둘째, 그동안 군용 위주에서 취미·촬영용 등 민수시장으로 성장 중에 있으며, 안전진단, 감시·측량, 물품수송 등까지 다양하게 활용될 수 있다. 드론을 이용한 획득 정보는 IoT, 빅데이터 등과 연계하여 새로운 가치를 창출하는 전기를 마련할 수 있다.[52]

셋째, 드론산업은 부품 및 완제기 제조업 외에도 운용·서비스 등 후방시장을 창출하고 활용분야에서 효율성 향상과 비용절감 효과가 발생하여 경제 파급효과가 크다 볼 수 있다. 그뿐만 아니라, 완구류에서 대형 항공기급까지 크기·형식·운영, 범위·체공시간, 중량·제품주기 등 수요에 따라 다양한 제품의 스펙트럼이 존재하여 산업생태계가 광범위하다.[53]

넷째, 드론은 미래 교통혁신을 가져올 개인용 자율비행 항공기(PAV :: Personal Air Vehicle) 등 미래 항공산업의 핵심 기술이 적용되어 있다. 인공지능(AI), IoT, 빅데이터, 센서, 3D 프린팅, 나노, 수소전지 등 4차 산업혁명의 공통 핵심기술을 적용·검증할 수 있는 최적의 테스트베드 역할을 하고 있다. 이러한 드론산업의 특성을 감안할 때, 미래 먹거리 산업으로서 에어모빌리티산업은 국가적 전략차원에서 육성할 필요가 있다. 특히, 드론산업은 항공, ICT, SW, 센서 등 첨단기술 융합산업으로 SW 등 제작, 촬영 등 운영·서비스 창출, 첨단시스템 개발 등 성장 잠재력도 매우 크므로 신성장 동력산업으로 육성할 필요가 있다.[54]

에어(AIR)모빌리티와 기술혁신

UAM의 에어(AIR)기술[55]

도심항공모빌리티 기술의 핵심은 UAM시스템의 무인화, 자동화, 지능화 등을 가능하게 하는 인공지능, 첨단통신, 데이터 처리, 고성능 센서 등의 첨단기술을 모빌리티에 적용했기 때문에 교통물류의 혁신적 변화가 있었다는 시각이 있다. 즉 핵심기술을 항공 무인이동시스템을 위한 통신, 항법, 교통관리의 기술과 항공 무인이동체의 제어 및 탐지/회피 기술, 항공 무인이동시스템 센서 기술, 항공 무인이동시스템 S/W 기술 및 응용 기술, 항공 무인이동체 플랫폼 기술, 항공 무인이동체 동력원 기술 등으로 분류하기도 하고 있다. 다른 측면의 기술은 플랫폼기술, 탐지 및 인식기술, 통신기술, 이동 및 동력원기술, 자율지능 기술, 시스템 개

---

52) 과학기술정보통신부(2020.12), 무인기 영상 빅데이터 기반 농작업 통합 솔루션 개발
53) 류성열(2021.01), 드론의 농업적 이용 활성화를 위한 전략 수립
54) 국토교통부(2017.12), 드론산업 발전 기본계획 2017~2026
55) 중소기업부(2018,12), 중소기업 기술로드맵-항공우주

기술 등으로 다음과 같이 분류하기도 한다.[56]

■ 원격 자동 비행제어 기술[57]

UAM시스템은 비행체(Flight Platform), 임무탑재장비(Misson Equipment), 지상통제체계(Ground Control System, GCS), 지상지원체계(Ground Support System, GCS) 등으로 구성되며, 이들 구성요소간, 조종자와 UAM 구성요소간 각종 데이터를 송수신하고, UAM의 비행을 제어하는 구동부, 카메라 등 임무수행을 위한 탑재장비(Payload) 등 운용하기 위해서는 첨단 제어기술이 필요하다. 특히, 비행제어 장치(FC : Flight Controller)는 원격제어(RC) 수신기로부터 전달 받은 원격 비행명령어와 각종 센서의 융합 등을 통해 얻은 정보데이터를 토대로 비행자세, 비행속도, 비행방향을 실시간으로 제어한다.

자동 비행조종 컴퓨터의 실시간 자체 진단 결과에 따라 UAM을 안전하게 운영하는 UAM 비행운영 프로그램 등 핵심 소프트웨어 개발도 중요한 기술로 부각되고 있다. 이 밖에 새로운 임무중심 운영모드 개발, 비행시험을 통한 최적화, 사용자가 UAM에 임무장비를 탑재하는 경우 비행제어 SW가 자동으로 비행제어 알고리즘을 튜닝 하는 기술, 빅데이터 처리 등 응용 기술개발, UAM의 이착륙과 비행제어 및 자율화 강화 기술 등도 핵심기술로 자리를 잡고 있다.

또한 UAM 비행 제어 및 임무 수행을 위한 신뢰성 높은 실시간 운영시스템(OS)과 상호 호환성(Interoperability)을 효율적으로 지원하는 개방형 S/W 플랫폼 및 표준 인터페이스 기술 등이 핵심기술로 분류될 수 있다. 즉, 다수 인터페이스와 영상의 데이터링크 처리 등 다수 기능을 구현이 가능한 비행조종컴퓨터를 System-on-chip으로 개발하고, 다양한 사용자의 응용프로그램을 용이하게 개발할 수 있는 SW 응용개발환경의 기술개발이 중요하다.

■ 충돌회피 및 자율비행기술[58]

UAM의 보급과 비행이 점차 증가하면서 UAM의 안전성 확보뿐만 아니라 드론의 활용에 대한 사회적 수용 확산에 있어서도 중요한 핵심기술로서 UAM간, UAM과 일반항공기간 충돌을 회피하고 나무, 건물, 전력선 등 장애물을 미리 감지하여 회피하는 기술이다.

UAM 비행주변 상황인식 위한 센서 및 지상/공중 장애물 충돌회피 기술로서 UAM 비행시 비행체 주변의 정적 및 동적 장애물 탐지를 위한 소형·경량화 상황인식 센서 및 실시간 상황인식용 SW와 상황인식 정보와 장애물, 비행체 특성을 고려한 지상의 장애물 충돌회피

---

56) 윤광준(2015), 드론 핵심 기술 및 향후 과제, 한국광학기기협회, 광학세계 제158권
57) 한국교통연구원(2017), 드론 활성화 지원 로드맵 연구
58) 윤용현(2017), 드론공학개론

기술 등이 핵심 기술 중의 하나이다.[59]

여기서 인공지능(AI) 기술은 UAM 분야에서 대표적인 융합 기술 중의 하나이다. 인간이 학습을 통해 복잡한 임무를 풀어내는 학습 알고리즘을 기반으로 UAM의 비상상황 대처와 운용능력을 배가시키는 기술이다. 현재 Airware, PixiePath 등의 기업들은 드론의 안전한 운용을 위한 충돌회피 자동비행 제어시스템과 지상제어 S/W를 개발하여 제공하고 있다.

특히, 다수 UAM 운용 및 교통관제기술도 확보해야 할 핵심기술이다. 다수 UAM이 상호 협력하며 임무를 수행하는 기술(자동 비행편대 형성·유지, 임무분장·재할당, 드론 고장시 자동대처 등)과 좁은 공역에서 다수 UAM 운영을 위한 교통관제기술이다.

다수의 UAM을 운용할 때에 각 UAM과 지상 통제 시스템 GCS (Ground Control System) 간 시간, 데이터, 배터리 지속시간 등을 고려한 효율적인 통신기술이 필요한데 이를 위한 기술이 FANET(Flying Ad-hoc Network)이다. FANET은 여러 기기 간 통신 할 때에 서버-클라이언트가 구분되어 있지 않고 디바이스가 동등한 노드로 되어 노드간 데이터 포워딩을 통해 이루어지는 Ad-Hoc 통신방식이다. Ad-Hoc 통신을 사용하면 연결성을 확장시키고 통신 시설이 부족한 상황에서 통신 거리를 연장 시킬 수 있다는 장점이 있다.[60]

UAM 고장발생시 가용한 자원을 분석하고, 비행체 주변의 안전공간을 식별하여 비행체를 안전한 곳으로 자동유도하고, UAM의 운영데이터를 기반으로 UAM 시스템의 고장을 예측하는 기술도 핵심기술에 포함될 수 있으며, 장애물 정보가 포함된 3차원 정밀지도를 기반으로 영상 이미지 인식 고속처리 및 무인비행체의 안전 이·착륙지 선정, 안전운항 경로 생성, GCS·항공교통관제 지원 기술 등도 3차원 정밀지도 기반의 안전운항을 지원할 핵심기술이다.

UAM의 첨단기술[61]

■ UAM 탑재 첨단센서 및 임무 기술

탐지기술에는 레이더, RF, 영상, 음성탐지 방식 등이 있는데, 레이더 탐지 기술은 목표물에 반사되어 오는 신호를 통해 목표물의 방향과 목표물의 신호를 확인하여 최대 3km까지 탐지할 수 있으며, 영상 탐지는 일반 적외선 카메라를 통해 수집된 영상에서 UAM 외향 모양이나 패턴을 인식하여 최대 300m의 거리에서 UAM을 탐지한다. RF 탐지는 드론의 조종 신호 또는 드론에서 전송하는 영상신호를 구분하여 UAM을 탐지한다. ISM밴드의 2.4GHz

---

[59] 국토교통부(2017.6), 드론 활성화 지원 로드맵 연구
[60] 조창환 외(2019.1), 드론개발 동향 및 관련 기술 소개, 한국정보과학회, 정보과학회지 37(1)
[61] 특허지원센터(2018. 11), 전자·ICT 산업동향 분석 리포트(무인이동체 기술)

및 5GHz 대역의 RF 신호를 최대 1Km내의 거리에서 탐지한다.[62]

관련 기술들은 UAM 탑재형 소형경량 레이다 기술로서 UAM의 광역 지상감시 및 비행 상황 인식 능력 향상을 위한 지상이동표적 탐지/추적 및 공중충돌회피 레이다 기술이다. UAM 충돌회피용 소형 LIDAR 센서 기술은 지상/공중 장애물 회피 위한 3차원 지형정보 획득 및 장애물 탐지기능을 수행하는 UAM 탑재용 3차원 Flash LIDAR 센서 기술이다.

마지막으로 UAM용 멀티스펙트럼 카메라 기술은 물체에서 반사/송출되는 다중대역의 전자기 스펙트럼의 정보를 수집하는 카메라이다. 드론에서 농작물의 병충해, 작황, 가뭄 피해 등을 감시하거나 계산할 수 있게 하는 멀티스펙트럼(multispectral) 카메라 기술이다. UAM 탑재형 360도 카메라 및 송수신 기술은 UAM에 360도 촬영 가능한 고해상도 카메라를 장착하여 녹화 및 실시간 지상으로 전송하여 VR기능 등을 제공하는 기술이다.[63]

■ UAM 교통 및 공역 관리시스템 기술

고밀도 다중 운영을 전제로 하는 UAM 공역(주로 중·저고도 공역)에서의 UAM의 효율적인 활용과 안전한 운용을 위해 교통관리체계 구축 및 공역관리 기술과 무인화·자동화 플랫폼 기술개발이 필요하다. 이에 따라 UAM 운항의 안전운행을 위해 레이더 포함한 감시 자료와 비행계획 자료를 연계·처리해 관제에 필요한 정보 제공 위한 데이터 처리, 감시 및 추적과 교통관제에 필요한 UAM 항공교통관제기술은 중요한 필수기술로 평가되고 있다.

아울러, 비행정보구역 내 UAM 교통량의 효율적 통제와 교통 혼잡의 사전 해소하여, 항공기의 안전운항과 질서를 보장한다. 즉 운항 정시성과 안전성을 강화하기 위해 UAM 위치와 출·도착 예측, 교통 용량 추정과 분리기준 상황 처리 등에 관한 항공교통흐름관리 기술도 핵심기술에 해당한다. 특히, 고고도, 중고도, 저고도 등 제한된 공역 내에서 유·무인기의 안전 운항을 위해 공역 분리, 통합 공역 관리 및 충돌회피 등 유.무인기 통합 공역 관리 기술은 선진국들이 미래 에어모빌리티시대 도래에 대비하여 개발하고 있는 분야이다. 한국도 2018년부터 2023년까지 저고도 UAM 교통관리체계인 UTM(Unmanned aerial system Traffic Management) 구축 기술개발 사업을 추진하고 있다.[64]

기존 전파 및 이동통신망을 활용한 UAM 원격통제를 통해 재난상황 및 감시보안 임무 등에 효과적으로 대처하기 위한 UAM 동시 통제 및 제어, 통합 기술 등 UAM 이동통신망 연계 원격 통제 시스템 개발기술도 함께 확보해야할 중요한 기술이다.

---

62) 최홍락 외(2017.11), RF를 이용한 효과적인 드론 탐지 기법, 한국위성정보통신학회논문지 제12권 제4호
63) 국토교통부(2017.6), 드론 활성화 지원 로드맵 연구
64) 국토교통부(2017.6), 드론 활성화 지원 로드맵 연구

■ UAM 데이터링크 및 통신기술

지상 통제소(GCS)와 UAM을 연결하는 데이터링크 기술은 UAM을 비가시권 비행 및 장기체공 UAM의 안전한 운용을 위한 중요 핵심 기술이며, 저고도 비가시권 비행, 특히 인구 고밀도지역 비행용 UAM에 적합한 기술 개발이 요구되고 있다. 이와 함께 휴대전화 네트워크(5G 등)와 같은 대체 통신수단에 대한 기술개발 연구도 필요하다. 또한 소형·경량 탑재통신장비 기술, 통신 감도를 이용한 모노펄스 추적방식을 통해 GPS와 독립적이고 정교한 추적이 가능한 정밀 추적 안테나 기술, 주파수 혼선 최소화 기술, 제어용 표준 통신프로토콜 기술 등이 주요 기술이다.

UAM 동력과 기타 기술[65]

■ UAM 동력시스템 기술

드론의 활용범위 확대, 임무의 고도화, 중대형 상업용 드론의 등장 등 여건변화로 인하여 장시간 체공과 많은 적재량 등이 요구됨에 따라 장시간 드론과 UAM의 안정적 운영을 위한 동력시스템 기술개발이 필요하다. 현재 대부분 드론의 동력원인 리튬 이온배터리와 리튬 폴리머배터리 등 충전식 배터리는 셀노화로 인한 성능저하, 30분내외의 제한적 체공시간, 배터리충전 시간소요 등 한계가 있기 때문이다.

최근 주목받고 있는 미래 UAM 동력시스템은 수소연료전지(Hydrogen fuel cell)이다. 이는 수소와 산소가 가진 화학적 에너지를 직접 전기 에너지로 변환하기 때문에 미래 드론과 UAM 동력시스템의 해결대안으로 부각되고 있다. 액체수소를 사용하는 수소연료 전지 동력시스템 설계기술, 다단 터보차저, 액체수소 저장 및 공급 기술 등 핵심 기술 확보가 UAM산업 경쟁력을 강화할 것으로 기대된다.

이 밖에 내연기관, 이차전지, 수소연료전지, 태양전지 등의 동력원을 두 가지 이상 조합하여 UAM 동력시스템의 효율 향상과 더불어 배출가스를 저감시키며, 비행시간을 증대(장기체공)시킬 수 있는 하이브리드 동력시스템 기술개발도 함께 개발되어야 할 핵심기술이다. 기존 배터리의 혁신으로 고용량, 고밀도 에너지 기술, 로켓기술, 수소에너지 기술 등과 레이저를 이용한 무선 충전시스템 기술개발 등도 지속적으로 개발해야 할 기술이다.

■ UAM 시스템개발 기술 및 기타

개발체계 기술에는 인간-시스템간 적정 자율화 운용개념기술, 다품종 소량화 제작을 고려한 플랫폼 기반 모듈화 설계기술, 운용성 평가 등 시험평가·인증 기술, 자동화 및 설계 입

---

65) 김보라 외 2인(2018. 12), 무인기(기술동향), 한국과학기술평가원

출력 데이터 표준화 기술, 비행체 최적설계. 해석 모듈 통합 등이 있다. 또한 SW 체계기술에는 특정한 임무 수행을 위해 필요한 빅 데이터 처리 등 응용 기술 및 탑재체 기술, 무인이동체 SW 공통아키텍쳐 기술, 도메인별 무인이동체 SW제품계열 개발, 무인이동체 SW 핵심자산화 기술, 무인 이동체 Frame work 기술 등이 있다.

HW체계 기술에는 센서 및 작동기 일체형 구조 등 다기능 구조기술, 탑재된 소형 센서를 통한 실시간 모니터링으로 구조물 손상 정도를 감지하고 판단하는 헬스모니터링 기술, 신개념의 재료기술, 복합재료 3D 프린팅 구조개발 기술 등 맞춤형 제작기술 등 다양한 기술이 있다.

이 밖에도 많은 핵심기술이 파악되고 있다. 다학제 설계 기술, 설계 자동화기술, 기술로봇 등 플랫폼 기술, 프로펠러 성능 향상 설계 등 UAM 공력기술, 가상현실, 증강현실 기반의 UAM 조종기술 등이 있다.

(3) 에어(AIR)모빌리티와 UAM

UAM(도심항공모빌리티) 표준과 시스템

안전 합리적 제도 설정

  UAM 운항의 요건·절차에 따라 수립되는 운항기준(ConOps)[66]은 사업계획·통신·항법 등 다양한 계획·기준에 영향을 주게 된다. 특히 사업자의 수익성을 위한 운항요건·대수 등 확보가 핵심이기에, 민간에서 제안한 계획을 토대로 정부에서 검증함으로 운항기준과 지원기준 마련이 필요하다. 미국 NASA의 경우도 국가기준 기반 데이터 확보와 업계 시험 실증, 지원기준 마련을 위해 2018년부터 National Campaign(이전 명칭 : Grand Challenge)을 실시하고 있다.

  국가는 기상 조건, 통신 환경, 소음의 사회적 수용성 등 국내 여건에 맞는 한국형 운용기준 마련을 위한 한국형 K-UAM 그랜드 챌린지 실증사업을 '22년~'24년까지 추진할 예정이다. 이를 위해 실증사업의 설계와 실행을 동시에 진행할 수 있도록 대표적인 실증사업 선두주자인 미국 NASA와 협력할 예정이다. 또한, 주요사업자가 제시하는 계획에 대한 검증 및 국내현황 조사 등을 통해 한국형 운항기준(National ConOps)도 마련할 예정이다.[67]

  대도시권별 전용통신망(VHF, UHF) 및 상용 통신망(4G.5G) 도달거리, 기상현황, 헬리패드 현황 등을 지자체와 함께 조사하여 국가 차원의 포괄적 운항기준(National ConOps)을 마련하고, 기상·통신·도시 등 지역별 실태조사 결과를 반영한 지역별 운항기준(Regional ConOps, 세부적)을 구체화해 나갈 예정이다. 이 밖에 운항 기체 환경 등 총괄 국가기준 마련 후 소음·배출가스 등의 운용규제는 지자체(국가기준 범위 내)에 맞게 기준안 마련을 검토할 것이다.

---

66) ConOps(Concept of Operation)는 운항공역(고도), 운항대수, 회귀 간격, 환승방식 등 UAM 개념도·절차를 말한다.
67) 국토교통부(2020.5), 한국형 도심항공교통(K-UAM) 로드맵

〈그림2.7〉 NASA의 AAM National Campaign 추진단계

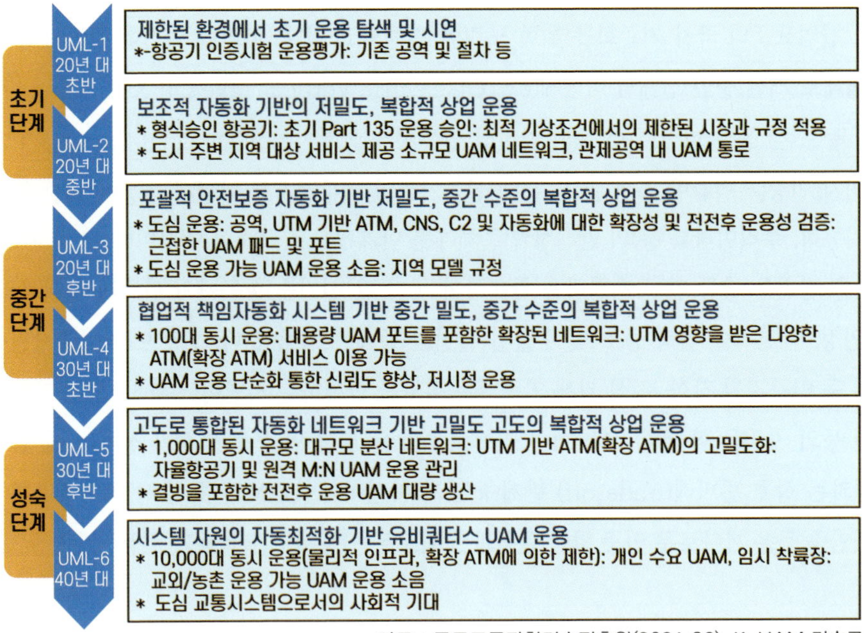

초기단계

UML-1 20년대 초반
제한된 환경에서 초기 운용 탐색 및 시연
*-항공기 인증시험 운용평가: 기존 공역 및 절차 등

UML-2 20년대 중반
보조적 자동화 기반의 저밀도, 복합적 상업 운용
* 형식승인 항공기: 초기 Part 135 운용 승인: 최적 기상조건에서의 제한된 시장과 규정 적용
* 도시 주변 지역 대상 서비스 제공 소규모 UAM 네트워크, 관제공역 내 UAM 통로

중간단계

UML-3 20년대 후반
포괄적 안전보증 자동화 기반 저밀도, 중간 수준의 복합적 상업 운용
* 도심 운용: 공역, UTM 기반 ATM, CNS, C2 및 자동화에 대한 확장성 및 전후 운용성 검증: 근접한 UAM 패드 및 포트
* 도심 운용 가능 UAM 운용 소음: 지역 모델 규정

UML-4 30년대 초반
협업적 책임자동화 시스템 기반 중간 밀도, 중간 수준의 복합적 상업 운용
* 100대 동시 운용: 대용량 UAM 포트를 포함한 확장된 네트워크: UTM 영향을 받은 다양한 ATM(확장 ATM) 서비스 이용 가능
* UAM 운용 단순화 통한 신뢰도 향상, 저시정 운용

성숙단계

UML-5 30년대 후반
고도로 통합된 자동화 네트워크 기반 고밀도 고도의 복합적 상업 운용
* 1,000대 동시 운용: 대규모 분산 네트워크: UTM 기반 ATM(확장 ATM)의 고밀도화: 자율항공기 및 원격 M:N UAM 운용 관리
* 결빙을 포함한 전천후 운용 UAM 대량 생산

UML-6 40년대
시스템 자원의 자동최적화 기반 유비쿼터스 UAM 운용
* 10,000대 동시 운용(물리적 인프라, 확장 ATM에 의한 제한): 개인 수요 UAM, 임시 착륙장: 교외/농촌 운용 가능 UAM 운용 소음
* 도심 교통시스템으로서의 사회적 기대

자료 : 국토교통과학기술진흥원(2021.06), K-UAM 기술로드맵

특히 국가간 운항하는 일반항공기의 경우, 국제민간항공기구(ICAO)의 규제 등을 많이 받고 있어 기준마련 등에 상당한 기간이 소요된다. UAM은 주로 국내 도시지역에서 운항 및 서비스가 제공되므로, ICAO의 기본 틀에서 개별 국가의 기준제정 및 관리에 있어 상당한 자율성이 보장된다고 볼 수 있다.

합리적인 기체 인증기준 마련

UAM기체 인증은 안전성과 운용신뢰성을 확보하고 상용화를 위해 필수적인 절차나 정부 인증절차를 추진하는데, 오랜 기간과 노력이 필요하다. 이에 대해 업계는 기체개발 방향·투자에 관한 불확실성 해소를 위하여 당국의 신속한 기체인증 기준·가이드라인을 요구하고 있다. 그러므로 제도 취지를 근본적으로 훼손하지 않는 범위에서 조화로운 제도운영이 필요하다. 민간의 창의성을 저해하지 않도록 획일화된 형상·기능 규정은 폐지, 개선 등으로 정비하고, 특히 과도한 안전기준을 적용시 높은 개발비용으로 인해 소극적 투자 개발이 추진될 수 있기에, 안전도 향상(신기술 활용)에 맞는 적정기준 마련이 필요하다.

또한, 인증제도의 보완방안으로 세계 유수업계와 국가기준과 함께 산업표준, 단체표준은 건전한 공급망 형성, 생태계 구성원 상호발전 등을 위한 주요기준으로 작용하고 있다. 특히

시장이 크고 감항 당국의 높은 전문성으로 국제기준을 선도하는 미국(FAA), EU(EASA) 위주로 산업표준의 국가 기준화를 위한 노력이 진행되고 있다. 이러한 여건을 감안하여 다양한 형태로 개발 중인 신개념 비행체(eVTOL:electric Vertical Take Off & Landing : 수직이착륙 드론) 등은 미국·유럽 등의 안전성 인증체계를 벤치마킹[68]하고, 신기술 항공기 개발 시 임시 인증(특별감항 증명 등)을 통해 인증기준과 세부절차를 마련하는 등 신기술 항공기(전기동력, 수직이착륙 등)의 안전성 인증체계를 단계적으로 구축할 예정이다.

인증 관련은 당국 간 국제협력을 확대하여 국가 간 신기술 항공기의 인증체계 결과의 상호 인정, 안전기술 협력 공조 및 수출입 활성화 등에 도움을 준다. 한편으로 인증지원센터 설립 등 인증지원 강화, 정식 기체 인증기준 절차를 탐색하는 시연비행 추진, 산업·단체표준 마련 등의 지원을 할 계획이다. 항공 안전성 확보를 위한 인증 등 인허가 절차는 사업의 효율성과는 상호 반비례(trade off) 관계에 있기 마련이다. UAM의 초기 시장 구축단계에서 기체인증 등은 까다로운 인증 없이 현실과 조화로운 인증제도가 적용되어야 한다.

〈표2.8〉 eVTOL 추진형태별 분류체계

구분	Vectored Thrust (틸트로터)	Lift + Cruise (고정익·회전익 복합)	Wingless (Multirotor) (멀티로터)
형상			
형상 특징	- 틸트 시스템 탑재 (동일 추진부) - 세가지 비행모드 (고정익, 회전익, 천이비행) - 높은 전진비행 효율 - 낮은 제자리비행 효율	-독립적고정식 추진부 구성 - 세가지 비행모드 (고정익, 회전익, 천이비행) - Vectored thrust 보다 수직이착륙이 용이 - 높은 전진비행 효율	- 회전익으로 구성 - 단일 비행모드(회전익) - 높은 제자리 비행효율 - 상대적으로 높은 안전성 - 낮은 전진비행 효율

자료 : 국토교통부 보도자료(2020.6.4.), 2025년, 교통체증 없는 '도심 하늘길' 열린다.

첨단기술 기반 교통관리[69]

UAM 이용이 확대되고 다수의 비행체가 도시 하늘에서 자유롭고 단절없이 비행하기 위해서는 안전하고 효율적인 공역관리가 필요하다.[70] 특히 저고도(150m이하)에서 원격·자율·

---

[68] 미국 유럽은 대략적인 인증 체계 컨셉을 마련하고 세부적인 사항은 시범인증을 통해 배워가며 단계적 세부기준 적용 마련 추진 중임

[69] 오경륜, 구삼옥(2017.12), 민간 무인기 운항안전을 위한 주요국의 UTM 개발 동향, 항공우주산업기술동향

[70] 유럽항공안전청(EASA) 예측에 의하면 기존 여객기 2만대까지 60년이 소요되나 eVTOL(수직이착륙 드론) 10만대까지 30년이 소요됨

자동 비행이 가능한 드론교통관리체계(UTM)를 개발 중이므로, 먼저 실용화된 후에 본격적인 UAM서비스가 제공되는 것이 바람직하나. 세계적으로 초경량급 드론(150kg이하)을 대상으로 저고도 드론교통관리(UTM)를 우선 개발 중이고, 일부는 UAM용 교통관리(UATM, Urban ATM)로 ATM 기반 UAM 교통관리기법도 개발 중이다.

특히 UAM을 대상으로 한 중고도나 고고도는 기존 교통관리(ATM : Air Traffic Management) 인력중심 관제시스템으로서 복잡한 UAM 운용환경을 관리하기 어렵기 때문에, 중장기적으로 첨단 무인기반 교통관리체계 도입이 필요하다. 미국, EU 등 선진국들도 중장기적으로 향후 모든 공역에서 교통관리를 첨단화 통합 관리하기 위하여, UTM-ATM 간 통합을 전제로 다양한 프로젝트[71]를 추진하고 있다. 정부는 이러한 UAM 등 여건변화에 맞게 한국형 UTM(K드론시스템)[72]을 보강하기 위하여 다수의 드론 운용·관제를 수행할 민간사업자(USS)[73]와 조화롭게 운영할 수 있는 국가기준(FIMS)[74]을 마련할 예정이다.

드론법 제17조에 따르면 국토교통부장관은 전담사업자로 하여금 드론 교통관리스템을 구축 및 운영하게 할 수 있고, 전담사업자는 그 비용을 조달하기 위하여 드론 교통관리시스템 이용자로부터 사용료를 징수하도록 하고 있다. 그러나 전담사업자 지정기준, 방법 및 절차, 사용료 징수 기준 및 절차 드론 이동로의 지정요건 및 절차 등에 관한 규정이 없고, 하위법령에도 위임되어 있지 않아 입법적 실효성이 크게 저하되어 있기에, 향후 개정이 필요하다.

먼저 초기 UAM운용은 UTM 기반을 단계적 확장하여, 현재 헬기 운용고도를 중심으로 준비하고 운항기준(ConOps)에 따라 단계적으로 시공간을 분리한다. 다음은 중장기적으로 공역관리를 통합 하고 첨단화하기 위해 UTM(저고도), UATM(중고도), ATM(숲고도)등 수단 지역 공역별 교통관리를 최종적으로 통합 관리할 것이라고 했다.

---

71) 미국의 ATM-X(ATM 첨단화 자동화), 유럽의 U-Space(항공교통 무인 관리)
72) UTM(Unmanned aerial system Traffic Management)은 다수의 드론 비행을 지원하기 위한 기체·소유자 등록, 자동 비행계획 승인 및 실시간 비행현황 모니터링 등 드론 교통관리를 지원하는 시스템을 말한다.
73) USS(UTM Service Supplier)는 비지니스 모델별, 지역별로 자동비행 및 실시간 모니터링 등 드론 운용시스템을 보급(USS→운용자)하는 민간 시스템 사업자를 말한다.
74) FIMS(Flight Information Management System)는 국가 안전기준에 따라 운용되는 기체 등록, 교통현황 등 총체적인 정보를 관리하는 국가 비행정보 관리망을 말한다.

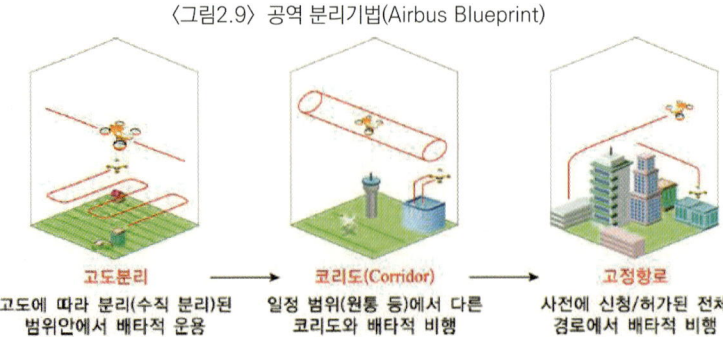

<그림2.9> 공역 분리기법(Airbus Blueprint)

자료 : 국토교통과학기술진흥원(2021.06), K-UAM 기술로드맵

인프라 기준 마련

활주로를 기반으로 하는 공항과 달리 UAM은 활주로가 필요 없으므로 도심 내 수직이착륙을 위한 인프라가 필요하다. 특히 도심 내에 구축될 UAM터미널(Vertiport)은 환승센터 역할과 연계교통을 위해 빌딩옥상 등에 구축될 것을 전제로 연구를 진행 중이다. 그래서 미국·영국·싱가포르 등 일부 지역에서는 스카이포트(Skyport)라는 명칭도 사용하고 있다.

한국은 eVTOL(electric Vertical Take Off & Landing : 전기동력 분산식 수직이착륙 드론)의 이·착륙, 탑승·환승, 충전, 정비 등을 위한 터미널(Vertiport)의 구조와 제반설비에 관한 Vertiport 기준을 마련할 예정이다. 이를 위해 복합환승센터, 간이 정류소, MRO·충전소, 비상착륙패드 등 요구 수준별로 등급화하고 요구기준을 차등화하는 한편, 사업자의 운용계획(Fleet Management)을 토대로 Vertiport크기, 연계교통체계 구축 등을 검토하여 추진할 예정이다. UAM 서비스는 기본적으로 통행의 완결성이 없는 Vertiport간 point to point 서비스이기 때문에 Door to Door 서비스와 연계하여 끊김이 없는(seamless) 서비스가 제공되어야 한다. UAM은 교통서비스 수준(level of service)으로 보면 고급 수단에 해당되고, 이용자 또한 시간가치를 중시하는 고급이용자이므로 신속하고 원활한 연계환승 서비스가 필수적으로 요구되는 것이다. 여기서 다른 교통 수단과 연계환승체계 구축은 UAM의 성패와 깊이 관련이 있다고 판단된다.[75]

이 밖에 한국은 통신 항법 감시 기반 확보를 위해 현재 헬기에 활용되는 통신 항법 감시방식을 우선 공유·활용하고, 다수의 UAM 운용을 대비해 감항당국 비행허가와 연계한 주파수 동적할당 등 안정적·효율적 주파수 활용체계 구축을 추진할 예정이다. 또한, 안정적인 충전 서비스를 제공하기 위하여 충전설비 기준을 마련하여 보급을 확대할 계획이다. 이러한 각종

---

75) 국토교통부(2020.5), 한국형 도심항공교통(K-UAM) 로드맵

인프라 기준을 마련하고 체계적으로 인프라를 확충하려는 정부의 정책과 노력은 높이 평가한다. 그러나 초기 UAM시장 구축단계에서는 간이 기준 등과 UAM사업자의 자율책임을 보다 강화하여 사업자 부담완화 및 신속한 인프라 확보가 필요하다고 생각된다.

조종·MRO 등 운용기준 마련

UAM 운영수익성 확대를 위해 조종사 없는 자율비행이 궁극적 지향점이나, 사회적 기술적 한계로 초기에는 조종사 탑승이 불가피한 측면이 있다. 사회적 수용성 고려 시 조종사 없는 운항은 안전성 신뢰성이 확보 되지 않아 조종사 탑승이 필수적인 것으로 인식하고 있다. 또한, 자율비행은 기존 항공 S/W 인증방식과 다른 새로운 접근방식이 필요해 기술개발(민간) 인증(정부) 모두 고도의 기술적 접근이 요구되고 있으며, 운용단계에서 적정수준의 안전도를 보장하기 위한 장치로 기체 유지보수(MRO)에 대한 기준 및 자격 등 설정이 필요하다.

한국은 UAM 조종사 자격기준을 마련하여 자율비행 발전단계에 따라 조종사 임무·역할과 요구능력, 책임범위를 규정하고 정식 자격 부여할 방침이다. 최소한의 능력기준은 면허제(정부)로 관리하고, 기종별 노선별 운항 자격은 운송사(민간)에서 한정자격으로 관리하는 방안도 추진할 예정이다. 또한, 기체의 안전성과 성능확보를 위해 국가는 큰 틀에서 항공정비(MRO) 안전기준만 제시하고, 인력 운용시간 등에 관한 구체적기준은 사업자가 마련하면 이를 인가할 예정이라고 한다.

특히, 한국은 자율비행을 위해 준비 중인 AI기반 비행기법을 인증할 수 있도록 항공분야 AI 인증방안 및 인증체계 구축을 추진할 예정이다. 이와 관련 AI를 활용하는 자율비행 S/W 안전성입증 기준(민간·연구계 주도) 마련 후에 기체 인증기준(정부 주도)에 반영하는 방안을 중장기적으로 검토할 방침이라 한다.

이와 관련 AI기반 자율비행은 인간 조종사의 역할, UAM의 드론관련성, AI의 비행책임 문제 등과 기술적, 법적, 행정적 측면에서 좀 더 심도 있는 검토와 사회적 공감대가 필요하다고 판단된다. 엄밀히 말해, 유럽항공청이 분류한 level1 자율비행은 기존 대부분 항공기 운항에 이미 적용되었다고 볼 수 있다. 왜냐하면, 대부분 항공기들은 이륙부터 착륙까지 사전 입력된 자료정보에 따라 자동으로 운항하는 계기 비행방식이고, 비상상황 등 특별한 경우에 조종사가 수동으로 조작하는 시계비행 방식이기 때문이다. 일반 항공기보다 "원격·자동·자율" 비행을 하는 UAM의 경우는 특성상 level2나 level3에 해당한다고 볼 수 있다. 만일 UAM의 "원격·자동·자율"비행을 부정하게 되면 UAM은 더 이상 새로운 도심항공교통이 아니기 때문이다. 앞에서 드론의 개념정의 문제점을 지적했듯이, 드론의 개념을 단순히 무인

비행체로 국한한다면, 이와 같은 기술적, 운영적 한계에 직면하게 되는 것이다.

UAM(도심항공모빌리티) 운항 환경구축 : 한국

비행환경 구축

후발주자인 한국은 업계가 조기 선두권으로 도약하기 위하여 연구 개발단계부터 실제 운용단계까지 많은 비행시험이 중요하다. 미국 NASA는 National Campaign를 통해 관련업계에 시험·실증을 지원하며 데이터를 국가기준 마련에 착수하고 있으며, 유럽은 집행위원회 산하 스마트시티 협의체(EIP-SCC)에서 UAM을 주요정책으로 다루며 민간기업의 테스트·상용화 촉진 등 지원하고 있다.

비행하기 좋은 환경조성을 위해 한국은 도심항공교통 상용화('25) 이전에, 시험·실증단계에서 규제 없이 비행할 수 있도록 드론법에 따른 특별자유화구역[76]을 지정·운용할 예정이다. 특히, 한국형 실증사업(K-UAM 그랜드챌린지) 단계적 추진계획[77]에 따라 안전성이 입증된 기체·설비는 실제 운항환경에서 실증할 수 있도록 도심지를 포함한 실증노선도 지정·운용('24)할 예정이다.[78]

앞에서 살펴보았듯이 '드론 특별자유화구역'은 일종의 규제free 특구 또는 규제 sandbox로서 드론활용 서비스의 실용화·상용화 촉진을 위해 드론 관련 규제를 면제하거나 완화할 수 있는 구역이다. 현재 국토교통부는 인천(옹진군), 경기(포천시), 대전(서구), 세종, 광주(북구), 울산(울주군), 제주도 등 전국 15개 지자체의 33개 구역을 지정하였다. '드론 특별자유화구역'이 많아지면, 드론 규제완화를 통한 새로운 기술발전과 산업경쟁력을 강화하는데 기여하는 긍정적인 면이 있는 반면, 인증체계 부실, 안전사고 위험 등 부작용이 그 만큼 증가할 수도 있으므로 UAM 등 필요한 분야를 중심으로 내실 있게 운영할 필요가 있다.[79]

■ 기술개발 지원

기존 항공업계 중심의 진입장벽이 공고한 전통 항공산업과 달리 eVTOL (electric Vertical Take Off & Landing : 전기동력 분산식 수직이착륙 드론)은 업체별 다양한 형상

---

[76] 연구개발 단계에 있는 항공기에 대한 임시인증(특별감항증명) 면제·유예·간소화 가능

[77] (0단계, ~'21) 실증 시나리오 설계, 설비 구축→(1단계, '22~'23) 개활지 등 도심외곽→ (2단계, '24) 공항지역 연계 및 도심지역 포함

[78] 국토일보(2020.6.4), SF영화 속 하늘을 나는 자동차가 현실로 다가온다.

[79] 국토부(2021.2.11), 인천·경기·대전 등 15개 지자체 '드론 특별자유화구역' 지정

성능을 가진 다수의 기종을 개발하고 있으며, 국내 항공제작 분야는 미국에 비해 전반적인 기술수준은 미흡하나, 소재 부품경쟁력과 생산기술 등 고려시 배터리와 프로펠러, IT 등 핵심기술 부분에서는 상당한 기술력을 갖추고 있어서, 도전 가치가 충분한 것으로 평가되고 있다.

한국은 기체와 핵심부품에 대한 기술역량을 확보를 위해 핵심 R&D에 선도적으로 지원할 것으로 보인다. 주요 내용을 보면, 1인승 시제기 개발('19~'23, 국토부·산업부)은 추진하고 있고, 도심 내 운항을 넘어 도시 간 운항도 가능하도록 중장거리(100~400km) 기체와 2~8인승(현재 4인승 위주 개발 중) 기체개발도 민간과 함께 적극적 개발을 추진할 것으로 예상된다.[80]

특히 핵심부품으로 꼽히는 배터리 분야 관련 고출력·고에너지밀도 배터리셀과 배터리 패키징기술, 고속충전기술, 배터리관리시스템(BMS) 개발('20~'23)은 추진하고 있다. 향후 도심항공교통 산업을 주도할 핵심 기술·소재·부품·S/W 등은 기술개발로드맵을 수립해 체계적인 R&D를 추진할 예정이다. 도심항공교통 산업에 도전하는 유수기술 기업을 대상으로 사업분야, 성숙수준 등 유형에 따라 지원방식을 차등화하여 생태계 전반의 경쟁력 강화를 위해 민간과 기술개발을 적극 추진할 것으로 보인다.[81]

4차산업혁명의 첨단기술 복합체인 드론시스템에 대한 민관 R&D투자는 UAM산업의 경쟁력을 좌우하므로 미룰 수 없는 시급한 과제이다. 특히 UAM의 효율적인 초기 시장 구축을 위해서 「기획→개발→시제품제작→시험·인증→시범사업→실용화」로 이어지는 R&D Cycle을 관련기관 인허가 창구를 일원하고, 절차를 단축하여 소요기간을 단축하는 것이 중요하다. 하지만, 현행 드론법 제8조 및 같은법 시행령 제9조에 의하면, R&D는 국토교통부, 관계 중앙행정기관(산통부, 과기정통부 등)이 총괄 주무부처 없이 각자 추진하는 것으로 규정되어 무분별한 중복 R&D투자, 개발자와 수요자의 연계부족 등 부작용이 우려되고 있어 부처별 협력을 강화할 필요가 있다. UAM 생태계 구축과 핵심 기술 개발은 추진과정에서 Control tower 역할 등 정책조정 기능을 강화할 필요가 있다고 판단된다.

■ 교통·기상·공간 데이터 지원

UAM은 도로, 철도 등 타 교통수단과 연계가 중요하므로 다양한 교통데이터는 민간업계에 기초 핵심 데이터로 활용되며, 도심내 안전한 운용과 효율적 운항을 위해 기상정보가 복

---

80) 국토교통부(2020.6), 2025년 교통제층 없는 '도심 하늘길' 열린다
81) 국토부(2020.6.6.), K-UAM의 실증사업 일정과 7대 핵심기술

합된 공간정보도[82] 필수적이기에 국토부 산하 LX공사에서 공간데이터를 구축관련 실증을 하고 있다. 이에 현재 관리 중인 대중교통 빅데이터를 가공하여 수단별·지역별·시간별 이동 데이터를 제공하는 한편, 유망 대도시권에 대해 세밀한(100m) 교통, 공간, 기상정보 수집체계를 단계적으로 구축하여 제공할 예정이라고 한다.

아울러, UAM의 운행에 관련된 안전·환경의 고해상도 기상정보, 전파간섭 현황 등 정보를 3차원 도심지도에 표출해 효율적으로 제공(고성능 네비게이션)할 수 있는 정보수집·제공체계도 구축해나갈 것이다.[83]

■ 경제적 인센티브 제공

새로운 교통수단인 UAM의 원활한 초기사용 확대와 사업자의 초기단계 사업성 확보를 위해 이용 사업 유인책이 필요하다. 좀 더 구체적으로는 국가재정·세제·민간자본 등 성격별, 업계·이용자 등 수혜자 종류별 등을 구분해 직·간접적인 인센티브체계로 구성할 필요가 있다. 아울러, 미래먹거리 신산업분야에 중소 벤처기업 참여를 확대할 수 있는 금융지원도 필요하다. 이를 위해 정부는 스타트업 금융 지원차원에서 중장기 투자가 필요한 新기술 시장에서 유수기술을 보유한 중소·벤처기업의 성장을 위해 투자를 지원할 예정이다.

Vertiport(도심항공터미널)를 구축할 때, 교통유발부담금 일부 감면, 세제혜택 및 기체 과세표준 마련, 교통약자 보조금, 기체·충전설비 친환경 보조금 등 경제적 혜택도 시장의 성숙 수준에 맞춰 준비할 예정이다. UAM사업은 장기적 투자이므로 투자 회임기간이 길고 초기단계에는 투자, 운영, 안전 리스크가 큰 사업이므로 경제적 인센티브는 그 만큼 실제적이고 중요한 것이다. 정부의 지원내용이 교통 유발금 감면, 기체 세금감면 등 다소 지엽적이고 효과가 미미한 것으로 보인다. 효율적인 사업추진을 위해서는 정부(지자체)와 민간사업자간 투자역할 분담을 하여야 한다. Veriport 등 기반시설의 용지와 공사비 등은 정부가 투자를 많이 분담(지원)하고, 기체 등 운영자산은 민간사업자가 부담하는 방향으로 투자역할 분담을 하는 것이 바람직하다.

비행환경 서비스 구축

■ 화물→사람으로 단계적 확대

UAM은 여객수송과 화물운송 서비스를 제공하는 종합교통운송체계의 역할을 할 수 있으므로, eVTOL(600kg이상) 상용화('25) 이전에 화물용 초경량급 드론(150kg이하)을 활용해 우선 상용서비스가 가능할 것으로 전망된다. 특히, 화물운송용 비행체는 여객운송용과 안전

---

82) 정보통신기획평가원(2021), ICT Spot Issue 2021-14호
83) 국토부(2020.6.6.), K-UAM의 실증사업 일정과 7대 핵심기술

도 요구수준이 상대적으로 낮고 상이하여 기술개발 인증을 비교적 빠르게 진행할 수 있다. 이와 함께, UAM 대상 비행체의 지속적인 운항데이터 확보는 기술적 속도와 대중적 수용성 확보뿐만 아니라 한국형UTM 개발을 위해서도 중요하다.

정부에서는 도서·산간지역이나 신도시, 스마트시티 등에서 화물배송용 드론을 통해 공공목적으로 배송 중인 운송모델의 대체수단으로 우선 적용할 예정이다. 또한, 민간사업 모델 확산차원에서 도심 내 드론배송 일상화를 유도하기 위한 서류 송달(퀵서비스), 음식배송 등 Last-mile에 활용하는 한편, 안전한 이·착륙 및 충전을 위해 도서 산간, 도심 내 화물운송용 드론(초경량급) 전용 포트 구축도 추진할 예정이다.

UAM을 활용하여 도심 물류문제를 해결하려는 정부의 노력은 혁신적인 발상으로 평가된다. 도심은 고밀도 인구밀집 공간이고, 각종 공장 등이 많아서 도심택배 가능지역(coverage)이 제약을 받을 수도 있으므로, 추진과정에서 사전타당성 조사 등 철저한 준비가 필요하다. 특히, 택배 등 교통수단은 경제성과 서비스 등을 대상으로 치열한 경쟁관계에 있기 때문에 도서·산간 지역은 드론 택배가 비교우위를 가지나, 이는 지역간(inter-city) 서비스임으로 도시지역을 대상으로 하는 UAM서비스와 근본적으로 다를 수 있다.

〈그림2.10〉 화물용 드론 활용·사례

■ 마중물로 공공서비스 활용[84]

새로운 항공 교통수단에 대한 생소함과 안전에 대한 신뢰성 부족으로 초기에는 대중수용성 확보가 사업의 관건이며, 주요업체, 기관도 UAM의 기술적 부분 못지않게 사회적 수용성(Public Acceptance)을 주요 해결과제로 인식하고 있다. 정부는 UAM 마중물로 공공서비스를 활용하기 위하여 의료와 치안 안전용(사람수송) 분야에서 eVTOL 도입을 통해 산림 소

---

[84] 한국경제(2020.6), 잠실에서 김포까지 12분 2025년 도심 하늘길 열린다.

방 경찰 등의 헬기 대체용으로 활용 보급하되, 운용거리 및 탑재중량 등을 감안해 헬리콥터 보조용으로 활용함으로써, 소음 문제로 운용에 애로(민원 등)가 있는 헬기의 단점을 극복할 예정이다.

군수분야에서는 육·해·공 헬기 보완재로 eVTOL의 중장기 보급을 추진하고, 한국형 UTM에 초경량 드론, 공공 군수헬기 등을 항법장치 우선 보급대상 추진할 예정이다. 신개념 비행체인 전기 분산동력 수직이착륙기(eVTOL)의 활용·보급을 위한 마중물로 활용하는 취지는 UAM활성화 차원에서 바람직하다. 다만 UAM서비스지역이 기본적으로 도시지역(Urban)이므로 지역간(inter-city) 서비스 수요도 많을 것으로 예상된다. 공공서비스에 활용하는데는 한계가 있을 수 있고, 기존 헬기와 eVTOL의 특성을 최대한 활용하고, 경제성, 운용안정성 등을 검토하여 선택과 집중방식으로 추진하는 것이 바람직하다.

■ 저변 형성을 위한 교육과 즐길거리 확대

UAM시장은 앞으로 수십 년간 확대 발전할 전망으로 지속발전을 유도하고 건전한 생태계 조성을 위해 인적자원 개발이 중요하고, 신교통수단이자 교통혁명인 UAM은 이용 확대를 위해 대중에게 지속적인 홍보 등 공감대 확산도 필요하다. 이를 위해 도심항공교통용 기체의 실제 모습을 국민들이 보다 쉽게 접하고 체험할 수 있도록 관광 상품과 UAM테마파크 구축을 추진하고, 인적자원 저변 확대를 위한 도심항공교통 전문과정과 기초교육 프로그램을 마련·보급해 학생들에게 접근성을 제고할 필요가 있다.[85]

비행 인프라 교통체계 구축

■ 민간과 공공의 상생인프라 구축

UAM은 사업을 주도할 민간사업자와 하늘길 교통을 관리하고 교통서비스 중 하나로 관리할 공공의 역할이 모두 중요하며, 특히, UAM 허브이자 교통중추로 기능할 Vertiport는 구축부터 운용까지 민간과 공공의 조화로운 역할 책임을 구체화할 필요가 있다. 이를 위해 정부는 대규모 자본[86]이 요구되는 도심항공교통용 터미널(Vertiport) 구축에는 민간자본 조달·구축을 우선으로 추진하며, 기존 빌딩옥상을 활용해 구축하고 기준에 적합한 헬리패드 활용도 병행해나갈 예정이다. 즉, 민간자본은 이용자 운임 및 상업 부대시설 임대료 등으로 회수하고, 공공은 부지 물색 장기사용, 공역 등에 협조하며, 대도시권 적정 수송 분담률 등 UAM활용도 향상 예측수준에 따라 공공성이 확보되는 경우 재정사업도 검토한다는

---

85) 국토와교통(2020.6), 2025년, 교통 체증 없는 '도심 하늘길' 열린다
86) 우버 Vertiport 건축설계 용역사인 Corgan社 용역예측 결과 최소기능 위주로 1,500만$(180억,도심지 개량형) 또는 5,000만$(600억, 외곽거점형) 소요 예상

방침이다.

다만, 정부는 초기상용화 촉진을 위하여 실증노선에 충전·항행·통신·연계교통 등 설비 구축을 지원하고, 초기에 이착륙 지원 및 운항 상황 모니터링 등 안전운항 지원을 위해 Vertiport별로 관리인력 배치를 검토할 방침이다. Veriport 등 기반시설은 운영자산과 달리 非경합성과 非배제성이 일부 적용되는 준공공재 성격이 있으므로, 정부의 투자역할이 필요하다. 그러므로 Veriport 등 기반시설의 용지와 공사비 등은 정부가 투자를 많이 분담(지원)하고, 기체 등 운영자산은 민간사업자가 부담하는 방향으로 투자역할 분담을 하는 것이 바람직하다. 특히, 초기단계는 사업안정화를 위해 국공유지 용지를 한시적 무상사용 허가하는 등 좀 더 파격적인 인센티브 조치가 필요한 것으로 판단된다.

■ 연계교통체계 마련

첨단기술 집약으로 고비용구조인 UAM은 경제성 확보를 위하여 버스, 택시, 철도, PM 등 연계교통이 필수적인데 접근성이 떨어지는 Vertiport 중심 UAM의 경우 다양한 이동 수요에 대응하기가 어렵기 때문이다. 이를 해결하기 위해 정부는 대도시권 광역교통 차원에서 Vertiport 후보지를 발굴하고 복합환승센터 추진계획 등과 연계하여 추진할 예정이다. 환승센터 중 Vertiport 구축비용은 민간자본 중심으로 유치하고 요금 인가 시 회수분을 인정한다는 방침이다.

또한, 공항 접근교통 활용차원에서 시간이 중요한 비즈니스 이용자를 대상으로 주요노선을 발굴해 초기서비스 활성화하는 한편, 교통 연계 플랫폼 지원을 위하여 대중교통, 버스, 철도 사업자 등과 UAM 사업자간 연계교통 지원을 위한 데이터 공개 활용권한을 부여할 방침이다. 자동차, 철도, 항공, 해운 등 교통수단의 발달과 사회경제적 여건변화 등으로 인하여 우리는 여러 교통수단을 갈아타지 않으면 일상생활이나 경제활동을 제대로 할 수 없을 정도로 연계환승은 점점 아주 중요해지고 있다. UAM의 물리적 교통서비스 성패도 여기에 달려 있다고 볼 수 있다.

<그림2.11> 복합 환승 센터 Vertiport

우버社 구상 vertiport

교통수요 기반 수도권 Vertiport (대상안)

국토교통부 보도자료(2020.6), 2025년 교통체증없는 '도심 하늘길' 열린다

그러나 현실적으로 교통시설을 교통수단간 연계라는 통합적 네트워크 관점에서 개발하지 않아서, 철도역, 버스터미널 등이 분산되어 구축되어 있다. 예를 들면, 서울역과 강남고속버스터미널, 남부 시외버스터미널 등은 멀리 따로 떨어져 있어서 상호 연계성이 부족하다. 이 문제점을 개선하고 통합교통체계(Intermodalism)를 구현하기 위해 2009년 「국가통합교통체계효율화법」을 전면 개정하였다. 복합 환승센터 추진근거와 추진절차, 인센티브 등을 규정하였으나 관심부족으로 지지부진했다. 복합환승센터는 단순히 환승편의를 증진하기 위한 시설개발에 머무르지 않고 연계환승, 상업, 문화, 업무 시설 등이 어우러진 도시의 고밀도 복합단지로 개발할 것이다.[87]

그 핵심은 대중교통, 보행, 고밀도 토지이용 및 자전거 이용에 편리한 도시환경 등을 계획요소로 하여, 교통결절점에 대한 고밀도의 복합용도 도시개발을 통해 직·주 근접형 도시를 조성한다. 또한, 직장, 주거 또는 쇼핑시설에 대한 통행수요를 감축하고, 승용차 이용수요를 대중교통과 자전거, 보행 등 비동력 교통수단에 대한 수요로 전환하는 개발방식이다. 향후 UAM은 복합환승센터, 연계교통체계, 대중교통중심 도시개발 등과 긴밀히 협력하여 연계교통 서비스를 제공하는 것이 바람직하다.

■ 신속하고 편리한 보안 검색

항공교통 특성 고려 시 탑승객 보안검색이 필수적이나 항공용 보안검색 체계는 시간소요가 과다해 이동시간 증가가 우려되므로 첨단기술 또는 효율적 운용기법 등 보안검색 시간을 단축시킬 수 있는 대안을 모색할 필요가 있다. 이를 해소하기 위해 정부는 지정 실증노선에 첨단 보안장비를 우선 구축해 활용하고, 시범운용을 추진하여 간편하고 신속한 보안검색을

---

87) 아시아경제(2010.07), 철도·버스 등 대중교통, 한곳에서 갈아탄다

도모한다는 방침이다.

또한, 기술적 해결수단인 첨단 보안장비 구축과 함께 운영적 해결수단으로 선별적 보안검색 실시차원에서 도심항공교통의 이동시간(10~20분)을 감안해 탑승객 보안검색은 기존 항공보안검색과 달리 이용객 신원확인 및 휴대품 중심의 물품 검색으로 간편화해야 한다. 신원이 확실한 이용자는 Pre-Check시스템을 구축해 완전면제가 가능토록 신속·편리하게 구축해 나갈 계획이다.[88] 보안검색은 주로 첨단기술을 활용하여 절차단축하고 강화할 수 있다. 비교적 개방된 공간에서 보안검색을 해야 하는 vertiport의 경우, 보안검색의 어려움과 승객대기 등 문제가 발생할 수 있기 때문이다.

■ 도시와 기능 연계

UAM은 시민들의 교통-주거-생활 전반에 영향을 미치는 도심교통수단으로 도시계획 전반적으로도 관련되어 있다. 스마트시티나 신도시(공공택지)에 Vertiport 구축 등이 수월하므로 UAM과 연계하여 교통 도시 편의성을 제고할 필요도 있다. 이를 위해 정부는 운수시설인 Vertiport의 구축계획은 지자체 도시계획에 포함하여 구축할 예정이며(용도지역 규제 미적용), 스마트시티와 연계하여 스마트시티 교통의 핵심 인프라로 활용될 수 있도록 실증사업을 연계 추진할 예정이라고 한다.

선선한 산업생태계 조성[89]

■ 공정한 운영 사업틀 마련

도심항공교통 서비스지역(도심 내)과 운항거리(30~80km)를 감안해 도심항공교통 운송사업자는 기존 항공 운송사업 제도보다, 버스·택시에 유사한 운송사업 제도로 마련할 예정이다. 아울러, 리스·MRO·운항·서비스·인프라 운영 등 다양한 사업자에 대한 기준 및 사업자 간 역할·책임관계도 함께 설정할 예정이다. 특히, 초기에는 기존 항공교통 업무를 전담했던 중앙정부 위주로 운송제도를 마련·운영(인·허가)하고, 시장 성숙도와 활성화 수준 등의 정도를 고려해 지방정부로 단계적 권한 이양을 검토할 예정이다.

■ 보험제도 마련

안전 관련 통계가 부족한 초기단계에는 민간보험사가 상품을 원활하게 출시할 수 있도록 정부 주도의 보험 표준모델을 개발·보급할 예정이다. 또한, 보험업계 등 연관업계의 활용과 빅데이터 안전관리 기반을 다지기 위하여 정부와 운송사업자 간 안전통계·데이터를 상호 공유하도록 추진할 예정이다.

---

88) 국토교통부 보도자료(2020.6), 2025년, 교통체증 없는 '도심 하늘길' 열린다
89) 국토부(2020.6.2.), 한국형 도심항공교통(K-UAM) 로드맵

■ 서비스. 안전 비례 수익 보장장치 마련

운송사업자에 대한 도심항공노선 배분은 서비스·안전도 평가를 통해 제공할 수 있도록 할 예정이다. 운송사업 제도 운영계획과 같이 초기는 중앙정부에서 운수권을 배분하되 단계적으로 지방정부로 권한 이양을 검토할 예정이다.

■ 안전기준 마련에 적극 동참

항공분야의 국제기준을 주도하는 주요 감항당국인 미국 연방항공청(FAA) 및 유럽항공안전청(EASA)과 협정·약정 확대 및 상시 협력채널 구축을 추진할 예정이다. 이를 위해 감항당국과의 협력은 물론 국표원·공공기관·학계·연구계를 통해 산업표준 마련 채널에 적극 동참하고, 국내 주요업계는 사업자 단체표준 마련에 참여해 국제동향과 흐름을 함께 할 수 있도록 추진할 예정이다. 한편으로 글로벌 유수업체가 참여하는 주요 컨퍼런스의 국내 개최와 도심항공교통에 적극적인 의지를 가진 국가와 연합 컨퍼런스 등도 협의('20~)해나갈 것이다. 국내 항공우주 관련 학회에 도심항공교통(UAM) 분과를 신설하고, 연관 학교·학과를 중심으로 해외 주요학회·싱크탱크와 연구내용 및 생태계를 공유하기 위한 교류도 확대해 나갈 예정이라고 한다.[90]

■ 세계 유수기업 유치

이밖에 도심항공교통 서비스를 조기에 실현할 수 있도록 국제적인 운송사업자 및 기체제작사 등은 정부 차원의 유치 노력을 기울일 것이다. K-UAM 그랜드 챌린지를 통해 기체 개발·제작업체뿐만 아니라 각종 인프라 설계·건설업체도 유치를 추진해 조화롭고 경쟁력 있는 산업생태계를 조성해나갈 계획이다.

UAM(도심항공모빌리티) 산업 전망

UAM 시장 전망[91]

전 세계의 UAM산업 시장규모는 2040년에 1조 5천억 달러에 이를 것으로 전망한다. 이는 2018년 기준 전세계 자동차산업 규모인 2조 1,500억 달러에 맞먹는 규모로, 기존에 없던 거대한 시장이 새로 형성될 것이다. UAM산업은 지역 사회에 이익이 되는 경제적 기회와 도심 이동 솔루션을 혁신할 잠재력을 가지고 있는 한편, 불확실한 미래에 대한 혁신과 복잡

---

90) 국토부(2020.6.2.), 한국형 도심항공교통(K-UAM) 로드맵
91) 심해정(2021.12), UAM 글로벌 산업 동향과 미래 과제, 한국무역협회

성의 범위를 파악할 수 없기에 사업적인 리스크(Risk)가 존재한다.[92]

UAM은 향후 10년 안으로 도심에서의 주요 이동 수단 중 하나로 부각될 것으로 예상되며, 이를 통해 가족이나 지인들과의 만남에 더 적은 노력과 시간이 들 것이다. 더 나아가, 기업이 고객에게 상품과 서비스를 제공하는 것이 더 효율적으로 이루어 질 것이며, 응급상황에 대한 대응시 교통 혼잡에 의한 방해를 덜 받을 것으로 예상된다. 향후 10년은 UAM의 안전, 보안 및 성능에 대한 표준이 정의되어야 하는 기간으로, UAM산업의 성장과 수용에 있어 매우 중요한 시장과 시기이다.

〈그림2.12〉 세계 UAM산업 시장규모

자료 : Morgan Stanley(2018), Urban Air Mobility Global Total Addressable Market (Base Case),

특히 통신 및 데이터 교환의 표준이 제정되고, 공역 설계와 관리를 위한 프레임워크가 결정되어야 한다. 기술 발전을 통해 eVTOL이 완전한 자율성을 가지게 될 것이며, 향후 10년간의 과정을 통해 전 세계 각국 및 도시에서의 UAM 구현 방식이 결정될 것이다. UAM 도입의 모든 단계에 걸쳐 지역사회, 규제 기관, 항법 서비스 제공 업체(ANSP) 및 기타 이해관계자들이 함께 참여하는 것이 다가올 미래시장을 대비하고, 도시 및 인근 지역의 기반시설 구축 방안을 계획하는 데 매우 중요할 것이다.

UAM산업을 시장측면에서 살펴보면, 화물 운송(Last-mile delivery)과 승객 운송 (Air metro, Air taxi)로 구분할 수 있다. 먼저 화물운송은 거주지 인근에 위치한 물류센터로부터 소비자의 문 앞까지 상품을 배송해주는 서비스(Last-mile delivery)를 지칭한다. 10마일

---

92) Mortan Stanley(2018), Flying Cars: Investment Implications of Autonomous Urban Air Mobility,

(약 16 km) 이내의 단거리에서 5파운드(약 2.3 kgf) 정도의 소형 화물이 주요 서비스 대상이며, 정해진 항로 및 일정이 없다는 특징이 있다. 최근 대두되고 있는 언택트 산업의 성장과 맞물려 향후 이커머스(e-commerce) 또는 소셜커머스(social commerce) 시장과의 결합을 통한 급속 성장이 예상된다.

구체적으로 살펴보면, UAM 시장의 연평균 성장률은 30.7%, 2030년 전 세계 UAM 이용자가 1,200만 명에 달할 것으로 분석되었다. 주요 도시인 뉴욕, 베이징, 서울의 이용자는 각 70만명, 도쿄 110만명, 상하이 100만명 추산된다. 또한 전 세계 UAM은 2025년 상용화를 거쳐, 2030년도 4,000억$, 2040년도 1조 4,740억$의 시장을 형성할 것으로 전망된다는 모건스탠리 보고서도 나왔다.[93]

세계 PAV인 항공택시나 개인항공기의 플랫폼 대수는 2019년 117대 수준에서 연평균 약 46% 성장하여, 2025년까지 약 1,327대 수준으로 증가가 예상된다. 2020년 중반부터 사업화를 시작한 우버는 'Uber Elevate' 프로젝트에 따라 2025년까지 PAV 대수는 크게 증가할 것으로 전망되었다. 또한 우버의 프로젝트와는 별개로 PAV 플랫폼을 개발하고 있는 에어버스, 릴리움 등을 비롯한 공급(제조)업체들의 플랫폼을 포함하면, 현재보다 크게 증가할 것으로 전망되고 있다.[94]

산업연구원에 의하면, 시장규모는 연평균 약 34% 성장하여 2025년 약 4억 달러 수준으로 전망되지만, 이는 PAV를 둘러싼 제도·정책 환경에 따라 상이할 것으로 전망된다고 한다. 개발 측면에서는 장거리 비행을 위한 기술개발, 엔진 성능향상, 제품의 안전성과 신뢰성 담보를 위한 품질인증시스템 구축 등이 선결과제이다. 또한 운영 측면에서는 안전한 공역 확보, 운항인증, 이착륙 비행장 등의 제도적 문제의 해결이 필요하다고 했다.

한국 UAM 기업현황[95]

국내는 미국, 유럽 등의 국가의 진행에 비하면 UAM과 관련된 활동의 진행 속도가 느리고 규모 또한 제한적인 상황이다. 하지만 정부는 2019년 10월 15일에 현대기아차 기술연구소에서 '미래자동차 비전 선포식'을 진행하면서 새로운 교통 서비스를 위해 플라잉 카(Flying Car)를 2025년까지 실용화(시범사업이 가능한 수준) 하겠다고 밝혔다.

---

93) 삼정KPMG연구원(2018), UAM 시장 동향
94) 산업연구원(2020.2), 드론 및 개인용 항공기(PAV) 산업의 최근 동향과 주요 이슈
95) 심해정(2021.12), UAM 글로벌 산업 동향과 미래 과제, 한국무역협회

■ 현대자동차

현대자동차는 레벨 5의 자율주행차(운전자가 불필요한 완전 자동화가 구현된 자동차)보다 이른 시기에 UAM이 상용화 될 수 있을 것으로 전망하고 있다. 미래 도심항공 교통수단 분야로의 선제적 진입을 위해 정부 주도의 OPPAV 프로젝트[96]에 공동 참여를 하였으며, Uber와의 협력을 통해 PAV를 통한 차량 공유 사업에 진출하고자 하는 구상을 하고 있다.

도심항공 모빌리티(UAM) 핵심 기술 개발과 사업 추진을 전담하는 'UAM 사업본부'를 신설하고, 미국 항공우주국(NASA) 항공연구총괄본부 본부장을 역임한 신재원 박사를 UAM 사업책임자로 영입하였다. 우선적으로 도심항공 운송수단 시장의 조기 진입을 위한 전체적인 로드맵을 설정하고, 항공기체 개발을 위한 형상설계와 비행제어 소프트웨어 안전기술 등의 핵심기술 개발에 역량을 집중할 계획을 하고 있다. 배터리와 모터, 경량 소재 등 자동차 제조 핵심기술을 UAM 사업에도 활용해 시너지 효과를 높이는 전략을 취하고 있다. CES2020에서는 5인승 전기추진 수직이착륙 (eVTOL) PAV 콘셉트인 S-A1을 공개했다. 단순히 도심항공 모빌리티(UAM)에 머무르지 않고 목적 기반 모빌리티(PBV), 모빌리티 환승 거점(Hub)를 아우르는 '스마트 모빌리티 솔루션' 제공 기업으로 발돋움 하고자 한다고 했다.

〈그림2.13〉 스마트 모빌리티 솔루션 개념도

자료 : 현대자동차(2020), 스마트 모빌리티 솔루션 개념도

■ 한화시스템

한화시스템은 Air Taxi 시장 진입을 위해 PAV 기업인 K4 에어로노틱스(K4

---

[96] 한국항공우주연구원(KARI)이 주관이 되어 2023년 개발사업 완료를 목표로 추진 중인 '미래형 자율비행 개인 항공기'사업으로, 629억원 규모의 국책 연구개발 과제로 추진 중인 프로젝트에는 현대자동차, 한화시스템, KAI, 베셀 등이 참여하고 있음

Aeronautics)에 2500만 달러(약 295억 원)를 투자한다고 밝혔다. K4 에어로노틱스는 UAM 전문 개발 업체인 카렘 에어크래프트(Karem Aircraft)에서 분사된 기업으로, Uber Elevate를 위한 핵심 파트너사이며 eVTOL 항공기인 Butterfly를 개발 중에 있다.

한국에서의 직접적인 투자나 기술개발이 이루어진 것은 아니지만, 가장 빠르게 성장하고 있는 미국 Air Taxi 분야에 부분적으로 투자하였고, PAV 관련 시장을 선점한다는 전략으로 파악된다. 이번 투자를 기반으로 K4 에어로노틱스는 더욱 조용하고 안전하며 효율적이고, 친환경적인 도심항공 운송수단 개발을 인간중심으로 진행할 예정이라고 한다.

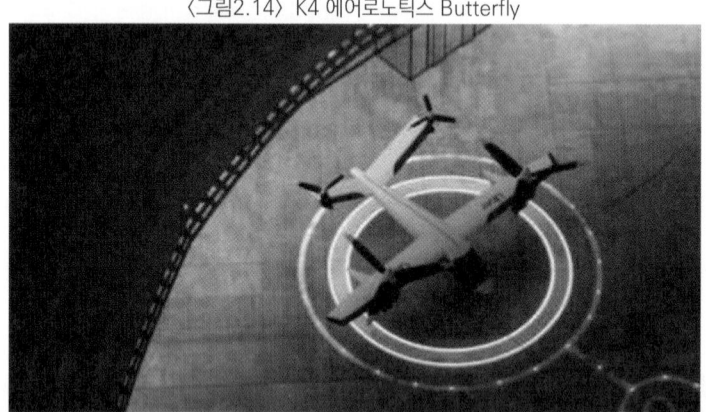

〈그림2.14〉 K4 에어로노틱스 Butterfly

자료 : 한화시스템(2020), K4 에어로노틱스 Butterfly

■ 삼성전자

기본적으로 도심에서의 자율비행성능이 보장되어야 하는 UAM의 특성 상 기존의 항공기 및 자동차 산업과 대비하여 센서, 제어시스템, 통신, 인포테인먼트 시스템 등 전장부품의 비중이 매우 높아질 것으로 예상된다. 2018년 8월, 국내 대표기업인 삼성전자는 4대 미래 성장사업으로 인공지능(AI), 5G(통신), 바이오, 전장부품을 선정하고, 이들 분야에 25조원을 투자하겠다는 계획을 밝혔다.

특히 전장부품 분야를 육성하기 위해 2016년 미국의 오디오&전장 (Connected Car) 전문 기업인 '하만 (HARMAN International)'을 80억 달러 (약 9조 3,900억 원)에 인수하였다. 하만은 오디오&음향 기업으로 출발하였으나, 2000년대 들어 IT제조사들과의 협력을 통해 카오디오 시스템을 전장(차량용 전자부품 커넥티드 카의 핵심) 영역으로 확대하여 인포테인먼트(내비게이션+오디오)시스템과 텔레메틱스까지 통합된 시스템을 납품하는 완성

부품 업체로 성장했다.

현대자동차, 아우디, 메르세데스-벤츠, BMW, 폭스바겐 등의 자동차 메이커들과 연결된 전장사업 분야에서 전체 매출의 65%가 발생하고 있다. 차량용 인포테인먼트 시스템은 자율주행 자동차와 전기차의 비중이 높아지면서, 그 중요성이 점점 더 부각되고 있다. 이에 앞서 하만은 2015년 5월에 자동차와 가정, 회사, 모바일 기기를 연결하는 IoT 솔루션을 가지고 있던 소프트웨어 서비스 회사인 심포니 텔레카(Symphony Teleca)를 7억 8천만 달러에 인수했다. 이를 통해 커넥티드 자동차나 차량용 IoT 시스템 개발 역량을 보강을 했다.

〈그림2.15〉 하만 인터내셔널 전장산업 커넥티드카, 카오디오, IOT 등 분야

자료 : HARMAN Internatonal(2022), 전장산업

■ OPPAV

국내에서는 아직까지 민간기업체 주도의 UAM 개발이 본격적으로 이루어지지 않고 있으나, 정부 주도의 R&D를 통해 UAM 서비스에 활용 가능한 시제기 개발은 이루어지고 있다. 예를 들면 국토교통부, 산업통상자원부, 과학기술정보통신부가 협력하여 '미래형 자율비행 개인항공기(OPPAV) 안전운항체계 개발 및 인프라 구축'[97] 과제를 진행하고 있다. 사업기간은 2019년 5월부터 2024년 4월이며, UAM산업 발전에 필요한 인프라, 비행기체 및 관련 핵심요소에 대한 연구가 이루어지고 있는 것이다. 세부과제로 산업통상자원부의 주도로 진행 중인 'OPPAV 기술 검증용 비행시제기 개발' 사업은 분산전기추진 및 수직이착륙 방식의1인 승급 OPPAV 기술검증용 비행시제기 및 지상장비 개발을 국비사업으로 추진하고 있다.

---

[97] 국토교통부(2020.6) 국토교통 2050 미래기술 도출을 위한 조사분석 연구

〈그림2.16〉 OPPAV 형상 및 성능안

자료 : 국토교통부 보도자료(2022.6), 2025년 교통체증없는 '도심 하늘길' 열린다

■ 숨비

　숨비는 2015년에 창립된 무인항공기 분야 신생 기업체이며, 2018년 유인자율운항(PAV)을 위한 멀티콥터형 비행제어 시스템 개발수행기관으로 선정되는 등 전기추진 수직이착륙기와 관련된 사업을 꾸준히 수행하고 있다. UAM산업을 타깃으로 한 PAV 개발, 드론과 PAV의 안전 운항을 위한 '하늘 길'인 저고도 비행장치 교통관리 시스템(UTM)개발 등에 박차를 가하고 있다.

　2018년 9월에는 인천 PAV 산학연 컨소시엄 참여를 통해 국방과학연구소가 공모한 43억원 규모 PAV 핵심부품 기술개발사업자로 선정되었다. 드론 전문 기업 숨비와 모터 전문기업 에스피지, 한국전자통신연구원(ETRI), 인천테크노파크(IBITP), 인하대가 참여하였다. 시민투표로 비행체 디자인을 아래와 같이 결정하고 PAV 핵심기술 개발을 진행 중이며, 2021년 이후 출시를 목표로 하고 있다.

〈그림2.17〉 '개인형 자율 항공기(PAV)' 디자인 선정(안)

자료: 인천시(2020) '개인형 자율 항공기(PAV)' 디자인 선정

국내외 UAM 기체 현황

　UAM 모빌리티 서비스 업계 동향을 보면, 2015년 이후 eVTOL 기반으로 한 eVTOL 기

체를 개발한 기업 및 각 국가별 항공우주관련 기구를 중심으로 추진하고 있다. 세계적 대기업으로는 우버, 보잉, 에어버스, 대한항공, 현대차, 도요타, 다임러, 아우디, 한화시스템, SK텔레콤, LIG넥스원 등이 뛰어들었고, 벤처 창업기업으로는 中 Ehang, 獨 Volocopter, 英 Vertical Aerospace 등이 참여하고 있다.

〈그림2.18〉 현재 개발중인 UAM(Urban Air Mobility)기체

출처 : eVTOL News(2021년 12월), UAM 기체

국가별 eVTOL 개발 기업 수는 전 세계 114개 기업에서 133개의 eVTOL 모델을 개발 중에 있다. 즉 eVTOL 133개의 모델에서 에너지 원천별로 구분하면 순수 배터리 구동모델은 94개이고, 하이브리드 모델은 34개, 수소전기 모델은 5개가 개발되고 있다. 2019년 12월 기준 기초설계 단계 모델은 63개, 시제품제작 단계는 34개, 시험비행단계는 35개이다. 상용화 단계로는 러시아의 Hoversurf가 개발 중인 Scorpion-3으로 두바이 경찰에 납품된 사례는 있으나, 이는 1인 바이크 형태의 eVTOL 기체유형으로 유인 조정을 하는 기체이다.

〈그림2.19〉 국가별 eVTOL 기업 수

출처: eVTOL News(2019년 12월), eVTOL 기체

또한 해외의 미국, 유럽, 중국, 일본 등의 저속 멀티콥터형은 2020년 전후에 시작했고, 고속형은 2023년 이후 실용화를 목표로 개발 중에 있다. 2018년 7월에는 약 70개 eVTOL 항공기가 개발 중에 있었고, 인증이나 운항체계 구축을 진행 중에 있었다. 그러나 기체의 개발은 국가별로 제도와 자금 투자 상황에 따라 늦어지는 등 많은 애로사항이 있었다. 서비스공급자로 미국의 Uber는 Bell 등으로부터 구매한 eVTOL로 2020년부터 시범운영을 시작해서, 2023년 달라스, 로스엔젤레스 등에서 시범서비스를 시작할 예정이며, 개발 착수부터 유인 초도비행까지 6년, 이후 실용화까지 4~6년 정도 소요될 예정이다.

기존 항공기 제작 업체로 유럽의 Airbus, 미국의 Bell 뿐만 아니라, 스타트기업으로 중국의 Ehang, 독일의 Lilium 등부터 시작된 UAM 산업은 많은 세계적인 자동차 제작 업체들의 참여로 활기를 띠고 있다. 각 기업들은 eVTOL 항공기 개발에 직접 참여하거나, 기술협력 및 상당한 자금을 개발투자 중에 있다.

〈그림2.20〉 미국 항공우주국(NASA)의 항공기 전기추진 시스템 로드맵

자료 : 국토교통과학기술진흥원(2021.6), 한국형 도심항공교통(K-UAM) 기술로드맵

UAM(도심항공모빌리티) 해외 서비스기업

UAM 초기 : Uber와 Wisk

전 세계적인 차량공유서비스 기업은 미국의 기업 Uber(우버) Air이다. Uber에서 선보이는 e-VTOL 기반의 에어택시 서비스는 항공교통시장으로의 진출을 위해 Uber Elevate라는 팀을 조직했다. 2028년 UAM 상용화 목표로 로스엔젤레스, 댈러스에서 실증을 진행하고 있고, UAM산업 활성화를 위해 지난 2017년부터 매년 Uber elevate Summit을 개최하고 있다. 다양한 산업체, 연구기관들과 기술, 규정 등에 관한 최신정보 공유 및 파트너십 구축을 하고 있다. 아래 그림은 Uber에서 구상중인 UAM Vertiport이고, 표는 Vertiport의 주요 사양을 정리한 내용이다.

〈그림2.21〉 Uber에서 구상중인 UAM Vertiport

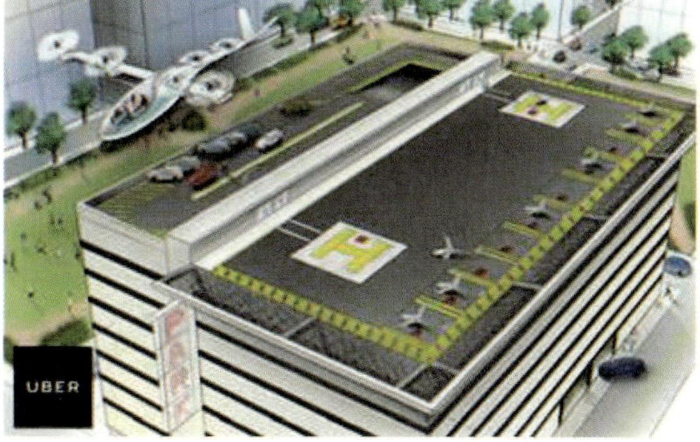

자료 : Uber(2016), UAM Vertiport

147

항목	주요 개념
구축 위치	대형 주차빌딩 옥상(rooftop)
주변 지형	도심 내의 버티포트 구축 빌딩 주변에 빌딩 존재
TLOF	50피트(15미터)지름×2개 및 승강기·충전지 2대 설치
FATO	약 100피트(30미터) 지름
안전 공간	200피트(61미터)
Parking Pad	10개소(승객 승하차 및 충전 공간)
Terminal	1개소(승객 출·도착 수속 및 대기 장소)

추가로, 위의 버티포트 구축을 위한 장소 환경에 대한 검토사항을 살펴보면, ❶ Idea : 버티포트 구축 방안에 대한 타당성을 기획하는 단계, ❷ Concept : 구축 장소와 버티포트 개념설계를 매칭하고 파트너십을 맺는 단계, ❸ Site : 당사국 관계법에 따라 절차를 진행하여 인허가를 받는 단계, ❹ Design : 확정된 구축 위치의 지형, 공역에 맞게 건축 설계하는 단계, ❺ Build : 설계안대로 버티포트를 건축하는 단계, ❻ Trial : 완공 후 승인을 위한 에어모빌리티 시범운용 단계, ❼ Operation : 에어모빌리티가 정식 운항을 하며 수익성 매출을 실현하는 단계 등으로 버티포트 구축 검토가 이루어질 것이라고 한다.

UAM관련 기체개발 초기의 기업은 Boeing과 PAV 기체 CORA를 개발한 Kitty Hawk가 합작으로 2019년에 Wisk를 설립 했다. 뉴질랜드 정부와 승객운송 시범서비스에 관한 업무협약을 체결하고, 기존 항공교통관제 체계와 통합된 관제 구축을 통해 캔터버리에서, 개발 후에 시범 서비스를 할 예정이다.

〈그림2.22〉 UAM시범사업을 진행하고 있는 Wisk의 PAV 기체 (CORA)

자료 : businesswire(2020), Wisk: Aero-Cora

스마트 주차 : 파크조키(ParkJockey) - REEF Technology

미래에는 차를 구입하는 것보다 차를 빌리는 경우가 많아질 것이라고 한다. 한국에서도 쏘카와 그린카 등의 기업들이 차를 공유하는 사업에 뛰어들면서 자동차 환경이 변하고 있다. 더불어 관련 사업인 스마트 주차장에 대한 관심이 폭발하면서, 많은 기업들이 지자체의 공영 주차장과 협력하여, 설비 투자 등을 갖추고 있다. 주차장은 위치 면에서 많은 이점을 가지고 있다. 특히 볼거리, 먹거리, 사무실, 관공서 등 중심가에 위치하는 경우가 많은 사람이 모이는 장소에 위치하는 경우가 많다. 이런 면에서 외국에서는 활발하게 스마트 주차장 사업이 추진되고 있다.

소프트뱅크는 자율주행 기술에 의한 배달 차량을 개발한 스타트업 뉴로(Nuro)에 9억 4000만 달러를 투자했다. 아마존 등과의 경쟁도 참여하게 되면서, 문 앞까지 배달하는 택배사업까지 진출하고 있다. 또한 Uber(우버)의 Mapbox, 주차 관리플랫폼인 파크조키(ParkJockey)에도 투자를 했다. 2019년 7월, 한국 청와대에 초대된 소프트뱅크 손정의 회장은 문재인 대통령과의 만남 이후 진행된 미니특강에서 '인공지능(AI)'을 3번(AI교육, AI투자, AI합작)이나 강조했다.

이러한 손정의 회장이 이끌고 있는 세계 최대의 벤처펀드인 소프트뱅크 비전 펀드가 미국 마이애미의 주차장 관리대행 스타트업인 파크조키(ParkJockey)에 약 10억 달러(약 1조 1,700억 원)를 투자했다. 사업의 특징은 첫째 도심 곳곳에 산재한 주차장들은 여러 장점을 가지고 있어 주차만 하기엔 아까운 공간이라는 점에 주목했다. 둘째 도로에 인접해 있어 차가 드나들기 좋았다. 셋째 널찍하고 평지이며 남는 공간이 많다. 넷째 늘 차로 북적이는 것은 아니다.

〈그림2.23〉 REEF Technology의 도심지역 서비스모델

자료 : REEF Technology(2020), REEF 도심지역 서비스모델

투자를 받은 파크조키는 2019년 6월에 사명을 리프 테크놀로지(REEF Technology)로 바꾸고, 주차장을 사람과 서비스를 연결해주는 허브로 활용하기 위해 대대적인 비즈니스 모델 전환을 선언했다. 첫째 '주차장을 부엌으로'를 모토로 마이애미와 런던의 주차장 남는 공간에 컨테이너박스를 활용한 공유주방(리프 키친)을 선보였다. 둘째 '주차장을 모빌리티 허브로'의 승차공유 회사, 공유자전거 회사, 공유스쿠너 회사 등이 차량, 자전거, 스쿠터를 보관하고, 빌려주고, 반납하는 공간으로 주차장을 활용했다. 셋째 '주차장을 소형물류센터로'는 아이디어로 주차장을 지역별 배송센터로 만들어 고객에게 상품이 전달되는 배송의 마지막 단계에 걸리는 시간을 단축할 수 있게 했다. 즉 주차 인프라를 기술기반 물류허브로 바꾸어 음식배달, 모빌리티, 쇼핑몰 등이 고객에게 서비스나 상품을 전달하는 마지막 단계인 '라스트 마일'을 혁신하는 공간으로 만든다는 목표를 가지고 물류사업의 쉼터이자 작은 정거장을 설계하였다.

UAM개발 글로벌 기업현황[98]

글로벌 항공사들은 물류 기업과 공동으로 개인항공기 형태의 기체를 개발 중에 있다. 먼저 미국의 보잉은 우버와 파트너십하에 자회사를 플랫폼을 공동개발 중이며, 2019년 1월에 시범 비행에 성공하였다. 자회사인 Aurora Flight Sciences와 공동개발 중이며, Liftroter

---

[98] 안영수, 정재호(2020.2), 드론 및 PAV 산업의 최근 동향과 주요 이슈, 산업연구원

와 프로펠러 전기추진 수직이착륙 비행체이다. 즉 도심 간 이동용(Hub-to-Hub)으로 Uber Elevate 프로젝트와 연계하여 파트너십을 체결하고 개발 중에 있다.

에어버스는 도심지 교통 체증을 해결하기 위해, 1인승 PAV인 Vahana와 화물 운송을 위한 PAV 등을 개발 중에 있다. Vahana는 4개의 틸팅 날개에 8개의 로터를 장착한 전기 분산추진 시스템을 목표로 기술개발 중으로, 조종석 없이 자율비행을 하며 승객 1명이 탈 수 있는 수직이착륙기 형식이다. 즉 기존의 헬리콥터를 eVTOL 형태로 전환함을 통해 헬리콥터보다 64%의 운용비용을 절감하고, 자율비행시스템을 통하여 11%의 비용을 추가 절감하는 것을 목표로 하고 있다. 단, Vahana 프로젝트의 일환으로 성능을 개선한 '알파2'를 대표 모델로 상용화 예정이다.[99]

다음으로 독일의 항공업체인 릴리움은 운항 거리가 300㎞로 도심 간 이동용으로 활용할 수 있으며, 2인승과 5인승 PAV를 개발 중임에 있다. 모양은 양쪽 날개 각 12개와 양쪽 카나드 각 3개 총 26개 덕트팬 형태의 eVTOL 비행체이다. 총 36개의 덕트팬은 90도 이상 기울일 수 있으며, 수직비행이 가능하다. 현재 2인승으로 개발 중이며, 2019년 유인비행을 실증했고, 2025년에 5인승 eVTOL 개발을 목표로 추진 중에 있다. 또 하나는 E-볼로 스타트업 기업으로 Door-to-Door PAV를 개발 중이며, 2022년부터 상용화 서비스를 계획하고 있다. 즉 eVTOL 비행체를 개발 중이며, 글로벌 자동차 업체인 다임러사로부터 투자를 유치하였다. 동 플랫폼은 운항거리가 27㎞로 Door to Door 형태로 개발 중으로 두바이 PAV 사업의 시범 업체로 선정되어 2017년 9월에 두바이 도심의 시범운행을 수행하였다. 2019년에 싱가포르에서 에어택시 시범운행을 수행하였으며, 2022년부터 본격적인 상용화 서비스를 계획하고 있으나, 지연되고 있다.

현재 UAM을 신개념으로 택시 운영하는 회사인 우버 Elevate의 에어택시 프로젝트에 참여하기 위해, 공급업체들이 PAV 플랫폼 개발에 집중하고 있다. 미국의 보잉, 유럽의 에어버스 및 독일의 릴리움 등도 자체적으로 플랫폼을 개발 및 시제기 개발에 성공하였으며, 상용화를 위한 테스트를 운영 중이다. 보잉은 최대 탑승 인원 4인승인 PAV를 2019년 1월 시제기 초도 비행에 성공하였고, 에어버스는 1인승 PAV를 2018년 1월에 초도비행을 성공하였으며, 2020년 상용제품을 출시 예정이다. 릴리움도 2019년 5월 2인승의 PAV 시제기 초도비행에 성공하였으며, 1회 운항거리는 약 300㎞ 수준이고, E-볼로도 2017년 9월 초도비행에 성공, 2022년 상용화 서비스를 예정이다. 이렇듯 세계 글로벌 기업들은 UAM 운행의 상용화에 사활을 건 기술개발을 하고 있다.

---
99) 산업연구원(2020.2), 드론 및 개인용 항공기(PAV) 산업의 최근 동향과 주요 이슈

다음은 각 기업들의 UAM 개발 기체 관련 사항을 정리하였다.

■ Airbus - Vahana
- 특징 : • 자율 비행(Self-piloted) 방식의 Passenger VTOL 항공기
  • 개발 수준 : 2대의 시제기 개발 완료 (2019년 파리 에어쇼에서 선보임)
  • 초도 비행 : 2018년 1월 31일
- 제원 및 성능 : • 탑재중량(Payload)은 시제기(1인승) : 90 kgf (200 lbf), Beta(2인승) : 200 kgf (440 lbf)
  • MTOW : 815 kgf (1,797 lbf)
  • Cruise Speed는 시제기 : 200 km/h (124 mph, 108 knots), Beta : 230 km/h (140 mph, 120 knots)
  • Range는 시제기 : 50 km (31 miles, 27 NM), Beta : 100 km (62 miles, 54 NM)
  • Flight Duration : 미언급
  • Service Ceiling는 시제기 : 1,524 m(5,000 ft) (@ 35°C), Beta : 3,048m
- 운용 : • 운용사 : 미정(Uber 예정)
  • 상용화 : 2020년 중반부터 실증 중임

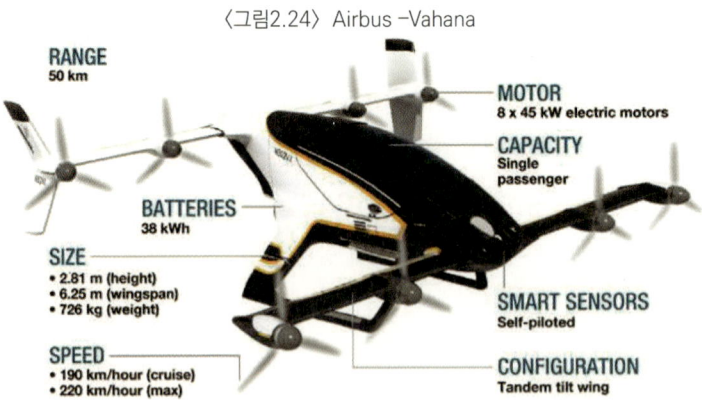

〈그림2.24〉 Airbus -Vahana

자료 : airbus.com(Infographic of Acubed's Vahana)

■ Airbus - CityAirbus
- 특징 : • Multirotor 기반의 항공기
         • 컨셉 모델을 2017년 파리 에어쇼에서 선보임
         • 초도 비행 : 2019년 5월 3일 (Full-scale Unmanned Test)
- 제원 및 성능 : • 탑재중량(Payload) : 4인승 250 kgf (551 lbf) 시제기
         • MTOW : 2,200 kgf (4,850 lbf)
         • Cruise Speed : 120 km/h (75 mph, 65 knots)
         • Range : 60 km (37 miles, 32 NM)
         • Flight Duration : 15 min
         • Service Ceiling : 미언급
- 운용 : • 운용사 : 미정
         • 상용화 : 2023년 예정

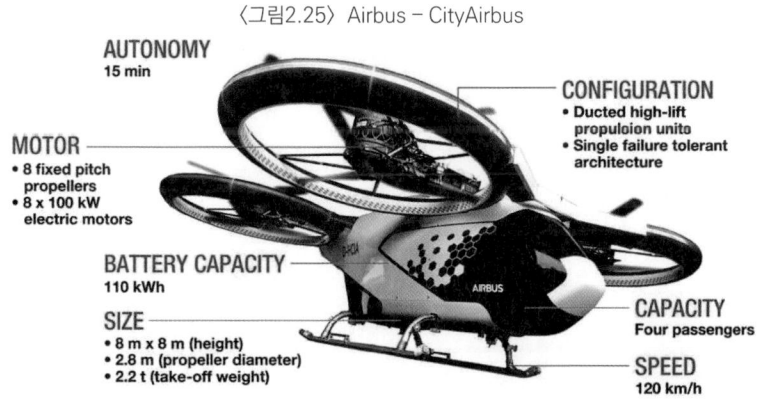

〈그림2.25〉 Airbus - CityAirbus

자료 : airbus.com(CityAirbus)

■ Bell - Nexus
- 특징 : • VTOL Hybrid-electric Vehicle
    • 개발수준 : 초기 디자인(Initial Design)
    • 현재 Uber와 협력하여 개발 진행 중이며, 아래의 회사들과 Partnership을 이루어 개발 진행 중에 있다.
        ‣ Safran : Hybrid propulsion and drive systems,
        ‣ Electric Power Systems(EPS): Energy Storage Systems
        ‣ Thales : Flight Control Computer(FCC) Hardware and Software
        ‣ Moog : Flight Control Actuation Systems
        ‣ Garmin : Integration of Avionics and The Vehicle Management Computer
- 제원 및 성능 : • 탑재중량(Payload) : 미언급
    • MTOW : 2,720 kgf (6,000 lbf)
    • Cruise speed : Maximum Speed : 288 km/h(179 mph, 155 knots)
    • Range : 241 km (150 miles, 130 NM)
    • Flight Duration : 미언급
- 운용 : • 운용사 : Uber
    • 상용화 : 2020년 중반부터 실증 중임

〈그림2.26〉 Bell - Nexus

자료 : bell.com(Bell nexus 6HX)

■ Volocopter - 2X
  - 특징 : • 헬리콥터 대비 1/7 축소되었으며, All Electric Propulsion 방식
         • VC1 / VC2(Defunct) 프로토타입 기체를 통해 실증 이후 실 기체 설계
         • 초도 비행 : 2018 1월 (Manned)
  - 제원 및 성능 : • 탑재중량(Payload) : 150 kgf (330 lbf)
         • MTOW : 450 kgf (990 lbf)
         • Cruise Speed : 100 km/h (62 mph, 54 knots)
         • Range : 27 km (17 miles, 15 NM) for Optimal Range
         • Flight Duration : 27 min
         • Service Ceiling : 2,000 m (6,500 ft)
  - 운용 : • 운용사 : 미정
         • 상용화 : 미정

〈그림2.27〉 Volocopter - 2X

자료 : volocopter.com(VoloCity at Paris Air Forum)

■ Ehang – Ehang 184 / Ehang 216
  - 특징 : • Manned and Unmanned Flight Testing, 2015-2017 중국, 2016-2017 미국, 2017 두바이
           • Ehang 184는 1인승, 2018년에 개발된 Ehang 216은 2인승
           • 광저우와 두바이에서 협조하여 Flight Test 진행
  - 제원 및 성능(Ehang 184) : • 탑재중량(Payload) : 100 kgf (220 lbf)
                             • MTOW : 360 kgf (795 lbf)
                             • Cruise Speed : 100 km/h (62 mph, 54 knots)
                             • Range : 미언급
                             • Flight Duration : 30 min
                             • Service Ceiling : 미언급
  - 운용 : • 운용사 : 미정
         • 상용화 : 미정

〈그림2.28〉 Ehang – Ehang 184 / Ehang 216

자료 : ehang.com(Ehang 184)

■ Boeing NeXt

(Aurora Flight Science Corp.) - Autonomous PAV

- 특징 : • 1:10 Scaled Aircraft로 컨셉 테스트 수행
  • 2017년 4월 1:4 Scaled Aircraft로 초도 시험 비행 수행
  • 초도 비행 (Full Scale) : 2019년 1월 22일
  • 2019년 6월 5번째 시험 비행 중 파손됨(인명피해 없음)
- 제원 및 성능 : • 탑재중량(Payload) : 2인승 225 kgf (496 lbf)
  • MTOW : 800kgf (1,764 lbf)
  • Cruise Speed : 180km/h (112 mph, 97 knots)
  • Range : 80km (50 miles, 43 NM)
  • Flight Duration : 미언급
  • Service Ceiling : 미언급
- 운용 : • 운용사 : UBER (2017년 UBER와 파트너십을 맺음)
  • 상용화 : 미정

〈그림2.29〉 Boeing NeXt - Autonomous PAV

자료 : boeing.com(Boeing-NeXt)

■ Lilium – Lilium Jet
- 특징 : • Human Pilot (조종사) 탑승 조종 방식
  • 개발 수준 : 1대 비행 시험용 프로토 타입 개발 및 5인승 Full Scale 개발 / 비행 시험 성공
  • 초도 비행 – 프로토타입 : 2017년 4월, Full Scale 비행 시험 : 2019년 4월
- 제원 및 성능 : • 탑재중량(Payload) – Prototype(2인승 버젼) : 200kgf (440 lbf), Main (5인승 버젼) : 미언급
  • MTOW – Prototype(2인승 버젼) : 640kgf, Main(5인승 버젼) 미언급
  • Cruise Speed – Prototype (2인승 버젼) : 300 km/h(186mph, 160 knots), Main (5인승 버젼) : 252 km/h (157mph, 136 knots)
  • Range – Prototype (2인승 버젼) : 300 km (186miles, 162NM), Main(5인승 버젼) : 203 km(126 miles, 110 NM)
  • Flight Duration – Prototype(2인승) : 미언급, Main (5인승) : 48 min
  • Service Ceiling – Prototype (2인승) : 미언급, Main (5인승) : 미언급
- 운용 : • 운용사 : Lilium Jet
  • 상용화 : 2025년 까지 상용화 예정

〈그림2.30〉 Lilium – Lilium Jet

자료 : lilium.com(7-seater Lilium jet)

■ Kitty Hawk - CORA
  - 특징 : • 뉴질랜드 Zephyr Airworks, 뉴질랜드 정부와 협력 테스트 중
          • Boeing NeXt와 전략 파트너십을 체결
          • 초도 비행 : 2017년 11월
  - 제원 및 성능 : • 탑재중량(Payload) : 2인승 181 kgf (400 lbf)
                • MTOW : 1,224kgf (2,700 lbf)
                • Cruise Speed : 177km/h (110 mph, 96 knots)
                • Range : 100 km(62 miles, 54 NM)
                • Flight Duration : 19min
                • Service Ceiling - Operation Altitude : 152~914m(500~3,000 ft), AGL (Above Ground Level), Maximum Altitude : 3,000m(10,000 ft)
  - 운용 : • 운용사 : Air New Zealand (Google 및 Boeing 파트너십 맺음)
          • 상용화 : 미정

〈그림2.31〉 Kitty Hawk - CORA

자료 : wisk-Aero.com(Kitty Hawk - CORA)

■ Alakai -. Skai
- 특징 : • 수소 연료 전지(Hydrogen Fuel Cell)를 이용한 VTOL 항공기
  ‣ 수소 연료 전지는 200~400 리터용이며 10분 이내로 재급유 가능
  ‣ 다중 수소 누출 감지기로 연료 탱크 신뢰성 보장
  ※ 수소전지 10분 충전으로 643km 운항한다.(2021.09)
  • 연료 전지는 FAA에서 테스트 프로그램을 수행 중임
  • 발표 : 2019년 05월 29일 (시제기 개발 중)
- 제원 및 성능 : • 탑재중량(Payload) : 5인승 450kgf (1,000 lbf)
  • MTOW : 미언급
  • Cruise Speed : 190km/h (118 mph, 103 knots)
  • Range : 644km (400 miles, 348NM)
  • Flight Duration : 4hrs - 보조 연료 탱크 장착 시 10 hrs 이상
  • Service Ceiling : 미언급
- 운용 : • 운용사 : 미정
  • 상용화 : 미정

〈그림2.32〉 Skai - .Alakai

자료 : skai.com(Skai -. Alakai)

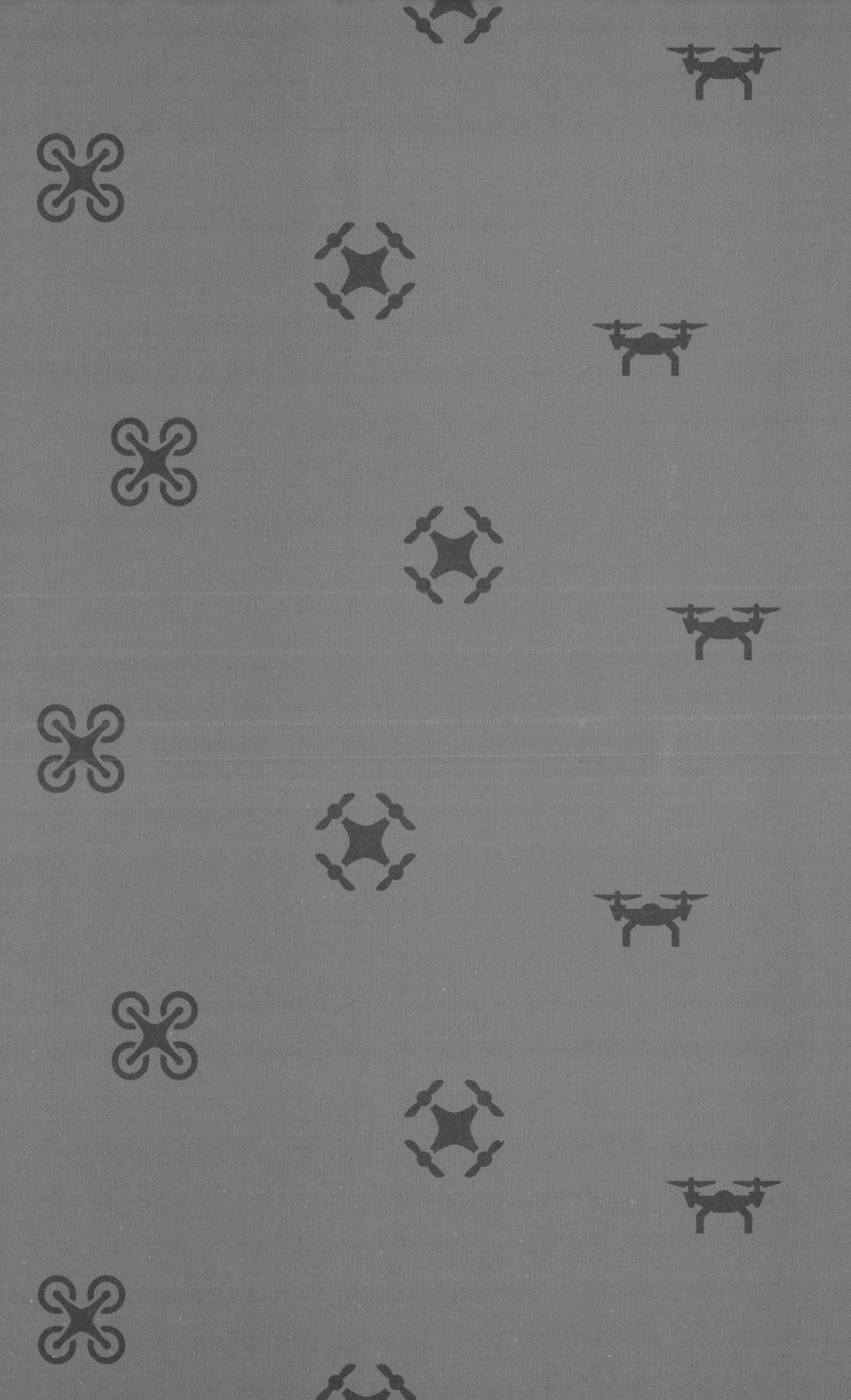

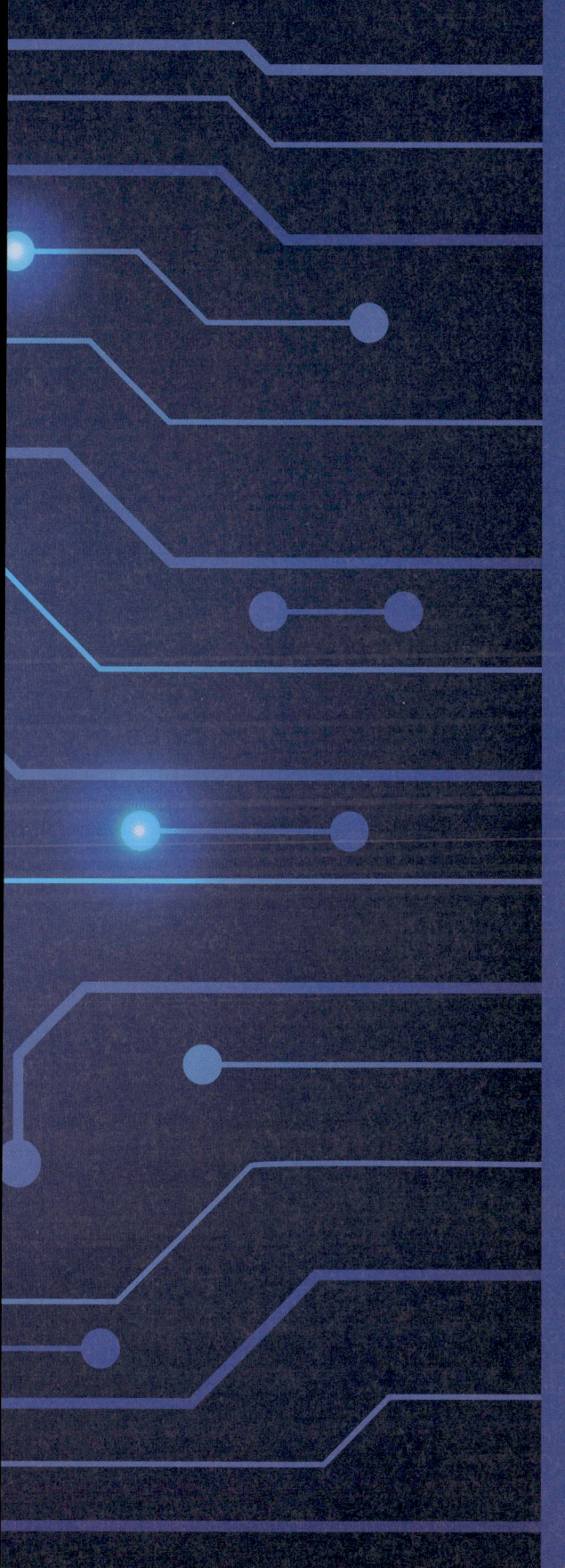

3

과학기술혁명과 사회대변혁

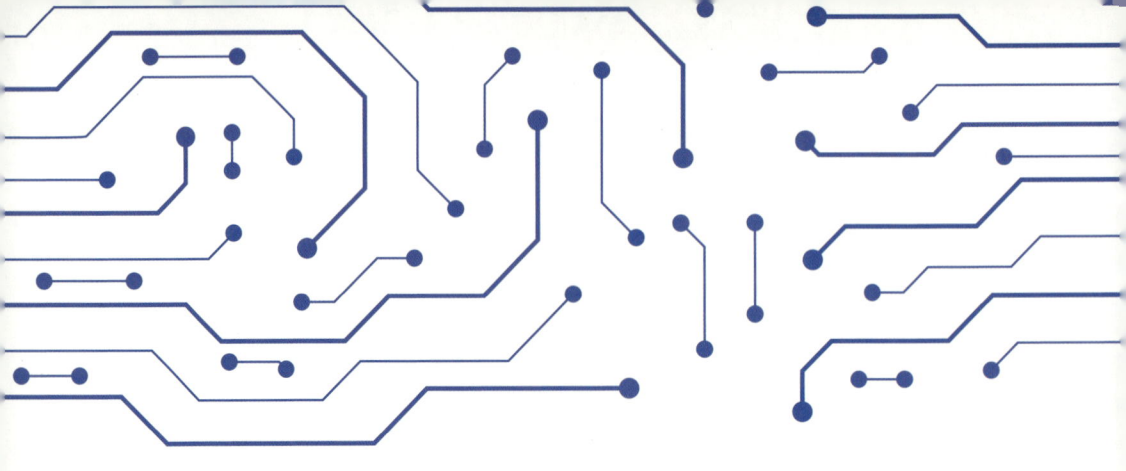

(1) 과학기술혁신

오늘날의 과학기술 혁신의 결과는 과학 연구와 기술 개발을 통해 새로운 분야와 사업에 도전하며 등장한 혁신기업들의 탄생이다. 특히 벤처기업은 높은 기대이익과 높은 위험부담을 동시에 가지고 있으며, 강한 기업가 정신을 가진 사람에 의해 추진되는 특징을 보였다. 이러한 혁신기업들은 조그만 작업장이나 실험실에서 시작한 이후에는 세계 경제를 이끄는 대기업으로 성장하는 경우도 있었다.

이렇듯 과학기술 혁신을 통해 혁명을 주도한 국가와 기업들은 엄청난 특혜 속에서 세계시장을 지배하고 있다. 특히 국가,기업별 생산력의 차이는 국제질서의 세력판도를 바꾸었고, 정치 경제는 물론이고 국제 관계에서 우월한 위치를 차지하며, 수많은 부를 얻었다.

과학기술혁신의 이해

과학기술의 이해

과학은 자연을 실험과 관찰 등 과학적 방법을 통해 객관적인 원리와 법칙 등을 이해하고 찾기 위한 축적된 이론과 지식 체계를 말한다. 과학 활동은 인류사회가 오랜 생활 속에서 끝없이 계속되는 지식을 획득하고 탐구하는 인식활동을 뜻한다. 이러한 과학의 시작은 그리스 자연철학인 '지혜 사랑(philosophia)'인 철학과 앎의 지식(scientia)인 과학으로 기원전 6세기 지중해 연안에서 그리스 천재들이 낳은 '일란성 쌍둥이'였다.[1]

---

1) 김명자(1994), 과학기술의 세계

기술은 과학적 지식이나 원리를 활용해 인간의 물질적·정신적 수요를 충족시키기 위한 활용 지식의 의미로 사용되었다. 즉 인간의 경제 활동이나 복리증진을 위한 방법이나 노하우로 자연의 법칙을 발견하고, 실제로 실생활에 적용하는 것이다. 기술은 과학을 통해 유용한 기계나 설비, 생산 제품을 만들어 내고, 지식과 재화나 서비스의 효율성 향상을 통해 풍요롭고 편리한 사회 구축을 두고 있는 활동이다.[2]

그렇다면 기술혁신은 기술발전으로 공정과 제품 공급방식이 변경, 새로운 시장의 개척 등의 변화로 인한 새로운 이윤을 발생시키는 행위이다. 슘페터(Joseph A. Schumpeter)는 혁신이 기술의 도입에 따른 확산의 과정을 포함한다는 점에서 경기변동 그 자체를 기술혁신의 도입과 흡수의 과정으로 보았다.

혁신의 유형

혁신의 유형은 먼저 급진적 혁신과 점진적 혁신으로 나누는데, 전자의 급진적 혁신은 불확실성이 높고 불연속적으로 일어나고, 주로 기초과학이 발달한 경우로 조직적인 연구 개발에 의해 이뤄진다. 후자의 점진적 혁신은 작은 기술적 노하우나 기술의 연속적인 개량 과정에서 나타나는 것으로 기존 기술시스템의 개선과 보안으로 이뤄진다. 터시맨과 앤더슨(Tushman & Anderson, 1986)은 점진적 변화의 기간을 통해 주기적으로 진화하고, 기술적인 불연속성에 의해 새로운 지배 제품이 출연한 후 다시 점진적인 변화를 반복하게 된다고 보았다.

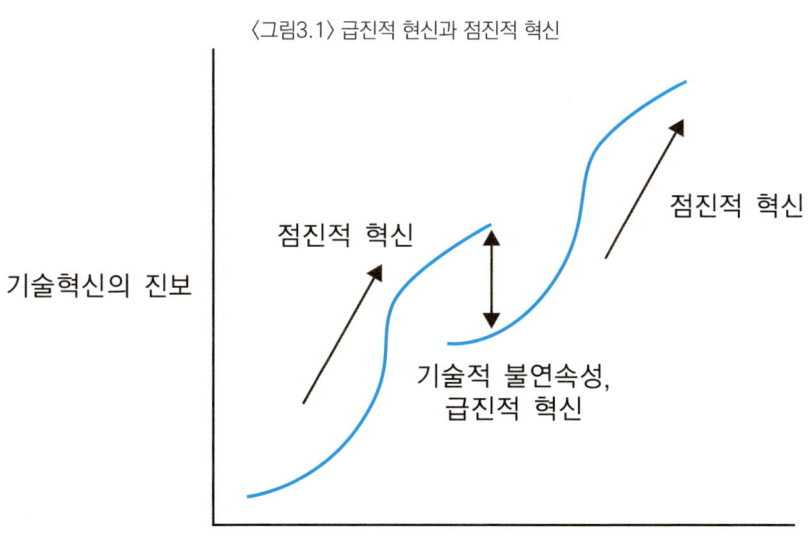

〈그림3.1〉 급진적 현신과 점진적 혁신

---

2) 홍성욱 외(2016. 1), 21세기 교양 과학기술과 사회

다음은 개방형 혁신과 폐쇄형 혁신으로, 전자의 혁신은 내부로의 지식 흐름과 외부로의 지식 흐름을 적절히 활용해, 내부 혁신을 가속화하는 것으로 혁신의 외부 활용 가치를 최대화한 것이다. 기업이 연구·개발·상업화하는 일련의 혁신 과정을 외부 자원을 활용하여 비용을 줄이면서 부가가치 활동을 극대화하는 것이다. 반면 후자의 혁신은 연구개발R&D[3] 투자를 통해 기술혁신을 이룬 후 신제품을 개발해 수익을 창출하고, 이 수익을 다시 R&D에 투자하는 일종의 선순환 시스템을 만들어 혁신을 꾀하는 것이다.[4]

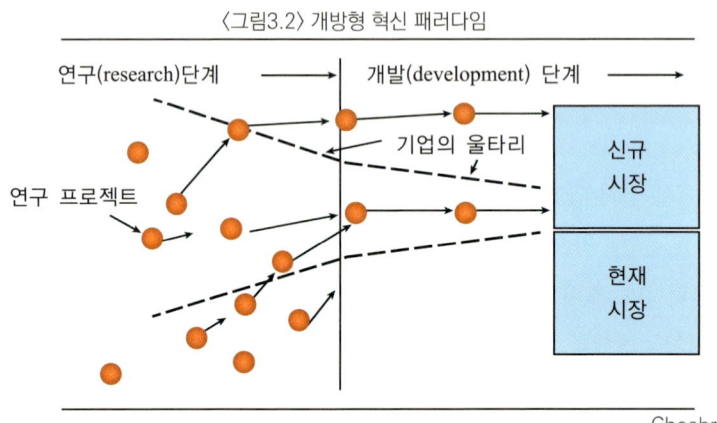

〈그림3.2〉 개방형 혁신 패러다임

Chesbrough(2004)

〈그림3.3〉 폐쇄형 혁신 패러다임

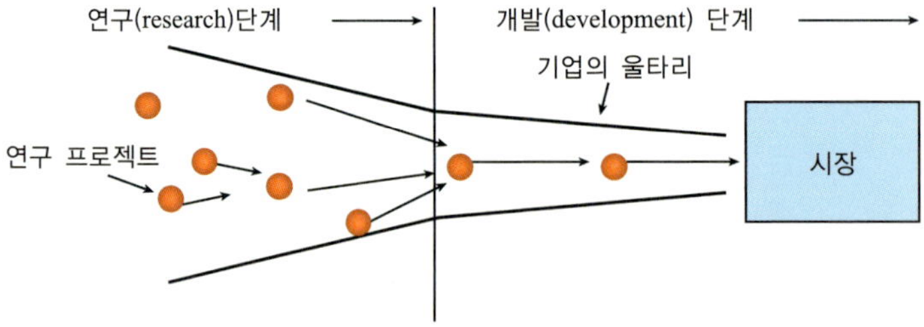

Chesbrough(2004)

---

3) 과학적 연구와 기술적 연구를 총칭하여 기업조직·정부조직·비영리조직이 행하고 있는 기초·응용을 포함한 연구·공학과 프로세스의 설계 및 개발에 대해서 사용되는 개념이다. 현대에서 체계적·조직적인 공동노력과 연구설비나 연구재료에서도 비용을 장기적으로 투입할 것을 필요로 한다는 점에서 특별한 의의가 있다.
4) 전정환·서용윤·김문수(2012), 개방형 혁신을 위한 개방형 로드맵 개발, 기술혁신학회지

혁신의 결정요인[5]

'무엇이 혁신을 유도하는 것인가?'에 대한 결정요인을 살펴보면, 기술주도이론과 수요견인이론 그리고 상호작용 모형이 있다. 먼저 기술주도이론은 과학, 기술의 사전적 진보가 발명이나 혁신 활동을 자극하는 요인임을 강조하고 있으며, 과학과 기술의 관계는 상호 보완적 작용으로 혁신을 선도한다고 주장한다. 즉 공정설비 공정과 합성재료, 기술 개발 등의 새로운 기술은 기업 발전의 추진력으로 작용하게 된다는 프리먼(C. Freeman)의 연구가 있다.

다음 수요견인이론은 시장에서 인지되는 소비자의 수요가 재화나 서비스에 대한 소비 형태에 변화를 가져오게 되고, 이것을 신호로 인식하여 생산자는 혁신행위를 한다는 주장이다. 쉬무클러(J. Schmookler)는 미국의 철도, 정유, 농기계, 제지산업 등에서 투자, 주식, 고용, 발명 등의 활동이 이루어지는 것은 시장의 성장과 잠재력이 발명 활동의 속도와 방향을 결정하는 혁신의 결과로 작용했다고 주장했다.

마지막 상호작용 모형은 시장수요와 과학 기술의 변화와 진보가 상호작용에 의해 혁신으로 이어진다는 모형이다. 즉 수요에 의해 혁신이 유발되면, 그것이 연구개발 행위로 이어져 기술적 가능성과 잠재적 시장의 결합 과정에서 혁신 결과로 나타난다는 로스웰과 제그벨드(Rothwell & Zegveld, 1985)의 주장이다. 기술혁신의 결정요인은 기술주도이론과 수요견인이론 둘 모두 지지 받지 못한 채로 상호작용 모형으로 흡수되고 있다. 즉 두 이론을 적절하게 배합하여 설명해야 사회변화를 잘 설명할 수 있다.

과학기술혁신과 산업

과학기술혁신의 배경

과학기술혁신이 국가 정책의 한 영역으로 정착된 배경은 제 2차세계대전 이후부터라 할 수 있다. 원자탄 개발을 위한 맨해튼 계획[6]은 1945년 최초로 국가가 과학 기술과의 관계를 정책화하여 국가의 주요 자산으로 간주하고, 연구 개발 활동의 방향과 범위, 그리고 연구 인력의 확보, 동원 등을 직접 개입하고 주도하는 계기가 되었다.

새로운 분야에 과학기술정책이 강조된 배경을 보면 첫째로 과학기술 활동의 제도화이다.

---

[5] 이찬구 외(2022.04), 한국 과학기술정책 분석과 혁신, 임마누엘
[6] 1939년 8월 2일 대통령 F.루스벨트가 A.아인슈타인으로부터 권유를 받은 것이 계기가 되어 미국은 독일보다 앞서서 원자폭탄 제조계획을 세웠고, 그 해 최초로 정부기구인 '우란(Uran)자문위원회'를 설치해 1940년부터 영국과 연구정보의 교환을 시작하였다.

〈표3.1〉 과학기술정책의 발전 과정

1940~1950년대	1960~1970년대	1980~1990년대
맨해튼 계획 V1, V2로켓, 군용항공	경제 성장, 생산성 민간 항공, 원자력	원천기술, 재료기술, ICT 생명공학기술, 시장경쟁
과학자문회의	과학기술위원회 및 과학기술 부처	과학기술산업부
물리학자, 화학자	물리학자, 화학자, 경제학, 엔지니어	생화학, 생태학 사회과학, 경제학
무기 체계, 기초과학, 정부공공연구기관	경제성장, 무기체계 산업체 연구 개발 대학 확대 발전	구조적인 변화환경 네트워크, 무기체계
급진적인 혁신	점진적인 혁신	확산
급격한 과학기술 지출 증가	지출 성장 속도 감소	과학기술 지출 감소

자료: Freeman & Soete(1998)

과학기술이 고도화·제도화됨에 따라 정부가 과학기술 활동에 전반적으로 개입 및 체계화해야 할 필요성이 커지게 된 것이다. 둘째로 과학 기술의 전략적인 성격이다. 제2차 세계대전 이후 전략무기 개발 등을 통해 군사적 우위를 확보하는 수단으로 과학기술 혁신이 중요시되었다. 셋째로 과학기술이 국가 발전에 미치는 영향이 매우 크다는 점이다. 과학기술 발전의 성과가 사회에 긍정적인 효과가 나오도록 조정·유도하면서 경제 발전과 산업발전을 촉진시키는 중요 정책수단이 되었다.

과학기술혁신의 연혁[7)]

■ 과학기술정책 형성 이전시기

과학기술 총동원체제는 1914년의 제1차 세계대전부터 시작되었으며, 과학과 국가가 좀 더 밀접한 관계를 맺는 계기가 되었다. 미국정부는 과학자를 동원하여 국립연구회의(NRC)를 조직하고, 산·학·관 프로젝트를 추진했다. 영국은 1916년 과학 기술 연구청(DSIR)을 설립하여 산업화를 추진하고, 과학 기술 분야별 연구회를 조직하여 혁신을 주도하고 정책을 추진하였다. 당시의 과학기술은 특정 기술적 수요를 충족하기 위한 산발적인 연구가 추진되었을 뿐만 아니라, 체계적이거나 전략적이지 못해 과학기술이 정책적으로 형성되지 못하고 기반도 취약했다.

■ 과학기술정책의 생성기

과학기술정책의 형성기는 제2차 세계대전 이후로 1941년 맨해튼 계획이 추진되는 시기

---
7) 이영훈(2019.04), 과학기술혁신정책에 대하여, 부크크

로 과학과 국가의 관계가 커다란 변화를 가져온 때이다. 그 변화를 보면 첫째, 국가를 위해 방대한 과학자와 연구비가 투입된 점이다. 둘째, 국가가 주도적으로 수행한 점이다. 셋째, 계획 수행 중 정부·산업·대학이 긴밀한 유대 관계로 추진한 점이다. 넷째 과학행정의 경험이 쌓여 있어서 많은 과학기술 관련 제도를 수립한 점이다.

위와 같이 전쟁과 전쟁 직후에 군사적인 목적으로 추진한 과학기술 연구는 광범위하게 응용될 수 있는 새로운 과학기술 원천이 되었다. 원자력, 컴퓨터, DDT, 제트비행기, 레이더 등이 이때 탄생한 것으로 국가적·국제적 목적을 위한 연구 활동이 국가 정책적·체계적으로 추진이 된 시기였다.

■ 과학기술정책의 전개기

미국, 유럽 등의 국가들은 1957년 소련의 인공위성 스푸트니크(Sputnik)가 발사에 성공한 시기에 많은 충격 속에서 과학기술정책을 더욱 적극적으로 추진하게 되었다. 미국은 1958년에 육·해·공군에 분리되었던 우주개발계획을 일원화하여 항공우주국(NASA)[8]를 설립했고, 1962년에는 백악관에 과학기술기구를 강화한 과학기술국(OST)를 신설하였다.

이 시기를 다시 구분해 보면, 첫째로 국가와 국위 선양 목표가 다른 목표보다 우선한 시기였다. 즉 국가 연구 예산의 대부분이 군사, 원자력, 우주개발에 집중 투입된 시기다. 둘째로 과학기술 연구가 국가 경쟁력 강화에 기여할 수 있다는 인시하에서 연구개발 활동이 경제·성과로 이어진다는 믿음의 시기였다. 즉 연구예산이 대폭적으로 증가했으며 연구 활동에 종사하는 연구자들도 제2차 세계대전 보다 대폭 증가되었다. 이때는 전쟁 후 긴장과 냉전으로 인한 전략적 경쟁과 경제 발전에 최선을 다한 시기였다.

■ 과학기술정책의 회의기

1960년 하반기 세계는 데탕트, 학원 소요, 경제성장의 한계, 미국의 베트남 전쟁의 실패 등에 과학기술 활동의 효과와 목적에 회의감이 표출된 시기이다. 1968년 유인 우주선 아폴로 11호[9]의 성공적인 달 착륙과 귀환이 성공한 시기이기도 하며, 과학기술이 원자력의 전쟁과 생명 위협으로 자연과 환경 파괴 등에 영향을 미친다는 부정적 인식이 확산되는 시기로 정책의 목표와 방법에 대한 재검토가 이루어지기 시작했다.

---

8) 미국항공우주국(NASA)은 미국의 국가 기관으로서 우주 계획 및 장기적인 일반 항공 연구 등을 실행하고 있다. 1957년 10월 4일 소련의 세계 최초의 인공위성 스푸트니크 1호의 발사 성공에 충격을 받은 미국은 1958년 7월 29일 NASA를 발족시켰다. 산하 시설로 케네디 우주센터, 고다드 우주 비행 센터, 제트 추진 연구소, 존슨 우주 센터, 랭글리 연구 센터, 마셜 우주 비행 센터 등이 있다.

9) 1969년 7월 인류 최초로 달에 첫 발걸음을 내디딘 닐 암스트롱선장이 한 말이다. 이 날 전 세계인이 텔레비전을 지켜보는 가운데 미국의 아폴로 11호가 달에 착륙하며 역사적인 인류의 첫 발자국을 찍었다. 이로써 수천 년간 우리 인류에게 신화와 동경의 대상이었던 달이 과학의 영역으로 들어오게 됐다.[백홍열(2010), 지구과학산책, 과학창의재단]

유럽 대부분의 국가에서 연구 활동 방향을 경제·사회적 목표 달성에 두고, 그동안 원자력, 항공, 우주, 전자 등에 대한 자원 투입 방향을 재조정하게 되었다. 즉 과학기술의 진보가 환경문제, 자원문제 등을 현재화시킴에 따라 잠재적인 영향을 초기 단계에서 점검하였다. 과학기술로 인해 상실된 부분에 대한 관심이 높아지면서 불확실한 미래를 과학 기술의 도움으로 해결하자는 움직임이 일었다.

■ 과학기술정책의 재조명기

1970년대에 인플레이션, 에너지 위기, 생산성 저하 등 세계 경제가 장기적 침체에 빠지면서, 이를 탈피하고자 하는 새로운 산업구조 개편과 국가 경쟁력 확보를 위한 과학기술 정책의 변화를 함께 도모했다. 선진국들은 국가의 전략분야와 전략기술을 설정하고, 산업계, 학계, 정부가 총동원 형태로 공동 전략을 추진했다. 즉 정부가 직접 방향 설정과 지원을 하면서, 학계와 산업계의 자발적인 참여가 이뤄질 수 있는 분위기를 조성한 시기이다.

이 시기는 새로운 첨단기술이 개발되면서, 새로운 원천기술 확보를 위한 생명공학, 신소재, 마이크로일렉트로닉스 등의 신기술 개발에 각국이 경쟁적인 노력을 기울였다. 이 기술들은 국가 경쟁력과 기술경쟁력이 동일시되는 상황으로 산업발전뿐 아니라 국민의 일상생활에도 광범위한 영향을 미치기 때문에 신기술 개발에 과학기술정책의 초점을 맞추게 되었다. 1980년 이후의 과학 기술은 정부 역할의 중요성과 산학연 협력체계를 중요한 수단으로 삼아 산업기술 고도화에 총력을 기울인 시기라 할 수 있다.

■ 21세기의 과학기술정책

과학기술정책은 2000년대를 들어서면서 급격한 환경변화로, 기초연구를 바탕으로 첨단화·융합화·거대화 등이 이루어졌다. 지식·정보·과학기술은 국가의 부와 성장의 원천으로 인식하고, 새로운 기술 등장과 융·복합화에 따른 기술 진보의 가속화가 정치·경제·사회 등의 모든 변화를 견인하는 첨경임을 모든 국가가 인식하는 시기였다. 이에 따라 국가는 지식 기반의 제품 생산에서 무형의 과학기술, 지식정보, 서비스 중심으로 산업구조 개편을 지식정보와 신산업 중심으로 개편을 했다.

과학기술의 융합화는 BT, NT, IT 등 다양한 이종기술의 융·복합에 따른 신제품 및 신산업을 창출했고, 종래의 과학기술 한계를 극복하는 새로운 지평을 여는 계기가 되었다.

〈그림3.4〉 2040년 지식기반의 인공지능사회

그림과 같이 기술의 지능화는 지능형 로봇 등 지능형 제품과 고속통신망의 발달에 따른 소통이 세계를 하나로 묶고, 지능화 기반을 마련하고 있다.

<u>과학기술혁신과 정책</u>[10]

정부의 혁신과정에 대한 개입은 우선적으로 과학기술혁신을 촉진할 수 있는 사회·경제적 환경과 제도 개선 측면에서 이뤄져야 한다. 즉 정책의 방향은 기업의 혁신 능력 촉진과 기술 제공보다는 기술혁신을 촉진시키고, 이를 유발시킬 수 있는 기술과 기업, 환경이 결합된 혁신시향석인 산업사회와 혁신경제 체제 구축에 방점을 두어야 한다.

이 체제 구축에 대한 사항을 살펴보면 첫째, 과학기술혁신의 촉진정책은 혁신 전주기 과정을 포괄해야 한다. 둘째, 바람직한 혁신 정책은 공급 수단과 수요 수단이 적절하게 결합되어야 한다. 셋째, 혁신에 관한 논의는 산업 발전단계, 산업 특성, 기술혁신의 연속성 여부에 따라 정책 대응이 달라져야 한다. 넷째, 혁신 능력은 과학 기술 우위보다도 경제적 활용 능력에 따라 결정이 된다.

국가의 혁신정책은 기술혁신 과정과 개발 후 확산 과정이 상호 밀접하게 연결되어 있으므로, 신기술의 공급 측면인 기술혁신과 수요 측면인 기술 확산이다. 이 확산은 신기술의 개발과 적용, 실용화를 단일한 과정의 두 가지 측면이다. 특히 확산 정책을 살펴보면 첫째, 연구성과의 파급 확산으로 특정기술의 전유 가능성을 반영한다. 둘째, 흡수 능력은 조직의 외부에서 개발된 기술을 이해하고 흡수하는 소화능력이다. 이 정책의 목표는 혁신 주체들의 활동을 촉진시킴과 동시에 혁신 결과를 최대한 확산할 수 있도록 하는 환경을 제공하는 것이다.

---

10) 홍성욱 외(2016. 1), 21세기 교양 과학기술과 사회

과학기술혁신 이론과 정책론[11]

기술혁신 : 선형이론

기술혁신의 기원과 결정 요인에 의한 상반된 두 주장이 대립되어 적용되고 있으며, 기술주도이론(Technology push theory)과 수요견인이론(Demand pull theory)이다. 기술주도이론 주장하는 사람들은 과학기술의 진보가 제품과 공정의 혁신에 주된 요인이라고 한다. 그러나 시장견인이론 주장자들은 시장의 수요가 혁신행위의 가장 근본 요인이라고 한다. 정책결정에 있어서 기술주도이론의 경우 정책은 과학과 기술 개발을 위한 직접적 노력과 지원에 초점을 두고 있으나, 수요결정이론은 주로 시장 수요를 자극하는 정책에 초점을 둔다. 그럼으로 기술혁신이 이뤄지는 과정 또는 기술혁신의 성격을 토대로 기술혁신 유형을 분류하면 다음과 같다.

■ 선형이론

기술혁신 이론의 고적적인 모형은 '선형모형(Linear model)'으로 기술혁신의 과정을 '아이디어 단계-기초연구 단계-상업화 단계'로 이어지는 선형적인 과정으로 파악한 이론이다. 선형모형은 기술혁신을 위해 기초연구에 자원을 투입하면 기술혁신 과정을 거치면서 자연적으로 산출이 이루어진다. 즉 기초연구를 통해 기술을 개발하고, 기술 개발이 상업화를 통해 진화하는 '연구 - 개발 - 생산'의 일방향성을 강조하고 기술혁신에 관계하는 행위자들 사이에 상하 관계를 규정하는 모형이다. 중요한 것은 새로운 지식을 창출하는 연구 활동으로 이론은 기술혁신을 다음과 같이 파악하였다.[12]

1994년 프래스티 매뉴얼(Frascati Manuel)의 연구개발을 기초연구, 응용연구, 실험적 개발연구로 구분하여 각각에 대한 정의를 했다. 첫째, 기초연구(Basic research)는 어떤 현상이나 행태의 기본을 이루는 새로운 지식을 얻기 위해 수행하는 이론 및 시험연구로 특정 목적 없이 진행되는 연구를 의미한다. 즉 기초연구는 어떤 문제 해결이나 사업적인 목적을 가지지 않는 것으로 자연의 법칙에 관한 일반적 이해를 목적으로 장시간에 걸친 지식의 창출 과정의 연구이다.

둘째, 응용연구(Applied research)는 기초연구를 바탕으로 특정목적을 위해 새로운 지식을 얻기 위한 연구행위이다. 즉 실용 문제를 해결하기 위한 목적을 가진 연구로 성공적인 응용연구는 기술 개발 및 기술 활용으로 이어지는 실용연구에 해당한다.

---

11) 안지혜(2021.07), 과학기술혁신 역량 평가와 R-COST 평가 분석, KISTEP
　이영훈(2019.04), 과학기술혁신정책에 대하여, 부크크
12) 과학기술정책연구원(2012, 정미애 외), 기초 원천연구의 실용화 촉진방안 : 산학협력을 중심으로

셋째, 개발연구(Development research)는 기초 및 응용연구 결과를 통해 얻은 지식으로 새로운 제품이나 재료, 도구를 생산하고, 새로운 공정, 체제, 서비스 구축으로 생산시스템을 향상키는 활동이다. 즉 앞의 연구인 기초연구, 응용연구의 결과를 실사용을 위해 서비스 등으로 변환시키는 기술개발 활동이다.

넷째, 생산(Production)은 기술적 지식의 제품이나 서비스의 광범위한 변환과 일련의 활동으로 제조, 유통, 통제 등을 말한다.

다섯째, 상업화(Commercialization)는 소비자로 하여금 기술과 새롭고 진보된 상품들을 받아들이게 하는 일련의 활동으로, 마케팅, 유통전략, 촉진 전략, 소비자 행위 등의 조사를 말한다.

선형모형에 대한 장점을 정리해보면, 먼저 단순하고 이해하기가 용이해 기술혁신의 중요성에 대한 확산을 많이 이론화 했다. 다음은 파이프라인을 통해 유통시킬 수 있는 인적, 물적 자원을 강조한 점이다. 자원의 확대는 시장에서 성과의 확대로 이어지기 때문이다. 마지막으로 선형모형에서 기술혁신이 이루어지기 위해서는 시작시점인 기초연구에 대한 투자가 선행돼야함을 강조하여 상대적으로 무시될 수 있는 기초과학 지원을 강조하여 혁신의 근본적인 능력을 향상시켰다.

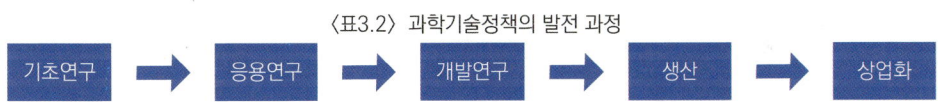

〈표3.2〉 과학기술정책의 발전 과정

반면에 선형모형에 대한 단점을 정리하면, 우선 기술혁신 과정의 각 단계에서 일방향적 선형 과정을 전제로 했기에 환류 과정에 대한 고려를 못했다. 그래서 성공적인 기술혁신에 핵심적인 공급자, 수요자로부터 지식, 정보 피드백을 고려하지 않았기에, 기술혁신을 성공하기 위해서는 많은 시행착오를 거쳐야 하는 과정을 간과하는 문제점이 있었다. 다음은 과학을 강조할 때 기술혁신이 과학결과뿐만이 아니라 기술혁신은 기초연구에 의해 창출된 결과에 대한 개발 과정을 거쳐야 한다. 마지막은 생산과정에서 학습을 통해 일어날 수 있는 공정혁신의 중요성을 도외시 할 수 있다.

기술혁신 : 나선형과 사슬연계 기타 모형

■ 나선형 혁신모형

워커(Royce Walker)에 의해 제시된 모델로 기술의 혁신 과정이 주기적인 진보의 형태를 띠고 있음을 보여 주었다. 이에 따른 기술혁신 과정은 기술과 엔지니어링에 연계된 '발명의 개발단계와 '시장수요와 연계된 확산단계' 그리고 '교체와 적용, 재발명과 연계된 성숙단계' 등 3단계가 주기적으로 변화하는 형태로 나타난다. 여기서 워커는 제품과 공정 부문에서 디자인과 재디자인이 새로운 아이디어와 시장 수요를 구체적 형태로 전환시키는 중요한 역할을 진행하기 때문에 기술혁신 과정에서 디자인은 매우 주요한 역할을 한다고 강조했다.

■ 사슬연계모형

1986년 클라인과 로젠버그(Kline & Rosenberg)는 성공적인 기술혁신을 이루기 위해서는 다양한 사슬과 결과로부터의 지식과 정보의 피드백이 필요하며, 기술혁신은 복잡한 연계 과정을 통해 시장에 도달한다는 점을 강조했다. 이 모형은 혁신과정에서 여섯 가지 혁신 경로가 있음을 강조하고 있는 것이 특징이다.

제1 경로는 혁신의 핵심적인 사슬(C: Chain)을 의미한다. 사슬연계모형의 기술혁신은 다양한 정보와 지식의 경로를 가지고 있음을 강조하면서, 기술혁신은 잠재적인 '시장 - 발명 및 개념 설계 - 상세 설계 및 시험 - 재설계 및 생산 - 유통 및 시장'으로 이어지는 단계로, 각 단계는 핵심 사슬로 연결되어 있다.

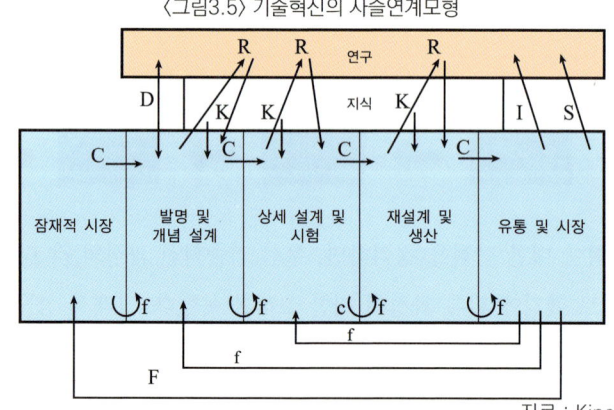

〈그림3.5〉 기술혁신의 사슬연계모형

자료 : Kine&Roseberg(1986)

제2경로는 기술혁신 각 단계에서 다양한 피드백 연결고리를 가지고 있다는 점으로, 유통 및 시장에서 잠재적 시장과의 연계는 기술혁신 과정에서 대단히 중요한 피드백이다.

제3경로는 핵심사슬과 과학과의 연계로 핵심 사슬과 기초과학 및 과학과의 연계를 통해 기술혁신이 이루어진다는 의미로, 핵심사슬 같이 긴밀한 연관 관계는 떨어지지만 상당한 연계가 이루어지는 K-P와 같은 연계를 나타낸다.

제4경로는 연구와 핵심사슬 간에 직접적인 연계로 D유형의 연계를 의미하며, 연구를 통해 새로운 과학이 가끔은 급진적인 혁신을 창출하기 때문에 일단 창출되면, 완전히 새로운 산업을 탄생시키는 상황도 발생한다.

제5경로는 혁신은 혁신제품으로부터 과학의 피드백인 I 유형과의 연계로, 혁신적인 제품이 과학의 발전을 가져온다.

제6경로는 제품 영역의 근간을 이루는 과학에 대한 연구로 S유형의 피드백이다.

정리해보면 선형모형은 기술주도이론과 수요견인이론이 혁신에 미치는 상호작용을 설명하지 못한다고 설명하면서, 연계모형을 통해 양 이론의 상호작용을 사슬연계모형을 통해 설명하였다. 주로 연구가 직접적인 혁신과정이 연계된 것은 아니지만, 연구와 혁신과정이 연계된 사이에 축적된 총체적 혁신과정의 지식이 존재하며, 축적된 지식을 매개로 해서 연구의 결과가 구체적인 형태(발명, 기초디자인, 상세 디자인, 재디자인 등)로 진화된다고 할 수 있다.

■ 총체적 과정 모형

1996년 마이어스와 로젠블룸(Myers & Rosenbloom)은 사슬연계모형을 확장한 모형으로 총체적 과정 관점에서 혁신을 설명하였다. 이 모형의 연구관리는 기술적 불확실성뿐만 아니라 시장의 불확실성 등 이들 간의 상호작용 모두를 고려해야 한다고 했다.

총체적과정모형은 지식의 창출, 획득, 전달, 결합 방식을 살펴볼 때, 사슬연계모형에서 제시한 기존의 과학기술 지식과 자료를 일반지식과 기업 특유의 지식으로 구분하여 제시했고, 기술 플랫폼을 모형 내에서 명시화 하면서 신기술 개발 시에 기회와 필요의 요소가 됨을 지적했다. 위 모형은 기술혁신의 과정 자체가 본질적으로 기술혁신과 학습과정이라고 주장하면서, 환경적 패러다임 관점에서의 이 모형은 기술의 불확실성, 시장의 불확실성 등의 상호 간 상호작용 모두를 고려하여야 한다고 했다. 신기술의 출현은 신시장을 유도하기 때문에 혁신관리는 기술과 신시장 그리고 이들 간의 상호 작용 모두를 잘 관리할 수 있어야 한다고 했다.

(2) 국가 혁신체제론과 미국 혁신

혁신체제론 등장과 개념

과학기술 혁신체제론

혁신이론은 혁신과 지식의 본질에 대한 고민에서 시작되면서, '연구개발 - 경쟁력 - 시장'으로 이어지는 단선 모형에 의한 반발로 시작되었다. 기술체제는 기술 자체가 복잡성으로 사용되면서, 프리먼의 1978년 연구 이후 기술혁신 연구에서 일어나고 있는 하나의 유행으로 기술혁신을 국가 단위에서 이해하려는 움직임이다.

슘페터(Joseph A. Schumpeter)의 혁신체제론은 전통에 따라 혁신을 통한 자본주의 경제의 진화와 발전에 관심을 두고 있으며, 계속된 변화하고 진화한 시스템이다. 기술지식 창출을 목표로 하는 연구개발 활동뿐만 아니라 일상적인 생산 활동이나 마케팅 등의 혁신적인 새로운 지식이 창출될 수 있다. 경제 시스템이 계속적으로 진화와 발전하는 동력을 혁신체제에서 시작되고, 경제시스템은 곧 혁신체제 자체라고 할 수 있다.

혁신은 일상적인 활동을 통해 서비스나 제품이 생산되면서 창출되는 지식혁신, 특정목적을 달성하기 위해 새로운 지식을 창출하는 혁신, 특정목적을 달성하기 위해 기존 지식을 바탕으로 제품이나 생산과정을 변화시키는 혁신 등으로 구분할 수 있다. 혁신의 능력은 시스템 내외부에 있는 자원과 조직 루틴(routine)을 통합해 새로운 자원과 루틴을 형성하는 능력으로서의 동태적능력(dynamic capability)이라 한다. 따라서 혁신 능력이 뛰어난 혁신체제는 지속적으로 경쟁 우위를 확보할 수 있고, 환경 변화에 유연하게 대처할 수 있는 능력을 갖추는 것이다.[13]

여기서 사회 혁신의 과정을 알아보면, 담론(사고) → 정책 및 제도 → 현장의 행동 순으로 이루어지게 된다. 사회문제 해결형 R&D는 담론 수준을 넘어 정책 및 제도화 단계에 이르렀다. 물론 아직 행동의 변화를 충분히 이끌어내지는 못하고 있으나, 정책이 바뀐다는 것은 자원 배분의 흐름이 바뀐다는 것이므로 사회문제 해결형 R&D의 비중은 더욱 커질 것으로 생각된다. 그리고 그것을 행동으로 보여주는 사람들은 젊은 사람들이 될 거로 생각한다.

혁신체제론의 특징은 기술혁신과정에서 정부의 역할을 강조하고, 이상적인 목표 설정과 목표달성을 위해 다양한 주제의 참여와 참여자의 이해관계에 의해 조직화된 시장을 전제로

---
13) 송위진(2018), 사회문제 해결형 과학기술혁신을 보는 세 가지 관점

기술 혁신의 내생성을 강조하는 점이다. 이 이론의 기본전제는 국가 내 여러 혁신 주체를 조직하고, 제도적으로 뒷받침을 하면서 국가의 혁신역량을 극대화하는 점으로 국가 경제에서 창출되는 혁신의 양을 극대화하는 점이다.

이에 따라 정부는 혁신 체제의 약점을 보완하기 위해 혁신주체인 대학, 연구소, 기업의 역량을 극대화 하면서, 그 역량을 적극 끌어내어야 하며, 네트워킹을 통해 혁신 주체들 상호간에 협력이 일어날 수 있도록 유도를 해야 한다. 또한 모든 혁신 주체가 완벽하지 않기 때문에 정부 조직 및 정책결정 집단 및 관련 집단들도 혁신의 주체이자 객체가 되어야 한다. 즉 혁신체제론은 불확실한 상황속에서 다양한 혁신 주체들을 연계하고, 혁신을 이해하고, 혁신체제의 외적 환경의 변화에 적극 대응하면서 혁신에 초점을 맞춰야 한다. 또한 기술의 변화를 제도 및 조직의 진화 과정과 연결을 하여 하나의 시스템으로 작동하게 하는 것도 중요한다.[14]

1987년에 프리먼(Freeman)은 국가 과학기술의 다양한 요소를 포함하여 혁신체제론을 발전시켰고, 일본의 1980년대 경제성장을 설명했다. 상호 협력을 통한 신기술 창출이나 기술을 확산하는 공사 네트워크로 국가혁신체제를 정의하면서 분석틀로 사용했다. 특히 혁신 환경의 구성은 혁신 주체 간의 상호작용 및 학습을 통한 지식 전달 정도가 중요하며, 특정 국가의 혁신 성과는 개별 혁신 주체들과 네트워크로 구성된 하나의 시스템으로서 전체 시스템이 결정된다는 점을 강조했다. 1992년에 룬드발(Lundvall)은 혁신 체제를 국가라는 시스템의 경계안에 존재하는 포괄적 일반적 생산방식과 연관된 요소들 간의 관련된 가치사슬의 상호작용으로 설명했다. 또한 경제적으로 유용한 새로운 지식을 생산하고 확산하는 과정에서 구성요소 간에 상호 관계로 혁신체제를 말했다. 개별요소의 독립적인 활동보다 요소들 간의 상호작용으로 더 많은 혁신이 창출될 수 있다고 하면서, 사용자와 생산자 간의 상호작용과 이런 상호작용을 통해 상호 학습이 혁신 체제를 형성하고 발전시키는 원동력임을 강조했다. 혁신체제의 내부 조직과 조직 간 연계, 학습 과정, 조직간 상호협력, 경쟁을 통한 상호작용, 연구개발 시스템과 자원동원 능력, 공공 부문의 정부정책 등을 국가 혁신체제의 중요한 구성요소로 제시하였다.

과학기술 혁신체제론 특징[15]

혁신체제론은 List와 Schumpeter의 경제관, 진화론, 제도주의 등에 근거하여, 혁신에 포함된 과정은 복잡하기 때문에 혁신 분석을 위해 시스템 개념을 도입해야 한다. 시스템은 구성요소와 요소 간의 관계로 이루어지기에, 구성요소는 개인과 조직으로 기업뿐만 아니라 대

---

14) 정복철(2007), 과학기술의지식창출과경제적성과의결정요인분석: 정부출연연구기관을 중심으로
15) 구영우 외(2012), 혁신체제론의 진화 및 주요 논점

학, 연구기관, 정책당국 등 비기업 조직을 포함한다. 구성요소 간 관계는 시장적 관계와 비시장적 관계로 다양하다. 시스템 개념을 도입함으로써 혁신체제론은 기업들이 홀로 혁신하지 않고 시스템 내에 있는 다른 조직과의 지속적인 상호작용을 통해서 혁신한다는 점을 강조한다. 즉 혁신체제론은 분석의 초점을 개인과 고립된 조직의 행동으로부터 집합적 행동으로 바꾸었다. 구성요소 간 복잡한 상호관계를 중심으로 혁신이 이루어진다는 관점은 '연구 → 개발 → 상업화'라는 단순한 선형적인 과정을 통해 혁신이 이루어진다는 기존 주류경제학의 선형모형(Linear Model)과 대비된다.

혁신체제론과 주류경제학의 혁신이론은 아래와 같은 차이가 있다. 첫째, 주류경제학은 기본적으로 균형과 완전한 정보를 가정하는 반면, 혁신체제론은 진화론적 관점에 입각해서 경제는 항상 변화의 과정에 있다고 간주하기 때문에 비균형과 비대칭적 정보를 가정한다. 둘째, 주류경제학은 혁신 분석에서 개인과 자원배분에 초점을 두는 반면, 혁신체제론은 혁신 과정에서의 상호작용과 네트워크 등에 초점을 맞춘다. 셋째, 주류경제학에서 혁신에 관한 정부개입의 근거는 시장실패(Market Failure)이지만, 혁신체제론에서는 시스템적 문제 즉 시스템실패(System Failure)이다.[16]

〈표3.3〉 주류경제학과 혁신체제론의 혁신이론 비교[17]

구분	주류 경제학	혁신체제론
기본 가정	균형 완전한 정보	비균형 비대칭적 정보
초점	개인 자원배분	혁신과정에서의 상호작용 네트워크와 분석 틀 조건
정책 근거	시장실패	시스템적 문제(시스템실패)
주요 정책	과학정책(연구)	혁신정책
정책의 예	공공재 공급 외부성 완화 진입장벽 해소 비효율적인 시장구조 제거	기존 체제의 문제점 해결 새로운 체제의 창출 지원 혁신을 위한 구조적 변화 지원 전환이 용이, 고착 피하게 함
정책의 장점	명확성과 단순성 과학 관련 지표로 기초한 분석이 가능함	구체적인 상황을 고려한 정책 혁신 관련 모든 정책들 포함 혁신과정에 관한 전체적 관점
정책의 단점	혁신에 관한 선형모형 제도적 요인 등이 명시적으로 고려되지 않음	정책 실행 상의 어려움 분석을 위한 지표의 부족

16) 구영우 외(2012), 혁신체제론의 진화 및 주요 논점
17) 구영우 외(2013.2)생명공학산업의 혁신체제와 혁신네트워크에 관한 연구

2005년 Edquist에 따르면, 혁신체제론은 다음과 같은 특징을 가지고 있다. 첫째, 혁신체제론은 혁신과 학습과정을 분석의 중심에 둔다. 이는 기술변화와 혁신을 외생변수로 간주하는 신고전학파 경제성장이론과 명확히 구별된다. 둘째, 혁신체제론은 전체적이고 학제적인 관점을 채택한다. 전체적이라는 의미는 혁신체제론이 혁신과정의 모든 요인들을 고려한다는 것으로, 학제적 의미는 경제사·경제학·사회학·지역연구 등 다양한 사회과학적 연구를 흡수한다는 것이다. 셋째, 혁신체제론은 역사적이고 진화적인 관점을 가지기 때문에 최적화 개념을 부적절하게 만든다. 혁신과정은 시간이 지남에 따라 진화하고, 다양한 요인의 영향력 및 피드백 과정을 포함한다. 넷째, 혁신체제론은 상호의존성과 비선형성을 강조한다. 기업이 홀로 혁신하지 않고 상호작용과 피드백 과정 등 복잡한 관계를 통해 다른 조직들과 상호작용한다는 인식에 기초하고 있다. 다섯째, 혁신체제론은 제품혁신과 공정혁신 뿐만 아니라 비기술적 혁신, 무형혁신 등 다양한 형태의 혁신 범주를 모두 포괄할 수 있다. 이는 혁신체제론이 포괄적인 혁신 개념을 사용하기 때문에 혁신체제론은 제도의 역할도 강조한다.[18]

국가혁신체제론

국가혁신체제론 구성

국가혁신체제론(National Innovation System: NIS)은 혁신정책의 주요한 패러다임으로 자리 잡고 있다. 시스템적 접근(systemic approach)은 기술혁신을 보는 시각과 정책방향에서 기존의 선형적(linear) 접근과 큰 차이를 보인다. 선형적 접근에서는 논문·특허와 같은 과학기술적 성과나 경제성장과 같은 경제적 성과를 가져올 수 있는 IT, BT, NT분야나 영역을 '선택'해서 자원을 배분하는데 초점을 맞춘다. 여기서는 최대의 효과를 산출할 수 있는 분야를 선택하는 것이 중요하다. 반면 시스템적 접근은 새로운 과학기술지식이 효과적으로 창출·확산·활용될 수 있는 시스템을 만드는 데 중점을 두기에, 제도 주의적 시각에 바탕하고 있다. 때문에 국가적 혁신활동에는 조직되는 '방식'과 '규칙(rule)'에 초점을 맞춘다.[19]

국가 혁신체제는 국가라는 하나의 커다란 체제에서 다양한 요소와 환경을 바탕으로 개방형 체제에서 기술혁신을 파악하기 위한 개념적 틀이라고 하겠다. 아래 그림에서 보는 바와 같이 국가혁신체제의 핵심은 정부를 포함한 기업, 대학, 공공연구기관 등을 포괄하며, 핵심 주체와 주체들 간의 연계 협력 및 지원 메커니즘, 외부 환경과의 상요작용 등 종합적이고 집

---

18) 구영우 외(2013.2)생명공학산업의 혁신체제와 혁신네트워크에 관한 연구
19) 송위진(2009), 국가혁신체제론의 정책이론

합적인 개념이다. 국가혁신체제에서 기술혁신에 체계적으로 접근해, 기술혁신에 대한 메케니즘, 기술혁신의 성공 요인 및 인과 관계 등 역시 혁신체제의 주요 고려 요인이다.

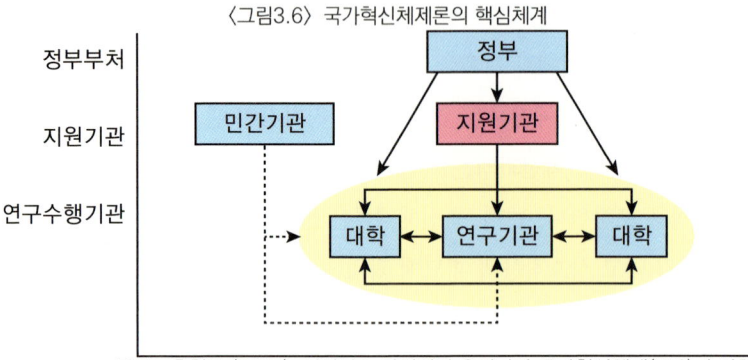

〈그림3.6〉 국가혁신체제론의 핵심체계

자료 : 홍형득 (2007), 거버넌스 관점에서 우리나라 국가혁신체제(NIS)의 변화와 특징 분석

국가 혁신체제론에서 중요한 혁신 주체는 기업, 대학, 연구소, 벤처 캐피털, 공공기관, 정부 등이 있으며, 혁신의 주체들 간에 상호교류를 통한 지식의 확산과 혁신주체들 간의 관계를 규정하는 법률 제도가 있다. 기술혁신을 위해서 기술의 원천지식을 공급하는 연구자는 기초기술 연구자, 응용기술 연구자, 관련 기술을 활용한 개발자 등이 혁신의 주체로 참여한다. 이 혁신의 주체와 제도 및 네트워크 등을 포함한 기술혁신 과정을 체계적으로 분석할 경우 기술혁신 체제라고 하는데, 국가 단위에 적용한 기술혁신체제를 아래 그림과 같이 국가혁신제제라고 한다. 국가의 틀 안에서 사람들은 오랜 역사를 통해 독특한 제도와 문화를 형성하게 되며, 다양한 혁신 주체가 기술혁신을 유발하게 하는 상호작용적 학습을 효율적으로 수행하는데 큰 영향을 미친다는 것이다.

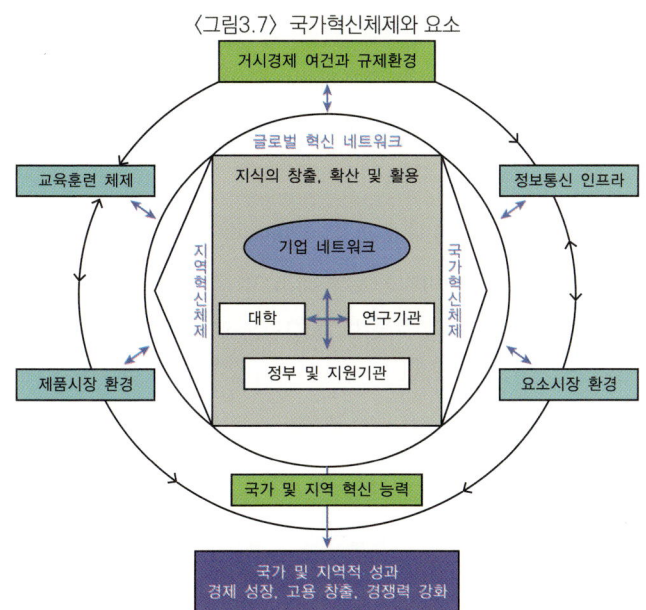

〈그림3.7〉 국가혁신체제와 요소

자료 : 이공래 (2000), 국가혁신체제의 구성요소

국가혁신체제론 특성

국가혁신체제와 특정 기술시스템이 선택적 친화성이 있다는 것은, ㄱ 국가에 적합하ㄱ 경쟁력이 있는 산업이 있다는 것을 의미한다. 독일·일본형 혁신체제는 점진적 혁신에 적합하도록 제도들이 배열되어 있기 때문에, 자동차 산업, 기계 산업과 선택적 친화성이 있다. 반면 영·미형 혁신체제는 급진적 혁신에 적합하도록 제도들이 배열되어 있기 때문에, 소프트웨어나 바이오산업과 선택적 친화성이 있다.

이런 상황은 산업혁신정책을 입안할 때, 두 가지 방안을 제시한다. 첫 번째는 기존 국가혁신체제에 부합하는 산업분야를 선택하는 방안이다. 현재 배열되어 있는 제도들과 친화성이 있는 산업들을 중심으로 혁신정책을 추진하는 것이다. 이 때 산업 수준의 접근을 넘어 각 산업의 세부 분야별 접근이 필요하다. 앞의 독일 바이오 벤처기업의 사례에서 본바와 같이 산업 수준에서 친화성이 떨어진다 하더라도, 산업의 세부 분야에는 친화성이 있는 부문이 있기 때문이다. 또 산업 수준에서 친화성이 있어도 세부 분야에서는 친화성이 떨어지는 부문도 있다.[20]

두 번째는 현재의 혁신체제와 친화성이 떨어지는 새로운 기술분야를 선택하여 발전시키는 방안이다. 이는 향후 기술 발전이 새로운 기술분야 중심으로 이루어질 것으로 예상될 때

---

20) KISTEP(2011), R&D 정책 및 평가 기반 강화를 위한 'KISTEP 기술경영·경제 포럼' 추진·운영

취하는 전략이다. 새로운 기술 분야는 기술혁신이 조직되는 방식이 기존 혁신체제와 다르기 때문에 새로운 혁신체제를 필요로 하는 경우가 많다. 이는 독일·일본형 혁신체제 내에서 정보통신기술에 특화된 실리콘 밸리와 같은 새로운 혁신체제 이치를 형성하는 전략과 같은 것이다.

또한 국가혁신체제론에서는 기업에 인력을 공급하고 훈련시키는 교육·훈련제도, 기업에 돈을 공급하고 의사결정에 영향을 미치는 금융제도, 경쟁기업이나 공급업체, 수요업체 상호작용에 영향을 미치는 경쟁제도 등도 기업의 혁신활동에 큰 영향을 미친다고 본다. 특정 산업이나 기업에 특화된 숙련을 양성하는 산업별·기업별 교육·훈련제도와 내부 노동시장 제도는 기계 산업이나 자동차 산업의 점진적 혁신에 상당한 영향을 미친다. 또 위험을 무릅쓰고 벤처기업에 투자하는 벤처 캐피탈 제도는 IT, BT 신기술 분야에서 나타나는 급진적 혁신에 크게 기여한다. 이런 이유 때문에 혁신활동은 기업들이 확보하고 있는 기존 지식과 조직 루틴만이 아니라 이들을 둘러싸고 있는 조직과 제도의 영향 하에서 이루어진다. 혁신활동은 집합적 혁신(collective innovation)의 모습을 보인다.[21]

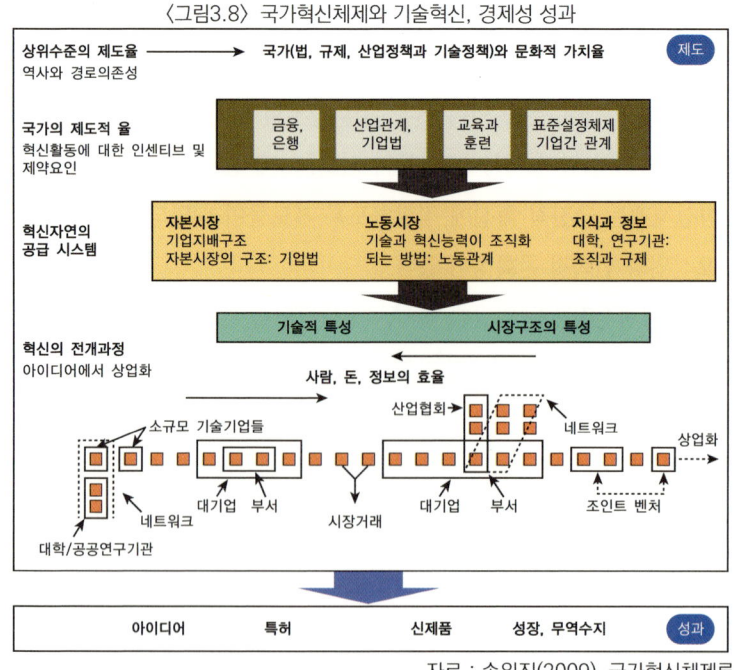

〈그림3.8〉 국가혁신체제와 기술혁신, 경제성 성과

자료 : 송위진(2009), 국가혁신체제론의 정책 이론

국가 R&D혁신과 정책

21) 송위진(2009), 국가혁신체제론의 정책 이론

① 국가 R&D혁신

밀러와 모리스(Miller & Morris)는 1999년에 연구개발(R&D)의 역사를 4단계로 구분하였다. 제1세대 R&D는 100여 년 전에 시작되었으며, 특출한 과학자들에 의한 기술개발 시대였다. 제2세대 R&D는 제2차 세계대전이 끝난 1950년대부터 1970년까지로, 이 시기의 R&D는 기초기술의 오랜 역사와 기술을 보유한 유럽보다 미국의 군사력이 압도적인 우세를 보인 합리적인 R&D 연구관리를 통한 미국 연구개발이 우수한 시기였다. 제3세대 R&D는 1980년대 정보통신기술의 발전과 첨단기술의 등장으로 인한 사회 변화와 연구과제의 성공이 바로 상업화로 이어지지 않는다는 자각에서 R&D에 대한 새로운 접근이 시작되었다. 즉 R&D에 대한 고객 만족, 사업 전략과의 연계 필요성이 강조되고, 기술로드맵, 기술 포트폴리오, 기술생애주기 등과 같은 새로운 혁신정책이 등장했다.

제4세대 R&D혁신은 디지털 혁명, 융·복합시대의 생존전략 등 혁명적 혁신의 시대로, 연구개발이 조직 내외 관련 부문 간 상호 의존적 학습, 경쟁 아키텍처 확보, 제품 플랫폼 개발, 암묵지(tacit knowledge) 형태의 지식을 체계적으로 관리하기 위한 지식플랫폼이 강조되는 시기였다. 특히 R&D모형은 혁신을 기술혁신과 관련된 여러 주제 간의 상호 의존적인 학습 과정으로 파악을 하였다. 기술혁신은 소비자의 요구와 연구자의 기술 개발 역량이 결합되어 공동으로 진화한다는 전제를 하고 있다. 기업으로 하여금 경쟁 기업들보다 빨리 학습해 고객이 필요로 하는 기술혁신을 통해 기업의 지속 가능한 경쟁 우위를 확보하기 위해 노력을 한다는 것이다. 따라서 내부의 다양한 조직 및 혁신 주체들과 외부의 고객들이 R&D 과정에 공동으로 참여해 기술혁신을 창출하고, 새로운 유형을 창출하는 R&D패러다임 혁신체제이다.

4세대 R&D의 특징은 먼저 수요자의 잠재적 니즈 파악을 위한 상호의존적 학습체계를 중요시한다. 다음은 변화에 능동적으로 대응하는 조직역량 개발이다. 마지막으로 불연속적, 융합적 혁신을 리드하는 경쟁아키텍처 구축이다. 즉 환경변화 가속화 및 이에 따른 미래 불확실성 확대에 대한 능동적, 체계적 R&D 전략을 구축하는 것이다. 또한 새로운 경쟁법칙과 표준을 제시하는 혁신으로 근원적이며 광범위한 체계적인 변화를 지향한다.[22]

지금까지 살펴봤듯이 R&D 혁신은 과학기술의 발전과 혁신이 경제발전의 연관이 매우 깊다는 것을 알기에 각 나라들은 사력을 다해 과학기술 진흥을 위한 R&D정책을 경제발전의 최우선 정책으로 삼고 있다. 이런 점에서 국가혁신체제론과 혁신이론이 맥락을 같이하면서 국가 거버넌스의 이론적 지향점과 크게 다르지 않다는 것이다. 국가발전을 위한 과학기술

---

[22] 이정재 외(2006) 제4세대 R&D추진을 위한 포트폴리오 분석 연구

거버넌스의 혁신구조는 모든 구조의 유기적인 상호작용을 통한 생태계 구축이 우선이며, 적극적인 참여가 유기적인 시스템 구축의 지름길이다.

한국의 국가R&D혁신[23]

한국의 R&D 투자 규모는 세계 6위이고 GDP 대비 비중 1위이다. 한국은 국가R&D 투자가 급격히 확대됐지만, 정부-민간, 산-학-연의 역할이 차별화되지 않고, 질적 성과가 부족하다는 비효율성에 대한 비판이 지속 제기되고 있으나, 해외에서는 성공적인 나라로 분류하고 있다.

문재인 정부 들어서면서 그간의 정부R&D 혁신에서 범위를 확장, 국가R&D 혁신을 목표로, 국가기술혁신모델(NIS 2.0) 참여 정부의 국가기술혁신체계(NIS)[24] 모델을 제시했다. 새로운 정책 수요 등을 반영해 고도화를 제시한 「국가R&D 혁신방안」을 수립한 구조도는 아래 그림과 같다.

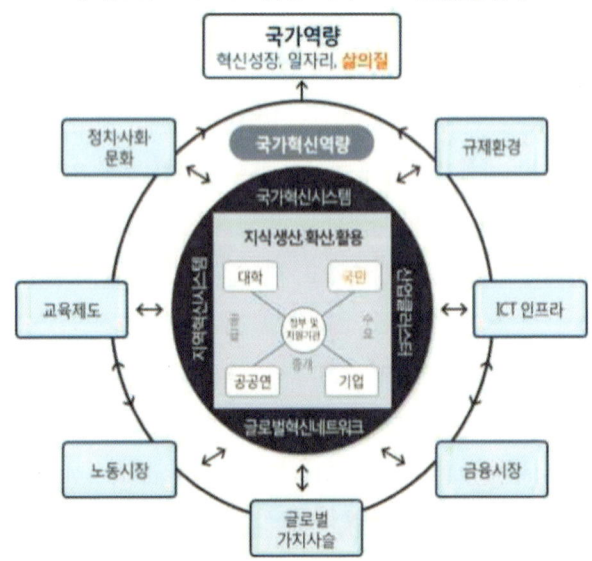

〈그림3.9〉 NIS 2.0 모델 및 「국가R&D 혁신방안」 영역

자료: 과정부(2022.6), '국가R&D 혁신방안 추진과제 분석 및 향후 추진방향'

---

23) 최창택(2022), 국가R&D 혁신방안 추진과제 분석 및 향후 추진방향 제언
24) 참여 정부의 국가기술혁신체계(NIS) 모델을 새로운 정책 수요 등을 반영해 고도화

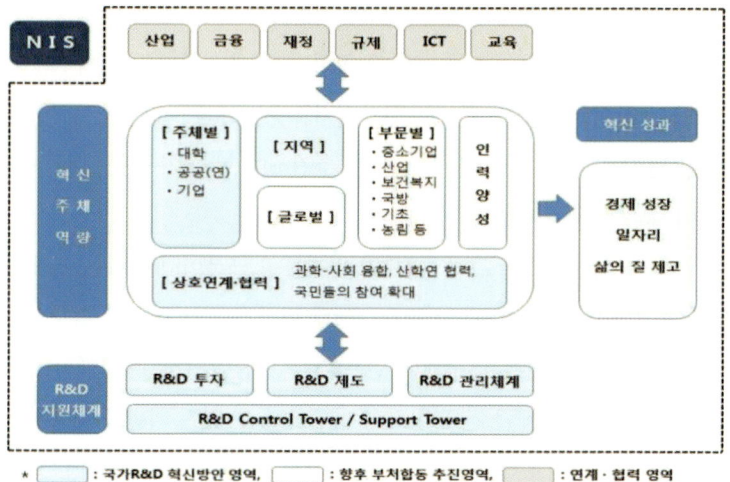

주요 내용은 연구자 주도 기초연구비 2배 확대, 연구개발혁신법 제정 등 대표적 과학기술 분야 국정과제뿐만 아니라, K-DARPA[25], 공공연R&D 혁신 등 새로운 정책방향과 과제들을「국가R&D 혁신방안」을 통해 추진하겠다는 것이다.

또한 '22년 5월 출범한 윤석열 정부에서도 대통령 공약과 인수위 등에서 R&D투자 전략 부재와 질적 성과 부족이라는 국가R&D의 비효율성에 대한 문제제기를 하고 있다. 과학기술 공약에서는 '국가R&D 100조원 시대 개막에도 국가 전략에 대한 고민이 부재'한다는 점이다. '국가R&D에서 민간 비중이 절대적이지만 최근 민간 투자활력이 약화'되고 있다고 지적되고 있다. 점검 회의 등을 통해서는 GDP 대비 5% 수준의 높은 R&D투자가 구체적인 성과로 이어질 수 있기 위해서는 '나누어 주기식 예산배분'이 아닌 '전략적 예산배분' 시스템 구축의 필요성이 제기되고 있다.[26]

이에 그간 추진된 R&D 혁신방안의 의의와 추진과제, 정책유형 등을 분석하고, 혁신 환경 변화 등에 따른 시사점을 도출해야 한다. 향후 국가R&D 혁신의 추진방향을 모색하고, 문제 인식을 바탕으로, 그간의 R&D 혁신방안을 살펴보고, 향후 추진방향 제언을 하면 다음과 같다. 첫째, R&D 혁신방안은 국가R&D의 비효율성을 어떤 정책문제로 인식했는지? 둘째,

---

25) 미국의 DARPA(Defense Advanced Research Projects Agency, 국방고등연구계획국)하면 빠지지 않는 농담이 "외계인을 잡아 고문해 연구를 시키는 곳"이다. 꿈같은 기술들을 척척 개발해 우리의 일상(인터넷, GPS, 자율주행 등등)을 바꿔온 기관이다보니 이런 우스갯 소리가 나오려니 한다. k-DARPA 사업은 상징성에 맞는 혁신도전 프로젝트는 부처간 칸막이를 넘어 국가 차원의 초고난도 연구개발을 통해 국가적 문제를 해결하고 미래 혁신선도 산업을 창출하기 위해 추진되는 사업이다.
26) 윤석열 인수위(2022), '국가R&D 혁신방안' 추진과제 분석 및 향후 추진방향

R&D 혁신방안의 정책적 특징과 추진의 의미와 과학기술 분야 최상위계획인 과학기술기본계획과의 차이는 무엇인가? 셋째, '국가R&D 혁신방안' 추진과제의 정책수단은 어떤 유형인지, 타 부처들의 참여와 성과와 한계는 무엇인가? 넷째, R&D·혁신을 둘러싼 환경변화는 무엇이며, 어떤 변화가 일어나고 있는지와 향후 추진해야 할 국가 R&D·혁신의 개선방향은 무엇인지? 등에 대한 도출이 필요하다.[27]

최근 한국의 R&D 혁신방안은 그간 R&D의 비효율성 극복이라는 같은 문제 인식을 가지고 수립되었기에, 3차례 수립되는 동안 정책수단의 변화가 있는지 많은 검토가 이루어졌다. 특히 문재인 정부의 혁신방안은 연구개발 인프라, 국민참여체계, 혁신클러스터 등 정부의 정책을 확산시키거나 혁신주체들 간의 협력이 이루어질 수 있는 기반을 제공하는 연계형 정책수단 등도 활용하면서, 비교적 다양한 정책수단으로 활용되었다. 같은 정책문제로 인식하고 해법을 제시했지만, 혁신방안마다 정책수단의 선택에 따라 다른 특징을 나타냈다. 특정 종류의 정책수단 선택에 따른 효과는 정책수단이 단독으로 사용되는 것이 아니기 때문에 판단하기는 어려움이 있었다. 다만 다양성, 불확실, 복잡성 등이 증가하는 혁신 환경변화를 고려할 때, 다양한 정책수단들이 균형 있게 활용되는 것은 바람직한 방향이었다. 다만 정책수단 사이의 상호보완성 또는 상충성이 발생할 수 있어 신중한 선택이 필요하다.[28]

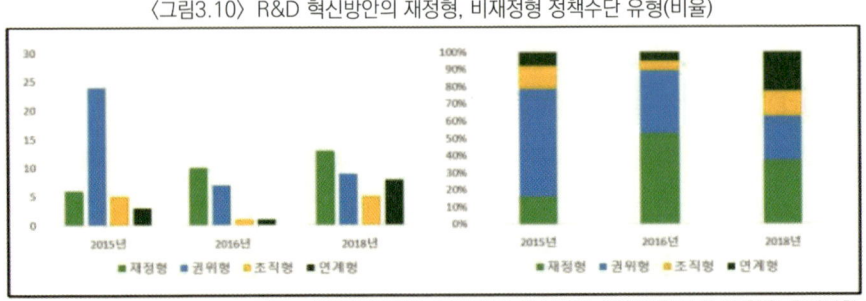

〈그림3.10〉 R&D 혁신방안의 재정형, 비재정형 정책수단 유형(비율)

자료 : 최창택(2022), 국가R&D 혁신방안 추진과제 분석 및 향후 추진방향 제언

---

27) 과정부(2022.6), '국가R&D 혁신방안' 추진과제 분석 및 향후 추진방향
28) 최창택(2022), 국가R&D 혁신방안 추진과제 분석 및 향후 추진방향 제언

미국의 과학기술혁신

과학기술정책 거버넌스.[29]

과학기술 혁신 정책을 가장 잘 수행한 미국의 행정체제는 대통령 직속기관을 중심으로 운영되고 있으며, 독립적인 과학 기술 전담부서 없이 여러 연방 부처에서 과학기술정책이 수립되고 집행되는 다원화되고 분산된 추진체제를 가지고 있다. 과학기술 분야의 목표 설정과 연구 개발 투자의 순위를 설정 및 조정하는 '국가과학기술위원회(NSTC)'와 연방국의 사무국 역할로 정책 수립과 예산 조정을 수행하는 '과학기술정책실(OSTP)'이 핵심 역할을 한다. 또한, 과학기술 관련 대응, 역할에 대해 자문하는 '대통령 과학기술자문위원회(PCAST)'가 있으며, 사업평가와 개발부처의 각 사업과 R&D 예산에 대한 총괄 배분과 조정을 하는 '관리예산실(OMB)'이 있다.

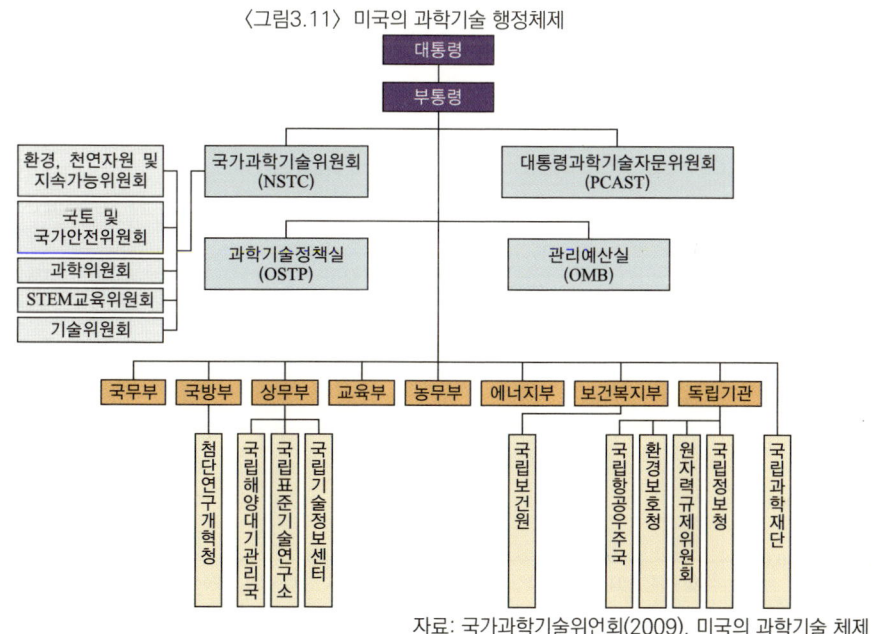

〈그림3.11〉 미국의 과학기술 행정체제

자료: 국가과학기술위언회(2009). 미국의 과학기술 체제

정책 거버넌스 특징

미국의 과학기술정책 조정방식은 대통령이 의장으로 하는 국가과학기술위원회에서 이루어지며, 그 특징은 다음과 같다. 첫째는 대통령 과학기술정책실이 중립적인 중재자 역할을 하며, 조정을 맡는다. 둘째는 조정의 준거가 되는 국정 목표, 상위 수준의 사업 우선순위를

---

29) 서울대 이석민(2008), 국가혁신체제와 국가의 역할 – 미국과 독일의 과학기술정책을 중심으로

제시한다. 셋째는 예산 기능과의 유기적 연계와 소위원회와 작업반의 역할이 활성화되어 있다. 넷째는 공무원의 높은 전문성과 조정과정의 실질적 참여와 조정 이슈에 대한 보고서를 통해 조정지침 제공을 한다.

국가과학기술위원회의 주요 목적은 과학기술 투자에 대한 명확한 국가목표를 수립하는 것으로 연방정부 차원의 목표달성을 위한 투자방향을 설정하고, 다양한 정책 조정과정을 통해 연구개발 전략을 기획하고 수립한다. 이러한 전략을 수행하는 과학기술정책실은 정책을 개발하고, 집행하는 역할을 하는데 기능은 다음과 같다. 첫째, 국가적으로 중요한 과학기술 정책 관련 정보에 대한 대통령과 행정부에 자문을 제공한다. 둘째, 정책과 예산에 대한 종합적인 검토를 한다. 셋째, 과학기술에 대한 연방정부의 투자가 경제성장, 환경, 안보 등에 기여하도록 민간정부와 공동 작업을 한다. 넷째, 연방정부, 주정부, 지역정부, 과학기술 이해집단 사이에서 파트너쉽을 유지한다. 다섯째, 연방정부의 과학기술 투자에 대한 규모·질·효과성 등에 대한 평가를 한다.[30]

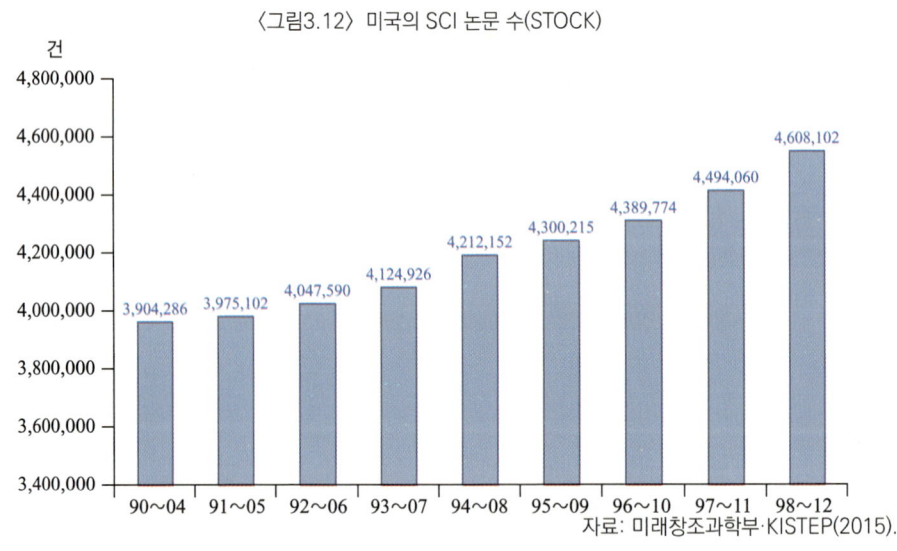

〈그림3.12〉 미국의 SCI 논문 수(STOCK)

자료: 미래창조과학부·KISTEP(2015).

먼저 최근 15년간 발표된 SCI[31] 논문 수 누적 계산을 통한 지식 축적 정도를 살펴보면 아래 그림과 같은 변화를 살펴볼 수 있다. 1990~2004년까지의 논문 수 390만 건에서 1998

---

30) 홍형득(2015), 국가정책연구
31) SCI 논문은 Thomoson ISI(Institute for Scientific Information)가 매면 논문의 서지 사항과 해당 논문에 대한 이용 서지 사항 정보를 제공한다.

~2012년에는 4,608,102건으로 과학지식이 크게 증가한 것으로 나타났다.

미국연구원 1인당 논문 수를 분석해 보면 과학 기술 지식 창출의 질적 수준은 평균 0.26~0.29건으로 연도별 차이는 거의 없다. 그리고 질적 수준인 논문 1편당 각 5년간 평균 피인용 횟수를 보면 2007년 6회에서 2008년 이후 7회대로 증가함을 알 수 있다.

〈표3.4〉 미국의 과학 기반 생산성 및 수준(논문)

구분		2004	2005	2006	2007	2008	2009	2010	2011	2012
논문	1인당 논문 수	0.26	0.27	0.28	0.28	0.28	0.29	0.29	0.29	0.29
	증감률		3.85	3.70	0.00	0.00	-3.57	7.41	0.00	0.00
구분		2000~2004	2001~2005	2002~2006	2003~2007	2004~2008	2005~2009	2006~2010	2007~2011	2008~2012
피인용 수		6.39	6.54	6.74	6.93	7.11	7.23	7.34	7.47	7.62

자료: 미래창조과학부·KSTEP(2015)

〈표3.5〉 주요국의 과학기술 논문의 생산성 및 수준

순위	국가	1999년 (건)	2009년 (건)	연평균 변화율(%)	2009년 세계비중(%)	2009년 누적비중(%)
	세계	610,203	788,347	2.6		
1	미국	188,004	208,601	1.0	26.5	26.5
2	중국	15,715	74,019	16.8	9.4	35.8
3	일본	55.274	49,627	-1.1	6.3	42.1
4	영국	46,788	45,649	-0.2	5.8	47.9
5	독일	42,963	45,003	0.5	5.7	53.6
6	프랑스	31,345	31,748	0.1	4.0	57.7
7	캐나다	캐나다	29,017	2.7	3.7	61.4
8	이탈리아	20,327	26,755	2.8	3.4	64.7
9	한국	8,478	22,271	10.1	2.8	67.6
10	스페인	14,514	21,543	4.0	2.7	70.3

자료: Science and Engineering Indicators(2012)

다음은 기술 기반(Technology base) 국가의 혁신 정보를 파악할 수 있는 특허 정보[32](기술지식 창출 연구개발 투자 효율성 분석)이다. 즉 미국의 연도별 특허 건수[33]를 살펴보면 2000년 8만 건에서 2005년 7만 건으로 감소했다가 다시 2010년 11만 건으로 증가한 것을 알 수 있다.

미국의 각 영역별 과학기술 혁신역량 평가 결과를 총 연구원 수, 미국 특허 등록 기관 수, 세계 랭킹 500위 이내 대학 수, 세계 R&D 투자 상위 1000대 기업 수, 최근 15년간 SCI 논문 수, 최근 15년간 미국 특허 수, 연구 개발 투자 총액, GDP 대비 벤처 캐피털 투자 금액 비중, 연간 미국 특허 수 등을 통해 분석해 보면, 미국은 세계 1위의 높은 과학 기술 혁신역량을 보유하고 있다.

〈표3.6〉 미국의 기술 기반 특허 등록 수

구분	1990년	2000년	2005년	2010년	2012년
특허 수	47,849	86,721	76,255	111,450	125,765
해외 협력	746	3,476	4,431	8,389	10,773
일본	163	862	946	1,757	1,978
EU	344	1,373	1,889	3,011	4,258

자료: OECD.StatExtracts(http://stats.oecd.org)

---

[32] 특정인의 이익을 위하여 일정한 법률적 권리나 능력, 포괄적 법률관계를 설정하는 행위를 말한다. 행정법상으로는 특정인에 대하여 일정한 법률적 권리나 능력, 포괄적 법령 관계를 설정하는 설권적·형성적 행정 행위를 의미한다. 특허법은 발명을 보호·장려하고 그 이용을 도모함으로써 기술의 발전을 촉진하여 산업발전에 이바지하기 위하여 제정된 것(두산백과).

[33] 각 국가별 특허 데이터 OECD.StatExtracts(http://stats.oecd.org)에서 미국 특허청(Patent grants at the USPTO) 특허 데이터 기준으로 등록 연도별 해외 협력 해당 국가별 특허 중인 외국인 지분에 대한 값임.

〈표3.7〉 미국의 과학기술 혁신역량

구 분			지표 값	순위
자원	인적자원	총 연구원 수(명. FTE)(2011)	1,252,948	1
		인구 만 명당 연구원 수(명. FTE)(2011)	40.15	14
		인구 중 이공계 박사 비중(%)(2009)	0.59	18
	조직	미국 특허 등록 기관 수(2011)	15,468	1
		세계 랭킹 500위 이내 대학 수(2013)	98	1
		세계 R&D 투자 상위 1000대 기업 수(2012)	325	1
	지식자원	최근 15년간 SCI논문 수(STOCK)(1998-2012)	4,608,102	1
		최근 15년간 미국 특허 수(STOCK)(1998-2012)	1,337,306	1
		최근 15년간 삼극 특허 수(STOCK)(1998-2012)	200,867	1
활동	연구개발	연구 개발 투자 총액(백만 PPP달러)(2012)	453,544	1
		GDP 대비 연구 개발 투자 총액 비중(2012)	2.79	9
		연구원 1인당 연구 개발 투자(PPP 달러)(2011)	342,507	2
		산업부가가치 대비 기업 연구 개발 투자 비중(2012)	3.26	6
		GDP 대비 정부 연구 개발 예산(%)(2012)	0.88	7

자료: 미래창조과학부·KISTEP(2015)

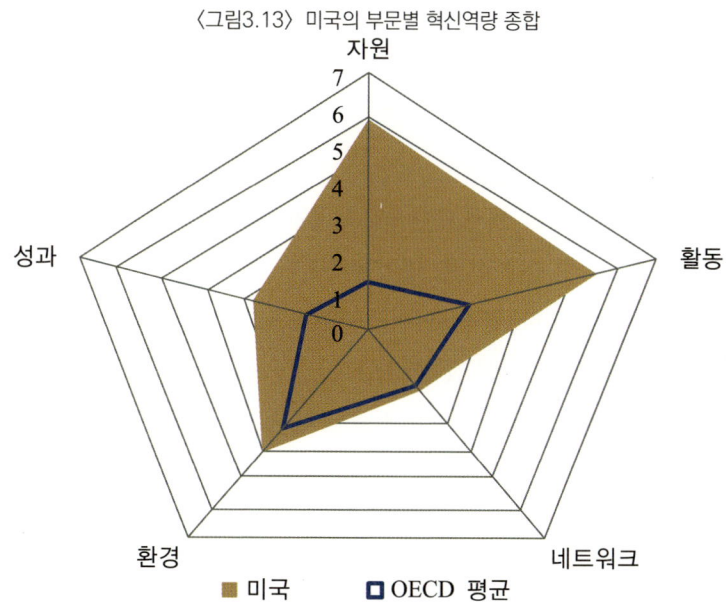

〈그림3.13〉 미국의 부문별 혁신역량 종합

자료: 미래창조과학부·KSTEP(2015)

(3) 이동 기술혁명과 산업혁명

철기와 사회변혁

문명사적으로 가장 큰 변혁의 매개체를 꼽으라면 무엇이 있을까. 우선, 철의 발견이다. 철은 단순한 원료의 의미를 넘어 문명시대의 모든 사회상을 본격화한 도구의 요체다. 즉, '철은 권력을 낳았다'는 말처럼 철의 발견은 국가 권력의 탄생과 연결된다.

철의 강력한 성질은 더 높은 생산성의 대변혁을 초래했고, 인간의 욕망을 대리한 피를 부르는 전쟁으로 이어졌다. 쇠도끼는 돌도끼보다 4배의 효율성을 가진다. 철을 이용한 생산력의 증가는 개인이나 작은 공동체를 넘어서는 잉여 생산물을 만들었고, 무기의 발전과 응용을 통해 국가 공동체를 수립하는 원동력이 됐다.

철의 등장과 역사
■ 철의 등장

철을 철광석에서 처음으로 야금하게 된 것은 분명하진 않다. 청동기 시대 후기 기원전 1500년경에 히타이트 왕국[34]에서 철의 야금이 본격적으로 시작되었다고 일반적으로 본다. 철의 야금술은 아주 중요한 비밀사항으로 오랫동안 다른 지역으로 전파되지 않았으나, 기원전 1180년에 히타이트 왕국이 멸망하면서 다른 지역으로 전파되기 시작하였다. 기원전 1100년경에 그리스에서, 기원전 900년경에 메소포타미아 지역에서, 기원전 500년경에 중앙 유럽에서, 철기시대가 시작되었다. 그리고 기원전 1200~500년경에 인도와 중국에서도 철기가 시작되었다고 본다.[35]

철기 도입으로 중국은 은나라에서 주나라로 교체가 되었다. 이 후 강력한 북방 철기세력에 의한 혼란기를 맞이하여 춘추시대를 맞이하게 된다. 더욱더 큰 혼란의 전국시대에는 사회사적으로 커다란 변혁기였다. 한반도에서는 기원전 500-400년경에 진국(삼한)에 전래되었고, 이후 이주민에 의해 서일본에 전래되었다.

철은 이전 신석기와 청동기 말기 이래의 성읍 국가 및 초기국가 체제를 마감시켰고, 영역국가인 고대국가가 출현하고 확대되면서, 거대한 고대제국의 출현이 예고되고 있었다. 그 배경에는 철기의 발명으로 대변되는 기술상의 대혁신과 사회 대변혁의 시작되고 있었다.

---

34) 히타이트 제국은 기원전 14세기경에 최 절정기에 들어섰는데, 당시에 아나톨리아의 대부분, 시리아 북서부, 남쪽으로는 리타니 강의 하구(지금 레바논)까지, 동쪽으로는 메소포타미아 북부까지 장악하였다. 히타이트의 군대는 전쟁 시에 전차를 잘 사용했던 것으로 유명

35) 박준우(2012), 철(Fe) [Iron] : 인류에게 문명을 가져다 준 원소

헤시오도스는 청동 시대에 이어서 철기 시대를 전란의 종말적 시대라고 했다. 모두 종교적 지배를 덮는 무력 또는 신의 예지에 대립하는 인간의 철 문화와의 대립을 암시한다. 따라서 철은 냉혹, 비정의 의미도 부여되며, 철혈재상 비스마르크, 흑철공작 A. W. 웨링톤 등 의지 강고한 인물을 형용하기도 한다. 무기로서의 철은 로마 전쟁의 신 마르스에 바쳐진 철 방패, 철검 등으로 표현된다.[36]

〈그림3.14〉 기원전 10~8세기쯤 제작된 철기시대 칼

덴마크의 고고학자 톰센(Christian Jürgensen Thomsen)은 인류 문명의 발달 단계를 세 시기(時期)로 보면서, 석기시대, 청동기시대, 철기시대로 구분했다. 여기서 '기(器)'는 통상적으로 '그릇'을 의미하는데, '기(器)'를 기관, 도구 등으로 확장되어 '도구'의 뜻으로도 쓰였다. 정리해보면 이 세 시기 구분할 때, 인류는 '도구를 사용했느냐'에 대한 것과 그것의 '재료를 어떤 종류로 사용했느냐'의 기준이 적용된 것으로 보인다. 철기가 처음 등장한 것이 기원전 1500년경이고, 본격적으로 철기시대의 막이 열린 것이 기원전 1000년경이다. 그때로부터 무려 3000년의 세월이 흘렀지만 우리는 여전히 철기시대에 머물고 있다.

■ 철의 탄생과 역사

철은 원자번호 26번, 원소기호 Fe로 지구 중량의 35%를 차지하고, 지각에는 5.2%가 존재한다. 지구를 철의 행성이라고 불러도 좋을 만큼 지구에는 엄청난 양의 철이 있다. 원소기호 Fe, 원자번호 26, 원자량 55.847±3, 녹는점 1,535℃, 끓는점 2,750℃ 등의 주기율표 8족에 속하는 철족 원소의 하나이다. 인류가 철을 사용하기 시작한 것은 청동기 시대 후기인 기원전 1500년경에 히타이트 왕국에서 철광석으로 철을 본격적으로 생산하기 시작한 것으로

---

36) 종교학대사전(1998. 8), 철[鐵]

추정된다.[37]

철은 탄소(C)가 함유되는 비율에 따라 선철·연철·강철의 3종류로 나눈다. 탄소의 함유가 적은 철은 녹는점이 높아 연화(軟化)해서 점성이 있는 철은 될 수 있지만, 용융상태로 되지는 않는다. 흔히 철을 제철하는 '용광로'라고 부르는 '고로(高爐)[38]'가 바로 철의 환원이 일어나는 곳이다. 오늘날 많이 사용되고 있는 용광로에서는 철광석이나 고철을 환원시키는 일과 환원된 철을 녹여서 '쇳물'로 만드는 두 가지 일이 동시에 진행된다. 두 가지가 모두 뜨거운 열이 필요한 일이다. 환원된 철을 녹이려면 용광로를 섭씨 1600도 정도로 가열한다. 이렇듯 용광로는 철에 결합된 산소를 떼어내는 곳이며, 산소가 탄소로 옮겨가 이산화탄소로 바뀌면 순수한 철이 만들어진다.[39]

고대의 야금사를 보면 철에 탄소를 흡수시켜 강으로 바꾸는 시멘테이션(침투법)[40]의 기술도 개발되었다. 제철은 직접법에서 간접법으로, 1단계법에서 2단계법으로 이행되었다. '고로→정련→노→해머'라는 과정의 새로운 제철법으로 철의 대량생산이 가능하게 되었다. 18세기까지 목탄을 연료로 하던 제철에서 석탄을 연료로 하는 제철로의 전환이 이루어지는데, 이것은 산업 혁명기의 영국에서 비롯되었다. 이로써 「철의 시대」가 시작된 것이다. 영국을 기점으로 1855년의 H. 베서머의 전로법, 1864년의 H. W. 지멘스와 P. E. 마르탱의 평로법, 1878년의 S. G. 토머스의 염기성 제강법 등에 의해 용융강을 선철에서 대량생산하는 등 제철의 대혁명이 이루어졌다.

철의 사회 혁명과 문화
■ 철의 사회혁명

철기는 지배계급의 상징물에 불과했던 청동기와는 달리 사회 전반에 커다란 파문을 던졌다. 청동기 시대에도 생산력 수준은 신석기 시대와 별반 차이가 없었다. 이유는 생산용구가 대개 석기와 목기였기 때문이다. 따라서 상주 시대 고도의 청동 문명은 소수의 사람에게 '부'가 집중된 결과였다. 그러나 철제 제작기술이 발달함에 따라 중국의 춘추시대 중기에는 그전 보다 단단한 철제 무기가 개발되어 널리 보급되기 시작했다. 철기는 보다 강하고, 예리한 무기로 사용되었을 뿐만 아니라, 농기구로도 널리 사용됨으로써 군사, 정치, 사회, 경제

---

37) 포스코 뉴스룸(2014. 6), 철이 미래다 : 철의 탄생에 대한 모든 것
38) 제철 공장에서, 철광석에서 주철(鑄鐵)을 만들어 내는 노. 보통 높이가 10~25미터에 이르는 높은 원통형으로, 꼭대기에 광석과 코크스를 넣고 아래쪽에서 녹은 선철을 모은다.
39) 이덕환(2007.12), 과학세상 : 우리가 외면했던 과학 상식
40) 철강 표면에 Si, Cr, Al 등을 분말 상태로 부착시켜 고온도로 가열·확산함으로써 내부까지 침투시켜 내식성의 합금 피막(合金被膜)을 만드는 방법

전반에 '대변혁'을 초래했다.

철제 농기구는 땅을 보다 깊이 갈 수 있게 했으며, 여기에 소를 이용해 경작하는 '우경'이 시작되어 인간의 근력에만 의존하던 농경은 비약적 발전을 거듭했다. 이를 '제2의 농업혁명'이라 부른다. 산업사회 이전의 오랜 과거 농업사회의 기본적인 생활양식에 변화가 생겼다. 예전에는 쓸모없던 땅에 불과했던 황무지가 개간되고, 단위면적당 생산량도 크게 증가하게 되었다. 농업기술의 진전에 따라 집단 농경에 의존하던 농업경영 방식은 소가족 단위의 생산을 가능하게 함으로써 점차 사회조직에도 커다란 변화를 가져왔다.[41]

당시 사회는 농업생산의 증대로 인해 잉여 농산물이 거래되는 시장의 발전으로 이어져 사회 전반에 생기가 넘쳤다. 청동기 씨족 단위의 공동 사회상과는 다른, 개인 및 가족단위로 사회 분화가 이뤄졌음을 의미한다. 중국 제나라[42]의 수도 임치에서 발견된 수많은 야금유적지가 활발했던 사회상을 말해준다. 그 유적지 주조장에서는 다량의 철제 무기, 농기구, 생활기구 등이 다량으로 발굴되었다. 당시 철이 출토된 주조장이 3,500 여개가 넘는 것을 보면, 당시 철이 사회 곳곳에 광범위하게 퍼져 있었음을 알 수 있다.

동북아시아 각국의 산물이 활발히 교환되어 원격지 무역을 통해 부를 축적한 대상인들이 출현했는데, 전국시대 진(秦)나라[43]의 '여불위'가 그 대표적인 인물이다. 화폐는 이미 춘추시대에 출현했으나 전국시대에 널리 보급되었고, 농기구 모양의 철제 포전과 칼 모양이 도전이 널리 사용되었다. 각국의 화폐, 도량형 등의 차이는 상업 발달에 제약이 되고 있었다. 국경을 넘어 한 줄기로 흐르는 강물에 대한 대규모 수리사업도 추진되었다. 이러한 새로운 물결을 진나라의 시황제(제상: 여불위)는 재빨리 인식하고 개혁을 가속시켜 중국 전체를 통일할 수 있었다.

각국의 왕들은 각기 부국강병에 힘써 스스로 통일의 주역임을 자임하였으나, 그것은 직접적으로는 군사력의 우열과 철제무기의 보급에 의해 판가름 날 성질의 것이었다. 따라서 전국시대에는 무기기술 성능에도 커다란 변화가 뒤따랐다. 특히 권력에 대한 욕망은 전쟁을 만들어 낸다. 철이 만들어 낸 생산력 증가가 '성장'을 의미한다면, 권력이 만들어 낸 전쟁은 '파괴'를 의미한다. 이처럼 철로 인해 나타나는 모순된 결과는 철의 중요성을 알게 되면서, 각국은 철제 무기개발에 경쟁적으로 뛰어들기 시작했다.

---

41) 이덕환(2020), 인류문명을 열어온 과학과 기술, 청아출판사

42) 중국 춘추 시대에, 산둥성(山東省) 일대에 있던 나라. 주나라 무왕(武王)이 태공망(太公望)에게 봉하여 준 나라로, 기원전 386년에 가신(家臣)인 전 씨(田氏)에게 빼앗겼다.

43) 중국 최초의 통일 왕조. 춘추 전국 시대, 지금의 간쑤(甘肅) 지방에서 일어나 기원전 221년 시황제가 주나라 및 육국(六國)을 멸망시키고 최초로 중국을 통일하였는데 기원전 207년 한나라 고조에게 멸망하였다.

한반도에서도 중국의 전국시대와 같이 철제무기 전쟁이 시작되었다. 다양한 철제 무기의 보급 기록은 고구려 개마무사와 신라, 가야의 철갑무사의 면면의 벽화가 박물관 자료 등에 남아 있다. 특히 생산력의 증가는 철에 대한 지배자의 소유욕과 독점욕이 커져서, 철의 소유는 권력의 상징으로 인식되기 시작했다. 철의 소유와 독점을 가장 잘 보여주는 것은 삼국시대의 신라 황남대총에 부장된 다량의 철기들이다. 특히 단야 소재인 덩이쇠를 다량으로 부장하는 것은 철이 가진 부의 가치를 단적으로 보여준다. 더불어 철로 된 칼과 살포가 가진 권력의 상징성은 고대에서 조선시대에 이르기까지 다양한 모습을 띠며 지속된다는 점을 함께 볼 수 있다.[44]

〈그림3.15〉 고대 중국 철제 갑옷

■ 청동기와 철기의 문화

청동기 시대가 가장 먼저 시작된 곳은 기원전 3500년의 이란고원 근처이며, 터키의 메소포타미아 지역도 대략 이와 비슷한 시기에 시작되었다. 이집트의 중왕국은 기원전 2050~1786년(실제는 15왕조 힉소스의 침입 이후 본격화됨)에 청동기가 제작되었으며, 기원전 2500년경에 모헨죠다로나 하라파 같은 인더스문명은 이미 청동기를 사용하고 있었다. 또한, 최근에 주목받는 태국의 논녹타유적은 기원전 2700년, 반창유적은 기원전 2000년경부터 청동기가 시작되어, 동남아시아지역에서도 다른 문명 못지않게 일찍부터 청동기가 제작 발달되었음을 알 수 있다.[45]

유럽의 경우 에게해의 크레타문명은 기원전 3000년경에 청동기 시대로 진입해 있었으며, 아프리카의 경우 북아프리카는 기원전 10세기부터 청동기 시대가 발달했으나, 다른 지

---

44) 국립중앙박물관(2017.10.24.), 쇠·철·강-철의 문화사
45) 崔夢龍(2022), 청동기문화와 철기문화, 국가편찬위원회

역에서는 유럽인 침투 이전까지 석기시대로 남아 있는 경우도 있었다. 아메리카 대륙에서는 중남미의 페루에서 기원전 11세기부터 청동 주조기술이 사용되어 칠레·멕시코 등에 전파되었으며, 대부분의 북미 인디안들은 AD. 13~15세기까지도 대량의 청동기를 제작 사용하였다.[46]

중국은 간쑤성(甘肅省) 둥시(東鄕) 림가(林家)(馬家窯期)에서 기원전 2500년에 청동 주조 칼이 나왔으나, 청동기 시대로 진입한 것은 얼리터우 문화(二里頭文化)[47]이며, 중국 초기 왕조 시대의 도시나 궁전을 쌓은 문화로 연대는 기원전 2080~1580년경이다. 뒤 이은 요서와 내몽고 일대의 샤쟈덴하층문화(夏家店 下層文化)도 거의 동시기에 청동기시대로 진입했다고 보인다. 이러한 청동기 개시연대가 중국 夏代(기원전 2200~1750년)와 대략 일치하므로, 청동기의 시작과 하(夏)문화를 동일시하기도 한다. 최근에는 기원전 3000~2500년과 같이 중국 문명의 주변 지역에서 청동기가 일찌감치 시작되었다는 새로운 사실들이 밝혀지고 있다. 앞으로 중국문명은 주변 지역인 요서에서 더 빠르게 진행 된 것으로 점차 바뀌어 나갈 것으로 보인다.

청동기로 명명되는 이 시대에는 청동 외에 금이나 철 등 여러 가지 금속들이 병용되어 발달하면서 석기문화가 여전히 공존하고 있었다. 금석병용(金石竝用)과 다금속(多金屬)시대에 불과하다. 따라서 단원적인 청동기 문화는 찾아보기가 힘들며, 오히려 복합적인 과도기적 문화가 공존하면서 철기 중심의 문화가 형성되는 것으로 파악할 수 있다.[48]

철에 따른 사회변혁

■ 사회 상황과 한반도[49]

청동기 보급에 따른 사회변화(청동기·초기철기 시대)는 신석기 혁명으로 농경이 시작되면서 '잉여 생산물 → 사유재산 축적 = 강력한 자'라는 등식이 형성되었다. 청동제 무기는 '정복전쟁 → 국가형성'으로 인식할 수 있듯이 사회에서 계급이 등장하면서 대규모 단위의 나라가 형성되고 있었다. 이러한 흐름에 따라 한반도에서도 조금 늦은 청동기와 철기시대가 시작되고 뒤섞이면서 사회의 변혁이 시작되었다.

ⓐ 청동기 시대 : 비파형동검, 거친무늬거울(시베리아 계통의 북방식), 초기철기 시대 :

---

46) 박선주(2020.2), 인류의 기원과 진화, 충북대 사학과
47) 기원 전 2100년경 ~ 기원 전 1800년경 또는 기원 전 1500년경)는 중국의 황하 중류에서 하류를 중심으로 번창한 신석기 시대에서 청동기 시대 초기에 걸친 문화이며, 중국 초기 왕조 시대의 도시나 궁전을 쌓은 문화
48) 정수일(2013), 청동기 : 실크로드 사전
49) 변태섭(2007.3), 한국사통론, 삼영사

세형동검, 잔무늬거울(중국계통)

ⓑ 고인돌 → 강력한 지배자 대두(신석기 : 평등사회에서 계급사회로 이행되어감) 반달돌칼, 거푸집

ⓒ B.C. 4세기경부터 철기의 보급되고, 전국시대 중국 유이민의 유입 : 전국시대 유이민의 유입 - 청동기의 儀器化, 활발한 교역(明刀錢), 한자사용(붓발견), 청동기의 변화(세형동검,잔무늬거울), 검은간토기, 덧띠토기, 붉은간토기

ⓓ 군장사회(평등하던 부족사회가 붕괴되고 권력을 가진 지배자가 나타나 최초의 정치사회인 군장국가 성립) : 생산력이 상승함에 따라 빈부의 차가 나타나고 권력에 따른 지배와 피지배의 관계가 생겨 군장이 정치적 지배자로 등장(고조선, 부여, 고구려, 옥저, 동예, 삼한의 초기 형태는 모두 군장국가 단계를 경유)

군장국가는 평등한 부족사회에서 국왕이 출현한 초기국가로 넘어가는 중간단계였으나, 철기의 사용과 함께 군장국가에서 보다 발전하여 중앙에 왕이 출현하고 정식국가가 형성되었다. 단군신화[50]에 나타난 고조선[51]의 사회에서는 제정일치, 청동기 초기의 세계관 반영(弘益人間), 천손을 칭하는 유이민과 토착민과의 연맹 관계, 농경사회(마늘, 쑥, 풍백, 우사, 운사 등)로의 전환과 8조법[52]을 실시하여 국가체제를 확립하였다.

■ 철기의 사용과 사회 변혁

중국은 주나라와 춘추 시대부터 철기가 사용되었다. 철은 청동에 비해 매장량이 풍부하고 철기는 청동기에 비해 강하였기 때문에 그 파급 효과는 매우 컸다. 철제 농기구의 보급은 생산력의 증대로 이어졌고 개별 농민이 집단 농경에서 벗어나 작은 가족 단위로 농사를 짓게 되었다. 이로 인해 정전제 형태의 공동체들이 붕괴되어 개별 농민들이 대량으로 생겨났다. 농민들은 가족 단위로 생활하며 토지를 소유하였다.

전국 시대에는 철기가 널리 보급되었고, 철제 농기구(낫, 괭이, 도끼, 쟁기 등)인 쟁기를 적용한 우경이 확대되어 농업 생산력이 크게 향상되었다. 농업 생산력이 높아지자 상업이 발달하고 대상인과 대도시가 나타났으며, 각 나라 별로 다양한 화폐가 사용되었다. 춘추 시대에서 전국 시대로 이어지는 정치적 변화의 배경에는 이러한 사회·경제적 변혁이 있었다.

---

50) 한국 최초의 건국 신화(建國神話)로, 13세기 말 일연(一然)의 『삼국유사』(三國遺史)의 제1권 고조선 조(條)에 실려 있다. 『위서』(魏書)에는 단군 임금이 아사달(阿斯達)에 도읍하고 조선이라는 국호를 썼으니 중국 요(堯)와 같은 시대(B. C. 2333)라고 함.

51) 고조선은 청동기 문화를 바탕으로 만주 요령지방과 한반도 서북지역을 중심으로 여러 부족을 통합하여 생긴 한국민족 최초 국가(기원전 2333)

52) 8조법 : 相殺 以當時償殺(개인생명 존중), 相傷 以穀償(사유재산 인정), 相盜 男沒入爲其家奴 女子爲婢 欲自贖者 人五十萬(노예제 존속 사회)

당시의 주산업인 농업의 발달로 경제 전반은 생기가 넘쳤다. 수공업, 상업 등은 농업에서 분리되어 독자적으로 발달하기 시작했다. 특히 제철업, 제염업의 발달이 돋보였다. 제철업은 각종 농기구와 무기의 수요 폭증에 따라 눈부신 발전을 보였다. 제나라의 수도 임치에서 발굴된 야금유적지는 넓이가 십여만 제곱미터에 달했으며, 곳곳에서 발굴된 주조장에서는 철제 농기구가 다량으로 발굴되었다. 사람들은 이때 이미 산에서 적갈색 흙이 발견되면 그 아래에 철이 있다는 것을 깨닫고 있었으며, 당시 철이 출토된 산이 3,609개 소였다는 기록이 있다.[53]

　춘추·전국 시대에 각 나라는 치열한 전쟁을 벌이면서 부국강병을 위해 각종 제도를 개혁하였다. 개혁의 기본 방향은 농민들을 호적에 등재하고 효율적으로 활용하는 것이었다. 농민들은 국가에 세금을 바쳤을 뿐 아니라 국가를 위해 군대에 동원되었다. 그때까지 전쟁을 수행한 주체는 지배층의 말단인 사(士) 계층이었고, 농민은 보조적 역할을 수행하였다. 하지만 새로운 무기와 군사 전문가들이 나타나 농민을 전쟁에 활용하는 방법을 개발하였고, 농민들의 참여로 전쟁의 규모는 매우 커졌다.

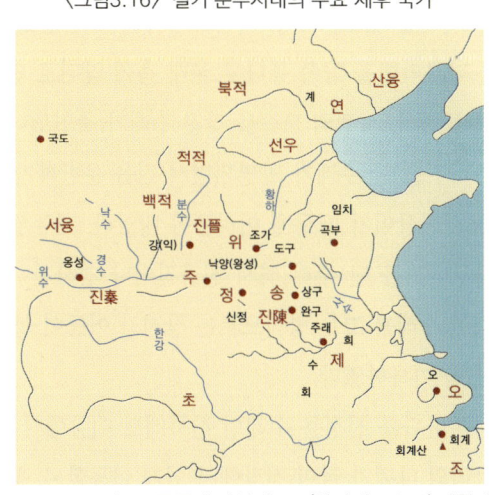

〈그림3.16〉 철기 춘추시대의 주요 제후 국가

자료 : 중국사 다이제스트(안정애, 2012), "철기의 확산과 군사기술의 변혁"

　이제 전쟁은 귀족들의 영예가 아니라, 평민 모두가 의무적으로 참여하는 것이 되었다. 전리품의 획득과 상대국의 복속에 목적을 두었던 전쟁은 토지의 획득과 적국 병력의 말살로 바뀌었다. 이에 순수한 무장이 출현하게 되었으며, 전쟁의 이론과 작전을 연구한 병법서인

---

53) 중국사 다이제스트(안정애, 2012), 철기의 확산과 군사기술의 변혁 : 제2의 농업혁명이 일어나다

"손자병법(孫子兵法)[54]"이 출현하기도 했다. 사력을 다한 각국의 경쟁 속에서 엄청난 사상자가 속출하였고, 백성들은 언제 닥칠지 모르는 죽음의 위협 속에서 나날을 보내야 했다.[55]

철에 따른 바퀴혁명

■ 바퀴의 발명

바퀴는 도자기 물레로 쓰이던 둥근판이 수레와 같은 탈 것의 일부로 진화한 것이라고 학자들은 이야기 한다. 그 근거는 티그리스 강과 유프라테스 강을 끼고 있는 메소포타미아에서 바퀴 흔적이 그릇을 빚는 도자기 물레로 처음 쓰였다고 한다. 고고학자들의 발굴에 의하면 바퀴를 단 탈 것의 흔적이 기원전 4천년 경 메소포타미아, 중앙유럽지역 문명들에서 발견됐고, 바퀴를 단 탈 것의 등장은 짐을 나르는 방식의 변화와 가축 사육의 발전과 밀접한 연관을 맺으면서 진화를 했다고 한다.

다른 자료에 의하면, 기원전 6천년 경 유럽의 북쪽에 위치한 스칸디나비아 반도와 미국의 알래스카에서 소가 끄는 나무썰매가 이용됐다고 한다. 그러나 눈이 없는 땅바닥에 맞닿아 있는 썰매를 끌기 쉽지 않았기 때문에, 질퍽거리는 진흙길이나 비탈길에서 나무썰매는 짐수레로서 구실을 할 수 없었다고 한다. 많은 어려움을 극복하기 위해 나무썰매 밑에 굴림대를 받쳐 굴리기 시작하면서 발전을 했고, 그 후 이집트에서는 기원전 2500년경 굴림대에 구멍을 뚫어 축을 끼운 다음 나무막대를 양쪽 통나무 굴대 축에 앞뒤로 연결해 굴대가 돌아가는 방식의 통나무 수레를 만들면서, 바퀴의 모습을 갖춘 수레가 출연했다고 한다.

나무바퀴의 등장으로 바퀴를 단 수레가 발명되면서 짐을 운반하기가 한결 간편해졌지만, 한쪽 바퀴의 무게가 10kg 이상이기 때문에 어려움이 많았다. 나무썰매를 이용했던 때보다는 많이 좋아졌지만, 나무바퀴를 단 수레 역시 진흙길이나 경사진 길에서는 무용지물이었고, 소의 목에 밧줄을 걸어 수레를 끄는 방식으로는 장시간 이동이 불가능했으나, 당시의 물류 이동에는 혁명적 발전을 이룩하였다.

또한 수메르인들은 나무바퀴를 전쟁용 수레인 전차에도 이용했다. 4륜 수레 대신 이동이 수월한 이륜 수레를 4마리의 나귀가 끌어 전장에서 쉽게 이동할 수 있도록 했다. 두 명의 병사가 짝을 이뤄 전차에 올라타 한 명은 나귀를 조정하고, 한 명은 활을 쏘고, 창을 던지는 등의 동시에 공격도 가능하게 한 것이다. 하지만 둔하게 움직이는 원판형 나무바퀴와 느린 나귀의 결합이 군사력을 높이는데 큰 기여는 하지 못했다. 이후 새로운 바퀴와 말이 결합된 전

---

54) 춘추 시대 제나라 출신의 천재 병법가(兵法家)이자 전략가인 손무(孫武)가 지은 대표적인 병법서(兵法書). 군사(軍事) 운용의 기본적인 원칙으로부터 실전에 응용될 수 있는 변화무쌍한 전술서
55) 안정애(2012), 중국사 다이제스트 : 철기의 확산과 군사기술의 변혁

차가 등장하며 수메르인의 전투력은 향상됐다.[56]

〈그림3.17〉 말을 이용한 수레 전차

■ 바퀴의 진화

　새로운 형태의 바퀴는 기원전 2000년경에 등장했다. 이는 바로 바퀴살 바퀴이며 축대를 끼우는 것으로, 중심 바퀴통에 테두리 바퀴를 연결하는 4~6개의 바퀴살로 이루어진 형태였다. 바퀴통에 연결된 바퀴살에 반달형으로 된 테두리 나무를 끼워 구리 못으로 고정해 바퀴살 바퀴를 완성했다. 이는 원판형 바퀴보다 가벼워 빠르게 굴러가고 충격 흡수력이 좋아져 혁신적인 바퀴의 진화였다. 힛타이트족과 이집트 왕국에서 바퀴살 바퀴를 이용한 전차를 제작하여 많은 이동에 활용했다. 힛타이드족은 전투력을 갖춘 전차를 활용한 최초의 부족으로 4개의 바퀴살로 된 바퀴와 말 사육으로 활용 능력을 배가하는 수레와 말을 연결한 전차를 만들어 전투력을 혁신적으로 높였다. 이들은 전차 중간에 바퀴를 달아 2-3명의 병사들이 탈 수 있게 했고, 소나 나귀가 아닌 말을 이용해 이동 속도를 높였다.[57]

　바퀴살 바퀴를 단 전차는 이집트 왕국에서도 제작됐고, 그리스-로마 시대에도 이용됐으며, 이 시대의 전차는 전쟁에서 주요한 역할을 하기도 했지만 물건을 나르는 물류이동과 전차 경주와 같은 놀이 문화로도 활용되었다.

　전차 이용의 확산은 바퀴살 바퀴의 확산과 철을 활용한 바퀴의 발달을 가져왔다. 발달한 바퀴살 바퀴는 19세기까지 바퀴살 개수가 늘어난 것 이외에 외형상 큰 변화 없이 이어졌다. 다만 기원전 100년경 영국 켈트족이 바퀴 테두리에 철판을 둘러 테두리가 닳아 없어지는 비율을 줄이고, 견고한 바퀴를 제작하여 장기간 이동이 가능하면서, 안정성을 높인 바퀴로 진

---

56) 박진희(2020), 바퀴의 탄생, 사이어스올
57) 한국과학창의재단(2020), 과학문화의 모든 것

화했다.[58]

정리하면 바퀴 기술의 발전은 고대 문명기의 전쟁 기술인 전차의 탄생으로 더욱 발달하고, 활용도 다양해지면서 기술발전도 촉진된 것으로 볼 수 있다. 소와 나귀가 끄는 짐수레는 육로가 정비되지 않은 상태에서는 활용성이 크지 않았고, 사람들을 활용한 짐의 이동보다 빠르지도 않은 편이어서, 짐수레를 발전시키는 것은 한계가 있었다. 또한 당시 말을 대량으로 사육하는 기술이 발전하지 못했고, 수레도 발전하지 못한 상황에서 여러 문제가 많았다. 그러나 나라간의 전쟁은 바퀴의 발전을 이루었고, 말을 활용한 전차를 탄생시켜 전차의 숫자는 나라의 군사력이라고 했다.[59]

나라의 세력을 키워가던 고대 왕들에게 전차 기술을 향상시켜주는 바퀴살 바퀴에 대한 기술력은 전쟁의 승패를 좌우할 정도로 중요해 졌기에, 바퀴의 기술 개발은 계속되었다. 전차 기술을 향상 시키는 과정에서 바퀴살 바퀴 역시 발전한 것으로 볼 수 있다. 이후에 탈 것에 활용되기 시작한 바퀴는 바퀴살 바퀴가 다른 분야로 확산되면서, 수차, 톱니바퀴, 물레바퀴 등으로 다양하게 응용되며, 바퀴 문명의 역사가 펼쳐지게 됐다. 이렇게 바퀴의 진화는 철을 바퀴에 사용하면서 물류 혁명의 계기를 만들었고, 사회의 변혁을 이룩하는 중추적인 역할을 하게 된 것이다.

〈그림3.18〉 바퀴의 탄생과 진화

자료 : 한국과학창의재단(2020), 과학문화의 모든 것

---

58) 박진희(2020), 바퀴의 탄생, 사이어스올
59) 한국과학창의재단(2020), 과학문화의 모든 것

나침반과 사회변혁

　나침반은 문명사적으로 혁명적 이동의 변화를 추동했다. 화약은 역사상 모든 전쟁의 양상을 바꾸었다면, 나침반은 이동거리를 무한대로 확장시켰다. 특히 나침반은 신대륙의 발견과 남극·북극의 지형을 탐험함으로써 지구의 온전한 모습을 인식시키는 데 결정적인 역할을 했다. 나침반은 이동의 자유와 물류의 이동을 통해 문명사적으로 인간의 부의 계급 차이를 만들었고, 제국을 탄생시켰다. 이렇듯 나라간의 힘의 차이를 통해 빈부의 격차를 발생시켰고, 부의 탄생은 산업혁명에 이르는 문명의 길을 닦았다.

나침반의 등장과 시대상

■ 나침반의 등장과 역사

　나침반을 처음 만든 것은 화약과 같이 중국 사람이었다. 중국 사람들은 이미 기원전부터 자석이 철을 끌어당기는 것이 마치 인자한 어머니가 아기를 끌어당기는 것과 같다 하여 '인자한 돌', 즉 자석(孫石)이라 불러 왔다. 자석이 남북을 가리킨다는 사실을 먼저 발견한 사람도 중국인 이었다. 중국 사람들은 이 원리로 점을 치는 것에 이용하였다. 후한 때 왕충(王充)이라는 사람이 쓴 책 속에는 숟가락 모양으로 만든 자석을 반위에 던져 운수를 점쳤다는 기록이 있다.

　그 뒤 중국 사람들은 가벼운 나무로 만든 물고기의 배에 자석을 넣고 물에 띄워 남북을 알았다고 한다. 이것을 지남어[60]라고 하는데, 바로 지남침(指南針)의 시작이었다. 이렇게 처음에는 점치는 데 사용된 자석이 11세기 무렵부터는 항해에도 쓰이게 되었다. 중국 배에서 쓰이던 지남어가 그 무렵 중국에 많이 건너왔던 아라비아 사람들에게 전해졌고, 그것이 다시 유럽에 전해져 오늘날의 나침반[61]으로 발달된 것이다. 그리하여 오늘날에는 배나 항공기의 방향을 지시하고 물체의 방위를 측정하는 데, 매우 중요한 계기(計器)로 쓰이고 있다.

---

[60] 지남어는 날씨가 흐리거나 야간 행군을 할 때 방향을 판별하기 위해 이용하는데, 얇은 철조각으로 만든다. 철조각은 길이 2촌, 너비 5푼 정도의 앞뒤가 뾰족한 물고기 모양이다. 이 철조각을 탄불에 벌겋게 달군 후 꼬집어내어 머리는 남쪽을, 꼬리는 정북쪽을 향해 놓고 꼬리를 물속에 넣어 급 냉각시키면 곧바로 지남철이 된다.[정수일(2013. 10), 실크로드 사전]

[61] 자석을 고정시키지 않으면 거대한 자성체인 지구의 자성과 반응하여 N극은 항상 북쪽을, S극은 항상 남쪽을 가리키게 되는 것을 이용한 도구를 일반적으로 말한다. 자성물질을 사용하지 않고 자이로스코프를 이용한 자이로컴파스도 있다. 지도를 가지고 있다 해도 나침반이 없으면 기준을 잡을 수 없으므로 둘은 항상 세트다.

〈그림3.19〉 중국 나침반

중국에는 황제 헌원이 치우와의 결전 때 이걸 이용해 안개 술법을 깼다는 것이 중국 신화에서의 나침반의 기원이다. 이때의 이름은 항상 남쪽만 가리킨다 해서 '지남차'라고 했다. 실제로 중국에서는 자석을 사용하지 않고, 순수하게 기계장치에만 의존하는 지남차도 만들어졌다. 이는 수레가 방향을 바꿀 때 정확하게 그만큼 가리키는 방향을 바꾸도록 해서 언제나 같은 방향만을 가리키도록 하는 것이다. 후한의 사상가인 왕충이 저술한 논형에 따르면 중국 고대의 나침반인 사남에 대해서 기록한 것으로 자석인침과 사남의 국자가 있다.[62]

한국에서는 낙랑 고분에서 중국과 비슷한 방법으로 점을 쳤다는 식점천지반의 조각이 발견되었다. 삼국사기에 따르면 문무왕 때인 669년에 당의 고종이 승려 법안을 신라에 보내 자석을 구했다는 기록이 있고, 세종실록지리지에 따르면 경상도의 특산물로서의 자석이 있었다는 기록이 있다. 하지만 대부분의 특산물이 그 지역명을 따르는 것으로 볼 때 국내 학자들의 학설인 나침반의 나(羅)는 신라를 뜻하여 '신라의 침반'이라는 설이 유력하다.

나침반의 기원에 대해서는 학자마다 의견이 갈리는데 중국에서 아랍으로, 다시 십자군 전쟁을 통해 유럽으로 전해졌다는 설과 인도양 무역을 통해 아랍과 유럽으로 전해졌다는 설이 있다. 1270년에는 유럽에서 나침반이 출현하는데, 이것은 화약이 유럽에 전해진 것처럼, 나침반도 이슬람에 전해진 것은 몽골 제국에 의해 확산된 것이라고 볼 수 있다. 하여간 늦어도 13세기에는 구대륙 주요 문명권 전체에 항해용 나침반이 보급된 것으로 보인다.

■ 나침반의 역할과 사회

자석을 이용한 나침반은 지구의 자성을 이용하므로 진짜 북극과 남극이 아닌 조금 오차가 있다. 이 차이를 보통은 쉽게 자북(Magnetic North)과 진북(True North)이라고 한다. 항

---

62) 한헌수, 임종권(2023.1), 역사와 과학, 인문서원

법에서는 매우 중요해서 항공기 같은 경우 칵핏 안에 오차 카드를 붙여 놓는다. 자북(나침반이 가리키는 북쪽)과 진북(진짜 북쪽)의 차이를 계산해주고 지역에 따라서도 조금씩 그 변화량이 있기 때문에 독도법이 어려워진다. 지도엔 그 지역의 도 자각이 표시되어 있지만 자북은 조금씩 변한다.[63]

항해 중인 배는 안전을 위해 여러 가지의 항법장치를 사용한다. 만일 GPS 수신기가 고장, 혹은 위성의 고장으로 사용불능이 되는 상황도 발생할 수 있기에 다른 수단을 함께 구비해야 한다. 여기서는 자기방식의 나침반 및 자이로스코프를 이용한 자이로콤파스도 중요한 도구이다. 자이로스코프를 이용한 자이로콤파스[64]는 계속 사용하면 오차가 발생하기 때문에 주기적으로 오차를 수정해줘야 한다. 자이로스코프를 이용한 항법을 관성항법이라고 부른다.

이렇듯 탄도탄 미사일, 비행기, 선박 등에 쓰인다. 지금은 GPS의 대중화로 비싼 자이로스코프를 사용하지 않는 경우도 있지만, 법적으로 많은 선박과 항공기들에 예비 장비 등의 목적으로 계속 탑재토록 하고 있다. 그 외에도 지상의 전파기지국의 전파를 수신하여 자신의 위치를 구하는 LORAN 등 여러 가지 방식이 있다. 가장 고전적인 것은 육분의와 선박용 정밀시계인 크로노미터를 이용하여 현재의 경도와 위도를 구하여 자신의 위치를 해도상에서 찾아내는 방법이 있다.

■ 나침반 보급과 사회변화

신항로 개척의 배경은 동양 물품 전래와 마르코 폴로의 '동방견문록'을 통한 동양에 대한 호기심이었다. 특히 동양 물품인 동양의 비단과 도자기, 향신료(후추) 등은 오스만 제국의 지중해 장악과 동방무역 방해로 인하여, 새로운 항로 개척이 필요하게 된 것이 원인이었다. 지구 구형설과 향해술, 조선술 발달, 나침반 전래 등의 근대 과학의 발달로 신항로 개척은 더욱 탄력을 받고 있었다.

---

63) 한헌수, 임종권(2023.1), 역사와 과학, 인문서원
64) 중심축을 가지며 가장자리 쪽을 무겁게 한 금속제의 원판(팽이)의 무게중심을 고정하고, 중심축을 공간의 어느 방향으로도 자유롭게 행하고 회전할 수 있도록 한 장치를 자이로스코프라 합니다.

〈그림3.20〉 포르투갈의 신항로 개척 배

새로운 항로의 개척은 대서양 연안에 위치한 포르투갈과 에스파냐가 중심이 되어 추진했다. 첫 번째는 '바스코 다가마'가 아프리카 희망봉을 돌아 인도로 가는 항로를 발견한 것이다. 두 번째는 '콜럼버스'가 서쪽으로 항해하여 서인도 제도인 아메리카 대륙을 발견한 사건이다. 셋째는 마젤란의 최초 세계 일주는 지구 구형설을 입증한 것이다. 이러한 신항로 개척의 결과는 무역의 중심지 "지중해→대서양"로 이동하여, 경제적 부의 변화가 생기게 되었다. 대서양 연안의 국가들이 경제적 이득을 독점하게 되면서 세계의 강대국이 되었다.

신항로 개척으로 인해 새로운 작물인 '감자, 담배 옥수수 등'이 전래되어 식량의 자급이 가능하게 되었다. 또한, 신대륙의 금, 은이 유입되어 물가가 폭등하게 되었고, 가격혁명이 일어났다. 즉, 상공업이 중심이 된 상업과 산업혁명이 중심이 된 공업과 금융업 등이 발달하면서, 현재 자본주의 발달의 토대가 되었다. 또한, 유럽세계의 팽창으로 포르투갈, 스페인, 영국 등은 브라질, 아프리카, 인도 등에 식민지를 개척하고, 아시아의 비단, 향료, 도자기 등의 무역을 독점하여 부의 집중은 더욱 심해졌다.

이러한 항해 기술의 발달은 무역의 발달로 이어지고, 과학의 발전으로 이어져 천문학, 의학, 수학 등의 분야에서 르네상스의 결실을 맺었다. 이런 분야의 가장 창의적인 학자들을 보면, 니콜라스 코페르니쿠스의 '지동설'(1543), 안드리아 베살리우스의 '인간 육체의 섬유질'(1543), 지롤라모 카다노의 '수학의 법칙'(1545) 등이 저술로 출간되었다.

즉, 천문학에서 과학의 진전은 유럽인들이 천동설로부터 지동설로 우주를 보는 새로운 방법을 알게 해주었고, 인간 육체를 해부하는 의학의 발전은 질병의 새로운 치료법에 눈을 뜨게 해주었다. 기하학을 포함하는 수학은 항해술, 군사과학, 지리학의 열쇠가 되었으며, 자연을 이해하는 기초가 되었다. 과학적인 연구방법은 영국의 '베이컨'같은 경험주의자와 프랑스의 '데카르트'같은 합리주의자에 의하여 설계되었다. 이처럼 과학발전의 동기는 기존 과학지식과 관측된 현상이 상이하여 이를 해결하려는 연구와 개인의 지적 동기를 만들어 주었다.

이런 신항로의 개척은 부국으로 이어지고, 부국들은 과학기술에 더욱 투자하여 과학기술혁명 및 사회과학의 기틀을 마련하였다. 그 첫 번째로 르네상스 인본주의자들의 그리스와 로마의 고전 연구는 새로운 과학을 향한 욕구를 갖도록 자극하였다. 둘째로 종교개혁에서 가톨릭교의 계급적 권위를 대치하는 개신교는 모든 분야에서 사상의 자유를 가지며, 자유로운 의문을 갖도록 허용하여 과학과 종교는 협력하였다. 셋째로 중세 과학적 지식은 과학 혁명의 기초가 되었다. 수학은 방법론을 발전시켰고, 지구의 운동이나 중력을 측정하는 수단이 되었다. 넷째로 새로운 육지의 탐험이나 발견의 욕구는 항해술, 조선술, 지도제작술의 발전을 자극하였다. 다섯째로 기술적 문제는 새로운 도구나 기계의 발명에 대한 욕구를 자극하여 새로운 발명을 가져왔다. 이탈리아 전쟁으로 레오나르도 다빈치는 전쟁기구를 고안하였고, 알브레트 둘러는 도시의 축성을 설계하였다. 여섯째로 요하네스 구텐베르그는 1445년 새로운 인쇄기[65]를 발명 개선하여, 1500년에 1,000대의 인쇄기가 유럽 전역에 설치되었고, 베니스는 100대로 인쇄의 중심이 되었다.[66]

중국과 유럽의 관계를 보면, 과학 기술 및 사회과학의 발전은 17세기까지 중국 경제가 세계 최고 수준을 유지했으나, 이후 신항로 개척 및 세계 무역으로 인해 유럽경제가 세계의 경제를 주도하게 되었다. 이후 영국의 산업혁명으로 유럽경제가 세계 경제의 중심이 되어 전세계를 지배하였다. 이런 관점에서 경제적, 문화적, 정치적 행위의 결과가 점점 더 국제적으로 파급력을 갖게 되면서 '글로벌'을 지향하는 이 개념은 미래의 각 국가에게 큰 교훈이 되고 있다.

증기기관과 사회변혁

증기기관은 산업혁명의 초석을 닦았다. 인간과 동물의 힘에 의존했던 생산력이 기계를 이용한 대량 생산체제로 전환됨으로써, 기계 중심의 산업사회로 가는 연결고리가 됐다. 나아가 전기는 공장자동화를 통해 대량 생산체제를 촉발하면서 풍요로운 경제사회의 시발점이 됐다.

---

65) 인쇄술에는 목판 인쇄술과 활판 인쇄술이 있으며, 모두 동양에서 시작되었다. 서양에서는 1440년대에 구텐베르크가 활판 인쇄술을 발명했는데, 그의 발명품은 여러 가지 기술이 결합된 일종의 시스템이었다. 구텐베르크의 인쇄술은 폭넓은 식자층의 시대를 열었으며, 근대 사회의 탄생에 크게 기여했다. 서양과 달리 동양에서는 19세기 중엽까지 목판 인쇄술이 계속 사용되었는데, 사실상 동양 사람들에게는 목판 인쇄술이 활판 인쇄술보다 더욱 실용적이었다.

66) 이명호(2021), 문명사 이야기-근세초기 유럽 (1400-1715)의 경제사상

이처럼 산업혁명을 주도한 영국은 변혁의 새로운 프레임을 주도하면서 사회, 경제, 문화적 파장을 이해하고 앞서나갔기 때문에, 엄청난 이익을 얻어 세계의 강대국이 되었다.

증기기관의 등장과 역사

증기기관은 고대 문명 때부터 끓는 물로 기계를 동작시키는 방식으로 일부 구현된 것도 있었다. 고대 그리스 수학자 헤론[67]이 발명한 인류 역사상 최초의 증기기관인 '아에올리스의 공(Aeolipile)'은 물그릇에 있는 물을 끓이면 파이프를 타고 올라가 분출되는 증기에 의해 회전하는 구형 장치였다. 증기를 동력으로 쓸 만큼의 운동에너지는 없었지만, 인류 최초의 증기기관으로 기록되어 있다.

〈그림3.21〉 증기기관 '아에올리스의 공(Aeolipile)

그리고 고대 그리스 신전의 자동문 메커니즘, 신전의 입구에 있는 성화에 불을 붙이면 증기기관이 가동해 문이 자동으로 열리는 식이었다. 하지만 고대 그리스 시절에는 석탄과 같이 고열량을 낼 수 있는 연료는 사용되지 않았다. 때문에 증기기관을 포함한 각종 원리를 알아도 직접 사용에는 한계가 있었다. 그렇기에 1600년이 지난 후인 17세기 중세 유럽에서 원시적인 방식의 간단한 증기기관이 등장했고, 1663년 에드워드 서머셋 우스터 후작이 개발한 인류 역사상 최초의 공업용 증기기관이 등장한다.

---

67) 그리스 수학자·물리학자로 측량·기계 제작 등의 응용면과 많은 저서를 남겨 놓았다. 산술(算術)에 의한 이차 방정식의 해법·헤론의 공식·물리 역학·반사 광학 등 많은 연구가 있으며 헤론의 분수기·반동 증기·터빈·물 오르간·자동문 개폐 장치·노정계(路程計)·소화 펌프 등과 기압·증기력·수력을 이용한 각종 장치의 발명도 유명하다.[네이버 지식백과(2002), 인명사전 '헤론(Heron)']

〈그림3.22〉 와트의 상업용 증기기관 진화된 모습

    1698년 토마스 세이버리는 우스터 후작의 증기기관을 개량한 광산채굴용 증기기관을 만들었다. 그리고 1769년 프랑스의 니콜라 퀴뇨가 화포를 견인할 용도의 증기기관 자동차를 처음 개발했다. 단, 시험용으로만 제작했을 뿐 실용화하진 못하였다. 이를 해결하기 위한 노력은 뉴커먼(Thomas Newcomen)의 대기압 증기기관(1712년), 와트(James Watt)의 증기기관 등으로 이어졌다. 와트의 증기기관은 분리응축기(1769년), 증기기관의 상업화(1776년), 복동시 증기기관(1781년), 회전시 증기기관(1783년) 등으로 구분되어 완성되었다. 이러한 기기는 탄광의 깊이가 점점 깊어짐에 따라 발생한 통풍, 배수, 운반 등의 문제를 해결하기 위해 발명되었다.[68]

    이후 제임스 와트의 증기기관 특허가 1799년 12월 31일을 끝으로 만료되자 이를 토대로 리처드 트레비딕이 1800년 고압 증기기관을 개발했다. 리처드 트레비딕은 이전부터 증기기관의 개량을 연구했지만, 특허권 때문에 실제 개발하지 못했었다. 하지만 결국 1801년 Puffing Devil이라는 증기 자동차를 만들었고, 1804년에는 페니다렌(Pen-y-Darren)이 증기기관차[69] 만들었다. 하지만 당시의 레일은 주철을 사용했기 때문에 증기기관차의 무게를 견디지 못하고 곧잘 깨졌기에 상용화에는 실패했다.

    정리하면 증기기관은 외연 열기관으로, 수증기가 가진 열에너지를 운동에너지로 전환하

---

68) 과학기술정책연구원(2017), 역사에서 배우는 산업 혁명론: 제4차 산업혁명
69) 기차(증기기관차)는 19세기를 상징하는 인공물로 영국 산업혁명의 대미를 장식했다. 증기기관차의 선구자로는 퀴뇨, 머독, 트레비식 등이 있으며, 상업적으로 활용된 증기기관차를 최초로 만든 사람은 스티븐슨이었다. 스티븐슨은 1829년에 로켓 호를 제작하여 증기기관차의 전형을 제시했고, 1830년에 세계 최초의 장거리 철도인 리버풀-맨체스터 철도를 완공했다. 1840년대 이후에 세계 각국은 경쟁적으로 철도를 건설했으며, 철도산업은 경영혁명이 이루어지는 매개로 작용했다. [네이버 지식백과]

는 기기이다. 인류 역사상 가장 오랫동안 사용되고 있으며, 현재까지도 지구상 모든 전력의 80% 전기를 생산하는 동력기관이다. 피스톤의 왕복운동을 이용하는 왕복식 증기기관과 터빈의 회전운동을 이용하는 회전식 증기기관 두 가지가 있는데, 왕복식 증기기관은 초기의 증기선이나 증기 기관차에 쓰였으나 오늘날에는 거의 쓰이지 않는다. 하지만 회전식 증기기관은 발전소 혹은 대형 선박 등 큰 출력을 필요로 하는 경우에 한해 사용되고 있다.[70]

증기기관의 발전과 시대상

증기기관은 공업의 근대적인 변혁으로 그에 적합한 동력의 혁신을 수반하였다. 그 당시의 동력원은 자연에서 얻어지는 수력과 동물의 힘에서 얻어지는 동력원이었기에, 자연적 조건에 제약받지 않는 동력을 규칙적으로 공급한다는 것은 혁명적 변화였다. 17세기 당시의 산업 변화는 면공업, 석탄공업, 철공업을 비롯한 제반 공업에서 기술혁신이 나타나고 있었다. 이와 함께 교통수단의 변천, 농업상의 변화, 국내시장 및 해외무역의 성장, 산업자본의 조달, 노동력의 공급과 노동자의 지위, 인구의 성장과 도시화 등이 산업과 사회 전반에서 대변혁을 이루었다.

면공업을 중심으로 한 기계화의 진전은 목제기계를 철제기계로 바꾸는 흐름을 형성했고, 그 속에서 철공업과 기계공업이 발전할 계기를 마련했다. 철공업은 용광로를 통해 철광석에서 선철을 만드는 공정과 선철을 단철이나 연철로 만드는 공정으로 구분된다. 다비(Abraham Darby)의 코크스 제철법(1709년), 헌츠먼(Benjamin Huntsman)의 도가니 제강법(1742년), 코트(Henry Cort)의 교반법(1784년) 등은 당시의 혁신적인 철강 주요 가공 기술들이다. 이와 함께 산업혁명의 초기 단계에는 기계가 해당 공장에서 직접 제작되었지만, 점차 공작기계공업이 독립적인 분야로 발전했다. 윌킨슨(John Wilkinson)의 천공기(1774년), 모즐리(Henry Maudslay)의 나사절삭용 선반(1797년), 로버츠(Richard Roberts)의 평삭반(1817년) 등이 주요 혁신기술이다.

산업혁명의 주역인 면공업은 1769년에 발명된 아크라이트의 수력방적기나 1785년에 개발된 카트라이트의 역직기[71]를 예로 들 수 있다. 면공업은 방적(spinning) 부문과 방직(weaving) 부문으로 구분된다. 면공업은 영국의 산업화 과정에서 주도적 역할을 담당했다. 면공업은 근대적 산업의 특징인 동력기를 사용하였으며, 전형적으로 공장제의 발전, 자본-

---

70) 나무위키(2020), 증기기관 '최초의 증기기관차'

71) 전동기와 같은 동력을 사용하여 운전하는 직기. 1785년 영국의 E.카트라이트가 처음으로 동력을 사용하는 직기를 발명하였다. 직물 재료에 따라 면·모·견·화학섬유 등에 쓰이는 각각의 직기가 만들어지고 있으나, 기본적 구조는 수직기(手織機)와 대체로 같다.

임노동 관계의 형성, 대량생산의 추구 등이 나타났던 분야다. 면공업의 급속한 성장은 동력, 작업기, 표백 등의 문제를 통해 석탄공업, 철공업, 화학공업 등의 발전을 촉진했다.[72]

와트의 증기기관은 많은 사람이 주목했다. 분리응축기를 중시하면서 1769년에 최초의 상업화에 초점을 두었기 때문이다. 1776년에는 회전식 증기기관을 만들었다. 더 나아가 1789년은 와트의 증기기관이 방직공장에 처음 도입된 시기이다.

산업 혁명기에 교통수단의 발전은 도로의 개량, 운하의 건설, 철도의 설치 등 세 가지 발전이 이루어졌다. 도로는 메커덤 공법을 비롯한 새로운 도로포장법이 개발되면서 유료도로(turnpike)의 형태로 전국적인 도로망이 조성되었고, 운하 건설은 1760년대부터 1790년대까지 열광적으로 추진되었다. 18세기 말 영국에서 운항이 가능한 수로는 2천 마일에 이르렀다. 특히 철도는 처음에 탄광 내부에서 사용되다가 점차 광산지역과 공업지역을 연결하는 교통수단으로 자리 잡았다. 1804년에 트레비식[73](Richard Trevithick)은 궤도 위를 달리는 증기기관차로 처음 제작되었다. 세계 최초의 장거리 철도인 리버풀-맨체스터 철도는 1830년에 개통되었으며, 스티븐슨(George Stephenson)이 1829년에 제작한 로켓호는 시속 14마일로 달림으로써 철도 붐을 일으켰다.[74]

이렇듯 증기기관은 조지 스티븐슨이 연철 레일을 개발하면서 영국 스톡턴과 달링턴 사이에 화물철도를 부설하여 첫 증기기관차의 상용화에 성공하였다. 그리고 이후 1830년, 리버풀과 맨체스터를 잇는 철도를 부설해 로켓호를 선보이며, 여객 운송을 시작하였다.

---

72) 과학기술정책연구원(2017), 역사에서 배우는 산업 혁명론: 제4차 산업혁명
73) 1771~1833 영국의 기계기술자. 1797년에 고압복동(高壓複動) 증기 기관을 처음으로 만들어, 광석 권양(卷揚) 장치에 이용했다. 1801년 스티븐슨에 앞서 증기기관을 동력으로 한 차량의 도로 시운전에 성공한 데 이어 04년 주철제(鑄鐵製)의 레일(페니다렌 궤도) 위를 달리는 증기기관차를 실험했다. 이 기관차는 최초의 철도용 증기기관차가 되었고, 영국에서는 그를 「증기기관차의 아버지」라고 부른다.
74) 한국철도설설관리공단(2019), 철도이야기-역사속 철도인

<그림3.23> 역사 속 철도인

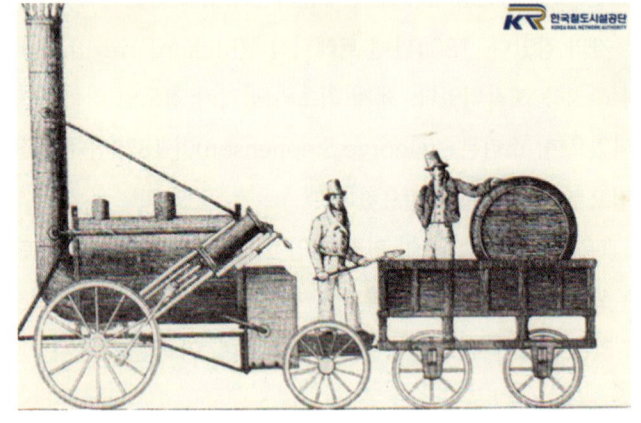

자료 : 한국철도설설관리공단(2019), 철도이야기

　증기기관은 외연기관이라는 특성 때문에 자동차에 실질적으로 활용되지 못했으나, 대신 증기기관차는 레일과 결합하고, 이후 급속도로 발전하여 철도라는 새로운 교통수단을 만들어 냈다. 1807년에는 미국인 로버트 풀톤이 최초의 상업적 성공을 거둔 증기선인 노스리버 스팀 보트를 제작했다.

증기기관의 발전과 산업의 변화

　증기기관의 등장과 발전은 많은 사람에게 충격과 공포를 안겨주었으며, 산업 혁명의 주된 원인으로 작용했다. 그러나 증기기관의 발전으로 사람이 할 일을 기계가 대신하면서 직장을 잃은 노동자들이 기계를 부수고 다니는 '러다이트 운동'이 벌어지기도 했다. 그리고 간접적으로 부익부 빈익빈을 가속화하며 공산주의가 발생하는 원인이 되기도 했다.

증기기관은 여러 산업에 많은 영향을 줬지만, 그중 철도의 탄생에 결정적인 요인을 제공했다. 이전에는 사람이나 말이 끌던 수레나 궤도 마차가 이동 수단이었지만 이 시점 이후 증기기관차로 발전했고, "철도"라는 근대적인 육상교통수단의 시발점이 되었다. 증기기관차는 다음 세대의 동력기관인 석유와 디젤 기관차가 등장하기까지 수많은 파생형을 만들며, 철도 및 자동차 등 교통수단의 엄청난 발전을 이끌었다. 로켓호와 트레비딕의 기관차에서부터 LNER A4, PRR S1, 빅 보이 등은 실로 증기기관의 끝을 보여주겠다는 기세로 개발된 역작들이다.[75]

연료를 태워 보일러를 데우고, 보일러가 만드는 증기가 동력을 발생시킨다는 특유의 구조로 동력 발생에 일체 전기가 관여하지 않는다. 증기기관의 문제점은 고온고압 보일러의 사용으로 공장이나 기차나 증기선을 막론하고 초창기의 보일러가 빈번하게 터졌다는 점이다. 1차, 2차 세계대전 시절에는 가솔린 자동차 대신에 증기자동차와 유사한 목탄차가 사용되기도 했는데, 가솔린 자동차에 비해서 상대적으로 효율이 떨어졌다. 그리고 차량에 설치되었던 가스 포집 장치의 부피 문제로 2차 세계대전 이후에는 거의 사라졌다.

증기기관의 등장에 따른 산업의 변화를 살펴보면, 첫 번째로 '공장제(factory system)'라는 새로운 생산체계가 정립되었다는 것이다. 공장제는 1770년대에 아크라이트의 수력 방적기가 사용되면서 현실화되었고, 1830년대에 카트라이트의 역직기가 보급되면서 전면적으로 정립되었다. 공장제의 성립은 새로운 생산 관계의 정립을 의미한다. 고용주와 노동자의 관계는 온정적 관계에서 금전적 관계로 전환되었다. 또한, 기계의 도입으로 경제적 지위가 낮아지고, 기존의 사회적 관계가 붕괴되자 노동자는 기술자나 기업가를 협박하거나 기계를 부수고, 공장을 불태우기까지 했다. 이러한 기계파괴운동은 1810년대에 절정을 이루었으며, 러드(Ned Ludd)의 이름을 따 러다이트운동[76](Luddism)으로 불렸다.[77]

두 번째로는 공업 중심의 경제로의 전환이다. 경제적 측면에서 1차 산업혁명은 농업 중심의 경제에서 공업 중심의 경제로 전환시켰다. 1700년경에 영국의 국민총생산에서 농업은 약40%, 공업은 약20%를 차지했다. 1841년이 되면서 농업, 임업, 수산업은 26.1%, 공업은 31.9%의 비중으로 변화를 했다. 즉, 공업이 영국 경제의 중심 부문으로 자리 잡았으며, 영

---

75) 한국철도설설관리공단(2019), 철도이야기-역사속 철도인

76) 18세기 말에서 19세기 초에 걸쳐 영국의 공장지대에서 일어난 노동자에 의한 기계파괴운동을 말한다. 생산혁명이 진행됨에 따라 특히 방직업과 양모공업에 있어서 기계의 채용은 종래의 제조직공들을 실직시키고 일반적으로 임금을 저하시켰다. 이들 직공과 하급노동자를 주체로 한 기계파괴운동이 1811~1813년에 최고절정에 달하여 랭카셔, 요오셔, 노팅검 시를 비롯하여 전 공장지대에 파급되었다.

77) 김석관 외(2017.12), 4차 산업혁명의 기술 동인과 산업 파급 전망

국은 '최초의 공업국', '세계의 공장'으로 부상하였다. 또한, 공산품의 생산성에 있어 영국과 다른 국가들 사이에 상당한 격차가 생기면서 국제 무역이 증가하기 시작했다.[78]

세 번째로 전통적 경제에서 자본주의 경제로 변화했다. 거시적인 관점에서 1차 산업혁명은 '맬서스의 덫(Malthusian trap)'을 벗어나 지속적인 경제성장으로 이어지는 계기로 작용했다. 전통적 경제에서는 생산성이 낮고, 수확체감의 법칙까지 작용하여 확대재생산이 지속되지 못했다. 이에 반해 1차 산업혁명으로 촉발된 자본주의 경제는 공업적 기반을 바탕으로 확대재생산이 지속되어 가계의 실질소득이 지속적으로 증가하는 경향을 보였다.[79]

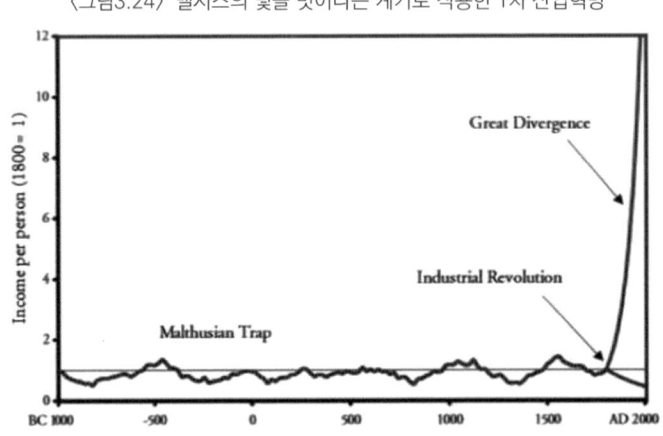

〈그림3.24〉 맬서스의 덫을 벗어나는 계기로 작용한 1차 산업혁명

자료: Galor(2005)

네 번째로 과학의 방법론을 채택했다는 점이다. 1차 산업혁명은 16~17세기의 과학 혁명 이후에 발생했기 때문에 초기에는 산업혁명의 기술혁신이 과학 혁명에 영향을 받았다고 막연하게 가정되었다. 하지만 1차 산업 혁명기를 살펴보면, 과학적 지식을 기술혁신에 활용하려는 의지는 확고했으나, 실질적으로 과학이 기술혁신에 적용된 예는 찾기 어려웠다. 그래서 과학자와 기술자의 인적 연결이 이루어지면서 과학적 태도와 방법론이 기술혁신에 영향을 미쳤다는 것을 깨달았다. 이에 기술혁신은 산업혁명을 계기로 개별적인 과학과 상호연관을 맺으면서 서로를 강화시키기 시작했다.

정리해보면, 증기기관은 방직기에 활용되었고, 역으로 면공업의 발전은 더 많은 증기기관을 요구했음을 알 수 있다. 증기기관을 만들기 위해서는 양질의 철이 필요했고, 역으로 용광

---

78) 과학기술정책연구원(2017), 역사에서 배우는 산업 혁명론: 제4차 산업혁명
79) 김석관 외(2017.12), 4차 산업혁명의 기술 동인과 산업 파급 전망

로에 뜨거운 바람을 불어넣은 데는 증기기관이 활용되었다. 또한, 철도가 건설되면서 철광석의 수송비용과 철의 생산비용이 낮아졌으며, 그것은 다시 저렴한 철도를 가능하게 하여 수송비용을 더욱 낮추는 결과를 가져왔다.[80] 철도의 동력원으로 증기기관이 활용되었다는 점을 고려하면, 기술혁신 사이의 상호연관성은 더욱 커질 것이다. 사실상 산업혁명이 '혁명적' 효과를 낼 수 있었던 이유도 과학과 기술의 혁신이 상호연관성으로 시너지를 발휘했다는 점을 알 수 있다.

산업혁명과 사회변혁

1차 산업혁명

■ 배경

산업혁명 이전에는 동물이나 사람의 노동력을 이용하는 가내수공업으로 수차를 이용하는 형태는 있었으며, 아주 작은 공업형태였다. 산업혁명이 시작된 영국에서는 미시적인 공업에 변화를 부르는 요인들이 나타나기 시작했다. 첫째, 18세기 초에 양모 수출국에서 양모를 가공하는 국가로 변모를 했다. 둘째, 산업의 규모가 커지고 농지를 목초지로 전환하고 있었다. 셋째, 농지 전환에 따른 농민들이 일자리를 찾아 도시로 이주했다. 넷째, 17세기부터 농업혁명[81] 1731년 제스트로 툴(1671~1741)이 파종기를, 1784년 메이클(1719~1811)이 탈곡기를 발명하였고, 윤작과 휴경 등의 농업기술 발달로 획기적인 농업의 변화가 산업혁명으로 이어지고 있다.[82] 여기서 방적기의 원면공정 기계화 과정을 살펴보면 다음과 같다. '해면 picking→타면 bitting /batting→소면 carding→정면 drawn→연면 roving: 준비공정→방적 spinning'의 과정을 기계화로 실현하였다. 이것은 1779년 S. Crompton의 뮬방적기(제니방적기+증기력)로 아래 그림과 같다.

---

80) 과학기술정책연구원(2017), 역사에서 배우는 산업 혁명론: 제4차 산업혁명
81) 1731년 제스트로 툴(1671~1741)이 파종기를, 1784년 메이클(1719~1811)이 탈곡기를 발명하였고, 윤작과 휴경 등의 농업기술 발달로 획기적인 농업의 변화가 산업혁명으로 이어지고 있다.
82) 홍성욱 외(2016. 1), 21세기 교양 과학기술과 사회

〈그림3.25〉 1779년 S. Crompton의 물방적기(제니방적기+증기력)

탄광지역과 함께 석탄을 운반하는 철도와 철도역이 형성되는 신공업지역도 탄생하게 되었다. 이는 증기기관과 철로를 결합하여 고급철도 개발에 영향을 미쳐 산업혁명을 더욱 발전시키는 역할을 하였다. 석탄 채굴로 인한 코커스 기술이 개발되어 선철을 대량 제조하였고, 탄소를 제거한 연철 기술이 1785년에 개발되어 강철을 제조할 수 있었다. 즉, 철도레일 및 증기기관 등에 쓰이는 강철의 개발은 산업혁명의 근간을 이루는 초석을 다졌다. 이는 산업의 변혁뿐만 아니라 사회의 변혁으로 이어져 진정한 산업혁명을 탄생시킨 근본적인 산업기술의 완성이었다.

■ 산업 변화

영국은 1차 산업혁명의 발상지이며, 전 세계 공업생산의 20%를 차지할 정도의 경제력을 갖춘 강력한 나라로 성장하였다. 1760년~1830년까지 영국은 세계 철강, 석탄 생산의 50% 이상을 점유했고, 유럽생산량 증가의 대부분을 차지했다. 특히 1차 산업혁명의 대표인 섬유산업은 압도적인 위치를 차지했으며, 1850년 유럽 주요국 중 영국의 원면 생산량은 약 73%로 나타났다.

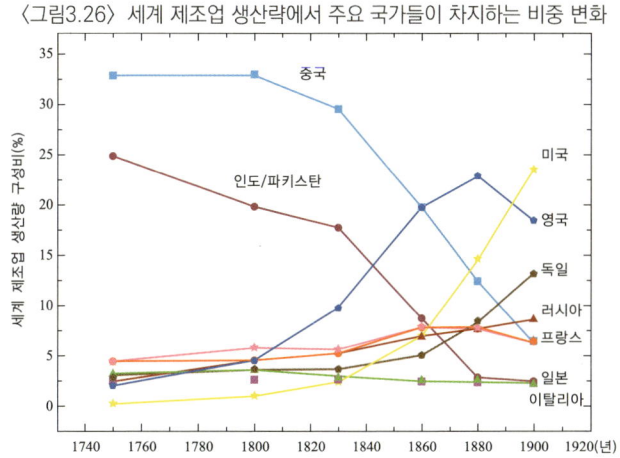
〈그림3.26〉 세계 제조업 생산량에서 주요 국가들이 차지하는 비중 변화

1차 산업혁명은 공업생산량을 획기적으로 늘렸고 공산품의 가격을 하락시켜 사회전반을 풍요롭게 하는 결과를 낳았다. 또한, 자본이 기술혁신을 흡수하면서 산업자본으로 전환하는 계기가 되었다. 이에 따라 대자본가들이 출현하고 세계는 경제력이 큰 나라들이 제국이 되는 제국 시대가 도래하였다. 즉 영국은 식민지 경영으로 설탕, 차, 면화를 중국, 인도 등 각 국에서 들여와 가공 생산품을 만들어 경제부국이 되었다.

18세기 영국은 기술개발을 장려하는 분위기가 성숙되면서, 발명자의 이익을 보호하는 특허 제도가 정착된 유일한 국가였다. 즉, 증기기관을 발명한 와트의 특허기술은 산업 전반에 걸친 기술개발을 확산하는데 공헌하였고, 1차 산업혁명을 촉발하는 촉매제 역할을 하였다. 이러한 실용적인 기술은 차별화되어 빠르게 확산될 수 있었고, 엔지니어 간의 협력적인 경쟁을 촉진해 산업사회 전반에 과학과 기술의 개발 붐을 일으켰다.

2차 산업혁명

■ 배경

1차 산업혁명 이후 산업은 급격히 팽창이 되어 밤에도 공장을 가동하는 경우가 빈번해 가스등이나 석유램프를 사용하였다. 하지만 조도가 낮고, 램프에서 나오는 그을음 때문에 작업환경은 매우 열악했다. 이에 전기가 가져온 작업장의 환경은 전과 달리 혁명적으로 변화했고, 생산성은 급격히 증가했다. 이러한 환경적 변화는 모든 산업과 사회 환경을 혁신적으로 변하게 만들었다.

전기의 혁명은 산업 분야에서 더 크게 두드러졌다. 전기의 활용은 원료와 상품의 이동을 편리하게 한 공장의 컨베이어벨트 시스템으로 이어졌다. 철도와 기관차의 발전으로 나타나

물류 혁명을 촉발하는 계기를 마련했다. 물류의 거점인 철도역에서 멀리 떨어진 곳은 여전히 동물과 사람이 끄는 수레가 사용되고 있었지만, 철로 위에서는 혁신적인 물류의 이동이 시작된 것이다.

전기와 관련된 기술은 1700년 이전부터 시작되어 꾸준히 발전하고 있었다. 전기 발견부터 전기를 모으는 장치 개발까지 끊임없이 기술이 축적되어, 1800년 초에 전압을 조절하는 변압기와 계전기 등이 개발되었다. 2차 산업혁명 전에 발전기를 발명했으며, 전기가 조명에 사용될 수 있는 기반을 갖추기 시작했다. 전기 활용 기술의 개발과 파급력은 산업 생산성을 급격하게 늘리고, 사람들의 활동시간을 크게 늘리면서 사회 전반에 혁명적인 변화를 가져오는 계기를 만들었다.

■ 기술 발전

1800년 초에 발명가 에디슨Thomas Alva Edison이 백열전구를 발명하면서부터 전기 조명이 보급되기 시작했고, 활용도 본격화되어 필요한 곳에 전력을 공급하기 위한 발전소가 건설(1882년)되기 시작했다. 또한, 장거리 송전기술(1884년)과 안전하고 편리하게 사용할 수 있는 변압기기술(1884년), 모터기술(1886년), 퓨즈기술(1890년) 등이 개발되어 전기의 대중화를 알리는 초석이 됐다.

전기를 활용하는 분야가 조명을 넘어 산업 영역으로 확장되는 시기는 모터가 발명된 이후 1890년 이후로 본다. 산업 분야에 전기가 활용이 되고, 수요가 늘어나면서, 발전소는 1882년부터 1890년까지 미국에서 1,000기의 중앙발전소[83]를 건설하였고, 프랑스도 1887년에 건설했다.

---

[83] 1882년 에디슨이 세계 최초로 뉴욕에 발전소를 건립하여 각 가정과 회사에 전력을 공급하였다.

〈그림3.27〉 노동을 바꾼 컨베이어벨트[84] 혁신시스템

전기의 발명에 따라 응용기술도 많이 출현하게 되었고, 2차 산업혁명의 극적인 기술 발전은 바로 '자동차 기술'이었다. 내연기관이 1876년에 발명이 되어 1886년에는 자동차가 만들어졌고, 디젤기관은 1890년에 발명되었다. 1903년에 포드자동차[85]가 설립이 되어, 1908년에 T모델 포드자동차가 개발되었다. 또한, 1913년에 컨베이어 벨트 생산 방식을 만들어 대량 생산의 기틀을 마련했다. 사실 이것이 헨리 포드의 가장 큰 업적이자 산업 혁명의 정점이라 볼 수 있는데, 이는 산업 혁명으로 얻어진 인류의 급격한 기술적 성과를 대중에게 널리 보급할 수 있는 기틀을 마련한 것이다.

■ 산업 변화

1차 산업혁명의 발상지가 영국이라면, 2차 혁명의 발상지는 미국이라고 할 수 있다. 포드자동차 T모델이 생산된 지 12년 만에 뉴욕거리에 자동차들이 등장하기 시작했다. 2차 산업혁명의 상징인 전기가 산업 전반에 그림과 같이 확산되기 시작하였다.

전기의 채택비율은 급격하게 증가하여 35년 만에 전 산업 분야에서 전기화가 일어나기 시작했다. 그 분야를 살펴보면, 1차 혁명에서 소외되었던 수동기구, 전동기계, 인쇄 등이 빠

---

84) 현대식 컨베이어벨트 시스템은 올리버 에반스(1755-1819)가 1785년 처음 제작한 것으로, 제분소를 경영하면서 밀을 빻기 전에 밀가루를 높은 곳으로 옮기는데 노동력이 많이 필요하면서 발명되었다. 자동차 공장에 연속 조립라인을 처음으로 도입하여 자동차 대량생산을 한 것은 핸리포드가 아닌 올즈모빌사의 랜섬 엘리 올드(1864-1950)였다.

85) 1731년 제스트로 툴(1671~1741)이 파종기를, 미국의 헨리포드(Henry Ford)가 미시간주 디어본에 포드 자동차 회사를 설립한다.

르게 변화했고, 섬유 분야는 1920년 초에, 제지 분야는 1920년 말에 전기화 비율이 50%를 넘어섰다. 전기화는 생산성 향상에 많은 기여를 하며 1920년경에 급격한 증가세를 기록하였다. 그 이전까지는 새로운 기술을 습득해가는 시기로 볼 수 있다. 전기를 통해 아래 그림과 같은 생산성 향상이 이룩되었다.[86]

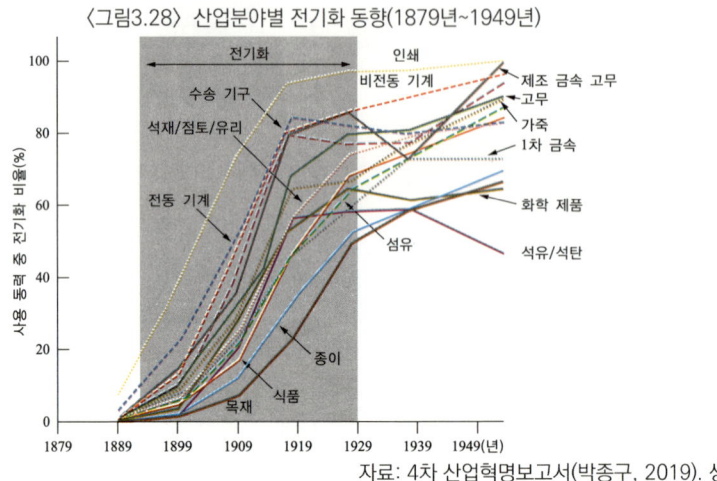

〈그림3.28〉 산업분야별 전기화 동향(1879년~1949년)

자료: 4차 산업혁명보고서(박종구, 2019). 생능출판

위 그림은 1970년 증기기관의 사용에 따른 생산성 향상이 다시금 전기 사용에 따른 생산성 향상으로 이어짐을 알 수 있다. 생산성 향상에 최고의 역할을 한 발명은 위 글에서 언급한 컨베이어벨트[87] 시스템이다. 헨리포드는 자동차를 빨리 보급하기 위해 빠른 생산과 가격을 낮춰야 하는 숙제를 가지고 있었고, 이것을 해결한 시스템이 바로 컨베이어였다. 자동차 생산은 수많은 부품을 결합하고, 혁신적인 조립 라인을 구축해야 생산되기 때문에 조립시스템이 체계적이고 정교함을 요구한다.

---

86) 송성수(2017), 역사에서 배우는 산업혁명론
87) 컨베이어벨트는 도축장에서 사용되면서 획기적으로 시간과 비용의 효율성이 증대되었고, 특히 청결성도 매우 높아지는 결과를 얻었다.

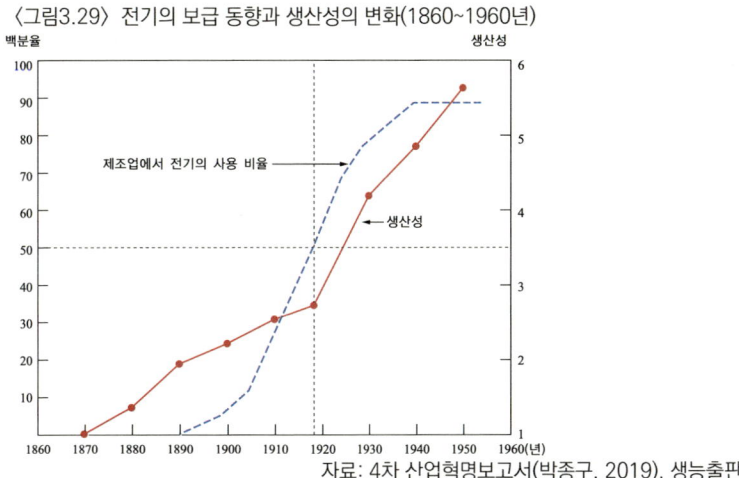
〈그림3.29〉 전기의 보급 동향과 생산성의 변화(1860~1960년)

자료: 4차 산업혁명보고서(박종구, 2019). 생능출판

기존에 1대 생산에 걸리는 시간이 12시간이었다면, 도입 후에는 93분으로 획기적으로 단축되어 생산되었다. 1920년에는 1분에 1대에서, 1925년에 10초당 1대 수준으로 빠른 생산성을 갖추게 되었고, 가격도 780달러에서 260달러로 낮아져서 컨베이어는 전기를 활용한 혁신적인 시스템이라 할 수 있다.

3차 산업혁명

■ 배경

3차 산업혁명은 2차 세계대전이 끝나고, 동·서 진영 간에 체제경쟁이 과학 기술 경쟁으로 나타난 결과물이라 할 수 있다. 그 결과물인 V2 로켓은 대륙간탄도미사일ICBM로 발전하여 정확한 목표 타겟을 계산하기 위한 컴퓨터 개발이 그 사례이다. 국가 간의 사활을 건 과학기술 개발 경쟁은 2차 세계대전에 극한의 무기개발 경쟁을 시작했다. 전쟁이 끝난 후에도 제트기, 레이더, 핵무기 같은 첨단 과학 기술 개발 경쟁을 했다. 그 후 상업적인 대중화 기술로 자리 잡았다.

미국과 소련 중심의 냉전체제가 유지되면서 극한의 이념 대결은 과학기술 개발을 경쟁화하였고, 1960년대 우주개발 경쟁으로 옮겨 붙어 과학기술 개발의 정점을 찍었다. 그 정점에는 컴퓨터와 인터넷 개발 경쟁이 무기산업과 결합하여, 과학기술 발전을 주도하면서 첨단 정보통신 기술이 발달하게 된 것이다. 동·서간의 경쟁은 1970년대에 일본의 경제 강국부상으로 무기 산업이 상업화로 전환된 시기이다. 신기술 개발 경쟁은 산업기술의 '하이테크

Hi - tech[88] '로 전환되어 지금의 정보통신 혁명을 이루어지게 한 계기였다.

■ 기술 발전

3차 산업혁명은 전자·통신 분야를 중심으로 기계·항공·화공·반도체 등 여러 분야 기술들이 매우 넓고, 빠르게 발전하였다. 물리학 기반의 전자·통신 기술의 발전은 사회 전반을 혁명적으로 변화시켰고, 방송과 통신의 융합 기술은 정보통신 혁명이라는 기반기술로 발전했다. 이 기술은 전화, 인터넷과 컴퓨터를 결합시켜 정보통신의 총아인 스마트기술을 탄생시켰고, 산업 전반에 융·복합 기술혁신을 일으켰다.

1970년 이후 산업혁명을 주도한 대표적인 기술로 전자·통신 분야의 GPT Generative Pre - trained Transformer 개수는 이전 시대의 혁명보다 훨씬 많았다. 반도체의 집적도는 1.5년마다 평균 2배씩 증가하여 발전했다. 이런 반도체 기술을 활용한 컴퓨터·통신·인터넷 등의 기술은 모든 산업에 적용되어 산업별 변화는 가히 혁신적으로 변화하였다. 1980년대의 컴퓨터 통신 네트워크는 플랫폼 발전으로 이어져 닷컴 붐이 일어났고, 구글, 페이스북, 유튜브 등 새로운 형태의 대형 비즈니스가 탄생을 했다. 이런 신종산업들의 기반기술은 모두 전자·통신기술을 바탕으로 하고 있다.

새로운 분야인 전자, 통신 분야의 발전은 새로운 사회 인프라 네트워크를 구축하였다. 이 네트워크인 통신망의 대용량, 초고속 통신을 가능하게 한 핵심 기술이 바로 광섬유 기술이다. 광섬유 기술은 19세기 후반부터 꾸준히 발전해 소재 기술, 레이저 기술, 광증포 기술 등 여러 기술이 결합하여 통신혁명을 일으켰다. 광통신 기술의 발전은 3차 산업 혁명 진보에 가장 중요한 역할을 했다. 즉 모든 산업과 사회의 네트워크를 구축하여, 커뮤니케이션 통로를 무한대로 만들었다고 할 수 있다.

---

[88] 하이테크는 하이테크놀로지(Hi-technology)의 축약어로 고도의 과학을 첨단 제품의 생산에 적용하는 기술 형태를 통틀어 이르는 말이다. '고급 기술', '첨단 기술', '컴퓨터' 등이 통신 기술과 연합한 융합제품이다. 현재는 스마트폰, 카메라, 내비게이션 등의 제품이 개발되어 있다.

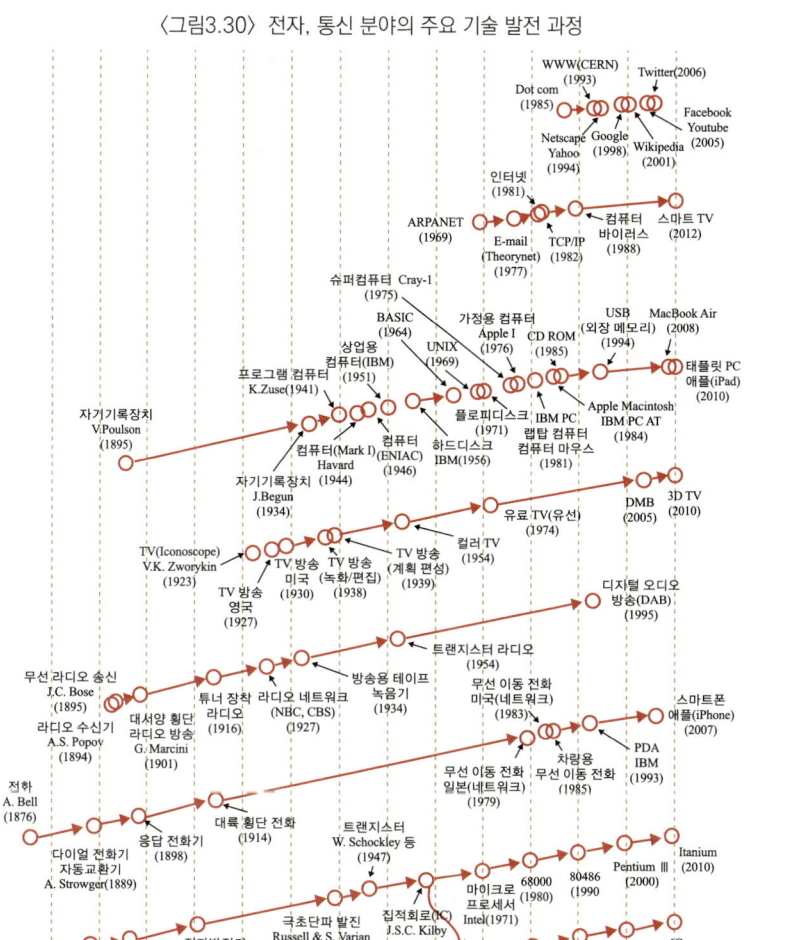

〈그림3.30〉 전자, 통신 분야의 주요 기술 발전 과정

자료: 4차 산업혁명보고서(박종구, 2019). 생능출판

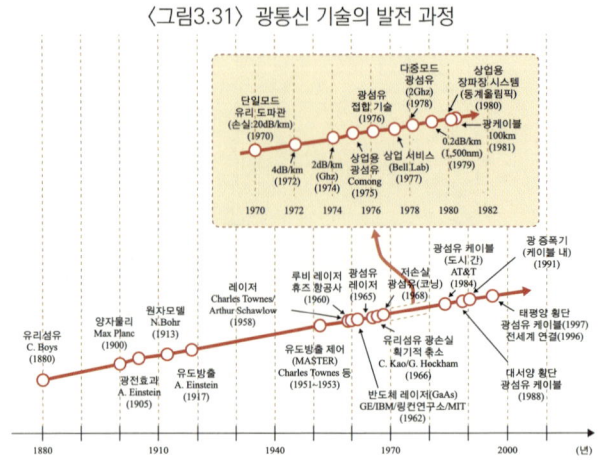

〈그림3.31〉 광통신 기술의 발전 과정

■ 산업 변화

3차 산업혁명은 산업과 사회 전반에 혁명적인 변화를 가져와 변화의 내용, 범위 등이 굉장히 광범위하고 빨랐다. 산업사회는 무한 경쟁과 속도 경쟁의 시대로 접어들었고, 산업과 사회의 구조 또한 광범위하게 변화했다. 인터넷, 컴퓨터, 모바일 기기의 발전으로 개인과 개인, 개인과 단체, 개인과 사물, 사물과 사물 등 연결이 일반화되고, 급기야는 사물끼리 통신을 하는 시대가 왔다. 또한, 개인 생활, 단체 생활 등 가족, 사회 구조까지 바뀌어 핵가족화 현상과 소득수준의 향상에 따른 평균수명증가로 인한 노령화가 진행되고 있다.

모든 산업부문에 디지털화가 진행되고, 디지털 데이터화에 따른 연구 개발과 생산관리는 효율성이 증대되어 새로운 혁신이 일어나고 있다. 생산시설의 자동화로 한계비용 '0'에 접근하고, 고용 없는 성장이 이루어지고 있어 일자리 창출 및 고용정책에 적신호가 켜지고 있다. 산업의 급격한 세계화와 첨단기술의 확산으로 개발도상국의 제조업은 크게 성장했다. 또한, 선진국들은 부상하는 경쟁국과의 경쟁에서 승리하기 위해 산업의 자동화를 넘는 체제를 갖추고 있다. 2차 세계대전 이후 세계는 이념을 넘어 경제 중심 사회로 전환이 되고, 국가 간의 무한 경쟁이 격화되면서 자국중심주의가 팽팽해지고 있다. 선진국과 후진국간의 산업 불균형은 국가 간의 소득불균형과 격차를 넘어 갈등으로 이어지고 있다.

3차 산업혁명기의 기술의 특징은 다른 분야의 기술이 결합 혹은 융합되는 현상이 가시화되기 시작했다는 점이다. 사실상 자동화 기술이나 정보기술은 그 자체가 융합기술이라 볼 수 있다. 더 나아가 정보기술은 계속해서 다른 기술과의 연결을 확장하는 양상을 보이고 있다. 이에 대하여 네그로폰테(Nicholas Negroponte)는 정보기술의 발전으로 각종 기술과 서비스가 융합되는 현상을 '디지털 융합(digital convergence)'으로 부르기 시작했다. 최근에는 (NBICNanotechnology, Biotechnology, Information Technology, and Cognitive Science)라는 용어에서 볼 수 있듯 기술융합에 관한 논의가 정보기술을 넘어 생명공학기술, 나노기술, 인지과학 등으로 확장되고 있다.[89]

과학기술이 사회에 미치는 영향은 복합적이다. 과학기술이 인류를 편안하고, 건강하고, 풍요롭게 살게 만들어준 것은 사실이다. 과거 농경 사회였던, 한국이 지난 70여 년 동안 세계적인 산업사회로 변한 것은 과학 기술을 적극적으로 수용한 결과이다. 산업화가 매우 늦었던, 한국의 인구는 20세기 초 1.5천만에서 1세기 만에 4배 가까이 늘어났다. 2022년의 기대 수명은 83.5세를 기록했다. 평균 수명이 매년 평균 0.3세씩 늘어난 것이다. 전 세계적으로 찾기 어려운 발전이다.

과학기술의 가치는 보편적인 것이 아니다. 사용자의 가치관이 반영된 다양한 요소를 고려해 주관적으로 결정하는 것이다. 특히 현대의 산업사회에서는 미래기술의 산업적 가치에 대한 관심이 강조되고 있다. 선진국의 미래기술을 적극적으로 모방을 넘어 선도 기술(반도체, 전지, 5G, ICT 등)화하는 한국의 기술 성장은 모든 나라의 연구 대상이자, 모방의 대상이 되고 있다. 즉 산업·경제적으로 선도 기술을 가진 나라는 발전하고, 그렇지 못한 나라는 쇠퇴한다는 말이 상당한 설득력을 가진다.[90]

---

89) 김석관 외(2017.12), 4차 산업혁명의 기술 동인과 산업 파급 전망
90) 이덕환(2020), 과학산책, 과학과 기술의 변주곡, 청아출판사

에어모빌리티와
미래전략

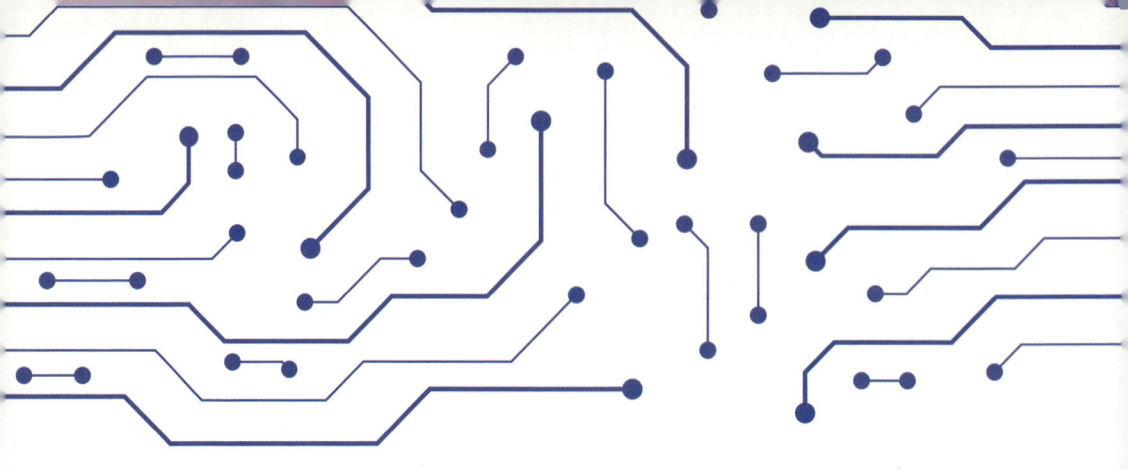

　이동(Mobility) 분야에서 일어나고 있는 급격한 혁신은 2차원의 지상운송수단을 넘어 3차원의 에어모빌리티수단으로 확대되고 있다. 미래 교통수단의 '혁명'을 논의하면서 도심항공모빌리티(UAM), 에어택시, 드론, 수직이착륙기(VTOL) 등 많은 용어가 등장함에 따라 에어모빌리티 관련 새로운 기술과 정보를 따라가기에도 어려운 세상이다.

　2021년 11월 11일 김포공항에서 인천공항까지 볼로콥터(Volocopter)의 eVTOL 항공기 '2X'는 유인 공개시험비행을 성공적으로 완료했다. 2X는 VC200의 후속 기종으로, 현재 제한된 수의 사전제작 프로토타입으로 존재하며, 향후 판매를 위해 개발 중인 버전이다. 2인승 eVTOL인 2X는 18개의 프로펠러로 구동하며 27km의 범위에서 27분 동안 비행할 수 있는 내구성을 입증했다. 또한 릴리움 기업은 Ferrovial 외 많은 파트너로부터 약 2억 달러의 약정을 확보했다. 미국 플로리다에서는 이미 최대 14개의 버티포드(Vertiport)가 계획되어 있으며, 유럽 전역에도 10개의 버티포트 구축을 논의 중에 있다.

　에어모빌리티는 지상과 항공을 연결하는 3차원 항공교통체계로, 도심 상공중심으로 사람이나 화물을 운송할 수 있는 차세대 교통체계이다. 배터리, 모터 기술의 발전과 자율비행, 충돌회피 등 첨단 기술의 등장으로 개인항공기(PAV)는 미래의 새로운 운송수단으로 우리의 삶을 대변혁시킬 것으로 전문가들은 예측하고 있다.

(1) 에어모빌리티 정책

에어모빌리티 환경

연결과 속도

지금까지의 이동공간에 대한 물리적 공간 연결의 가치는 변하고 있다. 지상에서 공중으로 이동의 가치가 거리를 넘어 시간의 이동으로 바뀌는 상황이 도래 했다. 그것은 도심 항공 모빌리티(UAM)를 바탕으로 도시와 도시 또는 도시와 공항 사이의 물리적 공간을 시간의 거리로 환산하는 개념적 변화로 이뤄지고 있다. UAM은 시속 300Km를 상회하는 속도를 내며, 웬만한 거리는 1시간 이내로 도착할 수 있는 상황을 만들고 있다. 즉 거리와 거리를 효과적으로 연결하는 것은 물론, 도심지역 내에 분포되어 있는 다수의 Vertiport를 노드로 하여 다양한 서비스를 제공하는 기업체와 소비자를 연결하는 O2O 플랫폼을 구축하고 있다.

또한 에어모빌리티 내부 환경은 5G 이동통신을 바탕으로 가상공간으로 연결이 이뤄질 것이다. 즉 항공과 지상 관제시스템 간의 통신과 사용자 개인의 스마트기기 및 인프라 시스템과 통신은 에어모빌리티의 통합된 네트워크 시스템을 통해 자유로운 연결을 할 것이다. 모든 연결은 에어모빌리티 기체내의 인터넷과 이뤄지고, 많은 업무와 생활도 이 인터넷공간에서 이루어지는 상황이 만들어질 것이다.

빅데이터

공간이동의 혁신을 이루는 5G는 소통혁명으로 데이터를 통신하면서 수많은 빅데이터를 생산하고 있다. 이동혁명의 주체인 UAM 및 PBV[1]가 개발됨에 따라 이동혁신이 지상에서 하늘로의 이동이 시작되고 있다. 이런 상황에서 UAM 기체의 개발과 시험평가 및 인증, 정비, 운항, 기타 부가서비스 제공 등의 연구가 추진되고 있다. 스마트 모빌리티 산업과 사회 전주기에 걸쳐 수집되는 막대한 양의 빅데이터가 계산되고, 처리되어 생산될 것이고, 처리기술 또한 빠르게 발전하면서 에어모빌리티는 사람이 아닌 기계에 의한 자율주행 환경을 도래하게 할 것이다.

처리기술의 발전은 데이터 경제로의 진입을 의미한다. 확보된 빅데이터를 바탕으로 인공지능(AI)기술을 통한 처리는 급속한 기술의 발전을 의미하는 것이다. 이런 기술의 발전은 새로운 비즈니스가 발굴될 수 있는 데이터 유통기반의 새로운 생태계인 '데이터 경제(Data

---

[1] PBV (Purpose Built Vehicle)는 고객의 비즈니스 목적과 요구에 맞춰 낮은 비용으로 제공 가능한 친환경 다목적 모빌리티 차량이다. 고객이 원하는 시점에 다양한 요구사항을 반영해 설계할 수 있는 단순한 구조의 모듈화된 디바이스다. 또한 고객 사업가치를 증대하고 비용의 효율성을 극대화하는 솔루션도 제공할 수 있다.

Economy)'가 활성화 될 것으로 예측하고 있다.

친환경 에너지

　미래모빌리티의 에너지원은 지금의 탄소에너지 기반의 에너지가 아닌 신재생에너지 관련 에너지일 것이며, 그것은 수소에너지인 수소연료전지가 될 것이다. 즉 기존의 전기추진 모빌리티의 경우 운용시간 및 이동가능거리가 기존 내연기관 기반의 모빌리티에 비해 부족한 상황이다. 현재의 니켈과 납 연료전지는 용량이 적어서, 비행 운행에는 힘이 많이 부족한 편이다. 이를 극복할 수 있는 방법 중의 하나가 수소연료전지이다. 이와 관련된 기술 개발 및 산업 육성은 향후 UAM 산업의 성공을 판가름 짓는 기준이 될 것으로 보인다.

　정리하면, 미래의 동력원은 친환경에 기반한 분산전기추진 시스템이 될 것이다. 즉 미래의 지상 모빌리티와 에어 모빌리티의 발전 방향은 전기에너지를 사용하는 모터를 통한 분산전기추진 방식인 전동수직이착륙기(eVTOL)로 귀결되고 있으며, 에너지는 수소배터리 등을 사용하는 전기 전동기 시스템으로 발전 될 것이다. UAM 산업의 발전은 자율주행시스템과 에너지원의 혁명에 의한 발전이라고 봐야하고, 이를 제어하는 인공지능은 모든 시스템의 자동화이다.

안전 시스템

　4차산업혁명에 의한 센서 기술은 카메라, 레이더, 라이더 기술의 발달에 의해 고도화와 첨단화를 이루었고, 모빌리티 동체의 안전을 더욱 높였다. 즉 첨단센서 기술은 국민의 소중한 생명을 안전사고로부터 지켜냈고, 자율주행 기반의 PBV 및 도심지역 상공을 비행하는 UAM은 기존 모빌리티에 비해 훨씬 수준 높은 안전성을 높였다. 때문에 기술혁명은 미래모빌리티에 필수적이다. 미래모빌리티의 기술개발은 철저한 시험 과정을 통해 안전성 향상을 높였고, 그 기술은 센서, 5G, 빅데이터, AI 등의 혁신적 기술발전이 기본 바탕이 되었다.

　UAM 동체의 운항, 정비, 시험평가, 인증은 인간의 안전에 필수조건이다. 즉 UAM산업이 활성화되려면 현재보다 월등히 많은 숫자의 비행체들이 운용되게 될 것이다. 이에 대비하여 이들의 안전한 운항을 위한 첨단 자율주행기술을 발전시켜야 하고, 더불어 정비 및 인증과 관련된 기술과 SW 기반의 고부가가치 서비스 산업을 발전시켜야 한다. 지금의 정비는 인간에 의해 운영되지만, 향후의 정비는 인공지능 기계들에 의해 자율적인 정비가 이루어질 것으로 보인다.

공유 경제[2]

미래에 발전할 사업중의 하나가 O2O 산업이다. 'Online to Offline'의 약어로, 이용자가 스마트폰 등의 온라인으로 상품이나 서비스를 주문하면 오프라인으로 이를 제공하는 서비스이다. O2O 서비스는 정보통신기술과 근거리 통신기술의 발달을 기반으로 성장하여, 일상생활의 다양한 분야에 스며들어 있다. 숙박 예약, 택배, 음식 배달, 택시 승차 요청 등이 구체적인 예이다. 즉 도심지역에 UAM서비스, PBV 공유서비스, 라스트마일 서비스 등의 모빌리티 서비스 혁신시스템을 구축하고, 인공지능 물류시스템과 결합한 첨단 인프라를 구축한다면, O2O 산업 생태계는 매우 빠르게 발전할 것으로 보인다.

이러한 O2O 산업은 이익 공유라는 원칙으로 실생활에서 계속적인 확장이 이루어질 것이다. 즉 에어모빌리티는 이 산업 육성을 바탕으로 다양한 부가가치 및 신사업 발굴을 통해 많은 일자리가 창출될 것이다. 산업의 발전에 따라 얻어지는 이익은 생태계 참여기업 및 사회구성원과 나누는 공유경제 구현으로 이어져 신산업 일자리 창출의 모델이 될 것이다. 이와 같이 산업의 진화와 발전은 기술혁신을 통해 사회변화로 이어지고, 이러한 상황에 동참하지 못하는 기업과 나라는 뒤처지게 되고, 결국은 도태가 되어 역사의 뒤안길로 사라지게 될 것이다.

〈그림4.1〉 미래모빌리티 산업의 핵심가치

자료: 박승대 외(2022.3), 전북의 UAM 기반구축 및 육성 연구

---

2) 고태봉(2018. 12), TaaS 3.0시대

에어모빌리티 현황

모빌리티 산업과 드론

　드론은 인공지능, 빅데이터, 5G, IOT 등 4차 산업시대 다양한 기술을 합쳐 응용할 수 있는 대표적인 미래 유망 산업으로 떠오르고 있다. 레저·취미 수준을 넘어 스마트 무인 농업, 항공촬영, 3D 리모델링, 재난 감시 및 대응 및 드론 택배 등 다양한 영역에서 드론이 활용되고 있으며, 그 범위는 확대되고 있는 추세이다. 드론은 초연결성(5G 기반 실시간 빅데이터 수집·활용), 초기능성(인공지능 기반의 자율비행·운영관리), 다양한 수요에 대응한 IT·센서·장비 등 융·복합 등 특징을 가지고 있어서, 첨단기술이 융합된 4차 산업혁명시대에 교통물류 혁명의 핵심으로 에어모빌리티인 드론이 떠오르고 있다.

〈그림4.2〉 드론 활용 유망산업 분야

자료 : 박승대, 구본환(2021.9), 사회대변혁과 드론시대

　특히 드론과 UAM은 AI, IoT, 센서, 3D 프린팅, 나노 등 4차 산업 혁명의 공통 핵심기술을 적용·검증할 수 있는 최적의 테스트베드이다. 특히 첨단기술을 융합한 드론은 자체 시장의 비약적 성장뿐만 아니라, ICT 등 관련 산업의 파급으로 4차산업을 이끄는 교통물류혁명의 핵심적 역할을 수행할 것으로 예견되고 있다. 국내 드론시장 규모는 2026년 4조4,000억

원으로, 전 세계 드론시장 규모는 90조3,000억원 수준으로 확대될 것으로 전망되고 있다.[3]

드론 산업과 UAM

전 세계는 에어모빌리티 산업 패권을 확보하기 위해 노력하고 있는데, 그중에 세계 최대 드론 시장을 보유한 미국은 아마존(택배), 보잉(정찰), 인텔(제어), 페이스북(인터넷) 등 글로벌 기업이 각 사의 강점을 드론과 결합해 UAM 사업을 추진하고 있다. 유럽은 중장기 유·무인기 공역 통합 로드맵을 마련해, 위험도 기반 드론 분류기준을 정비했고, 드론택시 등 미래형 UAM 개발을 추진 중에 있다.

세계 최대 드론 생산기지이자 민수 시장 90% 이상을 장악한 중국은 세계 최대 드론 기업 DJI와 이항 등 신흥 에어모빌리티 기업들을 통해 약진하고 있다. 또한 드론 제도 구체화 및 소유주 등록제를 도입했고, 드론 클라우드시스템(UCAS)도 개발 중이다. 일본 같은 경우도 공공발주 건설사업 시 드론 이용 계획 등 공공분야에 적극 활용하고 있고, 센보쿠(산림감시), 치바(택배) 등 지자체별 드론 실증 특구를 지정해 운영 중이다. 한국 정부도 드론 산업을 육성하기 위해 아래와 같이 규제를 풀고, 제도 마련 등 적극 지원에 나서고 있다.[4]

〈표4.1〉 한국의 드론 육성 제도 및 현황

2017.12.21	드론 산업 발전 기본 계획 구상	-2026년까지 시장 규모 4조 4천억 원 날성, 기술 경쟁력 세계 5위권 진입, 산업용 드론 5만 3천 대 상용화 목표. -추진 과정에서 향후 10년간 17만 명의 고용 창출 효과와 29조 원의 생산·부가가치 기대
2019.04.05	드론 활용의 촉진 및 기반 조성에 관한 법률 제정	-드론의 정의를 '조종사가 탑승하지 아니한 채 항행할 수 있는 비행체'로 명문화 -5년마다 기본 계획 수립, 매년 산업계 실태 조사 실시, 드론 산업 협의체 운영 법제화 -특별자유구역*의 지정 및 운영과 드론 시범 사업 구역을 정규화할 드론 산업 육성·지원 근거 마련 -다수의 드론 운영 또는 드론 교통에 대비한 드론 교통 관리 시스템을 구축하고 운영할 수 있는 근거 마련
2019.10.16	드론 분야 선제적 규제 혁파 단계별 계획 마련	-드론 기술발전 양상을 예측하여 단계별 시나리오 도출 -▲비행 기술(조종 비행→자율 비행) ▲수송 능력(화물 탑재→사람 탑승) ▲비행 영역(인구 희박→밀집 지역) 등 3가지 기술 변수를 종합해 5단계 시나리오 도출 -발전 단계별 규제 이슈 총 35건 발굴·정비 -수소·전기차, 에너지 신산업 등 타 분야로 확산 적용

---

3) 김보라 외(2018.12), 무인기, 한국과학기술기획평가원
4) 국토교통과학기술진흥원(2021. 6), 한국형 도심항공교통(K-UAM) 기술로드맵

2019.12.27	2020년도 무인이동체 기술개발 사업 시행 계획	-무인이동체 원천 기술 개발 사업 추진, 2026년까지 사업비 약 1703억 원 규모 -저고도 무인비행장치 교통관리 체계기술 개발지속 추진 -DNA+ 드론기술 개발추진, 2024년까지 450억원 규모
2021. 2	드론 특별 자유화구역 지정	-전국 15개 지자체 33개 구역을 '드론 특별자유화구역' 지정 -드론 기체의 안전성을 사전에 검증하는 특별감항증명, 안전성 인증, 드론 비행에 적용되는 사전 비행승인 등 규제면제나 완화해 6개월 이상의 실증기간 단축

자료 : 국토부(21.2), 정부의 드론 육성 제도 및 현황

에어모빌리티 운용전략 1 : UAM

UAM(Urban Air Mobility)운용 개념 및 정의

 교통물류 혁명 기체인 UAM은 초기에 기장이 탑승하여 사전 설정된 다수의 UAM 고정형 회랑(Fixed Corridor)을 통해 운용이 될 것이다. 기존 항공교통관리(ATM)와 UAS교통관리(UTM) 운용에 미치는 영향을 최소화해야 한다. UAM 회랑 내에서 운용되는 UAM 기체는 성능기반항법(PBN)의 요구조건을 충족하여야 한다. 다만 회랑[5]별 요구조건은 서로 다를 수 있다. UAM 회랑 내에서는 항공교통관제사의 직접적인 개입 없이 UAM 교통관리서비스 제공자의 관리·감독하에 전략적·전술적 분리가 이뤄질 것으로 보인다.[6]

 예를 들면, 초기 UAM운항은 무인 지하철 운행과 같이 기장이 탑승을 하여 기체의 움직임을 모니터링을 하며, 운항에 대한 안전조치와 운항 보조를 하는 역할에 그칠 것으로 보인다.

 UAM 운항자, 항공당국, 기타 이해관계자들은 UAM 교통관리서비스 제공자를 통해 정보를 공유하며, 다른 UAM 교통관리서비스 제공자들은 PSU(Provider of Serivice for UAM, 교통 관리 서비스 제공자)가 UAM 교통흐름 관리, 비행계획 승인된 eVTOL간의 네트워크를 통해 정보를 교환하고 조정한다. 항공교통관제사는 UAM 운행에서 비정상 상황 발생으로 인한 회랑이탈 시에 주변 항공기 통제 및 충돌예방 등에 힘써야 한다. UAM 기체가 지정된 회랑 밖으로 운항할 때에는 공역등급, 운용유형, 고도에 따라 관련 항공교통관리 규칙을 준수해야 한다.

---

5) 회랑 : 서로 다른 영토나 행정구역을 연결하거나, 도로를 따라가거나, 강을 따라 바다에 도달하는 길고 폭이 가느다란 구역을 말한다.
6) 국토부(2021.09) 25년 서울 도심에 도심항공교통(UAM) 전용 하늘길 신설

<그림4.2> 한국의 초기 UAM 회랑(Corridor) 개념

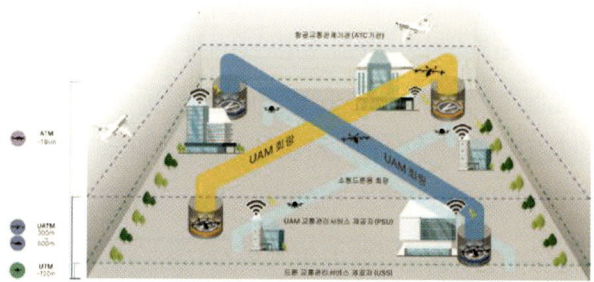

자료 : 국토부(2021.9) 한국형 도심항공교통(K-UAM) 운용개념서 1.0

항공당국

　항공당국은 우리나라 공역 내 모든 민간 항행안전을 책임지며 관련 안전규정을 마련하고, 그 규정의 이행을 감독한다. 특히 안전한 UAM 운항환경 조성을 위한 규정 마련, 산업활성화를 위한 지원정책을 마련하여 시행하고, 관련기관 협의 및 이해관계자의 역할과 책임 조정, 민간 표준(Community Based Standard) 채택, 관련 인·허가수행 및 관리·감독 기능 등을 총괄 수행한다. 항공당국은 기능에 따라서 크게 안전당국, 정책당국으로 구분할 수 있다.[7]

정책당국

　우리의 정책당국은 UAM 산업 활성화를 위해 관련 법·제도를 마련하고, 그 이행을 지원하는 정부이다. 주요 역할은 K-UAM 상용화를 촉진할 UAM 특별법관련 드론법을 개정하고, 이해관계자의 역할과 책임을 조정하고 정의함으로써, 한국의 UAM 산업생태계 육성을 지원한다. 또한 기존 교통체계와의 연계·환승을 구축하며, 효율적이고 경제적인 도심교통체계를 확립하는 역할을 수행한다.

안전당국

　안전당국은 항행안전 관리와 UAM의 한국의 공역 내 안전성 통합을 위한 관련 법·제도를 마련하고, 그 이행을 감독하는 당국이다. 운항 측면의 주요 역할은 항공기, 버티포트, 운항지원정보 인프라 등의 안전 기준과 운항·보안 규정 등을 제·개정하고, 그 이행을 관리·감독한다. UAM 관련 민간 표준의 채택과 유지 업무도 담당한다. 또한 UAM 운항 관련 최소기준을 정하고, 기체, 버티포트, 종사자 자격, 운항자 등에 관한 증명과 인허가 등을 담당한다.[8]

---

[7] 한국경제(2021.10), 교통난-빠른 이동 '하늘 택시' UAM 정부 운용서 집중탐구
[8] 오경륜(2022.5), K-UAM 초기 상용화 운용개념 및 UAM Team Korea 소개

공역안전관리 측면에서는 UAM의 공역 내 안전한 통합을 위한 규정 및 정책, 교통관리 관련 자격, 회랑기준 및 시스템에 대한 최소기준도 마련한다. 또한 안전한 공역관리를 위해 민간·공공에서 제안한 교통관리서비스, 회랑, 항행안전시설 인프라 등에 관한 규제 업무를 담당한다. UAM 회랑의 체계적인 운영통제 계획도 마련한다.[9]

이외 국가공역 안전 관리 차원에서의 UAM 회랑운영에 대한 조언과 UAM 이해관계자 사이의 역할과 책임의 조정 및 버티포트, K-UAM 교통체계 검토 등을 수행하며, 항행시설 등 도심항공교통시설에 대한 투자를 총괄한다. 안전당국은 항공안전의 증진 및 항공사고의 예방을 위해 각종 항공기 사고자료, 고장·결함자료, 교통관리서비스 제공자, UAM 운항자 등 이해관계자의 운항관련 자료 등을 분석하고, 제공과 보관한다.

UAM 운항자는 고객의 수요에 맞추어 UAM 항공기를 사용하여 유상으로 여객이나 화물을 운송하는 서비스 등을 제공한다. 공공의 안전과 이익을 위해 공적인 목적(응급지원, 의료, 수색, 감시 등)의 운항 서비스를 제공하는 조직이나 단체도 넓은 의미에서 UAM 운항자로 본다. UAM 운항자는 운영증명서와 운영기준(Operations Specifications)에서 제시된 사항을 준수한다. UAM 기단(Fleet)의 감항성 유지 등을 포함하여 실제 UAM 운항의 모든 측면을 책임진다.

또한 비행계획 수립·제출·공유, UAM 기단(Fleet)의 비행준비, 이륙, 순항, 착륙, 정상·고장·결함 등의 공유, UAM 항공기 보안관리, 지상서비스와 승객예약, 탑승, 안전관리 등에 관한 책임을 갖는다. UAM 운항자는 비상상황에 대비하여 규정에 부합하는 비상착륙장을 비행계획에 반영하여야 한다. UAM 운항자는 교통관리서비스 제공자를 통해 운항 중인 UAM 항공기의 상태·성능 정보 등을 관련 이해관계자들과 공유한다.

기장 (Pilot in Command)

기장은 UAM 항공기에 탑승한다. 운항 전반에서 규정과 규칙을 준수하고, UAM 항공기와 승객안전에 대하여 최우선적인 책임을 지는 UAM 항공기의 조종사이며, 이에 적합한 자격증명을 보유해야 한다. 기장은 비행 전 UAM 항공기 준비상태를 확인하고, 안전한 비행이 가능한지를 판단한다. 비행 중 운항자와 협력하여 의사결정을 내린다. 비행 중 비행계획의 변경 필요시 운항자에게 알리고 재승인된 비행계획에 따라 비행한다.[10]

또한 기장은 항공기 상태 및 그 항공기의 운항상태, 승객 및 객실상황을 모니터링하고 비상상황이 발생하였거나 발생할 우려가 있다고 판단되는 경우, UAM 항공기에 탑승한 승

---

9) 국토부(2021.9) 한국형 도심항공교통(K-UAM) 운용개념서 1.0
10) 오경륜(2022.5), K-UAM 초기 상용화 운용개념 및 UAM Team Korea 소개

객에게 적절한 행동지침을 안내하고, 그밖에 필요한 안전조치를 강구한다. 그리고 관련 규정에 따라 운항 중에 발생한 UAM 항공기 및 객실에서 발생한 안전장애 관련 사항을 보고한다.[11]

UAM 교통관리 서비스 사항[12]

UAM 교통관리서비스 제공자

UAM 교통관리서비스 제공자는 UAM 운항자가 UAM 회랑 내에서 안전하고 효율적인 운항을 하기 위한 교통관리 서비스를 제공하며, 이를 위하여 회랑 주변에 항행안전시설(버티포트 관련 시설)을 구축·운용·유지한다. UAM 교통관리서비스 제공자는 UAM 항공기가 항행 중에 회랑을 이탈할 경우 관련 정보를 항공교통관제기관에 즉시 전달한다. 이 경우 이탈 공역이 관제공역에 해당되면 해당 UAM 항공기의 교통관리 업무에 대해 항공교통관제기관의 지휘를 받을 수 있다. 필요시 동일 지역 또는 회랑의 UAM 교통관리 서비스를 복수의 UAM 교통관리서비스 제공자가 제공할 수 있다.[13]

운항 안전정보 공유 및 교통흐름 관리

UAM 교통관리서비스 제공자는 회랑 내 UAM 항공기 운용상태, 공역제한 여부, 기상상황 등과 같은 운항 안전정보를 UAM 운항자 및 관련 이해관계자들과 지속해서 공유한다. UAM 교통관리서비스 세공자는 UAM 운용상의 비정상상황 발생 등으로 전술적 분리가 필요한 경우, UAM 운항자, 기장 등과 협력하고, 신속한 분리·회피 대응을 지원한다. UAM 교통관리서비스 제공자는 UAM 항공기의 안전한 착륙을 위해 버티포트 운영자에게 버티포트 가용성을 확인하여 관련 이해관계자들과 해당 정보를 공유한다. UAM 교통관리서비스 제공자는 필요시 항공교통관제사 및 UAS 교통관리서비스 제공자와 운항 안전정보를 공유한다. UAM 교통관리서비스 제공자는 제도수립·개선 및 사고조사 등 공공의 목적을 위해 수집한 운항정보를 저장할 수 있다. UAM 교통관리서비스 제공자는 이 정보를 PSU간 네트워크를 통해 공유할 수 있어야 한다.[14]

비행계획 승인 및 항로이탈 모니터링

UAM 교통관리서비스 제공자는 운항 안전정보 등을 이용하여 UAM 운항자가 제출한 비행계획의 승인 여부를 판단한다. UAM 교통관리서비스 제공자는 PSU(Provider of

---

11) 박승대 외(2022), 전북의 도심항공교통(UAM) 기반구축 및 육성방안 연구
12) 국토부(2021.9) 한국형 도심항공교통(K-UAM) 운용개념서 1.0
13) 국토부(2021.09) 25년 서울 도심에 도심항공교통(UAM) 전용 하늘길 신설
14) 오경륜(2022.5), K-UAM 초기 상용화 운용개념 및 UAM Team Korea 소개

Serivice for UAM)간 네트워크를 통해 타 UAM 교통관리서비스 제공자와 비행계획 등의 다양한 정보를 공유하고 비행계획을 조율한다. UAM 교통관리서비스 제공자는 필요시 UAS(교통관리서비스) 제공자와 비행계획을 서로 공유하고 조율할 수 있다. UAM 교통관리서비스 제공자는 UAM 항공기의 항적, 속도, 비행계획 대비 일치성 등을 상시 감시한다. 불일치 사항이 발견되면 해당 UAM 항공기에 후속 조치를 안내하고, 그 정보를 항공교통관제사, UAM 운항자, 타 UAM 교통관리서비스 제공자 및 버티포트 운영자 등과 공유한다.[15]

운항지원정보 제공자

운항지원정보 제공자는 안전하고 효율적인 UAM 운용과 교통관리를 위해 UAM 운항자 및 UAM 교통관리서비스 제공자 등 관련 이해관계자들에게 지형, 장애물, 기상 상황 및 기상 예측 정보, UAM 운용소음 상황 등의 운항지원 정보를 제공한다. 이러한 정보는 비행계획 단계는 물론 비행 중인 상황에서도 업데이트하여 제공한다.

버티포트(이착륙장 시스템) 운영자

버티포트(Vertiport) 운영자의 역할과 책임은 다음과 같은 가정을 전제로 한다. 버티포트는 사업목적(운송, 정비 등)과 운송, 운송·충전, 운송·충전·정비 등에 따라 유형과 등급을 나눈다. 이에 따라 각각 필요한 자격과 시설이 구분된다. UAM 항공기는 사전에 지정된 출발, 도착 절차에 따라 계획된 항로로 운항한다. 항공당국은 버티포트 주변 상공에 버티포트 운영자가 감시하는 버티포트 권역을 설정하고, 그 권역 정보를 고시한다. 기타 국가공역시스템 사용자가 버티포트 권역을 비행하기 위해서는 버티포트 운영자의 사전승인이 필요하며, 버티포트 운영자는 이를 UAM 교통관리서비스 제공자와 공유한다. 보안검색은 UAM 항공기 중량과 탑승인원 등을 고려한 UAM의 보안위험도 평가 등을 통해 그 수준을 설정한다.[16]

---

15) 국토부(2021.9) 한국형 도심항공교통(K-UAM) 운용개념서 1.0
16) 국토부(2021.09) 25년 서울 도심에 도심항공교통(UAM) 전용 하늘길 신설

<그림4.3> 현대건설 컨소시엄의 한국형 버티포트 컨셉디자인

자료 : 현대건설(2022), 버티포트 컨셉디자인

운영

버티포트(이착륙장 시스템) 운영자는 사업목적과 사업범위를 선언하고, 이에 따라 적정한 자격과 시설을 확보하여 관계당국의 승인을 받아야 한다. Vertiport 운영자는 UAM 운항자, UAM 교통관리서비스 제공자와 협력하여 UAM 항공기가 착륙해서 이륙할 때까지의 지상 운용을 담당한다.[17]

또한 UAM 항공기의 안전운용을 위해 버티포트 권역을 감시하고 관리한다. 버티포트 운영자는 효율적이고 안전한 지상운용을 위해 버티포트의 자원관리, 운용감시, 일치성감시, 위험도관리 체계 및 버티포트 운용현황을 공유할 수 있도록 관련 정보 인터페이스 체계를 구축한다. 버티포트 운용현황 정보는 UAM 운항자, UAM 교통관리서비스 제공자 및 타 버티포트 운영자와 공유한다. 버티포트 운영자는 버티포트에 필요한 항행안전시설을 구축·운용한다. UAM 항공기 이륙, 착륙시 기장과 직접 통신이 가능해야 한다.[18]

안전

UAM 항공기는 버티포트(Vertiport) 표면이동 시 원칙적으로 로터(프로펠러)를 정지시켜야 한다. 다만, 버티포트 운영자의 사전승인을 받은 경우 로터 회전을 이용하여 표면이동을

---

[17] 박승대 외(2022), 전북의 도심항공교통(UAM) 기반구축 및 육성방안 연구
[18] 국토부(2021.09) 25년 서울 도심에 도심항공교통(UAM) 전용 하늘길 신설

할 수 있다. 이때 버티포트 운영자는 UAM 교통관리서비스 제공자, UAM 운항자, 기장 등과 협력하여 지상운용의 안전을 확보해야 한다.

버티포트(이착륙장 시스템) 운영자는 UAM 항공기의 에너지 충전 또는 에너지저장장치 교체를 위한 안전확보 방안을 마련하고, 필요한 설비를 구축해야 하며, 관계당국의 승인을 받아 해당 설비를 운용·유지해야 한다. 버티포트 운영자는 승객이 안전하게 탑승장에 진입하여 UAM 항공기에 탑승할 수 있도록 지상조업자 또는 승객인솔자를 교육하고 관리해야 하며, 적정한 안내표시, 마킹, 조명 등을 설치해야 한다. 버티포트 운영자는 버티포트 권역을 감시한다. 비협력적 항공기, 조류 등이 확인된 경우 관련 UAM 교통관리서비스 제공자, UAM 운항자, 기장에게 경고하고 관련 정보를 즉시 공유한다.[19]

비상대응

버티포트(이착륙장 시스템) 운영자는 화재발생에 대비하여 소방법 등에서 요구하는 소방관련 예방 및 비상대응 절차를 마련하고 필요한 설비를 구축해야 하며, 관계당국의 승인을 받아 운용·유지해야 한다. 버티포트 운영자는 비상상황 방지 및 대처를 위해 지역 관계당국(경찰, 소방, 의료 등)과 긴밀히 협조하고 주기적인 예방 및 대응 훈련을 시행해야 한다.

보안

버티포트(이착륙장 시스템) 운영자는 UAM 운용의 안전성 및 효율성 확보를 위해 버티포트(Vertiport) 내 제한구역을 설정하고, 이를 구별할 수 있는 시설을 설치·운용해야 한다. 제한구역 설정과 운용 방안은 관계당국의 승인을 받아 운용·유지해야 한다. 버티포트 운영자는 버티포트 근무자, 기장, 승객 및 휴대물품에 대해 보안검색을 완료한 후 제한구역 진입을 승인하고, 안전교육을 받은 승객에 한해 UAM 항공기에 탑승하도록 규정을 만들어야 한다.[20]

UAS(Unmanned Aerial System) 교통관리서비스 제공자

UAS(교통관리서비스) 교통관리서비스 제공자는 저고도(고도 150m 이하)에서 무인 비행장치의 교통관리와 운항안전을 지원한다. UAS 교통관리서비스 제공자는 UAM 회랑을 지나는 무인 비행장치 비행계획의 공유와 조정, UAM 교통관리서비스 제공자와의 협력, 무인 비행장치 비행관련 정보(비행준비, 이륙, 순항, 착륙, 정상·고장·결함) 등을 공유함으로써 UAM의 안전운항을 지원한다.

기타 국가공역시스템 사용자

기타 국가공역시스템 사용자는 국가공역 내에서 UAM 항공기 이외의 항공기를 운용하는

---

19) 국토부(2021.9) 한국형 도심항공교통(K-UAM) 운용개념서 1.0
20) 오경륜(2022.5), K-UAM 초기 상용화 운용개념 및 UAM Team Korea 소개

사용자이다. 기타 국가공역시스템 사용자는 UAM 회랑을 이용·통과 또는 회피하기 위하여 관련 요구사항을 인지하고 이를 충족시킬 책임이 있다

에어모빌리티 운영전략 2 : UTM

UTM(UAS Traffic Management)운영 개념[21]

UAM 운행은 UTM의 시스템구축과 데이터 관리에서 시작이 된다. UTM운영을 위한 사항을 알아보면, 첫째는 공역 운영 및 관리이다. UTM에서 집중하는 공역은 미국 FAA에서 규정하는 G등급 공역 안의 500ft이하의 고도이다. UTM 공역내에서 고도에 따른 방향 설정 등과 같은 운영규칙도 필요하다. 공역의 고도 분리는 100ft에서 시작해서 드론의 성능 향상에 따라, 그 기준을 조금씩 줄여가는 것을 목표로 하고 있다.

둘째는 외부 데이터베이스 통합(기상정보, 등록DB, 운항DB 등)이다. 기상, 지형정보, NOTAM(안전운항을 위한 항공정보)[22], 공역 정보 등 이미 존재하는 데이터베이스를 API(응용프로그램인터페이스)를 통해 UTM시스템과 연계가 필요하다. 즉 드론 사용자 등록 DB와 같이 UTM을 위해 새로운 데이터베이스 구축과 UTM은 공역관리, 사고 관리 등을 위해 외부 정보늘에 대한 실시간 열람이 가능해야 한다. 이러한 기능을 갖춘 ATM(관제체계) 시스템, 드론 사용자, 타 UTM시스템 및 관련자들 간 상호 정보 전송이나 개별 API(응용프로그램인터페이스)구축이 필요한 것이다.

셋째는 혼잡도(Congestion) 관리 및 분리(Separation) 관리이다. UTM시스템 내에 두 개 이상의 비행경로가 중첩된 상황에서 통행 우선권 설정 등과 같이 관리가 필요하다. 즉 공역 관련 이용규칙준수 사항 등은 허가받은 기관이나 기업에게만 상호정보를 제공할 수 있는 UTM시스템 관리 허가권이 필요한 것이다. 전략적인 관리는 시간분리, 고도분리 등의 실시간 충돌관리가 필요하다. 드론 성능 등급 요건을 설정하여 탐지회피기능(DAA) 적용을 위한 위치 송신은 드론 식별장치와 드론간 통신, 드론-UTM간 통신, 무선통신망 사용 옵션, 위성기반 시스템 등의 소통이다.

넷째는 비정상 상황 관리이다. 드론 비행 중 연료인 밧데리의 고갈, 수하물 취급 불량 등 비상상황 발생시 드론을 안전하게 착륙할 수 있는 지점을 확보할 수 있게 통신라인을 확보

---

21) 항공안전기술원(2021. 4), 무인비행장치의 안전운항을 위한 저고도 교통관리체계 개발 및 실증시험
22) 항공보안을 위한 시설, 업무 ·방식 등의 설치 또는 변경, 위험의 존재 등에 대해서 운항 관계자에게 국가에서 실시하는 고시로 기상정보와 함께 항공기 운항에 없어서는 안 될 중요한 정보이다

하는 통신 이중화 설치이다. UTM시스템 관리자는 911과 같은 심각한 상황이 발생할 것을 대비하여, 모든 사용자들과 직접 통신을 고려하고, 드론 식별장치를 통해 실시간 모니터링이 가능해야 한다.

주요국의 UTM 운영 개념[23]

UTM(UAS(교통관리서비스) Traffic Management) 분야의 운영 관련 주요국의 UTM 개념도를 정리하였다. 먼저 미국을 보면 아래 그림과 같이 FAA에서 UTM을 정리하고, 다음은 유럽의 경우로 SESAR의 UTM을 정리하였다. 즉 UTM(UAS Traffic Management)을 구성하는 이해관계자와 운영체계를 정리한 개념도라고 할 수 있다.

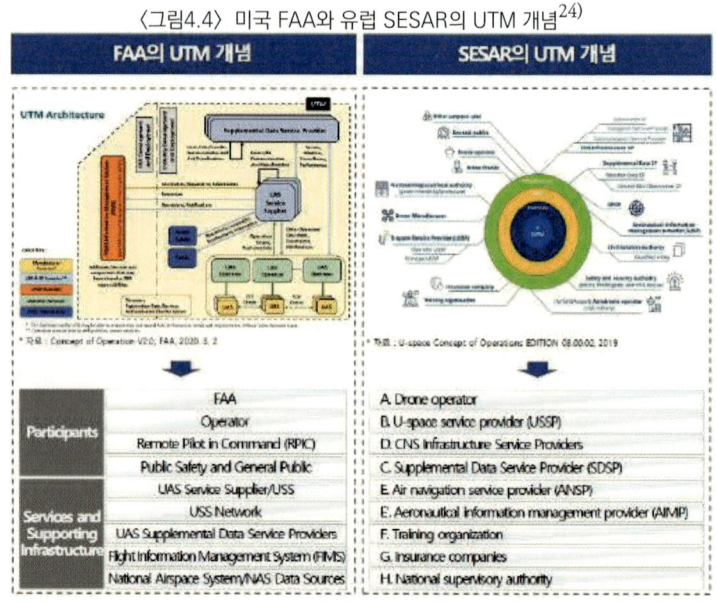

〈그림4.4〉 미국 FAA와 유럽 SESAR의 UTM 개념[24]

그럼 한국의 UTM(UAS Traffic Management)을 개념도를 보면 아래와 같이 유인기와 고고도 무인기, 저고도 무인기의 사항을 정리하였다.

---

23) 박승대 외(2022), 전북의 도심항공교통(UAM) 기반구축 및 육성방안 연구
24) 자료 : iNOSKY(2021.10), 국내외 UTM 현황

<그림4.5> 한국의 UTM개념

자료 : iNOSKY(2021.10), 국내외 UTM 현황

위의 자료와 같이 세계 주요국의 UTM 시스템 구축 관련 기술 동향을 보면 아래 표와 같이 분류를 할 수 있다. FAA(Federal Aviation Administration: 미국연방항공국)와 NASA(미국 항공 우주국)는 TCL (Technical Capability Level)를 기술수준별 4가지로 나누어 설정하고, 상위단계로 갈수록 고도의 기능을 포함한 체계 구축이 필요하다고 했다.

<표4.2> 한국의 드론 육성 제도 및 현황

단계	TCL 1	TCL 2	TCL 3	TCL 4
지역	인구희박지역 (격오지)	인구저밀도지역 (농촌)	인구고밀도지역 (부도심)	인구고밀도지역 (도심)
기술 내용	• 최소의 일반 항공 교통 지역 • 농업, 화재진화 인프라 모니터링 • 조종사에 의한 비상사태 대응	• 비가시권 비행 및 추적 가능 • 비행절차 및 규칙 적용 • TCL1 보다 넓은 범위 적용	• 비가시권 비행 • 드론 간 또는 UTM 간 상호작용 • 공공안전용, 제한된 배송	• 비가시권 비행 • 자율적 드론간의 연결 • 대형 비행상태 완화 • 뉴스 수집, 배송, 개인적 사용
시험 내용	농업, 산불진화, 구조불안전점검	비가시권 비행 및 관련절차 평가	유인기-드론 통합운영을 위한 협력적, 비협력적 드론 추적시험	뉴스영상촬영, 물품배송, 우발사태 위험저감 방안 등에 대한 비행시험
시기	2015년 8월 수행	2016년 10월 수행	2018년 5월 수행	2019년 8월 수행

자료 : 국토부(2021.9) 한국형 도심항공교통(K-UAM) 운용개념서 1.0

<그림4.6> 유럽의 UTM 기술성능 분석

자료 : iNOSKY(2021.10), 국내외 UTM 현황

유럽은 U-space를 활용하여 원격조정부터 완전자율 운항까지 자동화 비행과 비가시권 및 야간비행 등을 가능하도록 시스템을 설계에 반영하였다. 즉 U-space 공간에서 유럽 UTM ConOps(Concept of Operation: 운용준칙)에서는 SORA(Specific Operation Risk Assessment)를 기반으로 드론 비행계획의 운용 위험도를 분석하여 U-space 서비스와 연동하여 운영을 한다.

지금까지 설명한 UTM(UAS(교통관리서비스) Traffic Management) 내용에 대한 정리를 하면 아래 도표와 같다. 핵심기술 분류와 정의를 식별, 감시, 베터리 관리 시스템, 지오펜싱, 충돌회피 등으로 정리를 한 사항이다. 또한 무인기와 드론에 대한 핵심기반, 기술기반, 응용 서비스 기술 등으로 정리를 하였다.

〈그림4.7〉 UTM 핵심기술 분류 및 정의

UTM 핵심기술 분류 및 정의

식별
- 육안식별 – 비행 중 육안으로 식별
- 기계식별 – 무선전파, 레이더 등의 장비
- 수동식별 – Wifi/Bluetooth 등 정보 수신
- 능동식별 – 기지국, 이동 비콘 등 양방향 통신으로 정보 식별

감시
- 카메라 유닛
- 레이더, 라디오 통신 감지기
- 전자광학기(EO)
- 자외선 센서(IR)

배터리 관리 시스템 (BMS)
- 에너지 저장 장치에 대한 동적 제어 및 관리 기능 제공
- 축전기, 일차전지, 이차전지 등
- 관리

지오펜싱
- 지오펜스 = (지리) + (울타리)
- 사용자의 실시간 위치와 출입정보 기록 (위도/경도 지표)
- 지오펜스지역에서는 강제적으로 비행 저지 및 경고 메시지 발송

충돌회피 (Sense and Avoid)
- 기존의 유인 항공기는 사람이 직접 보고 회피하는 *See* and *Avoid* 방식
- 무인항공기의 *Sense* and *Avoid* 방식은 전방주시카메라를 장착하여 전방주시영상과 비행정보 데이터를 통한 충돌위험 대처 기능
  (회피대상: 항공기(드론)간, 지형 및 산악 등 회피)

무인기/드론 분류 및 정의

무인기

핵심 기술
- 항법 및 상황인지 기술
- 자율운항기술
- 자가 건전성 관리 기술
- 지능협업기술
- 원격통제 및 운용기술

기반 기술
- 동력원 및 이동 기술
- 항법제어기술
- 신 무인기 기체 및 플랫폼 기술
- 임무 탑재 센서기술
- 통신 기술
- 보안 및 역기능 억제 기술

응용서비스 기술
- 1차 산업
- 운송
- 공공서비스
- 국토 인프라
- 문화/레저

무인기/드론의 인프라 기술
- 교통 관제
- 운용 인프라
- 안전인증체계
- 불법무인기 관리

자료 : iNOSKY(2021.10), 국내외 UTM 현황

(2) 에어모빌리티 산업전략

인공지능 모빌리티 플랫폼 구축

UAM 스마트 플랫폼

　기존의 지상모빌리티와는 달리 에어모빌리티인 UAM은 도심에서의 공역 및 항공교통 관리, 기존의 지상, 항공 교통체계와의 연계 및 안전성 검증을 위해 완전히 새로운 관리체계 등의 인프라를 구축해야 한다. 이는 기존 항공 공역과 UAM 공역을 나누어야 한다. UAM 공역은 도심 저고도 공역을 사용하기 때문에 주민수용성과 접근성을 확보해야 활성화를 할 수 있다. 특히 UAM 서비스 제공 기업체 및 PAV 비행체 개발 기업체들이 다양한 테스트 또는 시범서비스를 진행할 수 있는 환경도 조성 돼야한다.

　각 기업별 UAM 시범서비스 지역을 보면, Uber기업은 로스엔젤레스와 댈러스를 고려하였고, Wisk기업의 경우는 뉴질랜드에서 시범사업을 진행할 예정으로 알려져 있다. 현대자동차의 경우 Uber와의 협력을 통해 UAM과 PBV를 바탕으로 스마트 모빌리티 솔루션 기업으로 발돋움 하고자 기체를 발표하였으나, 시범 사업 서비스지역을 발표하지 않았다. 인천공항과 협력하여 2025년 '여의도 - 인청공항' 시범사업을 하겠다고 발표를 하였으나, 아직은 구체적인 사항은 알려지지 않고 있다.

　한국의 지자체는 UAM산업 및 UTM구축 활성화를 위해서 '스마트 모빌리티 솔루션' 기업을 지향하는 Uber, 현대자동차, 한화 등 제작업체 및 여러 시스템과 공유경제 관련 기업들과 협력이 필요하다. 정부는 UAM 관련 다양한 비즈니스 모델을 구현해 볼 수 있는 물류기업 중심의 인공지능에 기반한 '스마트 모빌리티 플랫폼' 구축 실증사업을 먼저 추진해야 한다. 이는 개별 기업이 자체적으로 구축하기 힘들기 때문에, UTM은 도심교통네트워크 건물 및 통신망과 같은 인프라 및 도심 인프라와 연계 구축을 해야 하기에 국책사업으로 추진해야 한다. 즉 국책 과제를 통한 실증 사업으로 먼저 추진을 하고, 지자체와 공동으로 거대 에어모빌리티 교통 체계를 지상교통과 연계 구축해야 한다.

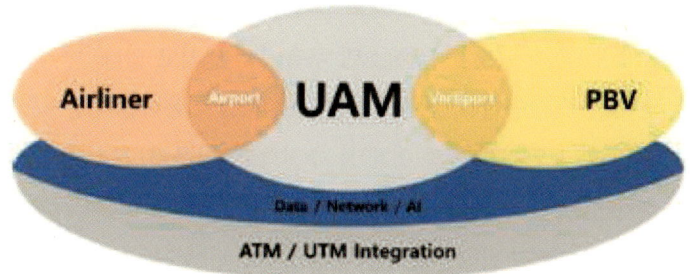

〈그림4.8〉 UAM산업과 스마트 모빌리티

자료 : 국토교통과학기술진흥원(2021.6) 한국형 도심항공교통 기술로드맵

UTM 인공지능 플랫폼[25]

　기존의 지상모빌리티와 에어모빌리티를 중심으로 연계 관리하는 UTM (UAS Traffic Management)은 도심에서의 항공교통의 공역 관리, 지상교통과 항공교통 체계와의 연계, 안전성 검증 관리체계 등을 자동처리(인공지능) 시스템으로 구축을 해야 한다. 또한 UAM 공역은 도심 저고도 공역을 사용하기 때문에 시민들의 안정성을 확보할 수 있는 많은 장치를 개발과 더불어 UTM을 통한 근거리 자동 관리체계를 구축해야 할 필요가 있다.

　그림 인공지능을 활용한 UTM의 보안검색 자동화 사례를 아래 그림과 같이 살펴보자. 항공교통 특성상 탑승객 보안검색이 필수적이나 항공용 보안검색 체계는 시간소요가 과다해 이동시간 증가 우려가 된다. UAM의 시민 접근성을 고려하면, 첨단기술 또는 효율적 운용기법 등을 통해 보안검색 시간을 단축시킬 수 있는 대안 모색이 필요하다.

〈그림4.9〉 UTM의 보안검색 자동화 사례

　우선 첨단 보안장비로 간편한 검색이 필요하다. 이를 위해 간편하고 신속한 보안검색 장

---

25) 국토교통과학기술진흥원(2021.6) 한국형 도심항공교통 기술로드맵

비를 적극 활용하기 위해 정부는 지정 실증노선에 우선 구축해 시범운용을 추진해야 한다. 다음은 보안검색 운용이다. 즉 기술적 해결수단인 첨단 보안장비 구축과 함께 운영적 해결수단으로 선별적 보안검색 실시가 검토되고 있다. 신원이 확실한 이용자는 보안검색을 완전히 면제할 수 있도록 Pre-Check[26]시스템 구축이 추진되고 있다. 마지막으로 항공여객 One Stop 검색이다. 즉 항공여객 중 공항셔틀은 UAM을 이용하는 이용자(공항→도심)에게 보안검색 간소화(공항 보안검색 결과 연계)를 추진하고, 아울러, 도심 내 공항셔틀 이용 시에는 UAM 이용자(도심→공항)는 이지드롭(Easy Drop)[27]과 연계하여 사전 수하물 처리 소요시간을 단축하는 방안도 추진해야 한다.

한국의 UAM 운용서비스 실증 : 김포공항

2021년 9월 정부가 발표한 「K-UAM 운용개념서」에서 보여준 초기 상용서비스 운용형태를 모티브로 하여, 2021년 11월 운용실증에는 UAM의 미래 서비스 운용모델이 적용되었다.

---

[26] 美 교통보안청(TSA)는 탑승자에 대한 신원확인 후 교통시설에서 보안검색 (대다수 공항)을 간소화하는 Pre-check 시스템 구축 운용 중에 있다.

[27]

〈표4.3〉 '25년 초기 상용서비스 운용주체[28]

운용주체	주요 역할	비고
UAM 운항자	• UAM 항공기를 사용하여 유상으로 여객이나 화물을 운송하는 서비스 등 제공. 비행계획 수립 및 운항 주체	UAM 항공사
UAM 교통 관리서비스 제공자(PSU)	• UAM 항공기가 안전하고 효율적으로 운항할 수 있도록 전용회랑 내 교통관리 서비스를 제공하며, UAM 운항자의 비행계획 승인 및 버티포트 내 이착륙구역 할당요청 등 수행	신설분야
버티포트 운영자	• 버티포트 지상·주변공역 관리, 탑승자 보안검색, 승객·이해관계자에게 필요한 지상 서비스 제공	민간참여 개방 검토
운항지원정보 제공자	• UAM 운항자, PSU 등에게 지형·장애물, 기상상황·예보, 소음 등 안전운항 등에 필요한 실시간 (부가)정보 제공	신설분야

* UAM 운항자, 버티포트 운영자, PSU 등 이해관계자 역할은 산업생태계 여건, 다양한 제도화 방향, 운용모델, 실증사업 결과 등을 고려하여 조정 가능

우선 K-UAM 서비스흐름 관련 실증이다. 비행시연과 연계해 UAM 운항자(항공사), 교통관리서비스 제공자, 버티포트 운영자 등 가상의 운용주체들을 가정하고, 서비스 흐름에 따라 이착륙 비행 승인, 탑승예약, 도심형 보안검색, UAM 하늘길(회랑), 지상환승, 교통관리 개념 등을 적용했다. 공항관계자와 UAM 주요 기관들이 참여해 상용서비스 제공자 관점에서 공항환경에서의 운용개념을 실증했다. 공항을 이용하는 UAM 승객은 실증에서와 같은 운용개념이 적용되면 다음과 같은 흐름(예시)으로 서비스를 제공받게 된다.

---

[28] 국토부(2021.9) 한국형 도심항공교통(K-UAM) 운용개념서 1.0

<표4.4> K-UAM 서비스 흐름[29]

- 국제선으로 입국한 승객은 애플리케이션으로 목적지를 지정하고, 입국장 전용출구와 연결된 버티포트의 신속 보안검색 시스템 통과
- 게이트에 설치된 화면으로 안전교육을 이수한 후 UAM에 탑승하여 기장의 안내에 따라 안전수칙 숙지
- 기장은 이륙 전 조종석 모니터를 통해 회랑과 도착지의 통신 및 기상상태를 최종 확인하고, 비상착륙지점도 체크
- 승객은 지상과 같은 수준의 이동통신서비스를 제공받고, 버티포트 착륙시간에 맞춰 최종 목적지까지 이동할 환승차량(택시) 정보를 확인
- 도착할 버티포트 인근에서 착륙지점을 배정받은 기장은 조종석 화면 안내에 따라 고도를 낮춰 착륙하고, 승객은 배정된 차량에 환승 후 최종 목적지 도착

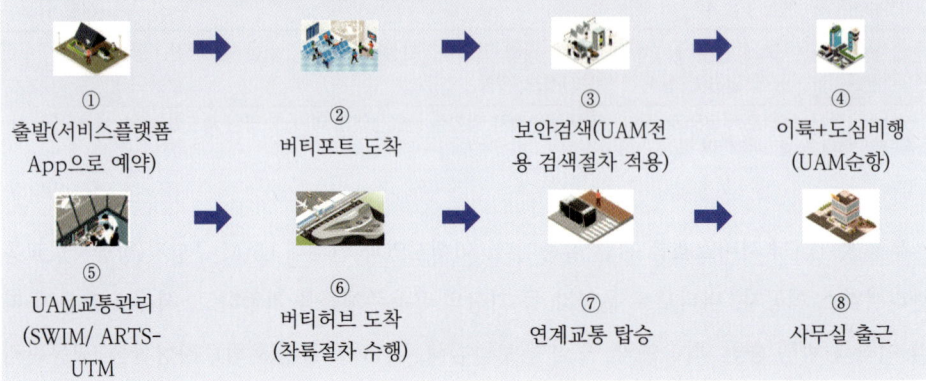

① 출발(서비스플랫폼 App으로 예약)
② 버티포트 도착
③ 보안검색(UAM전용 검색절차 적용)
④ 이륙+도심비행 (UAM순항)
⑤ UAM교통관리 (SWIM/ ARTS-UTM)
⑥ 버티허브 도착 (착륙절차 수행)
⑦ 연계교통 탑승
⑧ 사무실 출근

    이 실증에는 모바일 애플리케이션이 활용됐다. 탑승시간과 목적지만 입력하면 환승수단도 자동으로 지정·배차된다는 개념이다. 실증 현장에는 기체에서 내린 승객이 최종 목적지까지 지체 없이 이동할 수 있도록, 착륙시간에 맞춰 배정된 차량이 도착하는 장면이 구현됐다. 여기에는 UAM이 다른 교통수단과의 끊김없는(seamless) 연결이 이루어진다면, 주요 모빌리티의 하나로 성장할 것이라고 했다.

    또한 UAM 이착륙장인 버티포트 운용구상도 공개됐다. 실증장소는 공항 내부 서울김포비즈니스항공센터(SGBAC)에 마련된 소규모 대합실과 간이 검색시설을 통과하도록 배치되었다. 한국공항공사가 제작한 공항형 버티포트의 모형이 전시되어 눈길을 끌기도 했다. 버티포트에 적합한 신속 보안검색 장비(R&D)도 비치되어 보안검색의 정밀성은 높이고 승객의 대기시간은 줄이는 UAM 서비스 개념을 경험할 수 있었다.

    다음은 교통관리기술 관련 실증이다. 공항환경에서 UAM을 운용하기 위해 국내에서 개발 중인 첨단교통관리기술을 비행시연과 접목하고 장비 등을 전시했다. UAM은 기체뿐만 아니라 교통관리 분야에서도 아직 세계적인 표준이 확립되지 않은 상황으로, 각국의 기술경쟁이 치열하다. 이번 실증에서는 「국가항행계획 2.0」에 따라 개발 중인 "글로벌 항공정보종합관

---

[29] 국토부(2021.11) 한국형 도심항공교통(K-UAM) 김포공항 종합실증

리망"(SWIM[30], 2025)에 UAM 비행정보를 연동하여 기존 국내·국제선과의 통합 모니터링을 실시했다. SWIM의 표시 화면에는 항공기와 UAM의 비행상황 등 필수 항공정보들이 한꺼번에 표시되었다.[31]

이번 시연 중인 UAM 조종사와 지상통제소의 연결은 항공무선통신(VHF/ UHF)외에도 상용통신망을 이용할 수 있도록 준비했다. 즉 안전성 검증을 통해 상용통신망을 UAM 교통관리에 활용한다는 정부의 운용개념에도 부합하는 대목이다. NASA 등에서 UAM 교통관리 기법의 하나로 제시하고 있는 "실시간 영상감시" 기술도 선보였다. 공항에 설치된 영상추적 장비가 시연항로와 이착륙 상황을 자동으로 추적·감지하기도 했다. 이 현장에서는 UAM의 안전착륙을 유도하는 특허기술로서 버티포트 항공등화 장비도 소개되었다. 도시공간에서 UAM 교통관리 변화 예측 시뮬레이션이 가능한 3D 디지털 트윈 기술이 소개되었다. 서비스제공자와 정밀한 교통관리 간 실시간 정보공유가 가능한 민간개발 UAM 교통관리기술과 운용개념도 전시되었다.[32]

에어모빌리티 산업육성 전략

글로벌 UAM산업 주요 로드맵[33]

다수의 시장 분석 기관에 따르면 UAM산업은 2026년경 실증을 거쳐 2030년 전후로 상업서비스에 진입하여, 2035년경 변곡점을 도달하여, 2040년에는 크게 성장할 것으로 예상하고 있다고 한다. 그러나 기술발전의 속도가 너무도 빠르게 진행되고 있기에, 예측보다 약 6-7년은 앞당겨 질것으로 보인다. 이에 따른 전세계 UAM산업 시장규모는 약1,500억 달러에 이를 것으로 전망된다. 미국, 유럽, 중국 등 세계 여러 나라에서는 도심지역 인구과밀화로 인한 교통체증과 환경문제 해결수단으로 도시의 공중공간을 활용하는 신개념 교통체계인 UAM 도입을 서두르고 있다.[34]

2022년 전 세계에서 상업적 목적으로 운용되는 비행 기체 숫자는 약 2만 6천대 규모이

---

30) SWIM(System Wide Information Management의 약자) : 항공교통관리 정보들을 정보교환모델을 이용하여 표준화하여, 이용자가 효율적이고 쉽게 항공 정보를 활용할 수 있도록 멀티미디어 형태로 제공하는 차세대 항공교통관리정보 인프라
31) 국토부(2021.11) 한국형 도심항공교통(K-UAM) 김포공항 종합실증
32) 정보통신신문(2021.11), 에어택시 UAM, 어떻게 추진되나
33) 국토부·과기정통부·국무조정실(2021), 드론 규제혁파 로드맵
34) 국토교통부(2021.03) UAM, '25년에 상용화, '35년에는 대구까지 간다

고, 1일 운행 횟수는 약 10만회 정도로 파악되고 있다. UAM산업 발전에 따라 2035년 이후 전 세계 비행 기체 숫자는 약200만대 규모로, 1일 운행 횟수는 약 2천만회 이상이 될 것으로 추정된다. 전 세계 UAM산업에 가장 큰 영향력을 미치고 있는 Uber의 계획에 따르면 UAM 서비스를 위한 비행 기체 개발의 경우 2023년에는 주요 기업들의 실증 테스트를 통해 기체의 안정성을 실험할 것이고, 2025년에 10~50대 수준의 소규모 생산을 하면서 주요 국가들이 구간별 테스트가 이루어지면서 현실 적용테스트가 있을 예정이다. GAMA(General Aviation Manufacturers Association)에 따르면, 2027년경에 FAA에서 근거리 전기추진 수직이착륙기에 대한 규정이 마련된 후, UAM 시범서비스가 가능할 것으로 예상되고 있다.[35]

UAM은 새로운 교통수단인 만큼 실제 운영을 가정한 시나리오[36]를 바탕으로 필요한 기술을 발굴하고, 목표를 설정하는 과정을 거쳤다. 그 결과 안전성, 사회적 수용성이 확보될 경우 기술개발을 통해 교통수단으로서의 경제성 확보가 가능할 것으로 분석되고 있다. 2035년 성숙기가 되면 배터리 용량 증대 및 기체 경량화에 힘입어 비행가능 거리도 300Km(서울~대구 정도) 이상으로 증가하게 되고, 속도도 '25년 150km/h에서 300km/h 이상으로 빨라질 것으로 예측이 된다. 또한 UAM과 자동차 등은 자율비행, 야간운항이 가능해지고, 이착륙장 구축 및 증설에 따른 노선 증가와 기체양산 체계 구축으로 규모 경제가 실현되어 요금현실화로 이어진다면, 교통수단으로서의 대중화가 가능해질 것으로 보인다.

〈표4.5〉 시대별 UAM 시장 변화와 형태

구분		초기(2025~)	성장기(2030~)	성숙기(2035~)
기체	속도	150km/h(80kts)	240km/h(130kts)	300km/h(161kts)
	거리	100km(62miles)	200km(124miles)	300km(186miles)
	조종형태	조종사탑승	원격조종	자율비행
항행/교통	교통관리체계	유인교통관리	자동화+유인교통관리	완전자동화 교통관리
	비행회랑	고정식	혼합식	혼합식
버티포트	노선/버티포트	2개/4개소	22개/24개소	203개/52개소
	이착륙장/계류장	4개/16개	24개/120개	104개/624개

---

35) GAMA(2022), FAA에서 Joby JAS4-1 전동 리프트 항공기에 대해 제안된 감항성 기준 발표
36) 초기('25~'29), 성장기('30~'34), 성숙기('35~) 등 주요 3단계로 시장을 구분

기타	기체가격	15억원	12.5억원	7.5억원
	운임(1인, km당)	3,000원	2,000원	1,300원

자료 : 국토교통과학기술진흥원(2021.6) 한국형 도심항공교통 기술로드맵

한국의 현대자동차와 Uber는 공동으로 2028년 UAM서비스 제공을 목표로 비행기체 개발을 진행하고 있다. 한국항공우주연구원에서도 수행중인 미래형 도심 개인이동수단(OPPAV; Optional Pilot Personal Air Vehicle) 개발 사업의 경우, 2024년 개발 완료될 예정으로 약 50km 비행이 가능한 1인승 비행체 개발을 목표로 하고 연구를 추진 중에 있다.

주요 기업들과 정부의 연구 기술로드맵의 핵심은 "안전성, 수용성, 경제성, 지속가능성, 상호발전"을 핵심 목표로 한 추진전략을 세우고 있다. 먼저 기체 및 승객 안전성 확보를 위한 기술이 최우선적으로 개발되어야 한다. 즉 기상변화, 충돌 등 위험요인을 대비한 고신뢰 안전성 기반 시스템의 설계·제작 및 인증, 시험평가 등을 통해 기체 안전성을 높인다. 또한 K-드론시스템과 연계한 UAM 운항에 대해 UTM을 통해 관제절차, 실시간 기상, 재난정보 등을 고려한 최적 비행경로시스템 등을 지원한다. 특히 운용범위(고도·거리·빈도) 등을 고려한 공역설계, 다중통신, 정밀항법 등 UAM용 항행관리 기술 개발을 통해 안전성을 확보해야 한다.

〈그림4.10〉 UAM산업과 스마트 모빌리티

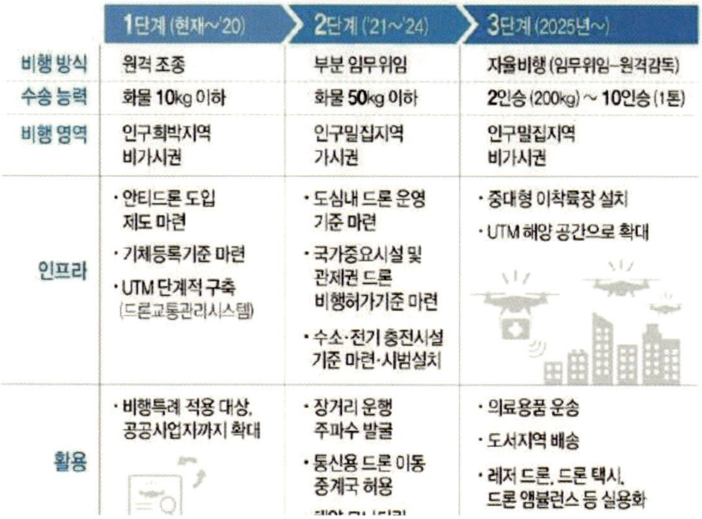

	1단계 (현재~'20)	2단계 ('21~'24)	3단계 (2025년~)
비행 방식	원격 조종	부분 임무위임	자율비행 (임무위임-원격감독)
수송 능력	화물 10kg 이하	화물 50kg 이하	2인승 (200kg) ~ 10인승 (1톤)
비행 영역	인구희박지역 비가시권	인구밀집지역 가시권	인구밀집지역 비가시권
인프라	· 안티드론 도입 제도 마련 · 기체등록기준 마련 · UTM 단계적 구축 (드론교통관리시스템)	· 도심내 드론 운영 기준 마련 · 국가중요시설 및 관제권 드론 비행허가기준 마련 · 수소·전기 충전시설 기준 마련·시범설치	· 중대형 이착륙장 설치 · UTM 해양 공간으로 확대
활용	· 비행특례 적용 대상, 공공사업자까지 확대	· 장거리 운행 주파수 발굴 · 통신용 드론 이동 중계국 허용	· 의료용품 운송 · 도서지역 배송 · 레저 드론, 드론 택시, 드론 앰뷸런스 등 실용화

자료 : 국토부·과기정통부·국무조정실(2021), 드론 규제혁파 로드맵

다음은 교통수단으로서 국민들의 수용성을 증대하는 친화기술을 개발한다. 즉 저소음·저탄소 등 수용성 높은 교통수단이 될 수 있도록, 친환경 연료를 통한 대기오염감소, 저소음 추진 장치 등을 개발해야한다. 또한 정시성·안전성 제고를 위한 스케줄링 및 도심 장애물, 기상위험에 효과적으로 대응할 수 있는 정보수집 및 분석 기술을 마련해야 한다.[37]

정부에서 추진하고 있는 드론분야 관련 선제적 규제혁파 로드맵에 따르면, UAM서비스를 목적으로 도심과 같은 인구밀집지역 및 비가시권 비행 영역에서 2인승~10인승 규모의 비행체를 운용하기 위한 규제정비는 2025년 이후에 이루어질 것으로 예상되고 있다. 이와 같이 국내 및 글로벌 UAM산업은 각 기업별, 국가별 성장 동력으로 설정이 되어 체계적으로 추진되고 있기 때문에, 관련 주요 UAM 이슈들을 고려하면서 UAM산업 육성전략을 마련해야 할 때이다. 국내외의 UAM산업 이슈별 마일스톤(이정표)은 아래 그림과 같다.

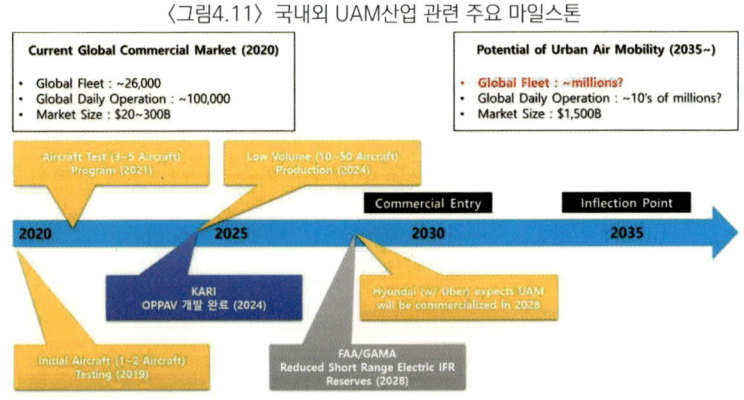

〈그림4.11〉 국내외 UAM산업 관련 주요 마일스톤

자료 : 국토교통과학기술진흥원(2021.6) 한국형 도심항공교통 기술로드맵

한국의 UAM 육성전략 로드맵[38]

동아시아 시대 도래에 있어서, 한국은 UAM산업 육성을 통해 동아시아 교통물류의 중심이자, 글로벌 초연결사회의 허브로 도약하기 위한 조건을 갖추고 있다. 이 교통물류의 중심에는 UAM 교통혁명이 있다. 이 혁명의 UAM의 기체의 속도는 400km/s이며, 이동거리는 1500km일 거라고 한다. 이 기술혁신을 위해 각국과 기업들은 기술개발을 위해 단계별 기술전략을 세우고 있고, 한국도 진흥 전략을 수립하고 있다. 이 전략은 전체적인 기술 환경을 고려한 한국형 UAM 기술개발 전략으로 추진하되, 선진 기술과의 연계를 통한 공동개발도 좋은 전략일 것이다.

---

37) 국토부·과기정통부·국무조정실(2021), 드론 규제혁파 로드맵
38) 국토교통과학기술진흥원(2021.6) 한국형 도심항공교통 기술로드맵

한국형 전략을 살펴보면, 첫째, 1단계 (2022~2025)로 UAM산업 준비기이다. 주요 기업들의 UAM의 기체 개발과 UTM시스템 개발을 위한 산업 활성화에 단계이며, 기술적, 경제적, 사회적 문제에 대한 선제적 실증을 통해 발견되는 문제점과 해결책을 제시하여, 운행에 필요한 필드 테스트를 하는 테스트베드 조성기라고 할 수 있다. 즉 도심 항공교통 인프라를 구축하고, 시험평가 설비 조성, 인증기관 구축 등 운행에 관한 모든 사항을 테스트하는 시기이다.

둘째, 2단계 (2026~2029)로 UAM산업 역량 축적기이다. 주요 기업 및 중소기업들의 UAM 기체 및 UTM 시스템 산업에 진입하는 시기로, 산업의 장벽을 낮추어 다양한 산업 주체인 기업들의 적극적 참여를 유도하는 시기이다. 특히 UAM산업으로 도약할 수 있는 플랫폼을 구축하고, 기업간 국가간 협력과 제도를 마련하여, 교통물류 산업으로 도약하는 시기이다. 즉 중·단거리 UAM 시범서비스 시행을 통해 운행에 필요한 구체적인 사항을 검토하고, 운영과 정비 기업들을 육성한다. 또한 전자장비 및 전기전자산업 클러스터를 조성하여 산업의 안정적 발전을 준비하는 시기라고 했다.

셋째, 3단계 (2030~2034)로 UAM 상용화시기로 도약기이다. UAM 기체와 UTM 시스템의 안정화로 구축된 인프라 및 후방산업 역량을 구축하고, 국가간 운행에 필요한 제도를 정비하여, 중단거리 운행의 제도를 완비하는 시기이다. 각 기업별 UAM 완성기체 생산시설 유치 및 지역별 버티포트 관련 UTM시스템 설치를 통해 안전 운항을 최종 점검하고, UAM산업 대중화를 위한 거점도시가 생성되는 시기이다. 즉 중·장거리 UAM 운행 시범서비스가 시행되고, UAM 기체 및 UTM 시스템 구축을 통해 운행 시스템 점검과 주요 기업들의 생산 및 시스템 기업 유치로 주요 거점도시가 탄생할 것이라고 했다.

넷째, 4단계 (2035~)로 UAM 교통물류산업의 성숙기이다. UAM의 중단거리 교통물류 서비스를 대중화하는 과정을 통해 확보한 노하우를 바탕으로 한국형 UAM 사업모델을 구축하고, 주요 근거리 나라들과의 교통물류 조약을 통한 운행 환경을 조성한다. 또한 글로벌 생산기업, 플랫폼 유치 및 한국의 주요 기업과 생산시설 및 제품의 해외진출과 수출을 확대한다. 즉 UAM 서비스 대중화와 기업체 및 제품들의 해외진출이 활성화 되는 시기라고 할 수 있다.

(3) 에어모빌리티와 서비스전략

플랫폼 기업과 모빌리티

기술기업과 플랫폼서비스 현황

초연결, 인공지능, 3D프린팅 등 4차 산업혁명 원천기술은 기술간의 융·복합 기술을 통해 양자컴퓨팅, 사물인터넷, 5G통신, 드론, 로봇, 빅데이터, 블록체인, VR·AR, 3D프린터 등 새로운 응용기술을 탄생시켰다. VR·AR 기술은 가상세계(사이버물리)를 모델링한 것으로 초지능, 초연결 기술간 융합으로 현실세계와 센서, 컴퓨터(GPU), 액추에이터 등 기술을 사용하고 있다. 빅데이터와 머신런닝, 딥러닝 알고리즘을 갖춘 인공지능 통해 자율적으로 운영하는 단계를 향상시켜 사전예측, 모델링으로 더욱 정밀도를 높였다.

〈그림4.12〉 사이버물리시스템[39]의 개념

자료 : 한국과학기술평가원 홈페이지

---

[39] 이종 시스템들이 상호 연동되는 초연결 및 사물인터넷 실현을 위한 기술로서 센서와 액추에이터를 갖는 물리시스템과 이를 제어하는 컴퓨팅이 강력하게 결합된 네트워크 기반 분산 제어 시스템이다. 센서와 엑추에이터를 이용해 물리 프로세스를 모니터링 함으로써 물리시스템에 새로운 특성과 능력을 제공하는 것이다.
사이버물리시스템은 무인자동차 및 제조공정 등 자율적인 물리시스템 제어를 목표로 한다. 사이버물리시스템은 물리시스템과 제어 SW 간의 관계를 설계 단계부터 단순화, 체계화하여 신뢰성을 예측 가능한 수준으로 개발하고 운영·관리하는 것이 핵심이다. 독일의 경우 인더스트리 4.0을 통해 제조업과 같은 전통 산업에 IT를 결합, 사이버물리시스템을 통해 지능형 스마트 공장 구현으로 생산성 증가 등 신부가가치 창출하려고 노력하고 있다.(지형 공간정보체계(이강원·손호웅2016. 1))

4차 산업혁명의 기술들은 AI를 바탕으로 자동화된 세상을 추구하고 있고, 그 중심에 첨단화된 자동차·항공 산업이 거대기업의 기술패권 경쟁속에서 물류 자동화가 출발점이 되고 있다. 거대기술 기업은 사업을 통해 새로운 가치를 제공하겠다는 점에서 플랫폼비지니스의 혁명을 강조한다. 구글은 드론과 자율주행을 통해 이용하기 쉽고 편한 세상을 만드는 것이 미션이다. 아마존은 음성인식을 통해 모든 시스템이 조작 가능한 자율시스템을 개발해 보급하겠다는 미션이 새로운 플랫폼비지니스 구축으로 실현되고 있다.

그 새로운 미래 비즈니스의 특징은 첫째 플랫폼 생태계 구축이다. 단일 상품이나 서비스가 아닌 시스템을 제공함으로써 시장서비스를 '규모의 경제, 범위의 경제, 속도의 경제'로 확대하고 있다. 아마존의 사업부문을 살펴보면, 아마존 에코의 플랫폼과 아마존 알렉사 사업서비스를 담당하면서 큰 생태계를 형성하고 있다. 차량용 AI비서를 자동차에 탑재하여 결국 자동차 사업까지 사업 구조를 형성한 셈이 되었다.

둘째, 사용자 경험을 중시하는 점이다. 사용자 경험은 언어로 표현되기 때문에 각 나라의 언어로 스마트폰 비즈니스에 접근했다. 손안의 스마트폰을 이용하여 쇼핑을 하는 시대로 주문과 배송이 최단시간에 이루어지도록 사용자 시스템을 만들어 비즈니스 환경을 혁신했다. 사용자 경험을 극도로 발전시킨 것이 자율주행으로 사람이 운전하는 것보다 안전하기 때문에, 테크놀로지를 이용해 100m앞의 보이지 않는 도로의 상황을 예측할 수 있다.

셋째, 인공지능과 빅데이터의 활용이다. 거대 테크놀로지 기업은 모든 채널로부터 고객의 빅데이터를 수집해 인공지능(AI)으로 분석을 하여 정확하고 진화된 서비스를 사용자에게 제공한다. 집단의 고객에서 그치지 않고, 한명의 고객을 타겟으로 실시간 상황까지 압축한 0.1 세그먼테이션에 활용하기 때문에 고객의 평가는 높다. 아마존이 파는 것은 좋은 상품뿐만 아니라 좋은 서비스이자 좋은 사용자 경험이라는 뜻이다.

구글의 자율주행차 사업

구글은 2009년에 자율주행 사업을 시작하여, 2010년에는 카메라, 라이더, 레이더를 탑재한 자율주행차를 개발했다. 2012년에는 시각장애인을 태운 테스트 주행을 했고, 미국 최초로 자율주행차 전용 면허를 취득했다. 2016년에는 BMW가 핸들, 액셀레이트, 브레이크 등이 없는 자율차를 발표함에 따라서, 구글은 자율주행 자회사인 웨이모를 설립하여 좀더 본격적으로 사업화를 시작했다. PC에서 모바일로 변신을 넘어 AI로 변신을 선언한 것이다. 즉 검색, 지메일, 유튜브, 안드로이드 등 인터넷서비스에서 AI까지 확장을 한 테크놀로지 기업으로 탈바꿈한 것이다.

구글의 탈바꿈은 2017년 인공지능 알파고와 바둑 챔피언과의 대결에서 인공지능의 승리로 세계의 화재를 일으킨 사건에서 시작됐다. 기계의 시대가 도래하고 있다는 의미로 구글은 알파고의 기반이 된 기계학습인 텐서플로(Tensor Flow)를 공개했다. 많은 개발자들은 구글의 제품을 활용함으로써 구글 중심의 생태계가 구축되고 있다고 생각했다. 더 나아가 반도체 TPU(Tensor Processing Unit) 양산을 발표하면서, AI 테크놀러지 기업을 선언했다.

구글은 인터넷 중심의 구글, 자율주행 중심의 웨이모, 지주회사 알파벳 세 곳으로 분류되어 있다. 먼저 구글의 미션은 전 세계의 정보를 세계화하여 모두가 편리하게 검색할 수 있도록, 검색 도구뿐만 아니라 정보를 체계화하는 것이다. 구글이 그리는 스마트 사회는 운전을 완전히 AI에 맡기고, 사람은 차안에서 각자 자기시간을 보낼 수 있는 세상이다. 다음으로 웨이모 미션은 자율운전 기술을 통해 누구나 편하고 안전하게 외출해 모든 일이 활발히 잘 돌아가는 세상이다. 마지막으로 알파벳 미션은 당신의 주변 세상을 이용하기 쉽고 편하게 만드는 것이다.

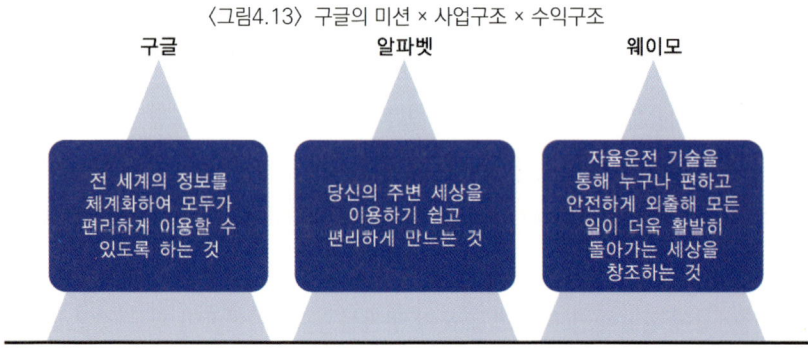

〈그림4.13〉 구글의 미션 × 사업구조 × 수익구조

자료 : 구글 홈페이지

구글의 목적은 오픈 플랫폼으로 OS를 전개함으로써 고객 접점을 늘리고 최종적으로는 광고 수익을 증가시키는 것이다. 많은 완성차 제조사에서 구글이 만드는 차량용 OS를 사용하도록 하는 것이다. 즉 테크놀로지 기업으로써 IOT의 중요한 일부가 자율주행차라는 인식하에 고객 데이터 수집하고, 빅데이터-AI를 통해 고객에 맞는 서비스와 광고를 제공하는 것이다. 구글은 고객들이 더욱 스마트한 사회시스템으로 변혁하고자 하는 생각을 갖고 사업을 전개하는 것이다.

아마존의 물류자동화 사업

　아마존은 물류에 로보틱스를 도입해 자동화된 효율적인 상품 관리시스템을 구축하였고, 이 시스템에 드론, AI, 로봇, IOT 등을 세팅했다. 아마존은 자율차를 본질적으로 로봇으로 정의하였기 때문에, 배송의 효율화를 위해 자율주행 기술 전문팀을 꾸려서, 자율시스템과 자율차를 연구하게 하였다. 2017년에는 자율주행차 관련 특허를 취득했고, 이 기술은 간선도로망에서 여러대의 자율차를 제어하고, 차선을 식별하는 기술이다. 아마존은 이런 기술들이 물류에서 실현되면 상품배송 속도와 비용들이 대폭 삭감될 수 있으므로, 물류망 정비 및 자율차 개발에 뛰어든 것이다.

　아마존고1호는 2018년 무인 슈퍼마켓을 일반인 대상으로 시애틀에 오픈을 했다. 스마트폰을 게이트에 대면 아마존 ID를 인식하고, 매장에서 상품을 골라 담고 난 후 매장 밖으로 나올 때 자동 결제를 하는 시스템이다. 여기에 이용되는 기술은 자율주행 기술과 유사하다. 완전자율주행의 실험장이 '아마존고'이듯, 응용 사업들을 개발하여 런칭하고 있다. 아마존은 딥 러닝을 통해 AI가 고객의 행동을 심층학습하고 고속으로 PDCA(Plan(계획)-Do(실행)-Check(평가)-Act(개선)의 4단계를 반복하여 업무를 지속적으로 개선을 하고 회전시켜, 고객의 경험 가치를 높여가고 있다.

　아마존의 수익구조를 보면, 지역적으로는 북미에서 60%가 이뤄지고, 사업 분야에서 수익은 70%가 컴퓨팅(AWS-Amazon Web Service)에서 발생하고 있다. 사업 수익은 온라인 서점부터 가전, 생활용품, 패션까지 에브리싱 스토어로 발전했다. 또한 물류, 클라우드, 무인편의점, 동영상스트리밍, 우주사업 등 에브리싱 회사까지 발전했다. 미션에서 사용자 경험을 추구하고 있기 때문에, 사용자 인터페이스가 되는 자동차 하드웨어부터 소프트웨어 서비스까지 사업영역을 확대하고 있다.

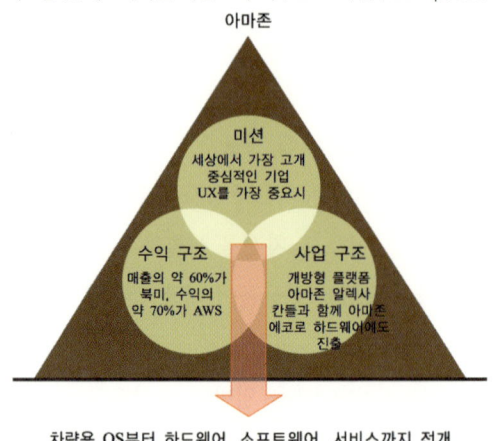

자료 : 아마존 홈페이지

　아마존의 무인편의점, 우주사업, 드론사업 등까지 진출하려는 것은 자율주행기술을 활용하여 만들어진 무인 자동화 사업의 성격이라고 할 수 있다. 즉 무인시스템과 완전자율주행은 로봇과 드론을 넘어 우주사업과 사업적 연계도 시도하고 있다. 이런 시도는 철저한 안전성을 갖춘 사용자 인터페이스 통해 아마존 자율차를 완성하는 것이다. 아마존은 2019년에 가정용 로봇을 판매하기 위해 카메라, 소프트웨어 등 AI시스템 및 로봇카와 연계하고 있고, 빠른 시일 안에 상용화를 위한 중장기 전략을 세웠다고 한다.

스마트서비스와 지능모빌리티

자율주행과 스마트서비스

　디지털시대에 인간의 모든 행동은 기록이 되면서 분석이 되어 다시 활용이 되고 있다. 아침에 일어나 스마트폰으로 뉴스를 보고, 집을 나와서 자동차를 타고 회사에 출근, 퇴근하는 모습이 폐쇄회로에 기록되고, 교통카드, 신용카드, 출입카드 등은 관련 서버에 기록되어 분석이 되어 활용되고 있다. 구글, 페이스북, 스페이스엑스, 네이버, 카카오 및 백화점, 신용카드 등의 회사가 개인의 디지털 기록을 빅데이터 분석을 통해 활용하기 위해 경쟁을 한다.

구글은 크롬[40] 브라우저로 사용자의 인터넷 행동을 기록하고, 안드로이드[41] 운영체제로 사용자의 모바일 행동을 추적 기록한다. 또한 광고플랫폼과 검색시스템은 사용자의 구매 심리와 행동 특성도 분석 기록하고, 구글 번역기는 사용자의 정보 추구 심리와 특성을 분석 기록을 한다. 이렇게 사람이 행동에 의해 만들어낸 모든 데이터는 수집, 분석, 활용되고 있다. 더욱이 스페이스엑스[42]는 우주에 인공위성을 띄워 훨씬 많은 데이터를 수집하고 분석하려 한다. 이제는 데이터를 갖지 않은 기업과 나라는 데이터 기업과 나라와 경쟁 자체가 될 수 없다. 정보전쟁의 시대를 넘어 기록과 분석·활용의 시대인 것이다.

기업은 더 적극적으로 데이터를 수집하고 분석·활용하기 위해 데이터 플랫폼을 개발한다. 브라우저, 운영시스템, 검색시스템, 웹사이트, SNS, CCTV, 번역기, 인공지능 비서 등을 통해 수집한다. 향후 새로운 시스템인 드론과 자동차에서는 데이터의 수집과 분석을 넘어서, 활용을 통해 동작이 스스로 이루어지는 자율자동화 기계가 새롭게 구축이 되고 있다. 즉 자율자동차는 사람의 행동이 아닌 자동차 스스로 빅데이터 분석을 통해 경로를 설정하고 센서 분석 결과를 통해 이동하는 것처럼, 기계의 결정과 기계 스스로 분석과 작동하는 기계시스템이다.

수많은 IOT 기계에서 수집된 데이터는 대규모 데이터센터에서 저장과 분석을 통해 빅데이터 형태로 특정한 정보로 저장되어, 집단의 변화나 트렌드 분석 자료로 정리되어, 기술과 정책 개발이나 서비스와 마케팅 등에 반영과 활용을 한다. 또한 개별화된 스몰데이터 형태로 개인맞춤형 제품이나 서비스를 제공하기 위해 분석된다. 현재의 인공지능은 데이터의 양이 커질수록 수집된 데이터를 정밀하게 분석하고, 효율성과 정확도를 계속 높여나가고 있다. 즉 개인들의 선호 브랜드, 디자인색상, 구매방식, 구매주기와 요일, 날짜, 선호매장, 사용 신용카드 등을 분석하면 소비자는 이를 피할 수 없다. 인공지능은 빅데이터를 활용한 수많은 활용 데이터를 만들 것이다. 그중 자율주행차는 도로의 수많은 데이터와 네비게이션 데이터를 분석하여 자율주행 환경을 만들어 낼 것이다.

아마존이 설립한 블루오진은 카이퍼(Kuiper) 프로젝트를 통해 2024년까지 지구 저궤도

---

40) 크롬: 구글에서 독자적인 웹브라우저를 확보할 목적으로 오픈 소스 웹브라우저인 모질라 파이어폭스(Mozilla Firefox) 개발팀을 스카우트한 후, 2008년 12월 11일에 정식으로 발표한 웹브라우저이다. 2015년 5월 기준 전세계 웹브라우저 점유율 1위를 차지한 바 있다.

41) 구글과 핸드폰 업체들이 연합하여 개발한 개방형 모바일 운영체제이다. 2007년 11월에 최초의 구글폰인 HTC의 Dream(T-Mobile G1)에 안드로이드 1.0이 탑재된 것이 시작이다.

42) 2002년 설립된 미국의 민간 우주개발업체. 스페이스X는 2008년 민간기업으로서는 최초로 액체연료 로켓 '팰컨1(Falcon1)'을 지구 궤도로 쏘아 올렸으며, 2016년 4월에는 로켓의 해상 회수에 성공하면서 로켓 재활용 시대를 열었다.

에 인공위성 3236개를 띄워 연결하는 광대역 인터넷 서비스를 기획하여 추진하고 있다. 세계인구의 약 40% 정도인 33억 명에게 인터넷을 공급하는 프로젝트로 2025년까지 인구 곳곳에서 초고속 인터넷을 사용할 수 있다는 설명이다. 이런 우주 인터넷 사업자들은 전세계 사용자에게서 모든 디지털 행동에 관한 정보를 수집하여 분석 활용할 수 있다. 즉 통신사용자의 빅데이터와 스몰데이터 분석을 통해 유통서비스에 활용을 한다면, 아마존 기업은 엄청난 매출 상승이 일어날 것이다. 그 이유는 2019년 매출의 35%가 사용자 데이터 분석에서 일어났기 때문이다.

스마트플랫폼과 기술혁명

초고속 대용량의 5G통신이 2019년부터 상용화되면서 스트리밍 시장은 지각변동을 하고 있다. 홀로그램[43]과 같은 삼차원 영상과 실시간 강연이나 공연 등이 언제 어디서나 대용량 콘텐츠를 이용할 수 있게 되었다. 즉 자율주행차나 드론에서 3D영상을 촬영하여 데이터 센터에 보내고 분석하여 받는 것이 자유롭게 되었다. 모든 세상을 하나로 연결하는 초고속 대용량 데이터 망이 구축되었고, 자동화 세상으로 가는 기초가 만들어졌음을 의미한다.

언제 어디에서나 존재한다는 유비쿼터스(Ubiquitous)가 20년이 지나서 기술의 완성도는 5G에 의해 급속도로 높아졌다. 원거리에 있는 사람과 같은 공간에 있는 것처럼 만들어주는 홀로그램 기술인 텔레프레즌스(Telepresence)가 일상생활에서 구현되는 유비쿼터스 세상이 왔다.

---

43) 2D 화면을 벗어나는 전혀 새로운 영상 전달 방식이다. 홀로그램은 종종 영화에서 소개된 것과 같이 실제 인간이 보는 것처럼 대상을 구현하는 것이다. 이 단계의 실감 미디어 환경이 조성된다면 영상 측면에서는 더 이상 매개체에 의한 전달이라는 점을 인식할 수 없는 상황이 될 것이다. 진정한 의미에서 실제와 똑같은 실감 미디어가 구현되는 것이다.(정희경, 오창희(2014), 실감미디어)

〈그림4.15〉 유비쿼터스 5G 사회

이 기술은 텔레프레즌스 로봇으로 먼저 구현되어 공항, 대형할인점 등에서 카메라, 센서, 스피커, 화면 등으로 장착된 로봇을 원격으로 조정한다. 또한 강의실에서도 이 기술을 활용한 강의가 이루어져 원거리의 학생이 실제 강의실에 있는 것처럼 이용할 수 있다. 2025년에는 여러 강연장을 연결하여 질의응답도 얼마든지 가능한 기술로 발전할 수 있다고 한다.

빅데이터와 AI 기술혁명

5G통신에 의한 유비쿼터스 환경은 자동차와 에어모빌리티에게 자율주행 환경을 제공하는 것이나. 사동차와 에어모빌리티가 스스로 도로를 읽고 판단하고 목적지까지 이동하는 사회가 미국에서는 2025년, 한국은 26년으로 예측을 하고 있다. 미국의 테슬라는 2015년 자율주행 2단계 자동차를 상용화했다. 현재는 실시간으로 도로정보와 교통정보가 자동차에 전달되어 운전자 개입 없이 목적지까지 도착하는 3단계가 거의 완성되었으나, 상용화는 늦어지고 있다. 현대자동차는 제네시스G90 모델로 23년 상반기에 고속도로 톨게이트에서 다른 톨게이트까지 자율주행시속 80km/h로 이동하는 부분자율주행인 3단계의 차를 생산한다고 발표했다.

자율주행 4단계는 어떤 특정한 상황이 발생해도 대응이 가능한 자율주행 기술로, 인공지능(AI) 제어에 의해 사람이 운전하지 않고 목적지까지 도착할 수 있는 기술이다. 25년 상용화를 목표로 개발 중이다. 이 기술은 대형 트럭에 우선 도입이 되어, 물류시장의 구조를 바꾸겠다고 한다. 차츰 소형배달 시장으로 확대될 것으로 보인다. 이 기술의 핵심은 카메라, 레이다, 라이다의 센서가 정보를 수집하고, AI로 취합되어 자율주행이 이루어지는 것이다. 이 데이터 처리장치의 핵심은 GPU(Graphics Processing Unit)이며, 분석된 정보를 인공지능 소프트웨어가 처리를 하는데, 이 GPU[44]는 이미지나 위치 데이터, 지도 등을 초고속으로 처리하는 자율주행의 핵심 기술이다.

빅데이터 처리 GPU기술의 강자는 엔비디아와 AMD기업이다. AMD 기업은 CPU와 GPU를 결합한 제품을 선보여 엔비디아 GPU기술을 추격하고 있다. 엔비디아는 과거 게임에 쓰이는 GPU를 만들던 회사였지만, 고화질 영상처리가 필수인 자율주행차 시장에서는 필수 기술이 되어 상황이 급반전되었다. 현재는 각 자동차 회사마다 이 기술을 채용한 자동차들이 등장함에 따라 급성장을 하여 반도체의 영원한 강자 인텔을 넘어서고 있다. 이 GPU 기술을 적극 반영한 기업이 테슬라 기업이다.

테슬라 기업은 전기자동차에 자율주행 기술인 오토파일럿[45] 기술을 채용하여 최신 강자로 떠오르고 있다. 가솔린 기관을 무너뜨리고 전기자동차의 시대를 앞당기고, 오토파일럿 기술로 자율주행시대를 연 테슬라는 21년 현재 주가 시가총액에서 최정상에 있다. 기술이 경제를 선도하는 시대가 온 것이다. 또 다른 강자 애플은 테슬라와는 다른 자율주행 소프트웨어를 중심으로 자율주행차 시장에 뛰어들고 있다. 애플은 아이폰과 아이패드 성능을 보완하고 업그레이드 할 수 있는 iOS, iPad(아이패드) OS 시스템을 보편화했으며, 차량용 SW 카플레이[46]를 강화했다. 애플은 아직 테슬라보다 자율주행 또는 주행 보조와 관련한 데이터를 많이 쌓지 못한 것으로 보인다. 애플이 개발한 자율주행용 테스트카가 미국 시내 일부를 돌면서 실증운행만 하는 상황이다.

이렇듯 직접 자동차를 제조하진 않지만, 브랜드를 걸고 SW 플랫폼을 공급하거나 제조사와 합작하는 방식을 택한다는 점에서 애플카와 지향점이 유사한 기업들이 있다. 중국 최대 검색 포털 바이두는 자율주행 플랫폼 아폴로를 세계 자동차 기업 여러 곳에 공급한 데 이어 최근 길리자동차와 전기차 합작사를 설립했다. 자체 SW를 합작사가 만든 전기차에 더하는 모델로 'IT 기업+전통차' 파트너십이란 점에서 앞으로 자율차 산업을 뒤흔들 수 있다. 이들 기업들의 최종 종착지는 자율차를 넘어서 드론이동체(로봇) 산업과 플랫폼을 장악하는 것이다.[47]

---

44) 컴퓨터의 영상정보를 처리하거나 화면 출력을 담당하는 연산처리장치. 중앙처리장치의 그래픽 처리 작업을 돕기 위해 만들었으며 그래픽카드 또는 마더보드에 들어있다. 그래픽 프로세서 또는 간단히 GPU(graphics processing unit)이라고도 한다.

45) 선박 또는 항공기에서의 자동 조종 장치를 말한다. 자이로스코프나 자기 컴퍼스 등을 검출기로 하는 서보 기구를 사용하여 자세나 진로의 자동 제어를 하는 것이다.

46) 전 세계 대부분의 차량 제조업체들은 시간이 지남에 따라 카플레이를 인포테인먼트(교육 오락) 시스템으로 연동할 것이라 언급하였다. 카플레이는 또한 애프터마켓 차량 오디오 하드웨어를 갖춘 대부분의 차량에 새로 장착할 수 있다.(위키백과)

47) 지디넷코리아(2021.2), 애플카가 가져올 자동차 생태계 변화와 합종연횡

〈그림4.16〉 IT 기업+전통차의 자율차 개념도

스마트폰과 클라우드를 연계한 '카라이프(Car Life)'가 자동차 구매를 결정하는 시대로 전환할 것이기 때문이다. 애플카가 전통차 기업과 협력하는 모델이 된다면 길리 자동차처럼 전기차 플랫폼 경쟁력을 보유한 기업과 협력하는 형태가 될 것이다. 길리 자동차는 4년 동안 180억 위안(약 3조1천152억)을 투자해 개발한 전기차 전용 플랫폼 'SEA (Sustainable Experience Architecture)'를 발표했다. 이를 기반으로 제조, 품질, 공정 제어 등의 기술을 공급하고, 바이두가 스마트카 연구개발, 설계, 제조 및 판매 서비스 등의 공급망을 책임지는 협력 형태를 취하고 있다.

물류서비스과 에어모빌리티

드론과 물류 변화

물류(Physical Distribution)는 물건의 흐름으로 수·배송과 창고의 업무가 중심이 되어, 물적 유통을 말한다. 즉 자동차와 선박을 이용해 수송하는 물건의 운반 업무와 창고에 보관과 관리를 효율적이고 체계적으로 하는 업무시스템이다. 현대의 물류는 '물품의 시간적 가치와 공간적 가치를 효율적으로 창출하는 모든 제반 활동'으로 정의한다. 여기서 '효율적인 활동'이란 어느 정도의 양을, 얼마나, 어느 곳에 보관할지, 어떻게 안정적으로 빠르게 배송할지를 의미한다. 새로운 산업혁명이 시작되고 물류 산업에 로봇, IOT, 5G, 인공지능, 드론 기술이 접목되면서, 물류의 '효율적인 활동'이 점점 더 스마트해지고 있다.[48] 글로벌 물류 1위 기업

---

48) 한국특허전략개발원(2019.11), 물류의 새로운 패러다임 드론 물류에 관하여

인 아마존[49]은 전 세계에 있는 자사 물류창고에 10만대 이상의 로봇을 활용하고 있다. 소비자는 인공지능 비서 '알렉사[50]'를 통해서 주문하고, 아래 그림의 물류창고에서 제품 분류는 로봇 '키바'가 하고, 배송은 드론 '프라임에어'가 수행한다. 이 프라임에어 드론은 30분 이내 거리에 있는 고객에게 2.3kg 이하의 상품 배송이 가능하기 때문에, 소비자에게 실시간 배송 욕구를 충족시켜 준다.

〈그림4.17〉 아마존 글로벌 셀링-로봇 키바

　미국 이외에도 러시아, 중국, 일본 등 많은 국가에서 드론을 물류 산업에 활용할 준비를 하고 있다. 중국의 '어러머'는 음식 배달 서비스의 중간 과정을 드론으로 배송하며, 러시아의 '스카이프체인'은 최대 400kg의 화물을 적재하여 산업용 화물 운반에 활용하고 있다. 여러 국가들이 드론을 물류에 활용하는 이유는 지형적 여건이나 교통량 등의 영향을 받지 않아서 획기적인 인건비 절감과 배송료 절감 등의 장점이 물류 산업의 패러다임을 바꿀 것이라고 예측하기 때문이다.[51]

　현재 택배가 가장 많은 대도시에서 드론 배송이 본격적으로 상용화되기 위해서는 해결할 문제들이 많아 시간이 걸릴 것으로 예측된다. 그러나 글로벌 물류기업 DHL은 차별화된 방식으로 문제를 체계적으로 풀어 나가고 있다. DHL은 2019년 6월에 드론 업체인 중국의 이항(EHang)과 협력하여 광저우 지역의 드론 배송 서비스를 시작했다. 대도시의 경우 마당이

---

49) 아마존 : 미국 콜로라도에 본사를 둔 세계 최대의 인터넷 서점. 통신 온라인 서점 분야에서 90% 이상을 점유하고 있다. 제프 베조스가 1994년 시애틀에 설립한 미국의 전자상거래를 기반으로 한 IT 기업. 도서를 비롯하여 다양한 상품은 물론 전자책, 태블릿 PC를 제조 판매하며, 기업형 클라우드 서비스도 제공하고 있다.
50) 알렉사 : 미국 전자상거래업체인 아마존이 2014년 내놓은 음성인식 인공지능(AI)비서이다. 아마존에서 179달러짜리 원통형 스피커 '에코'를 사서 설치하면 목소리로 각종 가전기기나 난방, 조명 등을 작동할 수 있다.
51) 한국특허전략개발원(2019.11), 물류의 새로운 패러다임 드론 물류에 관하여

없어 직접 배송이 힘든 문제점을 해결하고자, 스마트 캐비닛을 도심에 설치했고, 캐비닛을 통해 고객이 택배를 접수하거나, 신원 확인 후 택배를 수령할 수 있게 하였다.

스마트 캐비닛을 활용한 드론 택배를 도입한 결과를 보면 배송(8km 기준) 시간을 40분에서 8분으로 단축했고, 80% 비용도 절감을 했다. DHL은 도심에서 드론 택배 서비스가 운영될 수 있게 하는 현실적인 해결책을 제시하기 위해, 기존에 사용 중인 PackStation(무인 택배함)에 드론을 자동으로 발진시키고 착륙시키는 물류 시스템을 추가하였다.

〈그림4.18〉 도심 드론 택배 서비스

이 외에도 도로 사정이 열악하거나 섬이나 산꼭대기처럼 접근성이 떨어지는 지역을 위한 파셀콥터[52] 드론도 꾸준히 발전시키고 있다. 2013년 초기 파셀콥터1.0은 최대 43km/h의 속도로 운행하였으나, 5년 후 파셀콥터 4.0은 최대 130km/h로 자율 운행하는 단계까지 발전했다. DHL의 파셀콥터 4.0는 탄자니아 섬 마을에 의약품 전달 및 혈액 운송하면서, 접근이 열악한 지역 배송에 발전된 방안을 보여줬다. 반면, 아마존은 제도차원의 드론 물류 서비스 제공을 위한 비즈니스 모델에 초점을 맞춘 특허 출원을 활발히 하고 있다. 드론용 대도시 물류센터, 고객과 상호작용, 기술 외부 건축물을 활용한 충전 시스템 등 물류 서비스 제공에 필요한 특허나 소음 및 충돌 문제 등의 현실적인 문제를 보완하는 특허 권리를 집중적으로 확보함으로써 新 물류방향을 제시한 사례를 보면 다음과 같다.[53]

첫째로 드론용 다층 물류센터 특허이다. 이 특허는 장거리, 장시간 배송이 어려운 드론 배송의 단점을 극복하기 위해 대도시 안에 타워형 건물을 만들어 매일 수천 개의 주문을 처리

---

[52] 파셀콥터: 2013년에 미국에서 정부의 허가를 받고 처음으로 소포 배달을 시작한 무인택배 드론으로 무게는 5kg이며 최대 1.2kg의 화물을 적재할 수 있다.
[53] 한국특허전략개발원(2019.11), 물류의 새로운 패러다임 드론 물류에 관하여

하는 물류센터를 구축한다는 것이다. 이 특허는 사방에 뚫려있는 통로를 통해 드론이 출입하고, 1층 입구를 통해 일반적인 상품 운송을 수행하고, 드론 충돌을 막고, 배터리 충전이나 부품 교체 등 장비 교환의 업무를 진행한다.

둘째로 드론 도킹 스테이션 특허이다. 아마존은 전화 기지국, 가로등 등 기존 구조물을 이용한 아래 그림과 같은 '드론 도킹 스테이션' 특허를 취득했다. 장거리에 걸쳐 상품을 배송하던 드론이 중간에 잠시 착륙하여 배터리를 충전하거나, 중앙 제어국에서 비행 계획 재설정, 기상 상황에 대한 정보 다운로드 등 정거장의 역할을 수행한다.

〈그림4.19〉 Multi-use unmanned aerial vehicle docking station

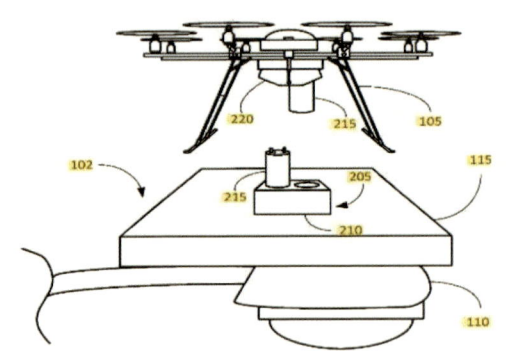

자료 : 미국특허청 - 등록번호 US9527605

드론 배송 서비스의 걸림돌은 규제, 안전성, 소음, 이해관계 충돌, 기술적인 문제 등이 있다. 유럽 각 국가별로 드론 규제 정책은 조금씩 차이가 난다. 프랑스는 드론의 상업적 이용에 있어 EU(Europe Union) 국가 중 가장 완화된 정책을 보이고 있으며, 25kg 미만의 상업용 드론 규제를 대폭 완화하여 시장 활성화를 꾀하고 있다. 독일은 25kg 미만의 드론 규제는 타인의 사진을 공개하는 것을 제한하는 조항 이외에는 없다. 오스트리아도 25kg미만의 드론은 인물 인식이 가능한 수준의 촬영을 금하는 개인정보보호 정책 이외에는 규제가 없다.

이에 반해 미국은 드론 일반에 대한 포괄적 규제와 사전 허가를 엄격하게 요구하고 있다. 미국은 역사적으로 무기 산업에 드론 기술을 발전시켜오고 있는 반면, 유럽은 민간산업으로서 드론을 바라보고 있다. 한국은 의약품 배송계획 철회와 같은 이해관계 충돌 문제, 호주 캔버라에서 실시한 Wing의 시범 서비스에서 발생한 소음 민원 문제, 스위스는 드론 추락사고 등의 안전성 문제 등이 해결해야 할 사항이다. 또한 장거리, 대 중량의 물품을 싣고 비행하기 위한 배터리 문제, 악천후에서 비행 능력, 기체이상 시 안전, 비행 시에 마주칠 수 있는 장애물 회피 등에 대한 대응기술 개발이 지속적으로 이루어져야 한다.

각국의 드론 물류 현황

미국

2017년 10월에 미국 트럼프 대통령이 서명한 무인 항공기 시스템 통합 파일럿 프로그램에 의해, 최근 많은 드론 기업 및 물류 기업이 미국연방항공청(FAA)으로부터 승인받아 드론 배송 시범서비스를 수행하고 있다. 그러나 여전히 시행 범위가 매우 제한적이다. 2013년에 미국의 아마존은 약 2.3kg 이하 제품을 30분 내로 드론 배달하겠다는 구상을 밝혔다. 2015년 11월에 처음으로 드론 배달 장면이 담긴 동영상을 공개했다. 공개된 드론은 쿼드콥터와 후방 프로펠러를 갖춘 형태로 수직으로 이착륙하며, 아마존 글로벌 셀링처럼 아래 그림 같이 비행기처럼 수평으로 비행을 했다.

〈그림4.20〉

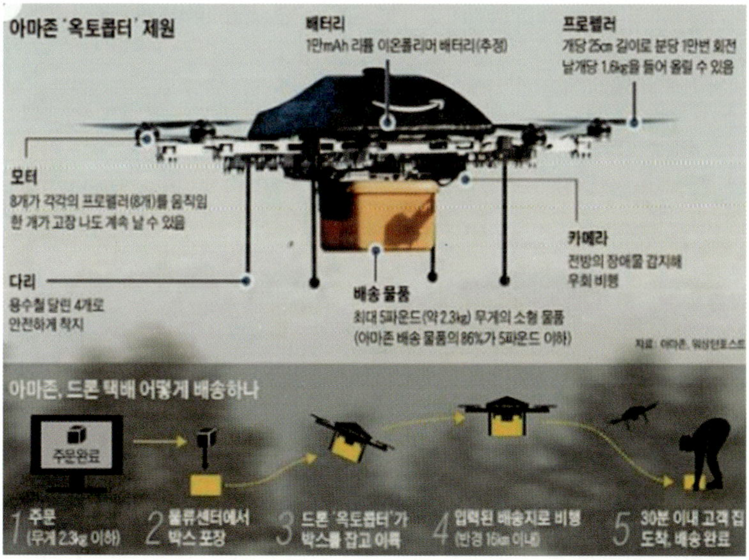

자료 : 아마존코리아(2019. 9), 글로벌셀링

2019년 6월에는 미국 라스베이거스에서 개최되는 아마존 인공지능 컨퍼런스인 'Amazon re: MARS2020'에서 새로운 디자인의 배달 드론인 '프라임에어(Prime Air)'를 발표하였다. 이 드론은 헥사콥터 형태이며, 이착륙은 기존의 드론과 마찬가지로 수직으로 이뤄지지만, 비행은 자세를 기울여 수평모드로 전환한다. 안전을 위해 프로펠러는 6면의 덮

개로 둘러싸여 있지만, 이 덮개는 수평비행 시 고효율 날개 역할도 겸하고 있다. 2015년에 발표한 드론이 후방 프로펠러를 이용하여 수평 비행하는 것이었다면, 이 새로운 하이브리드형 드론은 자세를 기울여 수평 비행하는 것이 특징이다. 이 하이브리드형 드론은 15마일(약 24km) 이상을 비행할 수 있으며, 55mph(약 88km/h)의 속도로 비행할 수 있다. 아마존에 따르면, 도시와 교외 지역에 배달할 때 드론에 가장 위험한 것으로 알려진 전선과 빨랫줄을 감지하는 데 많은 노력을 기울였으며 영상, 열화상, 초음파 센서를 통해 주변을 감지하며 비행한다.[54]

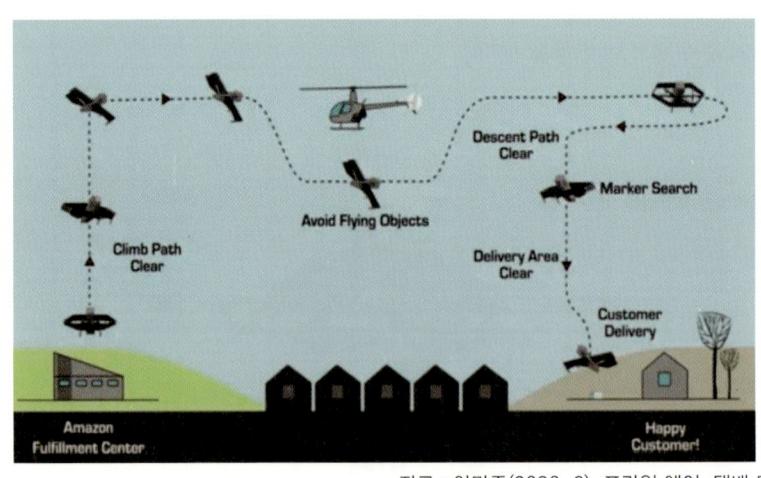

〈그림4.21〉 새로운 배달 드론인 프라임에어(Prime Air) 구조도

자료 : 아마존(2020. 6), 프라임 에어-택배 드론 서비스

세계적 물류 운송업체인 미국의 UPS(United Parcel Service) 기업의 드론 사업 부문 자회사인 UPS Flight Forward Inc.는 2019년 10월 미국 FAA로부터 상업용 드론 운영을 위한 Part135 승인을 받았다. 이 승인은 드론을 이용하여, 약 25kg 이상의 소화물을 장거리 배송할 수 있으며, 야간의 드론 배송도 가능하도록 허가했다. 이 회사는 우선 의약품에 집중하여, 전국 병원망에 의약품을 배송하는 사업을 확대할 예정이다. Part 135[55] 승인 이전, UPS는 미국 FAA의 Part 107(작은 무인 항공기 규칙 요약) 승인 아래, 미국에서 배송 계약에 따라 제품을 운송하는 상업용 드론 배송을 최초로 시작했다. 2019년 3월에 본사가 있는 조지아 주에서 미국 노스캐롤라이나 주 Raleigh에 위치한 WakeMed 병원의 분원과 조지

---

54) 한경수, 정훈(2020.3), 드론 물류 배송 서비스 동향
55) Part 135 : Package Delivery by Drone(드론 패키지 배송)

아 본사에 의약품 배송 시범사업을 진행하여, 1천 회 넘게 성공적으로 수행하였다고 발표했다.

UPS 성공사례는 2019년 11월에 드론 개발사 Matternet과 제휴하여, CVS와 파트너십을 맺고 노스캐롤라이나 주 캐리에 거주하는 두 고객에게 의약품을 전달하였다. 2019년 4월에 미국의 구글 계열 무인기 운용사인 Wing Aviation사는 미국 버지니아와 블랙스버그의 외곽 지역에서 드론을 이용하여 기업에서 가정으로 상품을 실어 나르는 상업 서비스를 개시할 수 있게 됐다. 조종사 1인당 동시에 조종할 수 있는 드론이 최대 5대로 제한되고 위험물질은 실을 수 없다. Wing의 드론은 작은 비행기와 유사한 모양을 지녔다. 3.3피트 정도의 양날개에는 각각 하나의 프로펠러가 있으며, 유효 탑재무게는 3.3파운드이고, 드론의 소음을 줄이기 위해 드론의 상부에는 14개의 프로펠러가 2열로 장착되어 있다.

스위스

스위스는 국토 대부분이 산악 지역에 위치하여 위급한 상황에서 특별한 물건을 배달해야 할 경우 교통, 기후 등의 문제로 많은 어려움을 겪었다. 이러한 문제를 해결하기 위해 스위스 국영 우편기관인 스위스포스트는 2017년 3월부터 미국의 드론 업체인 Matternet과 공동으로 드론 우편배달 서비스를 루가노에서 제공하고 있다. 우편배달에 사용되는 Matternet의 드론은 1kg의 우편물을 싣고 20km를 비행할 수 있다. 또한, 스위스포스트는 2018년부터 3개 도시에서 병원 본원과 분원에 의약품을 운송하는 드론 배달 서비스도 운영 중이다. 의약품 배송에 사용되는 Matternet의 드론은 쿼드콥터 형태로 10kg의 물품을 싣고 22mph의 속도로 비행할 수 있다. 이 드론은 비상 착륙 시스템을 갖추고 있어 비행이상 상황이 발생하면 모터를 정지하고 낙하산을 펼치도록 설계되어 있으며 추락 시 비상등을 번쩍이며 경고음을 내도록 설계되어 있다.[56]

일본

2018년에 일본 국토교통성은 드론의 비가시권 비행을 허용하는 방향으로 항공법의 관련 규정을 개정하는 드론 규제 완화 조치를 시행했다. 2019년에 교량이나 터널 등의 정기 점검 시 육안으로 확인해야 하는 요건을 완화하는 등 드론의 활용을 확대하기 위한 환경을 마련하여, 드론 물류 배송이 가능해졌다. 이러한 조치로 2018년 11월에 일본우편은 드론을 이용한 배송 서비스를 일본 최초로 시작했다. 우편배달 드론은 연하장 등을 싣고 후쿠시마현 미나미소마시에 있는 우체국에서 출발해 9km 떨어진 방사선 수치가 높은 위험지역인 나미에 우체국까지 약 15분 만에 이동(2kg을 적재하고 최대 속도 54km/h의 속도)했다. 2018

---

56) 한경수, 정훈(2020.3), 드론 물류 배송 서비스 동향

년 12월에 사이타마현 지치부시에서 산간지역에 거주하는 주민이 인터넷 쇼핑몰을 통해 바비큐 관련 용품을 구매한다는 가정하에 드론 배송 실증(3kg의 상품을 싣고 약 10분 정도 비행) 실험을 진행했다. 했다. 2019년 7월에 3개월간 도쿄만에 있는 유일한 무인도인 사시마 섬을 목적지로 유료 드론 배송 시범서비스를 실시했다.

중국

　2019년 5월에 독일계 글로벌 물류 기업인 DHL이 중국 드론업체 이항과 협력해, 중국에서 드론 배송서비스를 시작했다. 미니 창고 '스마트 캐비닛'에서 화물을 실은 드론은 도착지로 설정된 '스마트 캐비닛'으로 비행해 화물을 내려놓는 방식으로, 이용자는 코드를 스캔하고 얼굴 인식으로 신원을 확인한 후 화물을 찾아갈 수 있다. 이항이 제작한 드론 팔콘은 최대 약 5.4kg까지 적재할 수 있으며, 약 18분간 비행할 수 있고 최대 속력은 약 64km/h이다. 2018년 5월에 온라인 음식 배달업체이 어러머(중국 알리바마 계열)는 상하이 진산 공업 지역에서 드론으로 음식을 배달할 수 있는 허가를 얻어, 드론 음식 배달 서비스를 시험 운행했다.[57]

〈그림4.22〉 음식배달 서비스 드론

---

57) 전자통신연구원(2020.3), 택배를 주문하면 드론이 온다?

(4) 에어모빌리티와 비지니스전략

사물인터넷 비지니스와 모빌리티

개념과 환경

사물인터넷(IOT)의 개념 등장은 2009년 이전 '사물인터넷=M2M'을 의미하는 단어였다. 하지만 지금은 인터넷과 인공지능으로 연결되는 대상과 숫자가 급증하며, 기존 IoT 위주의 사물인터넷시장이 빅데이터 산업으로 흡수되며 진화해나가는 과도기에 있다.

'사물 간 통신'을 의미하는 M2M[58]은 사물(기계) 간 일대일 통신으로 공공 및 산업분야의 관제서비스를 중심으로 독립적으로 운영되어 왔다. 지금까지 협의의 사물인터넷으로 인식되어 왔지만, 실제 인터넷이 가진 상호연결성의 측면을 제대로 살리고, 빅데이터 및 인공지능과 연계한 IOT는 5G네트워크와 상호의존 관계에 있다.

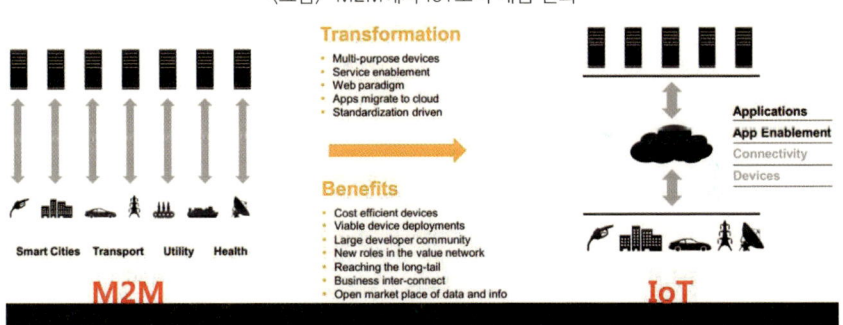

〈그림〉 M2M에서 IoT로의 개념 변화

자료 :SAP AG(2013), 'Machine-2-Machine and the Internet of Things'

IoT는 End-User와의 상호연결과 이로부터 생성되는 데이터를 기반으로 각종 다양한 서비스를 제공한다는 점에서 차이를 가진다. 일대일 통신에서 확장된 '다대다 통신'을 추구하며, 사물간 통신뿐 아니라 B2B, B2B2C[59], B2C, B2G로 그 영역이 확장되었다.

---

58) M2M: 사물 간 센싱, 제어, 정보교환 및 처리가 가능한 기술을 일컫는다. M2M과 사물인터넷의 차이를 구분하면, M2M은 '기계' 중심의 연결을 의미하나 사물인터넷은 '환경' 중심의 연결을 의미하는 것으로 해석할 수 있다.[네이버 지식백과] M2M. (이강원·손호웅(2016), 사물 통신, 엠투엠)

59) B2B2C: 기업과 기업과의 거래, 기업과 소비자와의 거래를 결합시킨 형태의 전자상거래이다. 기업들을 모집하여 소비자와 만나게 해주고, 소비자에게 각종 서비스를 제공해주고 비용을 받는 형태로 되어 있다. B2B(기업과 기업간 거래)와 B2C(기업과 소비자간 거래)를 결합한 전자상거래로, 기업들을 모집하여 기업 제품들을 소비자에게 판매하는 형태를 말한다. 즉 B2B2C는 Business to Business to Consumer를 간략히 표현한 것이다.

IoT가 확산되면서 커넥티드 기기에 대한 거부감이 줄어드는 추세다. 특히 이용자의 손까지 확장되는 End-to-End단에서 BLE(저전력블루투스), NFC와 같은 근거리네트워크 트래픽의 급증으로 추가적인 네트워크 수요가 발생하고 있다. 수요의 증가로 스마트디바이스 기반 네트워크의 활용성도 동반 상승하고 있다. IOT는 주인프라인 셀룰러망(3G, LTE 등)의 넓은 커버리지를 바탕으로 이동성, 안정성, 보안성이 높은 서비스를 제공하면서 End-to-End로 확장될 것으로 보인다. 이러한 변화는 IoT비즈니스에 의미 있는 기회를 제공한다. 이용자에게 밀착된 네트워크 인프라를 통해 양적, 질적으로 우수한 데이터 확보가 가능하며 이는 차별화된 IoT서비스 발굴을 가능케 한다.[60]

ICT 산업에서 대부분의 사업자는 가치사슬의 수직계열화를 통해 경쟁력을 확보해 왔고, 규모의 경제를 통해 성장을 이뤄왔다. 하지만 IoT는 '융합'의 개념을 기조로 하며, 그 어떤 산업보다도 플레이어간 협력관계를 강조한다. 때문에 IoT시대에는 기존의 방향성과 다른 수평적 생태계를 필요로 한다. 다양한 파트너십을 통해 산업간, 국가 간 차이를 해소하는 것은 IoT 경쟁력을 위한 디딤돌이 된다. 글로벌 기업들이 서비스프로토콜의 표준화를 위해 애쓰는 이유도 여기에 있다. Telco 또한 IoT 플레이어로서 역할 확대를 위해 다양한 연합체를 구축중이다. 기업 간 연합체활동은 IoT생태계의 한 부분으로의 Telco 연합 등으로 나타나고 있다.

대표적 글로벌 Telco인 'AT&T'가 그러하다. AT&T는 'ALLSEEN ALLIANCE', 'Indstrial Internet Consortium'등 IoT 연합체 설립멤버로서 적극적인 참여를 통해 전방위 생태계를 만들어가고 있다.[61]

---

60) 홍원균 외(2014.12), IoT시대, 비즈니스 환경변화에 맞선 글로벌 Telco의 대응 전략
61) DIGIECO(2015.2), 사물인터넷에서 비즈니스 생태계 사례

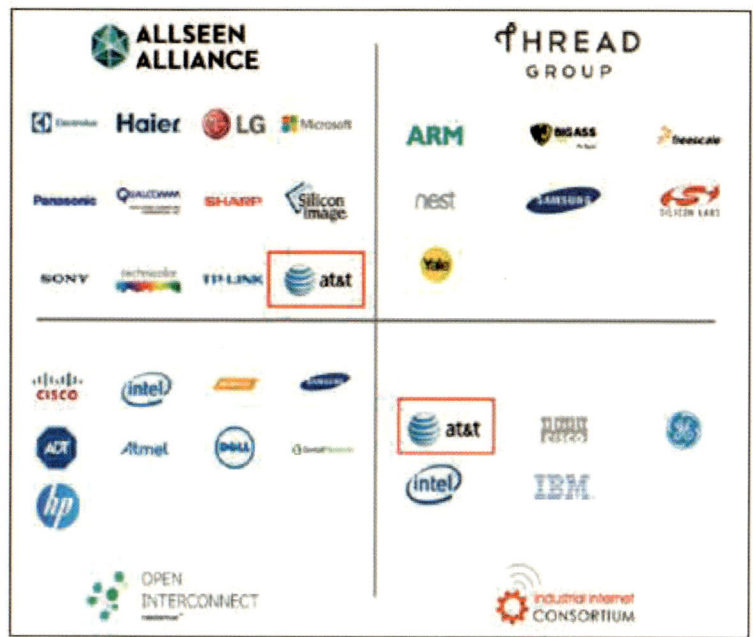

〈그림4.24〉 글로벌 IoT 연합체와 AT&T

자료 : SAP AG(2013), 'Machine-2-Machine and the Internet of Things'

현시점은 M2M에서 IoT로 넘어와서 활성화 단계에 있다. 기업용 인프라 구축 위주의 M2M과 B2C의 개인 고객에게 편익을 제공하는 새로운 서비스가 창출되고 있다. 다양한 IoT 서비스가 등장하며 M2M뿐이던 기존의 사물 인터넷 패러다임이 바뀌고 있는 것은 사실이지만, 이것이 M2M 시장의 쇠퇴 혹은 축소를 의미하는 것은 아니다. 현재의 IoT 시대에도 M2M 시장은 지속성장할 것이며, IoT 시장진출을 위한 경쟁력의 원천으로, 그 어느 때 보다 중요성이 높아지고 있다. 이는 M2M 시장 지배력을 가진 Telco에게도 IoT 시장의 주도적 플레이어가 될 가능성이 있음을 시사한다. M2M은 IoT 경쟁력의 원천으로 지속적인 강화 노력이 필요하며, 일회성 구축형 모델에서 서비스형 모델로의 전환이 요구된다.[62]

향후 모든 디바이스가 하나의 네트워크로 연결되면 지금과는 비교할 수 없을 만큼 많은 양의 데이터가 생성될 것이며, 비즈니스 기회 또한 많아질 것이다. 글로벌 Telco들이 디바이스 역량확보에 총력을 기울이는 것도 바로 이 때문이다. 하지만 데이터의 양적 확보만큼이나 중요한 것이 데이터분석 역량이다. 확보된 데이터에 대한 지능적이고 면밀한 분석이 수반되어야만 새로운 IoT 서비스를 창출할 수 있으며 이용자에게 새로운 가치(Intelligent

---

62) 홍원균 외(2014.12), IoT시대, 비즈니스 환경변화에 맞선 글로벌 Telco의 대응 전략

Value)를 제공할 수 있다. 다시 말해, 데이터의 통제, 분석, 관리 등 종합적인 운용능력이 IoT의 성패를 좌우한다고 해도 과언이 아니다.

데이터의 중요성이 단순히 새로운 서비스 발굴에 국한된 것만은 아니다. IoT시대의 데이터는 산업 패러다임까지도 재구성할 수 있는 힘을 가지고 있다. 커넥티드-카와 드론에 적용된 UBI(Usage-Based Insurance) 상품이 단지 보험뿐 아니라 자동차 제조업의 패러다임을 바꾸고 있음이 그 예이다. 이는 궁극적으로 네트워크 인프라를 통해 모든 데이터 트래픽에 관여할 수 있는 무궁무진한 기회가 있음을 시사한다.[63]

사물인터넷과 인공지능

사물인터넷은 수많은 사람과 사물에 감지기를 부착하고 스스로 상호 통신을 하면서, 엄청난 양의 데이터를 생산한다. 이러한 빅데이터를 사람이 분석하는 것은 불가능하기 때문에 인공지능 컴퓨터가 필요하다. 기업과 소비자가 실시간 요청에 대한 반응이 365일 24시간 계속되고 있고 많아지고 있어서, 사람이 아닌 기계의 도움이 필요하다. 소비자의 각각의 활동 범위에 배치된 감지기나 스마트 워치 등을 통해서 자신의 정보에 대한 빅데이터를 클라우드로 발신을 하면 자신에 필요한 정보와 서비스를 추천받을 수 있다. 즉 주변의 모든 것들이 인터넷에 연결되어 발신하고, 수집된 정보들은 취합과 정리를 통해 개인과 기업에 유용한 정보를 공급하는 사물인터넷 시대인 것이다.

IOT(internet of Things : 사물인터넷)은 기존의 통신회선을 통해 상대편에 있는 사람이나 컴퓨터와 사신을 매개하는 인터넷이었다. 그러니 이제는 컴퓨터와 컴퓨터 기기 등 인터넷과 연결된 모든 기기가 발생하는 데이터의 축적과 흐름을 인공지능으로 활용한 유용한 데이터를 축출하여 이용하는 것을 말한다. IOT를 구현하기 위한 전자태그[64]는 장파(LF)[65]에서 극초단파(UHF, 900MHz), 마이크로파(2.45GHz)를 사용하여 전파의 파장으로 수 센티미터에서 수 미터 범위를 통신한다. 사용되는 칩들은 IC카드, 종이라벨, 리라이트 카드, 열쇠고리, 리스트밴드, 세탁물 태그, 동물 인식표 등 수없이 많은 곳에서 사용하고 있다.

이러한 전자태그(칩)는 온도, 진동 등의 감지기와 송수신기 및 프로세서, 데이터 등을 인공지능과 연계하여 미세 전력으로 수행한다. 즉 사물인터넷기기는 수 미터의 반경 이하의

---

63) DIGIECO(2015.2), 사물인터넷에서 비즈니스 생태계 사례
64) 전자태그: 전자 태그 칩의 크기는 0.4밀리미터로 작은 모래알만하고, 칩의 가격은 약 수백 원 정도로 저렴하다.
65) 장파: 전자파를 장파, 중파, 중단파 등으로 분류한 시대에(1929년 CCIR결의) 10㎑에서 100㎑ 사이를 장파라고 규정했다. 현재의 주파수 구분은 VLF(10~30㎑), LF(30~300㎑)로 되어 있다. 무선에서는 특수 통신, 항행 지원 업무 등에 사용되는 주파수.(김동희 외(2011), 주파수, 전기용어사전)

중계기나 가까이 다가오는 스마트기기에 소량의 데이터를 보낸다. 그림과 같이 향후 스마트폰은 강력한 프로세서에 의한 처리 능력을 활용하고, 클라우드 상의 데이터 처리 및 인공지능 망을 이용한 유의미한 데이터를 워치와 스마트폰과 연계하여 활용될 것이다.

〈그림4.25〉 사물인터넷 구성도

인공지능은 클라우드상에서 포로세서의 처리능력을 인공지능이 탑재된 스마트 기기와 연계하여 처리도 가능하다. 예를 들면, 스마트폰의 인공지능 데이터 처리를 하는 것은 하나하나의 사물인터넷 기기가 출력하는 데이터를 모아 연산하는 것이다. 즉 수십 명의 체온 기록을 연간 단위로 장기간 축적하고, 데이터 마이닝, 분류 및 이상 검지 등의 연산을 통해 유의미한 데이터를 얻어내는 것이다. 아래 그림과 같이 문장(음성인석 결과 포함)이나 화상 데이터베이스 처리, 수치 계산 등 데이터베이스에 의해 출력되는 내용을 유의미하게 처리하는 것이다.

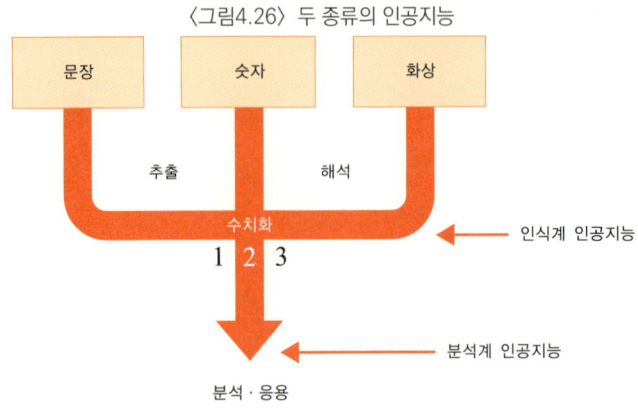

〈그림4.26〉 두 종류의 인공지능

사물인터넷 기기로서의 드론은 전파가 닿지 않은 아프리카 오지 마을에 인터넷을 공급할 수 있는 장치의 하나이다. 위성에 비해 저가로 사용할 수 있다는 장점이 전 세계에 인터넷을 보급할 수 기기인 것이다. 이렇듯 데이터를 모으는 일뿐만 아니라 상호 소통의 매개물로써도 유용하다. 다양한 사례를 보면 우선 독일의 비어가든에서는 생맥주를 실시간 감시하고, 맥주의 소비를 시시각각 관리함으로써, 재고 보충시점을 최적화해 맥주의 신선도를 유지하도록 하고 있다. 다음으로 네덜란드의 필립스 기업은 LED전구에 사물인터넷 기능을 추가하여 빛의 양에 따른 개폐 기능과 물체의 움직임과 이동을 감지하고, 인간의 얼굴을 식별하는 (안면인식) 등 유용한 기능을 계속 추가하고 있다.

앞으로는 사물인터넷 기기의 수가 세계 인구의 다섯 배인 500억 개를 훨씬 넘어 설 것이라는 시스코 시스템스의 예측 보고서도 있다. 또한 IPv6(Internet Protocol version 6)라는 인터넷에 연결되어 단말을 식별하는 시스템은 2의 128제곱 개로 IPv4의 약 43억 개를 훨씬 많이 넘는다고 한다. 즉 지구상의 모든 곳에 인터넷을 연결한다고 해도 이론상으로는 가능하다. 육상뿐 아니라 바다까지도 인터넷을 할당하고 연결이 가능하다는 논리이다. 결론적으로 모든 모빌리티 안에서 전 세계의 모든 인터넷이 사물과 연결이 가능하고, 소통이 가능하기 때문에 인공지능을 통한 자율주행이 가능한 기계시대가 도래한 것으로 보인다.

사물인터넷 기기가 인간과 대화를 SNS로 쉽게 할 수 있다면 인간이 무리하게 기계에 맞추어 새로운 인프라에 익숙해질 필요가 없다. 현재 기업들은 AI를 이용해 기본적인 기업홍보와 제품홍보를 하고, 이용자들의 기본정보를 취득하고 있다. 사내 SNS의 경우 택시회사는 일부러 운전자가 연락하고 확인하는 수고를 하지 않아도 모든 택시의 연료 상황이나, 급가속, 급감속 등의 상황이 자동적으로 각 차량에 전송된다. 특히 사고 차량에는 메니저 시스템에 우선적으로 타임라인을 설정을 할 수 있고, 사고차량의 전후의 화상, 영상, 음성 등을 블랙박스를 통해 송수신하여 분석하여 대처를 할 수 있다.

향후 자율주행 차와 UAM의 경우 도로의 상황을 중앙교통센터 및 각 차량들과의 송수신을 통해 가장 빠른 길을 찾아서 자동 운행을 시작할 것이다. 특히 운행 중에 시시각각 들어오는 변화된 운행 환경을 파악하고 대처를 하면서 정체를 피해 목적지까지 가장 빠르게 도착을 할 것이다. 자율주행 모빌리티는 서로의 정보를 소통하며 운행하고, 모든 사물과 인터넷 통신을 하며, 송수신된 데이터를 인공지능을 통해 연산을 하고, 이 인공지능은 빠르고 안전하고 쾌적한 운전환경을 제공해 줄 것이다.

빅데이터 비지니스와 지능모빌리티

개념과 환경

빅데이터란 어떠한 정보를 기존 데이터베이스나 엑셀 등의 IT 도구를 이용했음에도 분석이 불가능한 분량을 일반적으로 빅데이터라고 한다. 이렇게 큰 데이터를 분석하기 위해서는 기존 데이터 분석 방식은 불가능하고, 인공지능을 활용하는 소프트웨어가 결합하여 분석을 할 때 빅데이터는 의미를 갖는다고 할 수 있다. 즉 빅데이터 활용에는 인공지능이 없어서는 안 된다고 하는 IBM 등의 기업은 기업 내 빅데이터 해석을 말 그대로 '애널리틱스(해석, 분석)'이라 했다. 웹사이트 테크 타겟(Tech Target)은 "데이터 애널리틱스는 대상이 되는 정보에 관한 어떤 결론을 몇 가지 도출할 목적으로 미가공 데이터를 검사하고 분석하는 과학적 방법이다"고 정의했다. 즉 현재까지는 원칙적으로 해석은 기계가 행하는 것이고, 분석은 사람이 행하는 것이다. 그러나 미래에는 인공지능이 인간을 대신하여 분석을 하여, 그 결과를 도출한다는 것을 의미한다. 또한 애널리틱스는 비슷한 듯 다른 데이터 마이닝 유형이나 데이터간의 상관관계를 발견하는 것이 목적일 때에 추론하고, 의사를 결정하는 것을 목적으로 한다. 단순한 유형 인식은 추론을 넘어 인공지능적 작업이라 했다.

그럼 빅데이터는 "무엇을 데이터화 할 것인가?"라는 질문 속에서 기업들은 무작정 모든 업무에 인공지능을 적용하지는 않을 것이다. 현재의 데이터 처리에서 의미 있는 데이터를 간추려 산업 사회에 대입을 하려는 시도가 있을 것이다. 예를 들면, 슈퍼마켓에서는 예전에 천공기[66]로 데이터를 입력할 때, 현실적으로 집계에 어려움이 많았다. 그러나 바코드[67]

---

66) 천공기: 컴퓨터의 카드·테이프 따위에 구멍을 뚫는 기계
67) 바코드: 상품의 관리를 컴퓨터로 처리할 수 있도록 상품에 표시해 놓은 막대 모양의 기호(국명·회사명·상품명 등이 표시됨)

를 이용한 판매 시점 관리 시스템(Point of Sales Management System)으로 대체했을 때는 상황에 대한 관리 및 데이터 입력의 결과는 실시간으로 정확한 판매 상황을 집계할 수 있게 되어 적정한 재고 관리가 가능해졌다. 상품의 신선도가 향상되고 이익이 증대되는 데 공헌을 했고, 포인트 카드 덕분에 구매자가 어떤 성향을 지녔으며 무엇을 무슨 요일에 구매하는지에 대한 유형을 파악할 수 있게 되었다. 이런 상세 데이터를 기초로 최적화된 상품 입고, 출고를 예측할 수 있게 되었고, 나아가 상품의 주기를 체크하여 데이터 예측이 가능하게 된 것이다. 이렇게 빅데이터는 실시간화 요구가 높은 업종에서 높은 효율을 나타냈다. 고객과 거래처 및 모빌리티와 자율주행 등의 상태에 관한 다양한 종류의 데이터가 모순 없이 일관되게 흐르고, 가공되고, 사용되는 분석틀 단계에서 인공지능과 연계한 연산은 문제 해결과 효과의 극대화 측면에서 좋은 결과를 추론할 수 있는 데이터가 생성될 것이다. 같은 양의 데이터를 해석할 때 시간을 들여서라도 사람 중심의 해석은 의미 있는 빅데이터 생성을 말한다. 즉 데이터 해석의 결과는 다음 업무나 계획 및 모빌리티와 자율주행 등에 활용하기까지 주어진 시간을 체계적으로 활용할 수 있는 도구 도입에 있어 중요한 요인이다. 최신 도구인 인공지능의 도입은 빅데이터를 상세하게 처리하거나 의미 있는 데이터를 신속하고 정확하게 도출을 할 수 있기 때문이다.[68]

 산업 사회 전반에 걸쳐 발생하는 현상의 80%의 원인은 20%에 있다는 2080법칙을 응용하면 더욱더 의미 있는 데이터를 산출 할 수 있는 것이다. 저렴한 데이터가 넘쳐나는 빅데이터 시대에 가성비가 뛰어난 정보만을 선별하여 데이터화를 한다면 산출의 결과는 더욱 의미가 클 것이다. 즉 "무엇을 데이터화 할 것인가?"에 대한 핵심적인 고민을 풀어 주는 것 또한 인공지능이 찾을 것으로 보인다. 즉 여행업, 호텔 경영, 항공사, 자율주행 등 데이터에 대한 유의미한 사항에 대한 프로그램화는 인공지능을 통한 연산으로 산출 될 것이다. 인간은 그 산출된 데이터를 어떻게 사용할 것인가에 대한 결정을 하면 된다는 의미이다. 더 나아가면 그러한 결정을 인공지능이 추론한 결과를 인간이 사용하게 될 것으로 보인다.[69] 특히 각 지역의 모든 모빌리티들은 각 센서에서 수많은 빅데이터를 받아 유의미한 자율주행 데이터를 생산하는 것 또한 인공지능에 의해 산출되는 것이다. 그 데이터들은 안전한 자율주행 환경을 만드는 기초 데이터가 되는 것이다.

 과거의 IT인프라 시대에 도출하지 못했던 사항을 지금의 빅데이터 시대에는 슈퍼컴퓨터가 아닌, 양자컴퓨터를 통한 연산의 산출될 결과물은 무궁무진하게 많을 것이다. 즉 어떤 의

---

68) 과학기술일자리진흥원(2019. 12), 인공지능(빅데이터)시장 및 기술 동향
69) 한국과학기술기획평가원(나영식·조재혁, 2018. 12), 인공지능(SW)

미 있는 데이터를 추출할 것인가에 대한 고민만 하면 된다. 무엇을 추출할 것인가에 대한 해석 대상을 벗어나 잘못된 추론이나 결론이 도출되지 않게 프로그램 실정을 정말 잘해야 하는 과제를 인간이 갖는다고 할 것이다. 자율주행 모빌리티 세상에는 너무도 많은 온갖 데이터 및 데이터 조합을 풀 수 없는 폭발적으로 많은 빅데이터를 인공지능을 통해 풀 것이다. 그리고 인간세상의 수많은 빅데이터에 대해 여전히 인간과 인공지능이 풀 숙제는 계속될 것이고, 시간과 비용에 대한 부족함도 계속될 것이다.

빅데이터와 인공지능 반도체

현재 일반대중의 관심은 인공지능을 기반으로 빅데이터 서비스에 집중되고 있지만, 인공지능 생태계는 소프트웨어, 하드웨어 측면으로 구분되어 있다. 일반 대중이 체감할 수 있는 인공지능 서비스는 인프라, 반도체, 플랫폼이 인공지능과 연계 될 때 제공될 수 있다.

1950년대에 시작된 인공지능 연구는 두 번의 봄과 빙하기를 거쳐 지금의 제3차 봄을 맞이했다. 이것은 GPU를 활용한 딥러닝이 가능했기 때문이다. 그 뒤에는 대규모 데이터를 학습하고 추론할 수 있는 반도체 기술의 발전이 있었기 때문에 가능했다. 지금의 인공지능 호황기 속에는 대규모 데이터를 학습하고 추론할 수 있는 다양한 인공지능 반도체 기술의 발전이 그 근본에 있다. 과거 두 차례의 인공지능 빙하기 사례에서 보듯이 지금의 인공지능 호황기가 지속되고 발전되기 위해서는 반도체를 중심으로 하는 HW의 기술적 발전이 뒷받침 되어야 한다.[70]

---

[70] AI Trend Watch(2020.11), 인공 지능 발전에 따른 인공 지능 반도체 성장

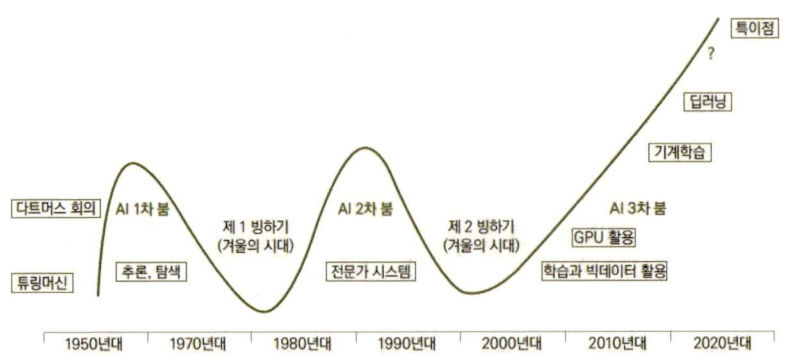

〈그림4.27〉 인공지능 발전 과정

자료: CIO(2020. 8), 인공지능과 아마라의 법칙

지금의 인공지능 발전에는 딥러닝(Deep Learning)[71]이 기반하고 있다. 인공지능 처리 프로세서로는 수많은 정보 연산을 동시에 처리해야 함으로 병렬 컴퓨팅(Parallel computing)이 가능한 인공지능 반도체가 필요하게 된 것이다. 인공지능 반도체는 다양한 개념으로 설명되나 일반적으로 인공지능 서비스를 구현하기 위해 요구되는 빅데이터 및 알고리즘을 효과적이고 효율적으로 처리할 수 있는 반도체로 정의된다. 인공지능 반도체의 주요 특징은 기존 CPU와는 달리 신경망처리장치(NPU; Neural Processing Unit)[72]를 통해서 인공신경망 데이터를 병렬로 연산함으로써 동시 다발적 학습과 추론을 할 수 있기에, 프로세서 내부에 인공지능 알고리즘을 포함할 수 있다.[73]

---

71) 딥러닝: 컴퓨터가 사람처럼 스스로 학습·추론·소통할 수 있는 인공지능 기술을 뜻한다. 딥러닝 기술을 적용하면 사람이 어떤 정보를 받아들이면 거대한 뉴런(신경세포) 네트워크가 가동돼 인지·판단하는 것과 같이 컴퓨터 스스로 인지·추론·판단할 수 있게 한다. 특히 사물인터넷(IoT) 시대가 오면 사물이 스스로 상황을 인지해야 하는데 이때 딥러닝 기술이 힘을 발휘하게 된다는 점에서 주목받고 있다.

72) 신경망처리장치: 뇌는 감각 기관에서 받아들인 자극을 종합·판단해 명령을 내리는데요. 이렇게 우리의 뇌처럼 정보를 학습하고 처리하는 프로세서를 신경망처리장치(Neural Processing Unit), 일명 NPU라고 합니다. NPU는 셀 수없이 많은 신경세포와 시냅스로 연결되어 신호를 주고받으며 동시에 작업을 진행하는 인간의 뇌 신경세포와 유사한 작업을 진행합니다. 스스로 학습하고 판단할 수 있는 인공지능 (AI) 등이 접목되어 일명 AI 칩입니다.

73) AI Trend Watch(2020.11), 인공 지능 발전에 따른 인공 지능 반도체 성장

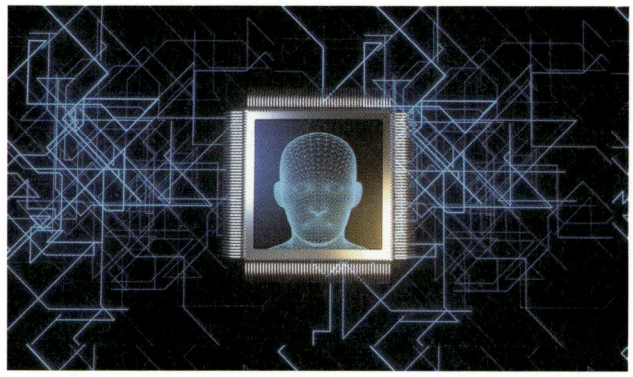

〈그림4.28〉 인공지능 신경망처리(NPU) - 뇌를 닮은 차세대 반도체

가트너에 의하면, 인공지능 반도체 매출을 "인공지능에 이용되는 심층신경망 (Deep Neural Networks, DNN)과 관련한 알고리즘 및 프로그램에 따른 모델(programmatic model)을 실행하기 위해서 특별히 개발된 장치와 관련된 반도체 매출"로 한정하고 있다. 범용적인 반도체가 인공지능 학습과 추론에 활용된다고 해서 모든 반도체를 인공지능 반도체로 구분하지 않는다. 인공지능을 위해 고안된 반도체만을 인공지능 반도체로 한정하고 있다. 이외에도 가트너는 인공지능 반도체를 개별 인공지능 반도체 디바이스와 통합 인공지능 반도체 디바이스로 구분한다.

전자의 개별 인공지능 반도체 디바이스는 NVIDIA와 AMD의 GPU, 그래픽 코어의 IPU(Intelligence Processing Unit), 구글의 TPU(Tensor Processing Units) 등과 같이 인공지능과 관련된 고도의 병렬 프로그램 알고리즘을 수행할 목적으로 디자인된 반도체 모듈을 의미한다.[74]

후자의 통합 인공지능 반도체 디바이스는 인공지능 신경망 알고리즘을 수행하는 IP 블록 (NNAs, GPU IP block, NVDL 등)[75] 을 포함한다. 그러나 인공지능 알고리즘 실행이 주요 목적이 아닌 범용적인 통합 프로세서(애플 A13 Bionic processor, 퀄컴 Snapdragon 865 등)들도 포함된 인공지능 기능이 사업적으로 중요한 요구사양이라면 인공지능 반도체로 포함된다. 인공지능 연산 등에 활용되나 인공지능 프로세서나 가속기의 추가 없이 인공지능 연산에 활용되는 일반 목적의 프로세서나 메모리 등은 인공지능 반도체의 도체에서

---

74) 추형석(2018. 11), 인공지능 어디까지 왔을까? - 심층학습부터 범용 인공지능 까지, 소프트웨어정책연구소
75) IP블록: 지식 재산권이 되는 논리, 셀, 집적 회로 레이아웃 설계의 재이용 가능한 유닛이다. IP 코어는 다른 업체에 라이선스하거나 하나의 사업체에서 전적으로 소유, 사용할 수 있다.

제외된다.[76]

  2020년 인공지능 반도체가 전체 반도체 시장에서 차지하는 비중은 4.4%에 불과하지만 2024년에는 인공지능 반도체 비중이 아래 그림과 같이 7.7%까지 확대될 것으로 전망되며 시스템 반도체 시장에서 인공지능 반도체 비중은 2020년 8.0%, 2024년 15.5%로 전망된다. 2024년까지의 가트너 전망을 바탕으로 KISDI가 2030년까지 전망하여 '인공지능 반도체 산업 발전전략'에서 발표한 2030년의 인공지능 반도체 매출은 10년간 6배 성장하여 1,179억 달러에 이를 것으로 전망했다. 시스템 반도체 시장에서 인공지능 반도체 비중은 30%를 넘을 것으로 전망됨에 따라 시스템 반도체 시장의 약 1/3을 인공지능 반도체가 차지할 것으로 예상된다.[77]

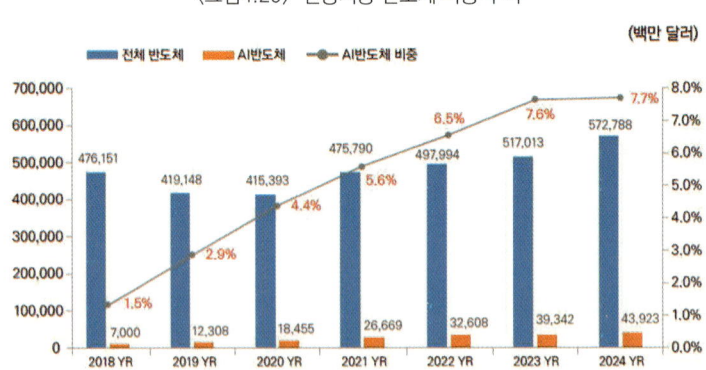

〈그림4.29〉 인공지능 반도체 비중 추이

자료: 관계부처 합동(2020. 10), "「인공지능 강국」실현을 위한 인공지능 반도체 산업 발전전략"

  엄청난 양의 빅데이터를 연산하기 위한 인공지능 반도체의 발전경로에 다양한 기존 반도체 기술(GPU, ASIC, FPGA 등)이 활용되고 있다. 따라서 수요처에 알맞은 다양한 인공지능 반도체 기술 개발이 이루어지고 있으며, 이에 따른 각 활용 분야별로 기회요인이 존재한다. 특히, 인공지능 반도체가 활용되는 분야에 따라 이용 목적이 상이함으로 요구되는 사양과 기능을 파악하기 위해서는 인공지능 반도체 활용 분야별 현황에 관한 이해와 준비가 필수적인 상황이다.[78]

  첫째 소비자의 니즈에 알맞은 디바이스 AI 알고리즘은 실제 사용자들의 엣지(Edge) 디

---

[76] 나영식·조재혁(2018. 12), 인공지능(SW), 국과학기술기획평가원
[77] 관계부처 합동(2020. 10), "「인공지능 강국」실현을 위한 인공지능 반도체 산업 발전전략"
[78] 추형석 (2018. 11), 인공지능 어디까지 왔을까? - 심층학습부터 범용 인공지능 까지, 소프트웨어정책연구소

바이스인 소비자용 전자제품 및 스마트폰에서 활용될 수 있도록 지원한다. TV, 가전, 피처폰, 스마트워치·밴드, 스마트폰, 가정용 AR·VR, 멀티미디어 기기 등에 AI를 지원하는 AP, MCU 형태로 탑재된다. 또한 이미지 처리, 생채인식, 증강현실 등의 구현을 위해서 신경망처리장치(NPU)가 블록 단위(IP)로 탑재하기 위한 AP개발 경쟁이 심화될 것이다. 일반 가전제품에 탑재되어 인공지능을 구현하기 위한 MCU[79]개발을 강화할 필요가 있다.[80]

둘째 인공지능 데이터 처리용 서버이다. 컴퓨팅과 스토리지에 활용되어 데이터센터 및 연결노드 서버에 탑재되어 데이터 처리 용량과 속도를 대폭 개선하는 학습용(Training)으로 활용된다. 데이터센터 서버, 중소형 서버, 저장장치, PC, 노트북 등에 연산을 담당하는 GPU, TPU, IPU 형태로 탑재된다.

셋째 자동차 인공지능 반도체이다. 안전하고 편리한 운전 환경을 구축하는 AI 알고리즘이 자동차에서 활용될 수 있도록 지원한다. 자동차 안전, 자율주행, 정보, 바디 등 자동차 주요 기능과 관련된 전장(전기, 전자)부품 영역에 활용된다. 첨단 운전자 보조 시스템(ADAS)[81], 영상·사물을 인식, 인포테인먼트시스템(IVI)[82]및 분석하는 비전(vision) 컴퓨팅 시스템 등에서 적용된다.

넷째 IoT용 반도체이다. 제한된 크기와 자원 속에서 충분한 연산능력을 바탕으로 AI 알고리즘을 지원하기 위해 산업용 장비·디바이스에 탑재된다. 장비·설비에 센서, 컨트롤러와 통합되어 IoT 형태로 탑재되며, 산업용 특수영역에 특화된 인공지능 반도체 개발이 강화할 필요가 있다. 스마트팩토리, 의료장비, 보안, 에너지 장비, 측정 및 테스트 장비, 농기계 등에 탑재된다. 기본적으로 특정한 용도에 맞춰 주문 제작되며, 빠른 속도와 높은 에너지 효율 등이 요구된다.[83]

위와 같은 인공지능 시대를 대비하기 위해 반도체 기술개발에 대한 다양한 정책 실현을 통한 인공지능 반도체 생태계 강화를 위한 추진 과제는 다음과 같다. 하나, 1社 1Chip 프로젝트를 통해 '30년까지 수요 맞춤형 인공지능칩 50개를 출시한다. 둘, 기업 간 연대·협

---

79) MCU: 대부분의 전자제품에 채용돼 전자제품의 두뇌역할을 하는 핵심칩으로 단순 시간예약에서부터 특수한 기능에 이르기까지 제품의 다양한 특성을 컨트롤하는 역할을 하는 비메모리 반도체(시스템 반도체)이다.

80) AI Trend Watch(2020.11), 인공 지능 발전에 따른 인공 지능 반도체 성장

81) ADAS: 운전 중 발생할 수 있는 수많은 상황 가운데 일부를 차량 스스로 인지하고 상황을 판단, 기계장치를 제어하는 기술이다. 복잡한 차량 제어 프로세스에서 운전자를 돕고 보완하며, 궁극으로는 자율주행 기술을 완성하기 위해 개발됐다.

82) 인포테인먼트시스템(IVI): 차 안에서 인터넷을 검색하고, 영화 · 게임 · TV · 소셜네트워크서비스(SNS) 등과 내비게이션 · 모바일 기기와 연동된 다양한 서비스를 제공하는 기기 또는 기술 등을 포함하는 개념이다.

83) AI Trend Watch(2020.11), 인공 지능 발전에 따른 인공 지능 반도체 성장

력으로 인공지능 반도체 설계 역량 강화 + 공정혁신 밸리를 조성한다. 셋, 인공지능 반도체 혁신기업 Scale-up 촉진을 위해 대규모 뉴딜펀드를 지원한다. 넷, 혁신기업 육성을 위한 "인공지능 반도체 혁신설계센터"를 신규 구축한다.[84]

인공지능 비지니스와 에어모빌리티

개념과 환경

  인공지능은 여러 학문이 연계된 융합 분야이며 기술적 관점에서 인간의 인지, 학습, 추론 등 지적능력을 기계(컴퓨터)로 구현하는 기술로 정의한다. 즉 '인공지능(Artificial Intelligence, AI)'이라는 용어는 1956년 영국 디트머스 회의에서 컴퓨터의 인지 과학자인 존 매카시에 의해 처음 사용되었다. 2006년 '딥러닝' 방법론이 등장하면서 기존 기계학습 방법론에 비해 압도적인 성능을 나타내기 시작하였으며, 인간의 개입도 획기적으로 줄어들었다. 기계의 방대한 데이터를 학습은 마치 실제 세상 속에서 인간처럼 정보를 인지하고 학습해 지식으로 발전시켜 나가기 시작했다. 그리고 딥러닝으로 인한 인공지능의 발전은 인지, 학습, 추론과 같은 인간 지능 영역의 전 과정에 걸쳐 혁신적인 진화를 가져 왔으며, 인지(시각/언어) 영역에서는 이미 인간 능력 이상의 수준으로 구현되고 있다.[85]

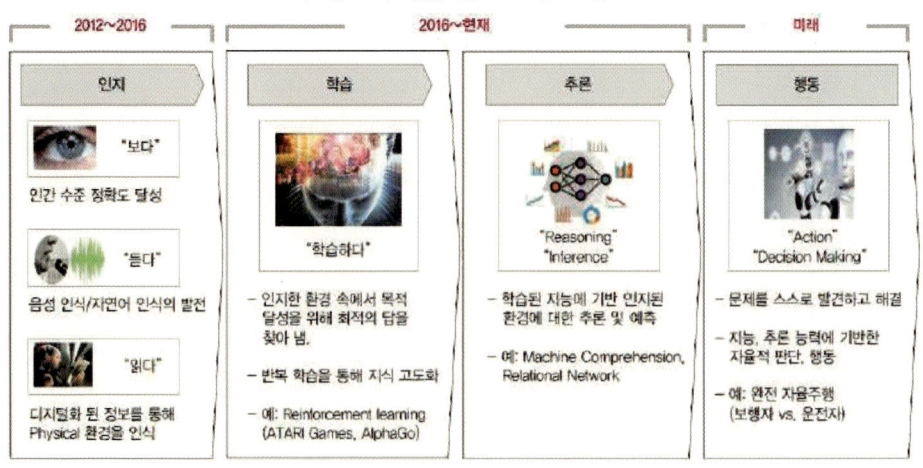

〈그림4.30〉 인공지능 SW 기술 트렌드

자료 : LG경제연구원(2017), 최근 인공지능 개발 트렌드와 미래의 진화 방향

---

84) 관계부처 합동(2020. 10), 「「인공지능 강국」실현을 위한 인공지능 반도체 산업 발전전략」
85) 국과학기술기획평가원(나영식·조재혁, 2018. 12), 인공지능(SW)

여기서 모빌리티의 자율주행 관련 인공지능을 주요 SW기술 분류별로 키워드 분석[86]을 해보면 다음과 같다. 첫째는 기계학습[87]으로 인간이 경험을 통해 학습하는 방식을 컴퓨터로 구현하는 기술이며, 데이터 기반의 학습 모델을 형성하거나 최적의 모델을 찾기 위한 알고리즘 기술이다. 즉 딥러닝, 강화학습, 클러스터링, 재귀분석, 베이징안 학습, 신경망, 인공신경망, 강화학습, 앙상블 러닝 등의 기술들을 말한다.

둘째는 지식추론으로 정보에 대한 가정과 전제로부터 결론(지식)을 이끌어 내거나 도출해내는 기술이며, 개별적 정보를 이해하는 단계를 넘어 정보 간 복잡한 관계를 파악하여 표현하는 기술이다. 즉 지식발견, 지식 큐레이션, 정보 추천, 전문가 시스템, 대용량 지식처리, 질의응답(Q/A), 대화 의미 분석, 의미 분석, 자동추론, 추론 엔진, 논리적 추론, 정리증명, 확률적 추론, 불확실성 추론, 공간적 추론, 시간적 추론, 상식적 추론, 묵시적 추론 등의 기술들이다.[88]

셋째는 시각지능으로 이미지, 영상 등 시각 정보로부터 객체(사람, 사물 등)를 인식하고 감정이나 상황 등을 이해하는 기술이다. 즉 객체인식, 컴퓨터 비전, 영상 지식처리, 행동 이해, 사물 이해, 동영상 검색, 장소, 장면 이해, 비디오 분석 및 공간 영상 이해, 예측, 비디오 요약, 영상기반 표정/감성 인식 등의 기술들이다.

넷째는 언어지능으로 인간의 언어(텍스트, 음성 등)를 컴퓨터가 인식하고 이해하며 지식화하는 기술이다. 즉 자연어처리, 텍스트마이닝, 온톨로지, 언어분석, 대화 이해 및 생성, 텍스트 요약, 자동 통·번역, 음성 분석, 음성 인식, 오디오 색인, 화자 인식/적응 및 검색, 잡음처리 및 음원분리, 음향인식, 텍스트기반 감성 인식 등의 기술들이다.[89]

인공지능 기술은 이미 제조업(자율주행차, 지능형 로봇, 드론, 스마트 팩토리) 및 서비스업(의료, 교육, 금융 등)과 융합되어 상용화가 시작되고 있으며 매년 3.5조 ~ 5.1조 달러 규모의 경제적 가치를 창출할 것이라고 전망하였다.[90] 인공지능 기술의 발전 배경으로는 알고리즘의 진화, 데이터의 증가, 컴퓨팅 성능 향상을 꼽을 수 있으며 산업적 활용에도 가속화될

---

86) McKinsey&Company(2018), NOTES FROM THE AI FRONTIER INSIGHTS FROM HUNDREDS OF USE CASES
87) 인공지능의 한 분야이다. 1959년 아서사무엘은 기계학습을 "컴퓨터에 명시적인 프로그램 없이 배울 수 있는 능력을 부여하는 연구 분야"라고 정의하였다. 즉 사람이 학습하듯이 컴퓨터에도 데이터들을 줘서 학습하게 함으로써 새로운 지식을 얻어내게 하는 분야이다.
88) 김태훈(2021), 인공지능 기반 건설관리기술의 현재와 미래 발전방안
89) 김경훈(2019.12), 공공·민간 분야의 인공지능 융합·활용 활성화를 위한 정책방안 연구
90) McKinsey&Company(2018), NOTES FROM THE AI FRONTIER INSIGHTS FROM HUNDREDS OF USE CASES

것으로 예측했다.

  산업적인 관점에서 인공지능의 급진적인 발전은 전 산업의 융합 가속화 및 혁신을 유발하여 고용구조의 변화와 더불어 광범위한 산업·경제적 파급효과를 가져올 것이라고 전망하고 있다. 인공지능 기술의 비약적 발전은 미래 고용구조의 변혁과 새로운 업무 재교육 등을 초래할 것이다. 즉 인공지능 기술로 인하여 향후 3년 ~ 10년 사이에 전세계 지역 내 전체 일자리의 85%가 변혁을 겪을 것으로 전망하였으며, 일자리의 50% 이상이 새로운 직무로 재배치되거나 재교육 과정을 거칠 것으로 예측하였다.[91]

  우선 알고리즘의 진화는 딥러닝과 같은 기계학습 알고리즘 기술의 진화로 정확도가 급격히 향상될 것이다. 다음으로 컴퓨팅 성능의 향상은 GPU(Graphic Processing Unit) 등 데이터 처리를 위한 컴퓨팅 성능이 향상됨에 따라 과거 수개월 소요되었던 기계학습 처리 시간이 단 몇 분/시간 만에 가능할 것이다. 마지막으로 빅데이터의 증가는 인터넷, 스마트 폰을 통한 데이터 양이 급격히 증가하고 이를 수집/분석하기 위한 빅데이터 처리 환경이 발전할 것이다.[92]

  각계 전문가들은 인공지능 기술이 인간의 지적 능력을 뛰어넘는 시점인 싱귤래리티[93]가 2025~2040년에 도래할 것으로 예측하고 있다. 싱귤래리티 대학[94]의 미래학자 레이 커즈와일은 "2040년에 인공지능은 인간 두뇌를 뛰어 넘을 것"이라며 '싱귤래리티' 시대의 개막을 예고하였다. 공동 설립자인 피터 디아만디스는 그 시기가 2035년으로 단축 될 것이라고 전망했다. 해외 인공지능 연구자를 대상으로 인간의 지적 능력을 뛰어 넘는 기술의 실현 가능성을 조사한 결과, 40년 내 외과 수술, 30년 내에는 뉴욕 타임즈의 베스트셀러 출판을 비롯하여, 모든 분야에서 45년에 실현 가능성이 있다고 예측되었다고 한다.[95]

  이와 같이 예측되면서 인공지능 분야 주요 스타트업은 글로벌 구글社, 애플社 등 대기업에 인수되었고, 그 중 기계학습 기술을 보유하고 있는 스타트업의 비중이 49%로 가장 큰 것으로 나타났다.

---

91) MicroSoft&IDC(2018), Unlocking the Economic Impact of Digital Transformation in Asia Pacific
92) 배수현 외(2021.1))부산지역 인공지능 산업생태계 조성 방안
93) 싱귤래리티(특이점): 인공지능 기술의 급진적인 발전 속도로 인하여 인간의 지적 능력의 총합을 넘어서는 시점
94) 싱귤래리티 대학(Singularity University): 2008년 Google과 NASA의 후원으로 미국 실리콘밸리에 설립된 대학으로 미래학, 인공지능/로봇, 나노기술, 우주공학 등 세계 최고 전문가들의 교수진으로 포진해 있는 창업대학
95) 한겨레(2017.09.18), "인공지능이 인간 한계 넘어 제3의 생명역사 열까"

〈표4.6〉 최근 인공지능 분야 주요 글로벌 기업 M&A 동향[96]

대표 인수 기업	스타트업	스타트업 보유 기술
Goole社	Api.ai	음성 인식/언어 이해 기술
	ALMatter	모바일 기반 커뮤터 비전
	Halli Labs	딥러닝/기계학습 시스템 개발
Amazom社	Pop Up Archive	음악 검색 엔진
	Init.ai	대화 비서
	Regaind	커뮤터 비전 sw
Facebook社	Ozio	통합 지식 플랫폼
	Zurich Eye	컴퓨터 비전 SW/HW
바이두社	Raven Tech	인공지능 음성 비서
	xPerception	머신 비전

인공지능과 빅데이터의 기술발전

　인공지능(Artificial Intelligence)은 '모든 것이 연결되고 보다 지능적인 사회로의 진화'로 전망되는 제4차 산업혁명의 주역이다. AI 기술은 컴퓨터와 초연결 디바이스에서 발생하는 데이터의 폭발적 증대와 초연결 지능화를 위하여 대용량, 실시간, 다양성, 지능화 기능을 플랫폼으로 제공하는 SW기술을 의미한다. 첫째로 인공지능[97]이다. 인간의 인지능력, 학습능력, 이해능력, 추론능력 등과 같이 인간의 고차원적인 정보처리 능력을 구현하는 기술이다. 둘째로 빅데이터[98]이다. 기존 데이터베이스로 처리할 수 없는 초대용량의 정형, 비정형 데이터를 생성, 저장, 관리, 수집 등을 분석하여 가치를 추출하고 지능화 서비스의 기반을 지원하는 기술이다.

---

96) Hampleton(2018), M&A market report 1H 2018: artificail Intelligence,
97) 인공지능은 사고와 지능적인 행위의 근저에 깔린 메커니즘의 이해와 그 메커니즘을 기계에 구현한 것 (미국 인공지능발전 협회(AAAI)의 역할정의에서 발췌, https://www.aaai.org/home.html)
98) 빅데이터는 통상적으로 사용되는 데이터수집 · 관리 및 처리 SW의 수용 한계를 넘어서는 방대한 크기의 데이터로, 데이터의 양(Volume)·데이터 입출력의 속도(Velocity)·데이터 종류의 다양성(Variety)으로 정의 될 수 있는 정보자산(Doug Laney, 3D Data Management, Gartner, 2001)

〈그림4.31〉 AI가 활용될 Digital Transformation의 기술적 전개

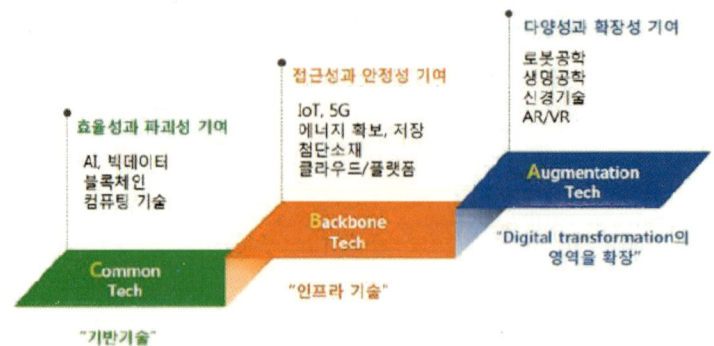

자료 : 한국과학기술평가원(2019), 4ICT R&D 기술로드맵 2023

그간 두 번의 AI암흑기[99]에도 불구, 컴퓨팅 파워 진전, 데이터 축적, 알고리즘(딥러닝) 진화 등으로 AI 부흥기에 진입하였으며, 향후 언어, 시각 등 인공지능 핵심 기술이 사람 수준에 근접하면서 본격 확산 단계에 진입할 것으로 예상된다. 인공지능 기술의 발전 속도는 점차 가속화되어, 향후 10여 년간의 변화는 AI 개념이 등장한 1950년대 중반 이후 현재까지 약 60년간의 변화를 압도할 것으로 전망된다.

〈그림4.32〉 인공지능 기술 발전 전망

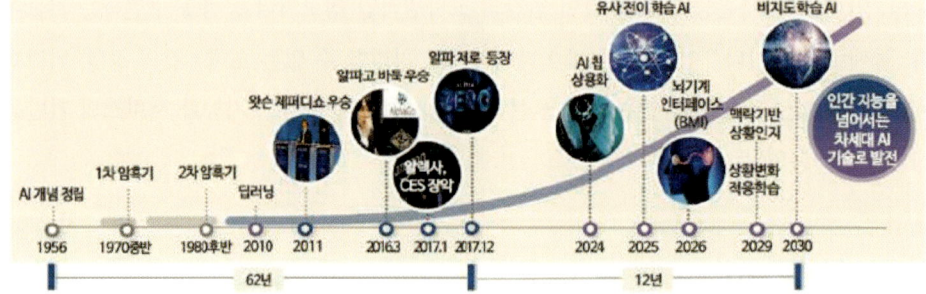

자료 : I-Korea 4.0 실현을 위한 인공지능 R&D 전략 (과기정통부, 2018.5)

인공지능의 한계를 돌파를 위한 기술개발은 딥러닝과 AI 알고리즘에 대한 연구로 많은 진보가 이루어질 것이다. 즉 딥러닝 자체의 한계로 인해 데이터 가공(레이블)에 단순노동이 상당히 소요되고, 분야별로 데이터가 축적되어야 하며, 정보처리과정의 Black Box로 인해 투

---

99) 1차('70년대):메모리·처리속도 등이 미구축, 실패로 AI 지원 중단, 2차('00년대):전문가시스템의 高유지비용·업데이트한계·오류 등으로 AI회의론 확산

명성(신뢰도가 낮음)이 존재하는 상황이다.

언어와 청각지능 활용 확산 관련 질의응답 기술은 추론, 의미 등의 인공지능 기술이 적용되면서 금융, 특허, 법률, 국방 등의 의사결정지원 기술 형태로 발전하고 있다. 음성대화처리, 자동통번역, 언어분석에 딥러닝 기술이 활발히 적용되고 이들 솔루션에 대한 플랫폼화도 경쟁적으로 진행될 것이다. IBM은 18년 6월에 인간과 AI의 토론 기술을 시연하였으며, 이러한 인공지능 기술이 앞으로는 "변호사나 정보에 관련한 결정을 내려야 하는 직업을 가진 사람들에게 도움을 줄 수 있을 것"으로 예측된다.[100]

또한 추론형 시각지능 연구에서 인공지능이 직접적인 인지 능력을 넘어서 사람과 유사한 추론을 가능하게 하는 연구가 진행되고 있으며, 다소 주관적인 판단 분야로 확대 적용 중이다. 즉 축구 경기를 인식하는 기술을 하키 경기를 이해하는 기술로도 전이할 수 있다. 또한 사진에서 사람의 자세를 바꾸거나, 입고 있는 의상을 바꾸는 등의 다른 상황을 상상하여 장면을 생성하는 기술도 개발되고 있다.[101]

로봇이나 모빌리티의 복합지능형 연구 관련 분야에서는 인공지능형 로봇, 지능형 에이전트 분야의 연구로 활발히 진행하고 있다. 특히 지능형 비서 상용 서비스가 급속히 확산되는 추세이며, 인공지능 기술과 로봇 기술의 융합이 가속화되면서 로봇·드론의 핵심지능인 조작지능, 소셜지능, 이동지능이 최근에 빠르게 발전하고 있다. 지율로봇 분야의 세계 최대 학회인 ICRA 2018에서 가장 많은 논문 발표가 이루어진 분야가 "Deep Learning in Robotics"이다.

강화학습도 주요 주제로 부각됨에 따라 지능형 비서의 경우 2018년 구글이 Google I/O에서 발표한 바와 같이 인공지능이 보다 생활 밀착형 서비스로 진화하는 사례들이 등장하고 있다. 향후 많은 실생활 영역에 인공지능 기술이 적용될 것으로 예상된다. 즉 Gmail의 Smart Compose는 문장의 일부분만 작성하여도 인공지능이 메일의 나머지 부분을 완성한다. Google Duplex는 실시간으로 복잡한 대화를 수행하며, 추임새까지 넣는 자연스러운 대화 수행도 가능하다.

빅데이터는 데이터의 개방·유통·공유할 수 있는 플랫폼의 발전과 인공지능 분석 방법론을 적용한 데이터 분석 등으로 지능의 다양화로 발전이 전망된다. 점차 초연결 기술의 발전과 병행하여 실시간성과 초연결 지능화를 달성하는 방향으로 발전할 것으로 예측되면서, 2010년대 이후 인공지능 기술 발전을 촉진시키면서 그 중요성이 확대되면서, IoT, 인공지능,

---

100) 정보통신기획평가원(2018.12), ICT R&D 기술 로드맵 2023
101) 과학기술일자리진흥원(2019.12), 인공 지능(빅데이터) 시장 및 기술 동향

5G, 클라우드, 빅데이터는 지속적으로 발전할 것으로 전망되고 있다.[102]

〈그림4.33〉 빅데이터와 타기술의 연결

자료 : 한국과학기술평가원(2019), ICT R&D 기술로드맵 2023

다양한 데이터 통합 관련 이종의 빅데이터를 단일시스템으로 처리하는 것은 한계가 있어 이종 데이터를 통합하여 고속 처리할 수 있는 플랫폼 확대가 전망된다.[103] 즉 SAP, Oracle 등과 같은 글로벌 데이터 관리 기업들은 기존제품을 확장하여 여러 데이터 모델을 지원하나 한계가 있어 이종 데이터 모델 통합이 전망된다.[104] 단일지능에서 다양한 데이터를 통합 분석할 수 있는 복합지능으로의 진화를 위하여 다양한 데이터를 통합관리 할 수 있는 기술 발전이 전망되고 있다.

데이터 처리 가속화는 사회 현안 해결 등 다양한 니즈에 부합할 수 있는 실시간성 확보가 중요해짐에 따라 데이터 처리 가속화 기술의 확대가 전망된다. 즉 다양한 센서에서 발생하는 데이터로부터 유의미한 시간[105] 안에 데이터 처리할 수 있는 기술로 진화가 전망되면서, 이종의 고성능 컴퓨팅 자원을 저비용으로 사용하는 빅데이터 처리 플랫폼, 데이터 저장관리 기술 등의 매니코어(manycore) 새로운 아키텍처 기반의 데이터 관리 기술이 필요하다. 분산원장 데이터의 활용성을 촉진하기 위하여 신뢰성을 가지고 데이터를 빠르게 분석할 수 있도록 하는 분산원장 데이터 관리 기술 출현이 전망된다.[106]

지능형로봇과 모빌리티

기술의 발전은 필연적으로 산업을 변화시킨다. 획기적인 기술의 혁신은 산업혁명을 촉발하기도 한다. 지능형 로봇 기술은 초연결, 빅데이터, 초지능화를 특징으로 하는 4차 산업혁

---

102) 임진양(2019), ICT RnD 기술로드맵 2023 보고서
103) 데이터 엔지니어링 분야 거장인MIT의M. Stonebraker 교수는 단일 시스템으로 모든 응용을 지원 한계론을 발표 ("One Size Does Not Fit All")
104) Oracle, SAP HANA, IBM DB2, PostgreSQL, OrientDB, ArangoDB 등
105) 사건/사고 발생, 에너지 블랙아웃, 환경오염의 심각도 등
106) 관세청(2019.11), 4차 산업혁명 관련 ICT 신기술 정보수집(미국ICT)

명의 핵심기술이 결합된 산업으로 인공지능과 클라우드, 사물인터넷, 빅데이터 등의 4차 산업혁명 기술은 사회 변혁을 동반하고 있다. 즉, 산업혁명을 일으킬 만큼 혁신적인 기술체인 지능형 로봇은 우리 산업 분야의 시스템에 대변혁을 가져 오고 있다. 지능형 로봇은 산업용 로봇과 다르게 사회 전반의 변화를 주도하면서, 산업 자동화 및 물류 자동화를 주도할 것으로 보인다. 특히 교통물류 자동화의 선두에 있는 자율주행차와 에어모빌리티를 이동형(모빌리티) 로봇이라고 말한다.

현재의 로봇은 동작하는 부품인 매니퓰레이터[107], 모터, 액츄에이터[108] 등의 부품들이 조화롭게 움직이며 단순한 동작을 넘어 인간에 가깝게 진화하고 있다. 이에 다양한 센서 등의 부품 산업 또한 발달할 전망이다. 2003년 개발된 물개 모양의 작은 소셜 로봇 '파로에'는 촉각 센서와 광센서, 소리센서, 온도센서 등의 각종 센서가 수천 개 설치되어 있다. 이처럼 지능형 로봇에는 사용자의 감정 및 주변상황을 탐지하기 위한 것은 물론 사용자의 안전을 지키며 이동하고 동작하기 위한 센서도 다수 필요하다. 이는 지능형 로봇에 적합한 작고, 정밀한 센서가 정밀 기계 및 AI와 함께 발전할 것으로 예측되는 이유이다.

다른 한 가지 더 고려할 것은 지능형 로봇은 대부분 실내외에서 사용될 것이라는 점이다. 따라서 2차 전지나 소형 전기 모터의 수요가 늘어날 것으로 예측해볼 수 있다. 또한, 이동과 주행 솔루션이나 기술 플랫폼 중에서 실내 주행에 특화된 in-door SLAM[109]과 자율주행 모듈 및 플랫폼 시장이 성장할 것으로 전망된다. 이와 함께 다양한 과학 기술도 발전해 나갈 것이다. 대표적으로는 인공지능, 클라우드, 5G, IOT 등 관련 산업이 지능형 로봇 산업과 함께 성장할 것으로 예측된다. 음성 인식 및 대화, 상황인식, 감성 표현 등은 지능형 로봇에게 요구되는 핵심 기능이다. 이들을 실현하려면 높은 수준의 인공지능 기술의 발달이 더욱 필요하다. 따라서 소셜 로봇에 대한 관심은 Human-Robot Interaction 및 Human-Robot InterfaceHRI와 관련된 각종 인공지능 시스템 기술의 발전을 촉진할 것이다.[110]

그리고 이 두 가지 기술의 수준이 지능형 로봇(에어모빌리티)의 상용화 시기나 대중적 확산 시점을 결정할 것으로 보인다. 결국 로봇 전문가들과 인공지능 전문가의 협업이 이루어지고, 시너지를 일으켜 기술과 산업의 발전에 가속도가 붙을 것이다. 더불어 클라우드 서비

---

107) 매니퓰레이터(manipulator)는 사람의 팔처럼 물체를 이동시키고 기기를 조작할 수 있는 기계이다.
108) 액츄에이터(actuator)는 유체를 이용하여 변환한 에너지로 기계를 동작시키는 구동 장치이다.
109) SLAM(Simultaneous Localization and Map-Building, Simultaneous Localization and Mapping)은 로봇이 이동할 때 센서를 이용해 현재 자신의 위치를 측정하면서 동시에 주변 환경의 지도를 작성하는 기술이며, 자율주행을 위한 핵심 기술이다.
110) 한국과학기술기획평가원(2019. 2), 소셜 로봇의 미래

스 기술도 발전할 것으로 보인다. 로봇이 주변 환경이나 사용자의 개인 데이터 등 대규모 데이터를 처리하기 위해서는 클라우드 기반의 인공지능이 활용될 것이다. 따라서 클라우드 및 무선통신 네트워크 산업도 소셜 로봇 확산의 수혜를 받을 것으로 보인다.

지능형 로봇 제조의 전방산업[111]은 인간과 상호작용하는 로봇의 기능에 초점을 두고 발전할 것이다. 따라서 지능형 로봇은 '인간과의 사회적인 상호작용'이라는 기능을 탑재한 채 다양한 용도와 목적으로 활용될 수 있다. 로봇은 생활지원 분야에서 홈 허브 플랫폼이나 커뮤니케이션 기능을 담당하는 서비스업에 투입될 것이다. 교육 분야에서는 양방향 교감형 멀티미디어 교육서비스를 제공할 것으로 보인다. 또한, 소셜 로봇은 인간의 외로움을 치유하거나 정서적 유대감을 구축하는 정서 지원 서비스와 보안, 건강 등의 상태를 모니터링하는 케어 서비스에 활용되고, 원격 의료 등의 치료 서비스, 안내 등의 대인 서비스에 적용하게 될 것이다.[112] 교육용 지능형 로봇의 경우에는 물리적인 동작보다는 로봇에 탑재되는 양방향 교감형 교육 콘텐츠를 중심으로 제공될 것이다. 따라서 교육용 로봇에 탑재될 멀티미디어 교육 콘텐츠 및 온라인 유통 분야가 함께 성장해나갈 것으로 예측된다. 정서 지원 및 케어 서비스의 주요 대상은 고령층이다. 이에 따라 고령층의 건강 상태나 생활 등을 모니터링하거나, 1인 가족의 외로움과 고독감을 덜어주고 정서적 유대감을 제공하는 헬스 케어 시장이 형성될 수 있다. 이러한 서비스가 발전하면 고령층뿐 아니라 전 연령대에 유사한 서비스를 제공하는 라이프 케어 서비스 시장이 만들어질 수 있다.

지능형 로봇은 이러한 과정을 감정 노동의 어려움이나 대상에 대한 편견 없이 수행할 수 있다. 결국 로봇이 특수 치료 시장의 성장을 견인할 가능성도 충분히 있어 보인다. 가령 반려동물은 인간의 고독감을 해소하고 정서적 유대감을 형성하며, 즐거움을 제공하는 등 심리적인 만족감을 불러일으키는 존재이기도 하다. 만약 정서지원이 가능한 소셜 로봇이 각 가정에 보급된다면 반려동물의 기존 수요를(역할을) 일부 대체할 수도 있을 것으로 보인다. 또한, 안내나 서빙 등 일부 서비스 산업의 경우도 마찬가지다. 위에서 언급했듯 일본 도쿄에 가면 '헨나 호텔'이라는 무인호텔이 있다. 이곳 프론트에서는 사람대신 로봇이 손님을 맞는다. 이 호텔의 다른 지점에는 공룡 로봇이 배치된 프론트도 있다. 일본 소프트뱅크의 '페퍼'는 은행이나 마트에서 접객 로봇으로 주로 사용되고 있다. 이처럼 지능형 로봇의 사회적인 상호작용 기능이 발전한다면 사람을 고용하는 관련 산업의 생태계는 위축될 것으로 보인다.

---

111) 전방산업은 가치사슬상에서 해당 산업의 앞에 위치한 업종을 의미한다. 즉, 자사를 기준으로 제품 소재나 원재료 공급 쪽에 가까운 업종을 후방산업, 최종 소비자와 가까운 업종을 말한다.

112) 과학기술일자리진흥원(2019. 12), 인공지능(빅데이터)시장 및 기술 동향

지능형 로봇의 발전과 지능형 시스템 산업의 등장은 스마트폰의 보급으로 '포노사피엔스[113]'라는 명칭을 얻은 인류의 삶의 방식을 완전히 바꾸어 놓았다. '1가구 1소셜 로봇'의 시대가 스마트폰으로 인한 변화만큼의 커다란 삶의 변화를 사람들에게 추동할 것이다. 스마트폰 보급은 산업적인 면에서 '앱Application'이라는 새로운 시장을 창출하면서, 2017년 글로벌 모바일 앱 시장은 817억 달러 규모였다. 그러나 데이터닷에이아이(data.ai)사의 모바일 앱 시장에 대한 연례 검토 보고서에 의하면, 모바일 앱 시장은 앱 다운로드 건수와 사용시간은 성장세를 보였으나, 소비자 지출은 소폭 감소하였고, 2022년 소비자 지출은 전년 대비 2% 감소한 1,670억 달러(약 208조 1,488억 원) 규모를 형성하였다고 한다.

지능형 로봇의 확산은 이와 비슷한 사업 변화를 뛰어넘을 것으로 예측된다. 지능형 로봇이 상용화되면 로봇 상에서 구동되는 교육용, 특수 치료용, 보안용 등 다양한 용도의 앱이 개발될 것이다. 이것은 지능형 로봇과 그 외의 로봇이 차별화되는 지점이기도 하다. 대부분 용도에 따라 미리 프로그래밍 되어있는 산업용 로봇이나 전문 서비스 로봇(수술 로봇, 물류 로봇, 농업 로봇 등) 시장에 비해 지능형 로봇은 더욱 다양한 시장을 형성할 수 있다. 소프트뱅크[114]는 로봇 '페퍼Pepper)와 '나오Nao'를 위한 별도의 앱스토어를 구축하고 있다. 앱스토어에서 판매되고 있는 앱은 소프트뱅크나 파트너사에 의해 개발되고 있다. 즉, 지능형 로봇용 앱은 로봇의 크기나 구성, 물리적 배열에 따라 다양하게 개발될 것으로 보인다.

일본 소프트뱅크의 '손정의' 회장은 2016년 미국 캘리포니아주 산타클라라에서 열린 영국 반도체 기업 ARM(세계 최대 반도체 설계회사) 개발자 대회에서 IoT[115]의 사회적 영향이 캄브리아기[116]대폭발의 영향과 필적할 것이라고 연설했다. 5억 4천만 년 전 캄브리아기에 지구 생물의 종류가 폭발적으로 늘어났듯 앞으로는 냉장고, 세탁기, 자동차 등 모든 기계가 IoT로 연결되면서 데이터를 폭발적으로 생산할 것이라는 뜻이다. 손 회장은 이것이 "IoT가 눈이 없던 생명체가 눈을 갖게 되는 수준의 혁명"이라고 단언했다. IoT기술과 접목한 로봇

---

113) 스마트폰의 등장으로 시공간의 제약 없이 소통할 수 있고 정보 전달이 빨라져 정보 격차가 점차 해소되는 등 편리한 생활을 하게 되어 스마트폰 없이 생활하는 것이 힘들어지는 사람이 늘어나면서 나타난 용어이다(지식엔진연구소).

114) 소프트뱅크(Softbank)는 일본의 대표적인 IT회사, 통신사, 투자회사이다. 페퍼, 나오 등 휴머노이드 지능형 로봇을 개발했다.

115) 사물인터넷(IoT)은 사람·기기·공간·데이터 등 모든 것이 네트워크로 연결되어 사람과 사물뿐만 아니라 사물과 사물 사이에서도 데이터를 교환할 수 있는 기능을 보유하고 언제 어디서나 상호 소통할 수 있는 생태계를 말하는 것으로, 산업혁명과 정보화혁명 이후에 도래가 예상되는 초연결혁명 시대에서의 초연결 인터넷을 말하는 것이다. IoT 기술은 이러한 초연결 인터넷을 구축하고 인간에게 서비스가 제공될 생태계를 구성하는 새로운 혁신 기술이다.[사물인터넷의 미래(박종현 외, 2014. 11)]

116) 5억 4200만년 전에 다양한 종류의 동물화석이 갑작스럽게 출현한 지질학적 사건

은 사람과의 사회적인 상호작용을 통해서 인간의 감정 및 생활 습관 등에 대한 데이터를 모을 수 있다는 점에서 다른 IoT 기술들과는 차별된다.[117]

〈표4.7〉 데이터 경제의 부상과 사회경제적 영향

시장조사 기관		스타트업 보유 기술
가트너	'11	응용 프로그램, SW·HW의 경계과 아닌 빅데이터, 오픈데이터, 연결데이터 등 데이터로 파생되는 경제가 경쟁 우위를 이끌어가는 시대
EC	'14	데이터를 다루는 구성원이 만들어내고 있는 생태계를 말하며, 데이터의 생성·수집·저장·처리·분배·전달 등을 모두 포괄하는 개념
MIT	'16	데이터 자본은 재화·서비스를 생산하는데 필요한 정장된 정보로, 기존의 물리적 자산처럼 장기적인 경제적 가치를 보유
IBM	'16	데이터를 내·외부적으로 가치를 창출하는데 사용하는 것을 의미하며, 이러한 현상은 이용 가능한 데이터와 데이터 기반의 의사결정이 증가하면서 기업들 사이에서 더 많은 데이터가 교환됨으로써 발생
Digtal Reality	'18	대화 비조직이나 비즈니스의 방대한 데이터를 저장·검색·분석해서 생성되는 금융이나 경제적 가치서

자료: 한국정보화진흥원(2018)

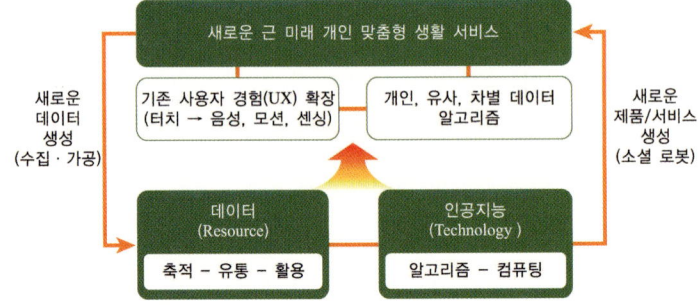

〈그림4.34〉 소셜 로봇 산업에서의 데이터 수집과 활용

자료: 한국정보화진흥원(2018)

이렇게 모은 대규모의 데이터를 처리하기 위해서는 빅데이터 기술, 그 처리된 데이터를 저장하는 클라우드 컴퓨팅 기술, 그리고 저장된 데이터를 분석하는 AI 기술이 필요하다. 이러한 기술이 발달한다면 지능형 로봇이 제공하는 상세한 감정 및 생활 습관 관련 데이터는 향후 데이터를 활용하는 산업에 새로운 기회를 제공할 것으로 예측된다.

현재 산업에서 AI가 가장 실질적으로 기여하고 있는 영역 중 하나는 챗봇을 활용한 고객 응대 서비스다. 그러나 챗봇의 경우 고객의 감정 상태 등을 이해하고 응대하는 데 제약이 많다.

---
117) 빅데이터와 인공지능이 가져올 라이프 패러다임의 변화와 기업의 역할(김진호, 2017. 12)

이 분야에 지능형 로봇을 투입한다면, 챗봇 상담 시에 축적된 감정 상태에 대한 데이터를 분석하여, 이를 바탕으로 고객의 불만 정도를 판단하고 응대 수준을 결정하는 것이 가능하다.

다른 사회적 관점에서 로봇이 인간의 일을 대신한다면 "기존에 그 일을 하던 사람들은 어떻게 될 것인가?"라는 질문을 할 수 있다. 새로운 기술의 확산으로 인한 산업의 변화, 일자리의 변화는 매우 민감한 문제다. 상대적으로 낮은 고용률과 높은 청년 실업률이 사회문제까지 대두되고 있는 저성장의 국면에서는 더욱 예민하다. 로봇에 의한 미래 일자리의 변화에 대해서 기업과 기관, 대학에서 많은 연구를 내놓고 있다. 먼저 세계적인 글로벌 컨설팅회사 '매킨지앤컴퍼니'는 2017년 '없어지는 일자리와 생겨나는 일자리: 자동화 시대 노동력의 전환'이라는 보고서를 통해 2030년까지 전 세계에서 8억 명의 일자리가 사라질 것이라고 예측했다. 이는 전 세계 46개국 800개 직업, 2000개 업무를 분석한 결과였다.[118]

특히 기계운영자, 패스트푸드 종사자, 비영업부서 직원들의 일자리가 가장 큰 영향을 받을 것으로 예상되었다. '딜로이트'와 옥스퍼드 대학은 2013년 공동 연구를 통해 영국에 현존하는 일자리의 35%가 2035년까지 로봇에 의해 대체될 것이라고 발표했다. 2015년엔 '잉글랜드은행'이 영국에서만 최대 1천 5백만 개의 일자리가 사라질 수 있다고 예측하기도 했다. 2017년 영국 왕립예술학회는 이보다 조금 낙관적인 조사 결과를 내놓기도 했다. 영국의 산업계 리더들을 대상으로 설문조사를 한 결과 현행 노동인력의 15%에 달하는 4백만 개의 일자리가 로봇에 의해 대체된다는 것이다. OECD 또한 전 세계의 약 10%, 영국에서는 약 12%의 일자리가 줄어들 것이라고 예상했다.

그러나 또 다른 전문가들은 로봇에 의해 대체되거나 줄어든 일자리만큼 혹은 그 이상으로 일자리가 늘어날 것이라고 주장한다. 스위스 다보스포럼을 주관하는 '세계경제포럼WEF'의 '직업의 미래 2018' 보고서는 로봇은 2022년까지 7500만 개의 일자리를 없애는 한편, 1억 3300만 개의 일자리를 새로 창출할 것이라는 긍정적인 지표를 내놓았다. 그러나 전반적으로 많은 전문가는 '인간의 일자리는 생기는 일자리보다 사라지는 일자리가 더 많다'라는 연구에 더 공감하고 있다. 그렇기에 우리는 기술의 발달 외에도 이로 인한 새로운 사회문제에 대해 고민할 필요가 있다.

정리하면, 인공지능은 이제 거의 모든 산업에 적용, 활용될 정도로 산업의 촉매제 역할을 하고 있다. 우리가 매일 사용하는 거의 모든 스마트폰에는 인공지능을 활용한 음성인식 기능이나, 각종 자료를 찾아 주는 기능 등이 탑재돼 있다. 최근 한 오피스빌딩에서는 인공지능을 통해 자동차 번호판을 자동으로 인식하여, 직원을 식별하고 관리하는 기능을 제공하고

---

118) 아시아미래인재연구소(김동일, 2019) 인공지능시대의 도래와 미래 디바이스 산업 생태계 변화

있다. 주변 곳곳의 CCTV로 위험 상황을 인지하는 기능 등 인공지능이 적극 활용되고 있다. 이렇듯 인공지능 기술은 이미 일상 전반에 다양하게 적용돼 있다. 특히 모빌리티에서 인공지능은 인간이 운전하지 않고 기계가 운전하는 상황을 만들고 있다.

현재 한국의 현대는 자율주행 레벨3에 해당하는 제네시스 G90 제품을 올해 상반기에 출시한다고 한다. 에어모빌리티인 UAM도 2025년에 여의도에서 인천공항까지 시범서비스 운행을 한다고 한다. 이렇듯 인공지능은 기술을 선도하는 모빌리티 혁신을 우리가 상상하는 그 이상으로 기술발전을 이룩하고 있으며, 세상의 대변화를 선도할 것이라고 한다. 선진국과 글로벌 대기업들도 이런 대변화에 맞춰 기술개발에 사활을 걸고 무한 경쟁을 하고 있다. 우리는 핸드폰에서 스마트폰으로 기술 혁신하는 상황 속에서 노키아의 멸망과 애플의 등장을 봤다. 그것은 대변혁의 서곡이었다. 이제 테슬라의 등장은 대변혁을 알리고 있다. 대변혁은 에어모빌리티에서 시작할 것이고, 세상의 모든 변화를 이끌 것이다.

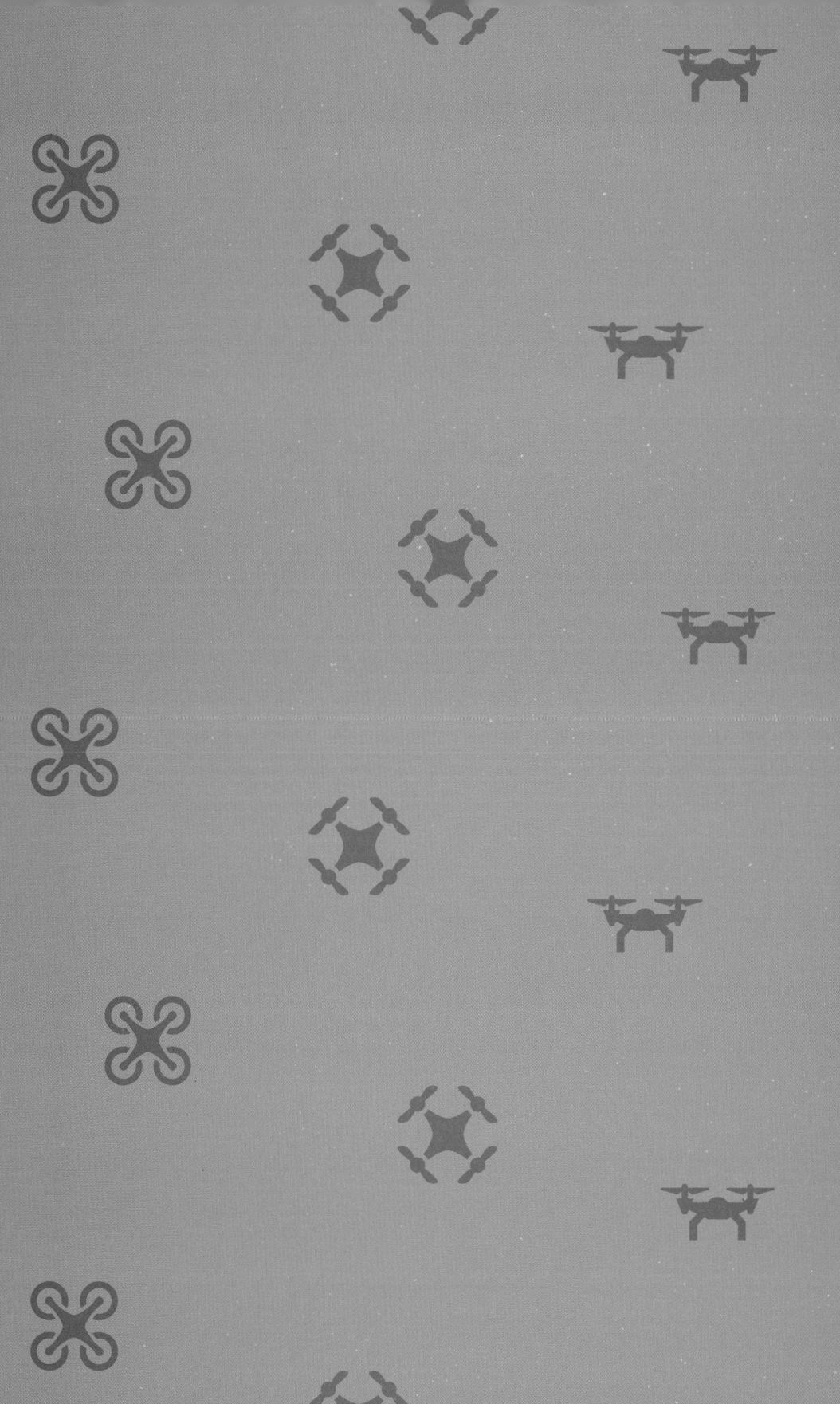

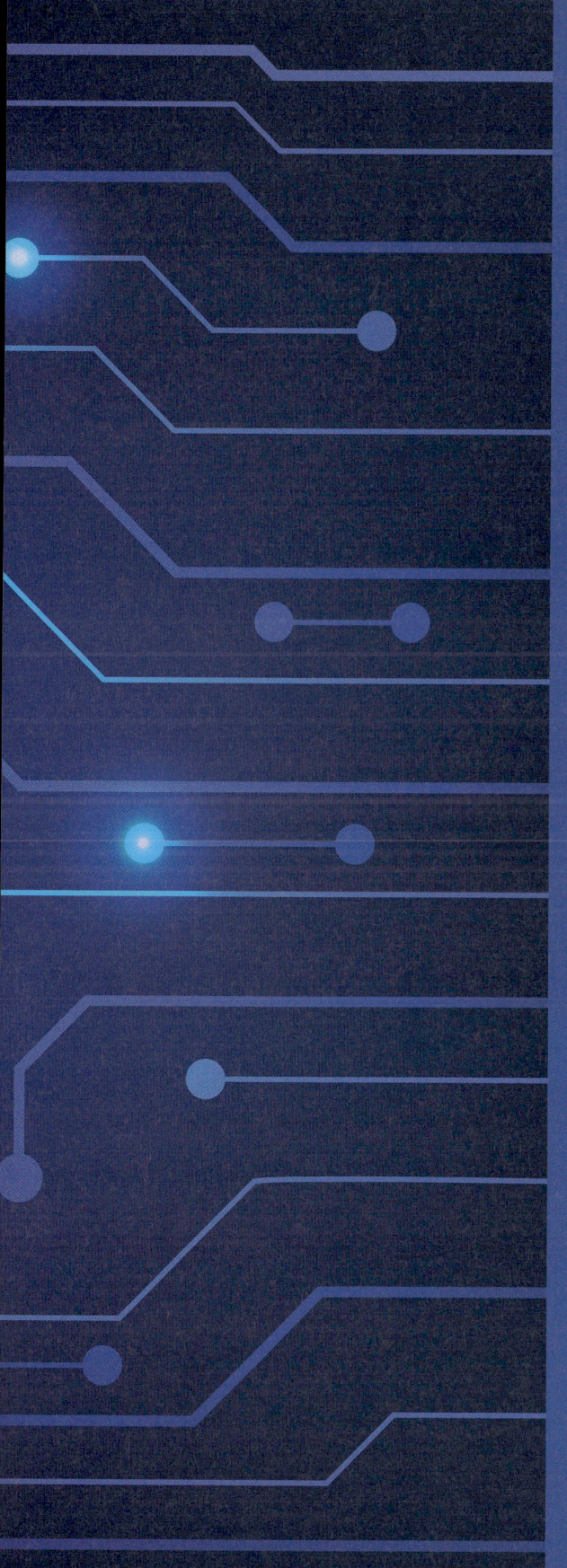

에필로그

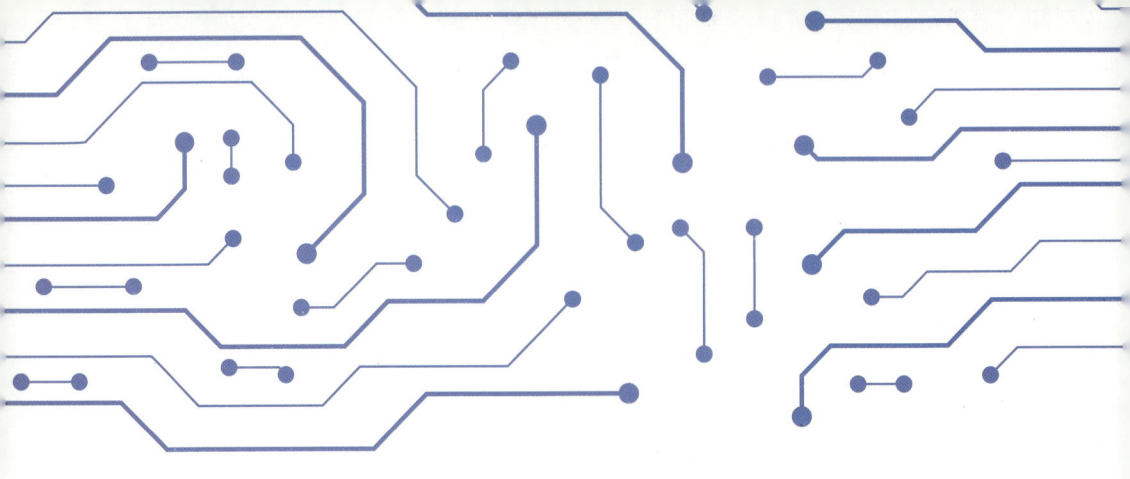

　사회의 대변혁은 "어떻게 일어나는지, 어떤 혁신의 과정을 통해 나타나는지?"에 대한 끊임없는 의문 속에서 학문을 해왔다. 이런 의문은 사회과학학의 기술 결정론과 사회 결정론 사이에서 사회 변혁의 구성에 대해 논의할 때마다 많은 이론적 근거가 혼란을 가속시켰다. 그러나 최근 4차 산업혁명의 중심에 있는 인공지능 기술은 기술의 사회적 구성론을 이끌면서, 이런 혼란에 종지부를 찍고 있다. 특히 인공지능 기술은 교통물류산업과 결합을 하여 기계 중심의 사회 대변혁을 예고하고 있다.

　문명사적으로 사회 대변혁의 주역을 모빌리티로 정의를 하면서, 고집한 것이 자칫 산업 하나에 담겨 있는 함축된 의미를 다 설명하지 못할지도 모른다는 두려움이 여전히 남아 있다. 다시 말하면 현재의 에어모빌리티는 드론, 플라잉카, 무인항공기, UAM 등 을 통칭하는 용어인데도 최근에는 드론만 남았다는 비판을 하고 있다. 그렇다면 앞으로 모빌리티의 혁신은 어디까지 갈 것이며, 산업과의 관계는 어떠한지를 말하고 싶었다. 한 가지 밝혀두고 싶은 것으로 4차 산업혁명은 우리가 선택적으로 받아들이고 말고를 결정할 수 없다. 조선의 쇄국정책이 우리의 근대화 기회를 박탈했듯 자칫 기술의 쇄국정책은 영원히 세계사적 경쟁에서 뒤처질 수 있다. 모빌리티를 문명사적 사회 대변혁에 소환한 이유다.

　에어모빌리티를 포함한 자율이동체의 교통물류혁명은 이제 눈앞으로 성큼 다가왔다. 교통물류혁명은 사회·경제적 혁명을 동반한다. 사회·경제적 구조의 대변혁과 새로운 시대로의 대전환은 현재까지 느껴보지 못한 세계로의 변혁을 의미한다. 코로나19의 이전과 이후가 달라지듯 에어모빌리티의 이전과 이후는 완전히 달라질 것이다. 모빌리티를 기술혁명을 통해 문명사적 물류혁명으로 나아가 4차 산업혁명의 소용돌이를 어떻게 헤쳐 나갈 것인가는 정작 우리의 선택에 달렸다. 국가 간, 기업 간, 개인 간 펼쳐지는 4차 산업혁명의 인공지능시대의 에어모빌리티 경쟁은 미래의 먹을거리, 나아가 국가의 명운을 좌우하는 절체절명의 순간임

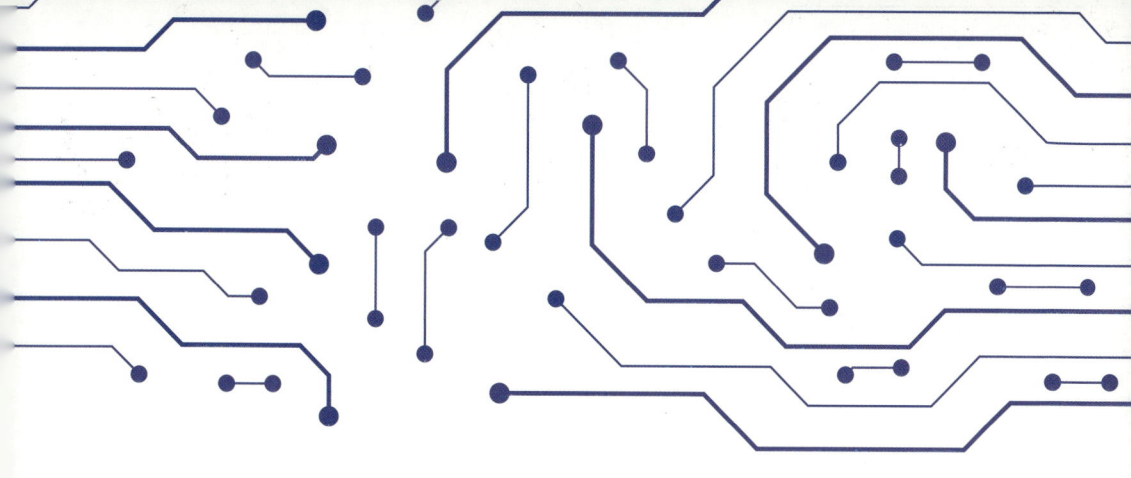

을 명심해야 한다.

 이번 2번째 책을 쓰기 위해 10년 여간 모빌리티를 비롯한 사회문화의 대변혁을 공부하고, 산업혁명의 역사와 과학기술의 역사를 공부했으나, 여전히 부족한 점이 많다. 부족하고 빠드린 점, 오기가 있을 수 있다는 점은 다음 지필자에게 바통을 넘길 수밖에 없다. 그리고 이 책을 완성할 수 있도록 도와주시고 작고하신 박승정(전자·지디넷 국장) 셋째형과 가족, 친구, 지인분들께 감사드립니다.

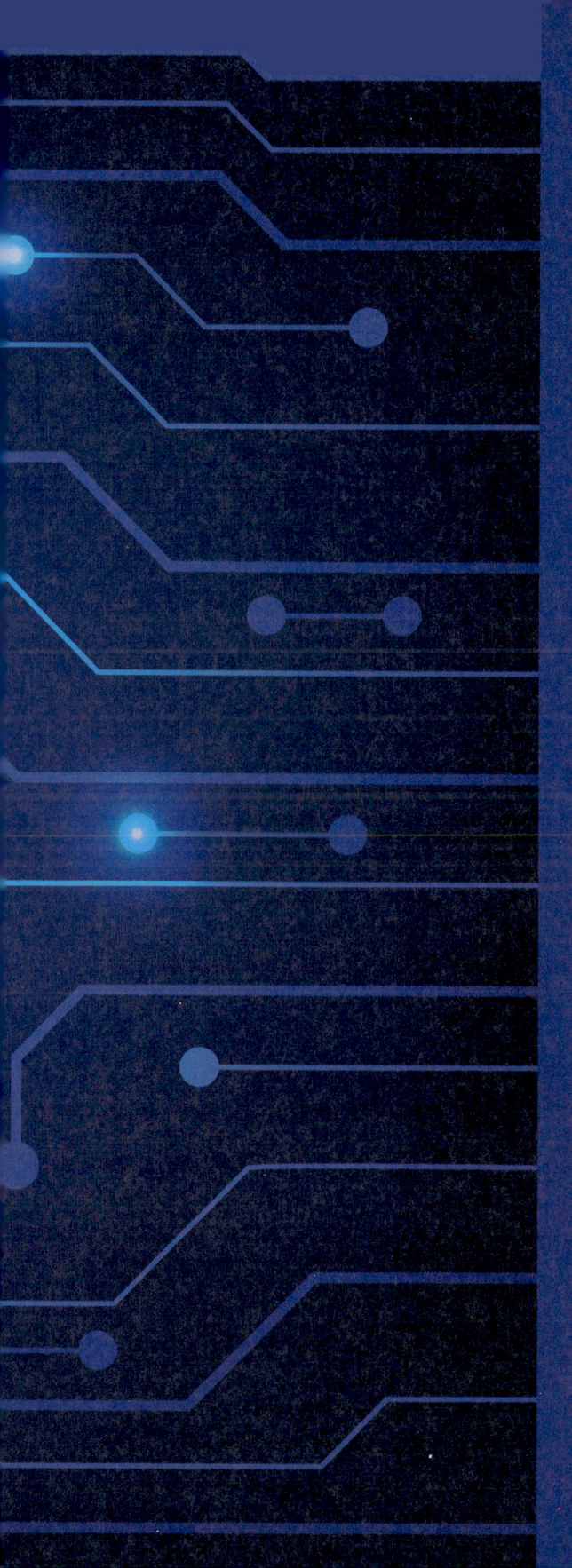

참고문헌

참고자료

- 강준만(2012), 자동차와 민주주의, 인물과 사상사
- 김석준(2021), 전기 자동차와 자율주행, 커뮤니케이션북스
- 박수레(2022), 자동차 인터페이스 디자인, 책만
- 박승대, 구본환(2021), 사회 대변혁과 드론시대, 형설
- 안병하(2022), 모빌리티 혁명과 자동차 산업, 골든벨
- 임신덕, 임현준(2022), 미래 세상의 모빌리티, 한빛아카데미
- 정지훈 외(2017), 모빌리티 혁명, 메디치
- 차두원, 이슬아(2022), 포스트 모빌리티, 위즈덤하우스
- 한규동(2022), AI 상식사전, 길벗
- 이즈미다 료스케(2015), 구글은 왜 자동차를 만드는가, 미래의 창
- 팀 크레스웰, 최영석(2021.1), 온 더 무브의 모빌리티 사회사, 앨피출판사
- 피터 메리만 외(2019), 모빌리티와 인문학, 밀크북
- 커넥팅랩(2022), 모바일미래보고서2023. 비즈니스북스
- RICH MINTZER(2016), 푸드트럭 스타트업 A to Z, 지식과감성
- 임종수・정영호・유승현(2018. 1), 미디어 빅데이터 분석. 21세기사
- 이정용・최기영・편석준(2015. 7), 왜 지금 드론인가? 미래의 창
- 이병석・권희춘(2018. 10), 드론, 생명을 살리다. 글로벌
- 김상철(2019. 11), 디지털 저널리즘. 지식과 감정
- 이시카와카즈유키(2020. 6), 물류시스템의 지식과 기술. 성인당
- 김들풀・김철희・정익성(2020. 11), 미래기술 전망. 호이테북스
- 조성환 외 다수(2019. 7), 인공지능 비즈니스 트렌드. 와이즈맵
- 마틴J. 도허티(2017. 10), 드론 백과사전. 휴먼앤북스
- 뉴 사이언티스트 외(2018. 12), 기계는 어떻게 생각하고 학습하는가. 한빛미디어
- 안드레아스 헤르만 외 다수(2019. 8), 자율주행. 한빛비즈
- 다나카 미치아키(2019. 1), 누가 자동차 산업을 지배하는가. 한스미디어
- 노무라 나오유키(2017. 9), 인공지능리 바꾸는 미래 비즈니스. 21세기북스
- 조변학(2019. 12), 2040 디바이디드. 인사이드앤뷰
- 홍형득(2016), 과학기술정책론-거버넌스적 이해. 대영문화사

- 박범순・김소영(2015), 과학기술정책론. 오름
- 고경철 외(2019) "4차 산업혁명 로봇 산업의 미래", 크라운출판사
- 김경훈 외(2016) "소셜 로봇 기술동향과 산업전망", KEIT Issue Report
- 존 조던(2018) "로봇 수업", 사이언스북스
- 캐시 세서리(2017) "꿈꾸는 10대를 위한 로봇 첫걸음", 프리랙
- 윤용현(2017), 드론공학개론, 형설출판사
- 폴 뒤무셀, 루이자 다미아노(2019) "로봇과 함께 살기", 희담
- 일본경제신문사(2019. 3) AI 2045, 인공지능 미래보고서, 반니
- KT경제・경영연구소(2020. 7) 코로나 이코노믹스. 한스미디어
- 한국과학기술단체총연합회(2016. 10) 한국과학 비상플랜. 들녘
- 안지혜(2021.7.2.), 과학기술혁신 역량평가와 2020년 R-COSTII 평가·분석, 과학기술정책연구원
- 국토교통과학기술진흥원(2021.7.5.), 국토교통 DNA플러스 융합기술대학원 육성사업 보고서
- 국토교통과학기술진흥원(2021.7), 국토교통 전략기술 수준조사 및 확보방안 - 우주 인프라 건설
- 국토교통과학기술진흥원(2021.6), 한국형 도심항공교통(K-UAM) 기술로드맵
- 과학기술정책연구원(2017), STEPI Insight 제207호
- 과학기술정책연구원(2017.12), 4차 산업혁명의 기술 동인과 산업 파급 전망
- SNE Research(2011), 자동차의 역사
- 과학기술연합대학원대학교(2017), 인문사회과학이 보는 4차 산업혁명 제1회 과학기술&심포지엄
- 김용환,송영수,심현석 (2018.4). 드론의 역습: 새로운 패러다임의 위협과 안티드론, 한국방위산업진흥회, 국방과 기술 제470호
- 윤광준(2015), 드론 핵심 기술 및 향후 과제, 한국광학기기협회, 광학세계 제158권
- 최홍락 외(2017,11), RF를 이용한 효과적인 드론 탐지 기법, 한국위성정보통신학회논문지 제12권 제4호
- 조창환 외(2019.1), 드론개발 동향 및 관련 기술 소개, 한국정보과학회, 정보과학회지3
- 국가과학기술위원회(2009), 선진국의 과학기술 관련 종합조정체계 및 주요 정책동향 분석.
- 권명화(2013), 주요국 성과지향적 R&D예산 조정배분 체계의 활용방안 연구. KISTEP

- 박상욱 외(2005), 혁신 주체의 참여를 통한 과학기술 거버넌스 구축방안 연구. 과학기술정책연구원
- 손충근·임석재(2012), 국가연구개발사업비 집행·관리 선진화 방안 연구.
- 이도형(2013), 미국 산학연 협력의 공공-민간 파트너십 모델과 시사점; 미국의 정책 동향을 중심으로. KISTEP
- 이석민(2008), 국가혁신체제와 국가의 역할 – 미국과 독일의 과학기술정책을 중심으로. 서울대 정치학박사 논문
- 이성덕(2005), 미국의 R&D시스템의 기획·조정체계 분석. 정보통신진흥연구원
- 이장재·현병환·최영훈(2011), 과학기술정책론 – 현상과 이론. 경문사
- 전정환·서용윤(2012), 개방형 혁신을 위한 개방형 로드맵 개발. 기술혁신학회지
- 김동순 외(2020. 7.), "경량 인공지능 반도체의 발전 전망", PD ISSUE REPORT, VOL 20-7, 한국산업기술평가관리원.
- 김용균(2018. 1), "반도체 산업의 차세대 성장엔진 AI 반도체 동향과 시사점", ICT Spot Issue, 정보통신기술진흥센터.
- 이동기(2019. 9. 16.), "글로벌 AI(인공지능) 산업생태계 동향 분석", Weekly KDB Report.
- 이영종·김민식(2020. 11), 인공지능 발전에 따른 인공지능 반도체 성장
- 안영수·정재호(2018), 드론 및 개인용 항공기(PAV) 산업의 최근 동향과 주요 이슈, 산업연구원
- 이대성, 미래형 항공기 (PAV : Personal Air Vehicle)개발 선행연구 수행성과 보고서, 한국항공우주연구원
- 윤광준(2015), 드론 핵심 기술 및 향후 과제, 한국광학기기협회, 광학세계 제158권
- 조창환 외(2019.1), 드론개발 동향 및 관련 기술 소개, 한국정보과학회, 정보과학회지 37(1)
- 최홍락 외(2017,11), RF를 이용한 효과적인 드론 탐지 기법, 한국위성정보통신학회
- 윤자영(2016), 드론의 현황과 규제완화 정책-상업용 드론을 중심으로-, KIAT 산업경제, Vol.10.
- 한국항공우주연구원(2019), 개인용 항공기(PAV) 기술시장 동향 및 산업환경 분석 보고서
- 한국교통연구원(2017), 드론 활성화 지원 로드맵 연구,
- 정부관계부처 합동(2017), 드론산업발전 기본계획(2017~2026)

- 국토교통부(2020), 2020년 국내외 드론산업동향 분석보고서
- 한국과학기술기획평가원(2019), 2018 기술수준평가
- 국토교통부(2020), 2020년 국내외 드론산업 동향분석 보고서
- 관계부처 합동(2017), 드론산업발전 기본계획
- KOTRA(2020), 2020 드론 주요시장 보고서
- 과학기술정보통신부 보도자료(2020), DNA+드론 기술개발사업('20~'24년)
- 관계부처 합동, 한국형 도심항공교통(K-UAM) 로드맵, 2020.5
- 한국정보화진흥원(2016.11), 모빌리티 4.0 시대의 혁신과 새로운 기회, IT & Future Strategy 제8호
- 한국교통연구원(2014.1), 교통혼잡 최소화 및 도로용량 확대를 위한 막힘없는 첨단교통 로드맵 수립, 교통물류R&D 5대분야 정책토론회
- 한국교통연구원(2019), 스마트 시티와 스마트 시티 교통부문 개념정립 연구
- 한국교통연구원(2010), 인터모달리즘(Intermodalism) 구축방안에 관한 연구.
- KARI, 「개인용항공기 기술시장 동향 및 산업환경분석 보고서」
- 삼성전자(2020), 전장산업 분야 및 시장전망(HARMAN International)
- 무인이동체미래선도사업단(2019), 「2018년 무인이동체 산업실태조사결과 보고서」
- 한국항공우주산업진흥협회, 「항공우주통계」 2019
- 전북연구원(2021.9), 전라북도 드론산업 여건과 육성방안
- 국토부(2021.9) 한국형 도심항공교통(K-UAM) 운용개념서 1.0
- iNOSKY(2021.10), 국내외 UTM 현황
- 국토부(2021.11) 한국형 도심항공교통(K-UAM) 김포공항 종합실증
- 미래창조과학부・KISTEP(2015), 2014년 국가 과학기술 혁신역량 평가
- 과학기술일자리진흥원(김지은・이정우, 2019. 8), 드론기술 및 시장동향보고서
- 한국특허전략개발원(김효정, 2019. 11), 물류의 새로운 패러다임-드론 물류에 관하여
- 정보통신진흥센터(2018. 9), ICT R&D 기술로드맵 2023 – 자율주행차 분야
- 한국산업기술진흥원(2017. 11), 항공드론 산업 동향 및 기술 전략
- 중소벤처기업부(2018. 12), 중소기업 전략기술 로드맵 2019-2021 – 자율주행차
- 한국과학기술기획평가원(나영식・조재혁, 2018. 12), 인공지능(SW)
- 과학기술일자리진흥원(이정우, 2019. 12), 인공지능(빅데이터) 시장 및 기술동향
- 소프트웨어정책연구소(추형석, 2018. 11), 인공지능 어디까지 왔을까-심층학습부터 범용

인공지능까지
- 서울과학종합대학원(김진호, 2017. 12), 빅데이터와 인공지능이 가져올 라이프 패러다임의 변화와 기업의 역할
- 한국인터넷진흥원(한상기, 2020. 2), 인공지능과 데이터 분석으로 질병 확산을 예측할 수 있는가?
- 한국특허전략개발원(김효정, 2019. 11), 물류의 새로운 패러다임, 드론 물류에 관하여
- 정보통신산업진흥원(김유중, 2018. 5), 특허로 보는 아마존 드론 물류 혁명
- 특허지원센터(2018. 11), 전자 ICT 산업동향 분석 리포트 – 무인 이동체 기술
- 한국항공우주연구원(유창선, 2019), 무인기 안전운항 및 활용을 위한 무인항공기 시스템 ICT 표준화 전략
- 한국과학기술기획평가원(2019), 소셜 로봇의 미래
- 국토교통과학기술진흥원(2021. 1), 자율주행 기술개발 혁신 사업-상세 보완 기획서
- 중소기업기술정보진흥원(2018. 12), 중소기업 전략기술 로드맵 2019-2021 – 드론
- 한국산업기술평가관리원(2015), 무인항공기(드론) 기술동향과 산업전망
- 국토교통부(2019), 드론 활용의 촉진 및 기반조성에 관한 법률
- IRS Global(2018), 4차 산업혁명 기술 집약체인 무인 이동체 분야별 시장전망과 핵심기술 개발전략,
- 한국전자정보통신산업진흥회·특허지원센터(2017-2018), 무인항공기(드론) 특허분석보고서
- 한국항공우주연구원/한국교통연구원(2017), 드론 활성화 지원 로드맵 연구
- 과학기술정보통신부(2018), 무인이동체 기술혁신과 성장 10개년 로드맵
- 임베디드소프트웨어·시스템산업협회(2016), 드론의 기술개발 동향 및 기업의 대응방안
- 한국산업기술평가관리원(2015), 무인항공기(Drone) 기술동향과 산업전망
- i-PAC(2018), 전자·ICT 산업동향 분석 Report(무인이동체 기술)
- i-PAC(2016), 전자·ICT 산업동향 분석 Report(드론 기술)
- 특허뉴스(2019), [특허로 본 유망 미래기술③] 드론(Drone),
- 이데일리(2016), 뜨는 산업 '드론' 특허출원 급증,
- 연구개발특구진흥재단(2017), 드론 서비스 시장,
- 과학기술정보통신부(2018), I-Korea 4.0 실현을 위한 인공지능(AI) R&D 전략
- LG CNS (2017.11.08), (Creative & Smart) "부족한 데이터로 하는 머신러닝! '전이 학습'"

- 지능정보산업협회(2018), "솔트룩스, 인공지능 원천 기술로 승부한다", 지능정보 한국을 미래로 이끌다, AIIA JOURNAL VOL.2
- 과학기술정보통신부, IITP(2018), 4차 산업혁명을 선도하는 주요 기술 대상 기술수준평가 및 기술수준 향상방안
- kt경제경영연구소(홍원균·김현중, 2014. 12), oT시대, 비즈니스 환경변화에 맞선 글로벌 Telco의 대응전략
- 정보통신연구원(최계영, 2017. 12), 4차 산업혁명과 ICT
- 과학기술평가원(송성수, 2017, 2)역사에서 배우는 산업혁명론 : 제4차 산업혁명과 관련하여
- 정보통신연구원(최계영, 2016. 4), 4차 산업혁명 시대의 변화상과 정책 시사점
- 정보통신연구원(이원태, 2017. 10), 4차 산업혁명과 지능정보사회의 규범 재정립
- LH토지주택공사(김효진, 2016. 3), 축제와 기술의 만남 : 발파해체와 불꽃놀이 그리고 축제
- 산업기술리서치센터(윤병훈, 2017. 11), 4차 산업혁명 시대 : 종이의 생존전략
- 대한설비공학회(윤석준, 2015. 2), 종이와 파피루스
- KDI 경제정보센터(2017. 12), 지금은 4차 산업혁명 시대 : 인공지능, 로봇, 빅데이터, 사물인터넷, 플랫폼
- LG CNS(2017.05.08), (IT Insight) "AI, 플랫폼 전쟁이 시작된다"
- KISTEP(2018), "AI 인재 부족 우려... 국가별 대책 인터넷 시장 지각변동 예상", 과학기술&ICT 정책·기술동향 No.111
- KISA, KT경제경영연구소(2017), 2017년 인터넷 10대 이슈 전망
- IITP(2018), AI First, AI Everywhere로 전개되는 인공지능
- IITP(2018), 4차 산업혁명 시대, 우리의 인공지능 현황
- 지능정보산업협회(2018), "해외 인공지능 주요 정책동향", 지능정보 한국을 미래로 이끌다, AIIA JOURNAL VOL.6
- KDB(2018), 유럽의 AI 육성을 통한 혁신성장과 시사점, Weekly KDB Report
- IITP(2018), 프랑스 AI 권고안 리뷰와 ICT 정책 검토
- KISTEP(2018), "시진핑 주도의 과학기술혁신강국 주요시책", 과학기술&ICT 정책·기술동향 No.122
- IITP(2018), 일본의 인공지능(AI) 정책 동향과 실행전략

- 기획재정부(2018), 2019년도 예산안 및 2018~2022년 국가재정운용계획
- NIA(2018), 인공지능(AI)을 선도하는 주요국의 핵심전략
- 대신증권(2018), AI First 시대의 변화와 투자전략,
- ETRI(2019), 인공지능(AI) 분야 VC투자 특성과 시사점
- KISTI(2018), MARKET REPORT 인공지능 특집호
- NIPA(2018), ICT 융합 동향 리포트
- 한국교통연구원(2017), 드론 활성화 지원 로드맵 연구
- 한국항공우주연구원(2019), 개인용 항공기(PAV) 기술시장 동향 및 산업환경 분석 보고서
- 부관계부처 합동(2017), 드론산업발전 기본계획(2017~2026)을 중심으로 재정리
- 국토교통부(2020), 2020년 국내외 드론산업동향 분석보고서
- 국토교통부(2016), 드론활성화 지원 로드맵 연구, 한국교통연구원, 한국항공우주연구원
- 국과학기술기획평가원(2019), 2018 기술수준평가
- 한국드론산업진흥협회(2018), 국내외 드론산업 정책 동향
- 국토교통부(2020), 2020년 국내외 드론산업 동향분석 보고서
- 관계부처 합동(2017), 드론산업발전 기본계획
- KOTRA(2020), 2020 드론 주요시장 보고서
- 과학기술정보통신부 보도자료(2020.4), DNA+드론 기술개발사업('20~'24년)
- 과정부 보도(2019.12), '2020년 과정부 무인이동체 기술개발사업 시행계획
- 인천시 보도자료(2020.11.11.), 도심항공 특화도시로 도약
- 관계부처 합동, 한국형 도심항공교통(K-UAM) 로드맵, 2020.5
- 국토교통부 보도자료(2020.6.4.), 2025년, 교통체증 없는 '도심 하늘길' 열린다
- 항공안전기술원(2021), 무인비행장치의 안전운항을 위한 저고도 교통관리체계 개발 및 실증시험,
- 항공안전기술원 외(2017), 무인비행장치 안전 운항을 위한 저고도 교통관리체계 개발 및 실증시험 착수보고서
- 한국특허전략개발원(2019. 11), 물류의 새로운 패러다임 드론 물류에 관하여
- 한국정보화진흥원(2016.11), 모빌리티 4.0 시대의 혁신과 새로운 기회, IT & Future Strategy 제8호
- 한국교통연구원(2014.1), 교통혼잡 최소화 및 도로용량 확대를 위한 막힘없는 첨단교통 로드맵 수립, 교통물류R&D 5대분야 정책토론회

- 한국교통연구원(2019), 스마트 시티와 스마트 시티 교통부문 개념정립 연구
- 국토해양부(2010), 제1차 복합환승센터 개발 기본계획
- 한국교통연구원(2010), 인터모달리즘(Intermodalism) 구축방안에 관한 연구

- 조선비즈(2018.08.23), "기계가 인간 뛰어넘는 특이점, 2035년이면 온다"
- 한겨레(2017.09.18), "인공지능이 인간 한계 넘어 제3의 생명역사 열까"
- 중앙일보(2017.09.26), "석학에게 10분 만에 배우는 인공지능의 '현재'"
- 아주경제(2018.06.25.) "서울대 장병탁 교수팀, 美 '인공지능 질의응답 대회' 준우승"
- Tech M(2018.04.30), "국내서도 응용 활발. 오픈소스 기반 공동 연구도 가속"
- ZDNet Korea(2018.06.22), "네이버 '스타간' 논문, CVPR 상위 2% 내 선정"
- 한국경제(2018.09.11), "글로벌 기업 'AI 인재' 쟁탈전… 학술대회는 '스카우트의 場'"
- 전자신문(2018.05.01), "영국 인공지능 육성에 민·관 합동 10억 파운드 투자"
- 뉴시스(2018.05.22), "[AI시대] 기술·인재 잡아라… 韓 기업들 투자에 한창"
- 전자신문(2014.06.02.) "'세계의 공장'중국, 산업로봇 최대 수요처로 발돋움"
- 로봇신문(2015.01.25.) "일본 '로봇신전략' 확정 발표"
- 동아일보(2019.01.25.) "'스카우트, 알아서 배달해' '아이보, 할머니 부탁해'"
- 한국경제(2018.10.18.) "글로빌 모바일 앱 시장 2022년 '176조원' 규모로 성장"
- 로봇신문(2017.05.11.) "일본, 재활 로봇 'HA' 치료 보장 보험 상품 등장"
- 중앙일보(2017.11.29.) "매킨지 '로봇·자동화로 2030년 8억명 실직, 새 기술 익혀야'"
- 한겨레(2018.07.20.) "인공지능으로 일자리 오히려 늘어난다"
- 더스쿠프(2018.09.21.) "플라스틱을 '종이'로 대체하라"
- 서울경제(2019.05.03.) "'로봇 바텐더' 쉐키쉐키가 메뉴별 와인 추천"
- 연합뉴스(2019.07.11.) "'로봇이 길 안내 척척' 인천공항 안내로봇 '에어스타' 첫선"
- 서울경제(2019.07.21.) "로봇이 간다 '밤낮없이 경비·손님 응대까지…로봇, 주 52시간 근무 해결사로'"
- OSEN(2019.10.23.) "SK텔레콤, 코딩로봇 '알버트AI' 출시… 인공지능 '누구' 탑재"
- 이투데이(2019.12.01.) "미리 보는 CES, 2020 '로봇'이 뜬다"
- 초이스경제(2018.05.17.) "로봇 자동화가 일자리를 뺏는다?…천만의 말씀!"
- 조선비즈(2018.08.23), "기계가 인간 뛰어넘는 특이점, 2035년이면 온다"
- 한겨레(2017.09.18), "인공지능이 인간 한계 넘어 제3의 생명역사 열까"

- 중앙일보(2017.09.26), "석학에게 10분 만에 배우는 인공지능의 '현재'"
- 아주경제(2018.06.25.) "서울대 장병탁 교수팀, 美 '인공지능 질의응답 대회' 준우승"
- Tech M(2018.04.30), "국내서도 응용 활발. 오픈소스 기반 공동 연구도 가속"
- ZDNet Korea(2018.06.22), "네이버 '스타간' 논문, CVPR 상위 2% 내 선정"
- 한국경제(2018.09.11), "글로벌 기업 'AI 인재' 쟁탈전… 학술대회는 '스카우트의 場'"
- 전자신문(2018.05.01), "영국 인공지능 육성에 민·관 합동 10억 파운드 투자"
- 뉴시스(2018.05.22), "[AI시대] 기술·인재 잡아라… 韓 기업들 투자에 한창"
- 동아사이언스(2020. 10), "인텔 AI칩 우주로 간다…AI 장착 첫 인공위성 '파이샛-1호'"
- 머니투데이(2020. 8. 26.), ""미래 달렸다" 테슬라도 아마존도 돈 쏟는 'AI반도체' 뭐길래".
- CIO(2020. 8. 24.), "최형광 칼럼 / 인공지능과 아마라의 법칙".
- 특허로 보는 아마존 드론 물류 혁명(정보통신산업진흥원)
- DHL의 체계적인 드론 배송 기술 개발(한국항공우주연구원)

- Markets and markets(2019), Drone Services Market
- Mortan Stanley(2018), Flying Cars: Investment Implications of Autonomous Urban Air Mobility,
- Gartner(2020), "Forecast Database, AI Neural Network Processing Semiconductors".
- FAA(Federal Aviation Administration, 2019), Safety Management System Manual
- FAA(Federal Aviation Administration), 14 CFR part 107 subpart C-Remote Pilot Certification.
- CAA(2015), Unmanned Aircraft System Operations in UK Airspace - Guidance cap722
- Kevin W. Williams(2014), A Summary of Unmanned Aircraft Accident/Incident Data: Human Factors Implications
- Reece Clothier(2014), The Safety Risk Management of Unmanned Aircraft Systems
- SESAR(2018), European ATM Master Plan: Roadmap for the safe intergration of drones into all classes of airspace
- CASA(2019), Part 101 (Unmanned Aircraft and Rockets) Manual of Standards

- Mazur・Wiśniewski(2016), Clarity from above: PwC global report on the commercial applications of drone technology
- Futures(2017.4), "The European pulp and paper industry in transition to a bio-economy :A Delphi study", volume 88, 1-14
- PWC(2015), "Global forest, paper & packaging industry survey : 2015 edition survey"
- _____(2016), "Global forest, paper & packaging industry survey : 2016 edition survey"
- MicroSoft&IDC(2018), Unlocking the Economic Impact of Digital Transformation in Asia Pacific
- McKinsey&Company(2018), NOTES FROM THE AI FRONTIER INSIGHTS FROM HUNDREDS OF USE CASES
- Hampleton(2018), M&A market report 1H 2018 : artificail Intelligence,
- Mark D. Moore(2003), Personal Air Vehicles: A Rural/Regional and Intra-Urban On-Demand Transportation System, AIAA Paper 2003-2646
- Markets and markets(2019), Drone Services Market
- https://www.engadget.com/2018/05/14/google-project-maven-employee-protest
- https://www.dronecode.org
- https://jfgagne.ai/2019-canadian-ai-ecosystem
- https://www.yna.co.kr/view/AKR20190424041400009
- https://www.asiae.co.kr/article/2018112110205115771
- https://www.dpdhl.com
- DHL YouTube
- EHang YouTube

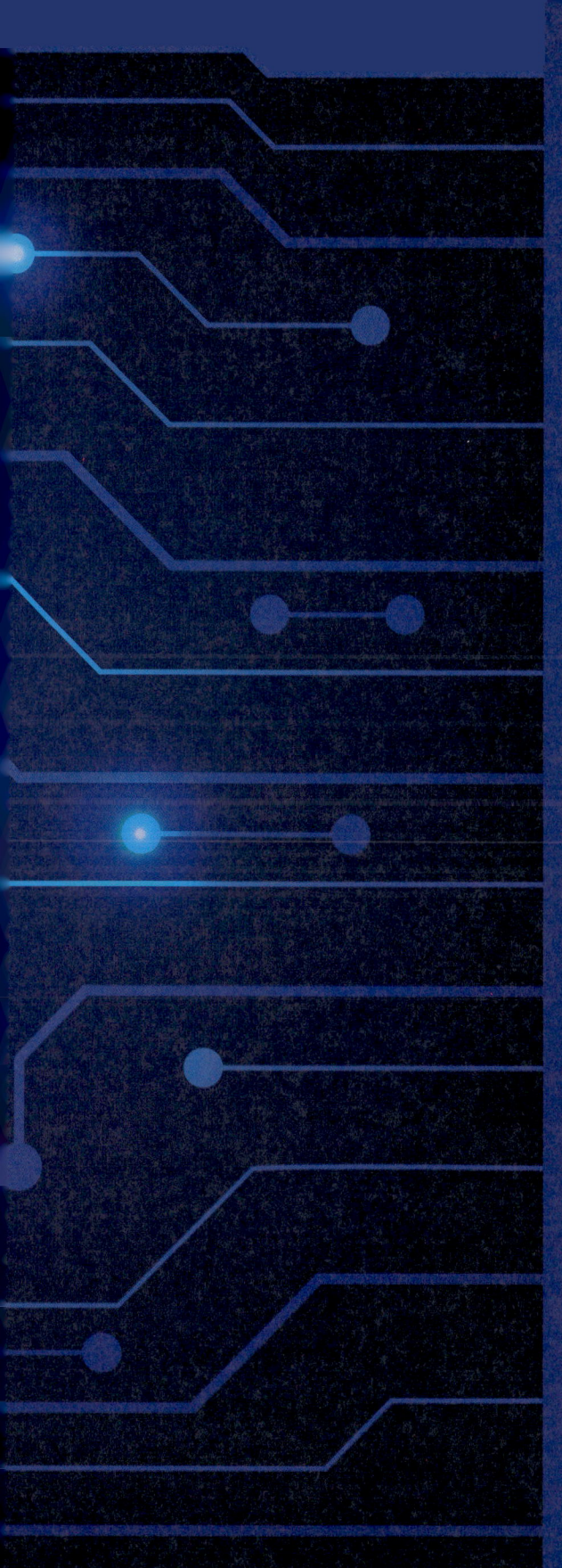

부록 1

드론 활용의 촉진 및 기반조성에 관한 법률

제1장 총칙

제1조(목적) 이 법은 드론 활용의 촉진 및 기반조성, 드론시스템의 운영·관리 등에 관한 사항을 규정하여 드론산업의 발전 기반을 조성하고 드론산업의 진흥을 통한 국민편의 증진과 국민경제의 발전에 이바지함을 목적으로 한다.

제2조(정의) ① 이 법에서 사용하는 용어의 뜻은 다음과 같다.
1. "드론"이란 조종자가 탑승하지 아니한 상태로 항행할 수 있는 비행체로서 국토교통부령으로 정하는 기준을 충족하는 다음 각 목의 어느 하나에 해당하는 기기를 말한다.
   가. 「항공안전법」 제2조제3호에 따른 무인비행장치
   나. 「항공안전법」 제2조제6호에 따른 무인항공기
   다. 그 밖에 원격·자동·자율 등 국토교통부령으로 정하는 방식에 따라 항행하는 비행체
2. "드론시스템"이란 드론의 비행이 유기적·체계적으로 이루어지기 위한 드론, 통신체계, 지상통제국(이·착륙장 및 조종인력을 포함한다), 항행관리 및 지원체계가 결합된 것을 말한다.
3. "드론산업"이란 드론시스템의 개발·관리·운영 또는 활용 등과 관련된 산업을 말한다.
4. "드론사용사업자"란 타인의 수요에 맞추어 드론을 사용하여 유상으로 운송, 농약살포, 사진촬영 등의 업무를 수행할 목적으로 「항공사업법」 제2조제23호에 따른 초경량비행장치사용사업 등 국토교통부령으로 정하는 사업을 영위하는 자를 말한다.
5. "드론교통관리"란 드론 비행에 필요한 각종 신고·승인 등 업무의 지원 및 비행에 필요한 정보제공, 비행경로 관리 등 드론의 이륙부터 착륙까지의 과정에서 필요한 관리 업무를 말한다.

② 제1항에 규정된 것 외의 용어에 관하여는 이 법에서 특별히 정하는 경우를 제외하고는 「항공안전법」 제2조 및 「항공사업법」 제2조에 따른 용어의 정의에 따른다.

제3조(드론산업의 지원) 국가 및 지방자치단체는 드론산업을 지속가능한 경제 성장 동력으로 육성하고 기업 간 상생문화를 구축하며 건전한 산업생태계를 조성하기 위하여 행정적·재

정적·기술적 지원을 할 수 있다.

제4조(다른 법률과의 관계) 드론 활용의 촉진 및 기반조성에 관하여 이 법에서 정한 사항에 대하여는 다른 법률에 우선하여 이 법을 적용한다.

제2장 정책추진 체계

제5조(드론산업발전기본계획의 수립 등) ① 정부는 대통령령으로 정하는 절차에 따라 드론산업의 육성 및 발전에 관한 기본계획(이하 "기본계획"이라 한다)을 5년마다 수립·시행하여야 한다.
  ② 기본계획에는 다음 각 호의 사항이 포함되어야 한다.
    1. 드론산업의 현황과 향후 전망
    2. 드론산업 육성을 위한 정책의 기본방향
    3. 드론산업의 부문별 육성 시책
    4. 드론산업 육성을 위한 연구개발 지원
    5. 드론산업 육성을 위한 제도 개선
    6. 드론산업 관련 사용자 보호
    7. 드론산업 관련 국제협력 및 해외시장 진출 지원
    8. 드론산업 육성을 위한 투자소요 및 재원조달 방안
    9. 그 밖에 드론산업 육성을 위하여 필요한 사항
  ③ 정부는 기본계획의 수립을 위하여 관계 중앙행정기관의 장, 특별시장·광역시장·특별자치시장·도지사 또는 특별자치도지사(이하 "시·도지사"라 한다) 및 공공기관(「공공기관의 운영에 관한 법률」 제4조에 따른 공공기관을 말한다. 이하 같다)의 장에게 관련 자료를 요청할 수 있다. 이 경우 자료 제공을 요청받은 각 기관의 장은 정당한 사유가 없으면 이에 따라야 한다.
  ④ 정부는 기본계획을 수립하거나 대통령령으로 정하는 중요한 사항을 변경하려면 관계 중앙행정기관의 장 및 시·도지사와 협의하여야 한다.

⑤ 정부는 기본계획을 수립하거나 변경하였을 때에는 그 내용을 관보에 즉시 고시하고, 관계 중앙행정기관의 장 및 시·도지사에게 알려야 한다.
⑥ 정부는 기본계획에 따라 연도별 시행계획을 수립하여야 한다.

제6조(드론산업 실태조사) ① 정부는 드론산업 관련 정책의 효과적인 수립·시행을 위하여 매년 드론산업 전반에 걸친 실태조사를 실시할 수 있다.
② 정부는 제1항에 따른 실태조사를 실시하는 경우 공공 및 민간부문의 드론시스템에 대한 중장기 수요전망을 포함할 수 있다.
③ 정부는 제1항에 따른 실태조사와 제2항에 따른 수요전망 작성을 위하여 필요한 경우 중앙행정기관의 장, 시·도지사 및 공공기관의 장에게 필요한 자료를 요청할 수 있으며 각 기관의 장은 특별한 사유가 없으면 이에 따라야 한다.
④ 제1항부터 제3항까지에 따른 실태조사의 대상·방법 및 절차에 관하여 필요한 사항은 대통령령으로 정한다.

제7조(드론산업협의체의 구성·운영) ① 정부는 드론의 운영·관리 등 드론산업과 관련된 업무를 담당하는 국가기관과 지방자치단체의 공무원, 공공기관의 임원 또는 직원 및 드론산업에 종사하는 사업자 등을 구성원으로 하는 드론산업협의체를 구성·운영할 수 있다.
② 드론산업협의체 구성 및 운영에 관하여 필요한 사항은 대통령령으로 정한다.

제8조(공공기관 드론 활용 등의 요청) 국토교통부장관은 드론산업의 활성화를 위하여 중앙행정기관의 장, 시·도지사 및 공공기관의 장에게 드론시스템의 도입 및 활용 등을 요청할 수 있다.

제3장 드론산업의 육성

제9조(드론시스템의 연구·개발) ① 정부는 드론시스템의 기술개발을 촉진하고 기본계획을 효율적으로 추진하기 위하여 대통령령으로 정하는 바에 따라 드론시스템의 기술 발전에 필

요한 연구·개발 사업을 할 수 있다.

② 정부는 제1항에 따른 연구·개발 사업을 추진함에 있어 드론시스템의 연구·개발자, 제작자 및 수요자 간의 연계협력을 위하여 필요한 지원을 할 수 있다.

③ 정부는 드론시스템에 관한 연구·개발의 성과를 높이기 위하여 공공기관, 법인, 단체 및 대학 간의 공동연구를 촉진하는 데 필요한 지원을 할 수 있다.

④ 제2항 및 제3항에 따른 지원에 필요한 사항은 대통령령으로 정한다.

제10조(드론특별자유화구역의 지정 및 관리) ① 국토교통부장관은 드론시스템의 실용화 및 사업화 등을 촉진하기 위하여 드론 특별자유화 구역(이하 "드론특별자유화구역"이라 한다)을 지정·운영할 수 있다.

② 국토교통부장관은 제1항의 드론특별자유화구역에서 행하는 드론 실용화 및 사업화 등을 위해 다음 각 호에 따른 법률에 규정된 인증·허가·승인·평가·신고 등을 대통령령으로 정하는 바에 따라 유예 또는 면제하거나 간소화할 수 있다.

  1. 「항공안전법」 제23조에 따른 특별감항증명
  2. 「항공안전법」 제68조에 따른 무인항공기의 비행 허가
  3. 「항공안전법」 제124조에 따른 시험비행허가 또는 안전성인증
  4. 「항공안전법」 제127조에 따른 비행승인
  5. 「항공안전법」 제129조제5항에 따른 특별비행의 승인
  6. 「전파법」 제58조의2에 따른 적합성평가

③ 국토교통부장관은 제1항에 따라 드론특별자유화구역을 지정하거나 제2항에 따른 인증·허가·승인·평가·신고 등을 한시적으로 유예 또는 면제하거나 간소화하기 위하여 관계 중앙행정기관의 장과 사전에 협의하여야 한다.

④ 그 밖에 드론특별자유화구역의 지정, 운영 및 관리 등에 필요한 사항은 대통령령으로 정한다.

제11조(드론시범사업구역의 지정 및 관리) ① 국토교통부장관은 대통령령으로 정하는 바에 따라 드론시스템의 실증·시험 등을 원활하게 수행하기 위한 드론시범사업구역(이하 "드론시범사업구역"이라 한다)을 지정·운영할 수 있다.

② 국토교통부장관은 드론시범사업구역에서 다음 각 호의 어느 하나에 해당하는 자에게 행정적·재정적 지원을 할 수 있다.

1. 드론의 성능시험 및 개발 등을 위하여 비행을 하는 자
2. 안전기준 연구 등을 위하여 드론을 비행하는 자
3. 그 밖에 국토교통부령으로 정하는 자

제12조(창업의 활성화) 정부는 드론산업과 관련된 창업을 촉진하고 활성화하기 위하여 대통령령으로 정하는 바에 따라 다음 각 호의 행정적·재정적 지원을 할 수 있다.
1. 창업자금의 융자
2. 드론 관련 연구개발 성과의 제공
3. 시험 장비 및 설비의 지원
4. 그 밖에 대통령령으로 정하는 사항

제13조(드론첨단기술의 지정 및 지원) ① 산업통상자원부장관은 드론산업 관련 기술의 개발 및 활용을 촉진하기 위하여 기존 드론시스템을 첨단화한 기술을 대통령령으로 정하는 바에 따라 드론첨단기술(드론첨단기술이 접목된 제품을 포함한다. 이하 같다)로 지정할 수 있다.
② 산업통상자원부장관은 관계 중앙행정기관의 장, 시·도지사 및 공공기관의 장에게 드론첨단기술을 우선 구매하여 사용하도록 요청할 수 있다.
③ 중소벤처기업부장관은 산업통상자원부장관의 요청에 따라 중소기업(「중소기업기본법」 제2조에 따른 중소기업자를 말한다)이 개발한 드론첨단기술을 「중소기업제품 구매촉진 및 판로지원에 관한 법률」 제6조에 따른 경쟁제품으로 지정할 수 있다.
④ 산업통상자원부장관은 드론첨단기술로 지정된 기술이 다음 각 호의 어느 하나에 해당하는 경우에는 그 지정을 취소하거나 3개월 이내의 기간을 정하여 지정의 효력을 정지할 수 있다. 다만, 제1호에 해당하는 경우에는 그 지정을 취소하여야 한다.
 1. 거짓이나 그 밖의 부정한 방법으로 지정을 받은 경우
 2. 제1항에 따라 대통령령으로 정하는 드론첨단기술의 지정 기준에 적합하지 아니하게 된 경우
⑤ 제1항에 따른 드론첨단기술의 지정 및 제4항에 따른 지정취소 등에 필요한 사항은 대통령령으로 정한다.

제14조(인증등의 의제) ① 제13조에 따라 드론첨단기술의 지정을 받은 자는 다음 각 호의 인증·평가·검정(이하 "인증등"이라 한다)을 받은 것으로 본다.

1. 「항공안전법」 제124조에 따른 안전성인증
2. 「전파법」 제58조의2에 따른 적합성평가
3. 「농업기계화 촉진법」 제9조에 따른 농업기계의 검정

② 산업통상자원부장관은 제13조에 따른 지정을 할 때 제1항 각 호의 어느 하나에 해당하는 사항이 포함되어 있는 경우에는 제13조에 따른 지정을 신청한 자가 제출한 산업통상자원부령으로 정하는 관계 서류를 첨부하여 미리 관계 행정기관의 장과 협의하여야 한다. 이 경우 관계 행정기관의 장은 협의요청을 받은 날부터 30일 이내에 의견을 제출하여야 하며 같은 기간 이내에 의견 제출이 없는 경우에는 의견이 없는 것으로 본다.

③ 제1항에 따라 인증 등을 받은 것으로 보는 경우에는 관계 법률에 따라 부과되는 수수료를 면제한다.

제15조(지식재산권의 보호 및 육성) ① 정부는 드론시스템의 연구 활동과 드론산업을 보호하고 육성하기 위하여 드론시스템의 지식재산권 보호 및 육성시책을 마련하여야 한다.

② 정부는 드론시스템의 지식재산권 보호를 위하여 다음 각 호의 사업을 추진할 수 있다.
1. 지식재산권 침해에 대한 대응과 복구
2. 지식재산권에 관한 교육·홍보
3. 지식재산권의 효율적 활용
4. 그 밖에 대통령령으로 정하는 사항

③ 정부는 대통령령으로 정하는 바에 따라 지식재산권 분야의 전문기관 또는 단체를 지정하여 제2항 각 호의 사업을 추진하게 할 수 있다.

제16조(우수사업자의 지정 등) ① 국토교통부장관은 드론사용사업자 중 드론산업의 발전과 서비스 및 안전 수준 향상에 기여한 자로서 국토교통부령으로 정하는 기준에 적합한 자를 우수사업자로 지정할 수 있다.

② 국토교통부장관은 우수사업자로 지정된 자에 대하여 우수사업자로 지정되었음을 나타내는 표지의 제공, 행정절차의 간소화 등 국토교통부령으로 정하는 지원을 할 수 있다.

③ 국토교통부장관은 우수사업자로 지정된 자가 다음 각 호의 어느 하나에 해당하는 경우에는 그 지정을 취소하거나 3개월 이내의 기간을 정하여 지정의 효력을 정지할 수 있다. 다만, 제1호에 해당하는 경우에는 그 지정을 취소하여야 한다.
1. 거짓이나 그 밖의 부정한 방법으로 우수사업자의 지정을 받은 경우

2. 제1항에 따른 국토교통부령으로 정하는 우수사업자의 지정 기준에 적합하지 아니하게 된 경우

④ 제1항부터 제3항까지에서 규정한 사항 외에 우수사업자의 지정·취소 또는 효력정지의 기준 및 절차 등에 필요한 사항은 국토교통부령으로 정한다.

제17조(드론교통관리시스템의 구축 및 운영) ① 국토교통부장관은 안전하고 효율적으로 드론을 운영하기 위하여 다음 각 호의 어느 하나에 해당하는 자를 전담사업자로 지정하여 드론교통관리시스템을 구축 및 운영할 수 있다.

1. 대통령령으로 정하는 공공기관 또는 드론산업 관련 단체
2. 대통령령으로 정하는 기준을 충족하는 「상법」에 따른 주식회사

② 제1항에 따라 지정된 전담사업자는 드론교통관리시스템을 사용하는 자로부터 드론교통관리시스템의 운영·관리 등에 소요되는 비용을 징수할 수 있다.

③ 국토교통부장관은 제1항에 따라 드론교통관리시스템을 구축·운영하는 경우 드론비행로를 지정하여 운영할 수 있다.

제4장 보 칙

제18조(전문 인력의 양성) ① 정부는 드론산업 관련 전문 인력의 양성과 자질 향상을 위하여 교육훈련을 실시할 수 있다.

② 정부는 대통령령으로 정하는 연구소나 대학, 그 밖의 기관이나 단체를 전문 인력 양성 기관으로 지정하여 제1항에 따른 교육훈련을 실시하게 할 수 있으며, 이에 필요한 예산을 지원할 수 있다.

③ 제1항 및 제2항에 따른 전문 인력의 양성, 교육훈련에 관한 계획의 수립 및 전문 인력 양성기관의 지정 요건·절차 등에 필요한 사항은 대통령령으로 정한다.

④ 정부는 제2항에 따라 전문 인력 양성기관으로 지정받은 자가 다음 각 호의 어느 하나에 해당하게 된 때에는 그 지정을 취소할 수 있다. 다만, 제1호에 해당하는 경우에는 그 지정을 취소하여야 한다.

1. 거짓이나 그 밖의 부정한 방법으로 지정을 받은 경우
2. 대통령령으로 정하는 지정 요건에 계속하여 3개월 이상 미달한 경우
3. 교육을 이수하지 아니한 사람을 이수한 것으로 처리한 경우

제19조(해외진출 및 국제협력) ① 정부는 드론산업의 국제협력 및 해외시장 진출을 추진하기 위하여 관련 기술 및 인력의 국제교류, 국제전시회 참가, 국제표준화, 국제공동연구개발 등의 사업을 지원할 수 있다.

② 정부는 대통령령으로 정하는 기관이나 단체로 하여금 제1항의 사업을 수행하게 할 수 있으며 필요한 예산을 지원할 수 있다.

제20조(청문) 행정청은 다음 각 호의 어느 하나에 해당하는 처분을 하려면 청문을 하여야 한다.

1. 제13조제4항에 따른 드론첨단기술의 지정 취소
2. 제16조제3항에 따른 우수사업자의 지정 취소
3. 제18조제4항에 따른 전문 인력 양성기관의 지정 취소

제21조(권한 등의 위임·위탁) ① 이 법에 따른 국토교통부장관의 권한 중 그 일부를 대통령령으로 정하는 바에 따라 그 소속 기관의 장에게 위임할 수 있다.

② 이 법에 따른 국토교통부장관의 업무 중 그 일부를 대통령령으로 정하는 바에 따라 드론산업에 전문성이 있다고 인정되어 국토교통부장관이 고시하는 기관 또는 단체에 위탁할 수 있다.

제22조(수수료 등) ① 다음 각 호의 어느 하나에 해당하는 자는 국토교통부장관 또는 산업통상자원부장관에게 수수료를 내야 한다. 다만, 제21조의 규정에 따라 업무가 위임되거나 위탁된 경우에는 그 수탁기관에 내야 한다.

1. 이 법에 따른 지정을 받으려는 자
2. 이 법에 따른 지정서 등의 발급 또는 재발급을 신청하는 자

② 인증 등을 위하여 현지출장이 필요한 경우에는 그 출장에 드는 여비를 신청인이 내야 한다.

③ 제1항에 따른 수수료 및 제2항에 따른 여비의 산정기준, 징수절차·방법에 관하여 필요

한 사항은 국토교통부령(제13조에 따른 드론첨단기술 지정의 경우에는 산업통상자원부령을 말한다)으로 정한다.

제23조(비밀 누설의 금지) 이 법에 따라 위탁받아 업무를 수행하거나 수행하였던 자는 업무를 수행하는 과정에서 알게 된 비밀을 누설하여서는 아니 된다.

제24조(벌칙 적용에서 공무원 의제) 다음 각 호의 어느 하나에 해당하는 사람은 「형법」 제129조부터 제132조까지의 규정을 적용할 때 공무원으로 본다.
   1. 제17조제1항에 따른 전담사업자
   2. 제21조제2항에 따라 국토교통부장관이 위탁한 업무에 종사하는 기관 또는 단체의 임직원

제5장 벌칙

제25조(벌칙) ① 제23조를 위반하여 위탁받은 업무를 수행하는 과정에서 알게 된 비밀을 누설하는 자는 3년 이하의 징역 또는 3천만 원 이하의 벌금에 처한다.
   ② 다음 각 호의 어느 하나에 해당하는 자는 2년 이하의 징역 또는 2천만 원 이하의 벌금에 처한다.
   1. 제13조를 위반하여 거짓 또는 그 밖의 부정한 방법으로 드론첨단기술을 지정받은 자
   2. 제16조를 위반하여 거짓 또는 그 밖의 부정한 방법으로 우수사업자로 지정받은 자
   3. 제18조를 위반하여 거짓 또는 그 밖의 부정한 방법으로 전문 인력 양성기관으로 지정받은 자

제26조(양벌규정) 법인의 대표자나 법인 또는 개인의 대리인, 사용인, 그 밖의 종업원이 그 법인 또는 개인의 업무에 관하여 제23조의 위반행위를 하면 그 행위자를 벌하는 외에 그 법인 또는 개인에게도 해당 조문의 벌금형을 과(科)한다. 다만, 법인 또는 개인이 그 위반행위를 방지하기 위하여 해당 업무에 관하여 상당한 주의와 감독을 게을리 하지 아니한 경우에

는 그러하지 아니하다.

부 칙 <법률 제16420호, 2019. 4. 30.> 부칙보기

제1조(시행일) 이 법은 공포 후 1년이 경과한 날부터 시행한다.

제2조(드론산업발전기본계획에 관한 경과조치) 이 법 시행 전 5년 이내에 「항공사업법」 제4조에 따른 항공정책위원회가 심의·의결한 드론산업의 발전에 관한 계획은 2022년 12월 31일까지 이 법 제5조에 따라 수립된 기본계획으로 본다.

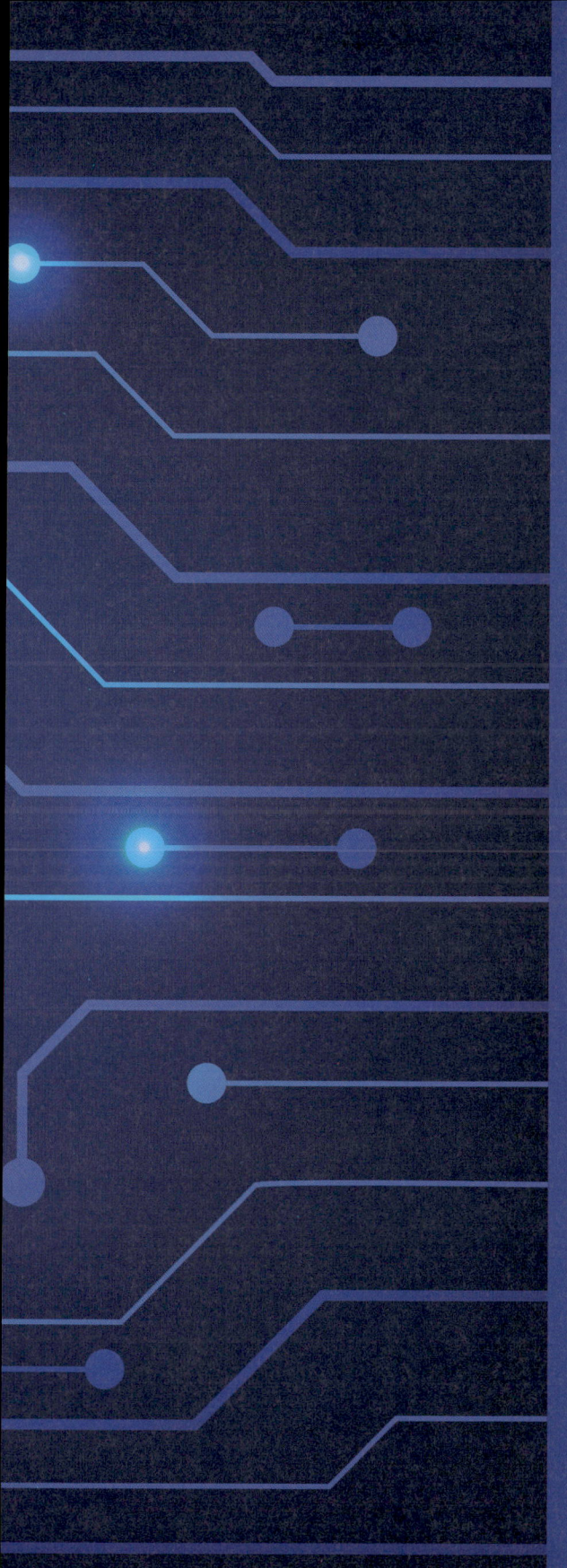

부록 2

정부의 K-UAM 로드맵 및 에어 모빌리티 UAM 기술구성도

정부의 K-UAM 로드맵 및 에어모빌리티 UAM 기술구성도[1]

■ 한국형 도심항공교통(K-UAM) 로드맵

〈 비 전 〉

UAM 선도국가 도약 및 도시경쟁력 강화
교통혁신으로 시간과 공간의 새로운 패러다임 변화
첨단기술 집약으로 제작·건설·IcT 등 미래형 일자리 창출

목표
- '22~'24 UAM 비행실증, '25 상용화 시작, '30 본격 상용화
- '30년 10개, '35년 100개 노선 및 호출형 서비스로 확대

추진내용

| 주요가치 | ◇ 안전성 (Safety) ◇ 지속 가능성 (Sustainability) ◇ 국민 편의 (Convenience) |

기본방향
- ◇ 민간주도 사업으로 정부는 신속히 제도·시험기반 지원
- ◇ 기존 안전·운송제도 틀이 아닌 새로운 제도틀 구축
- ◇ 글로벌 스탠다드 적용으로 선진업계 진출·성장 유도

추진전략
1. 안전 확보를 위한 합리적 제도 설정
2. 민간역량 확보·강화를 위한 환경조성
3. 대중수용성 확대를 위한 단계적 서비스 실현
4. 이용 편의를 위한 인프라·연계교통 구축
5. 공정·지속가능하고 건전한 산업생태계 조성
6. 글로벌스탠다드와 나란히 하는 국제협력 확대

마일스톤

준비기 ('20~'24)	초기 ('25~'29)	성장기 ('30~'35)	성숙기 ('35~)
·이슈·과제 발굴 ·법·제도 정비 ·시험·실증(민간)	·일부노선 상용화 ·도심 내/외 거점 ·연계교통체계 구축	·비행노선 확대 ·도심 중심 거점 ·사업자 흑자 전환	·이용 보편화 ·도시 간 이동 확대 ·자율비행 실현

1) 정부 관계부처 합동(2021.03), 한국형 도심항공교통(K-UAM) 기술로드맵

국토부는 2020년 5월, 도시의 하늘을 여는 한국형(K-UAM) 도심항공교통 로드맵을 위의 표와 같이 발표했다. 이 로드맵과 같이 정부가 추진 한다면 도시교통 이용형태는 혁신적 변화가 예측이 된다. 우선 도시교통 다양화다. 즉 아래 그림과 같이 이용형태 변화는 UAM, 도로, 철도, PM 등 혼용으로 도시교통 사각지대 해소와 MaaS 및 Seamless 교통 가속화가 이루어질 것이다. 또한 도시 활력이 제고된다. 즉 이동시간의 혁신적 단축으로 도시간의 경계가 허물어지고, 효율적 시간활용으로 사람과 집단 간의 네트워크가 향상될 것이다.

〈그림5.1〉 현대차 비전(Smart Mobility Solution Provider for Human Centered Cities)

Vertiport를 교통 환승센터이자 의료·문화 등도 가능한 복합공간으로 구축하는 비전 제시

다음은 시간과 비용의 절감이다. 즉 교통 혼잡이 심한 수도권 기준으로 저감 가능한 시간 및 사회적비용(시간→비용 한산 편익)은 아래 그림과 같이 약 70% 수준으로 저감될 것이다.

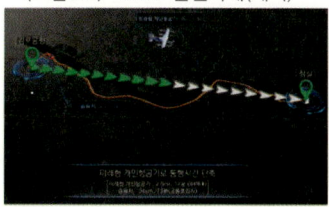
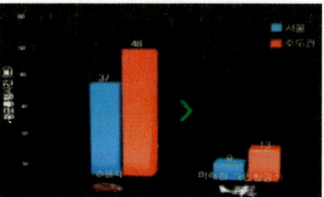

〈그림5.2〉 UAM 실현사례(예시)   UAM 실현 시 통행시간 예측(평균)

'김포공항→잠실' 소요시간 승용차 대비 84% 단축   (서울시내) 37→9분(76%↓) / (수도권) 48→13분(73%↓)

■ 에어모빌리티 UAM 기술구성도

1. 기술구성도(Tech Tree) 수립

- (개념) 해당 분야 기술 계층화를 통해 기술의 목적·기능 등을 설명하는 방법론16)
  - (필요성) UAM 관련 기술은 기존 항공 기술분야와의 유사성 및 차별성 모두 존재하기 때문에 항공기술분류와 다른 기술분류체계가 필요
    - (범위) 기술구성도(Tech-Tree)의 'Tech'는 물리적 제조기술 뿐만 아니라 서비스·제조·인프라 관련 기술*도 포함
      * (예시) 에어택시 보험, 사회적 수용성, 비즈니스 모델 수립 등
  - (특징) UAM의 하드웨어(H/W)뿐만 아니라 운영기반, 서비스 개발 등을 포함하는 포괄적 개념의 '기술' 구성도 작성이 가능
    - 본 연구의 기술구성도는 美 NASA 및 FAA가 UAM '운용 기반'을 목적으로 작성한 자료 활용 참고
    - 도출된 기술구성도는 기술수요조사에서 활용하며, 기술로드맵 구축 및 검토를 위한 커뮤니케이션 도구로 활용

[참고] NASA의 UAM 발전전략 수립을 위한 기본 프레임

○ 美 NASA(FAA 협조)는 UAM '운용'을 최종 목적으로 5개 핵심요소(Pillar)와 7개의 제한요소(Barrier)를 '기본 발전전략 프레임'으로 설정
  - UAM ConOps 등의 수립을 위해 핵심요소 기준 WG(Working Group) 구성·운영
  - 5개 핵심요소에 공통적으로 적용되는 UAM 생태계의 제한요인을 제시

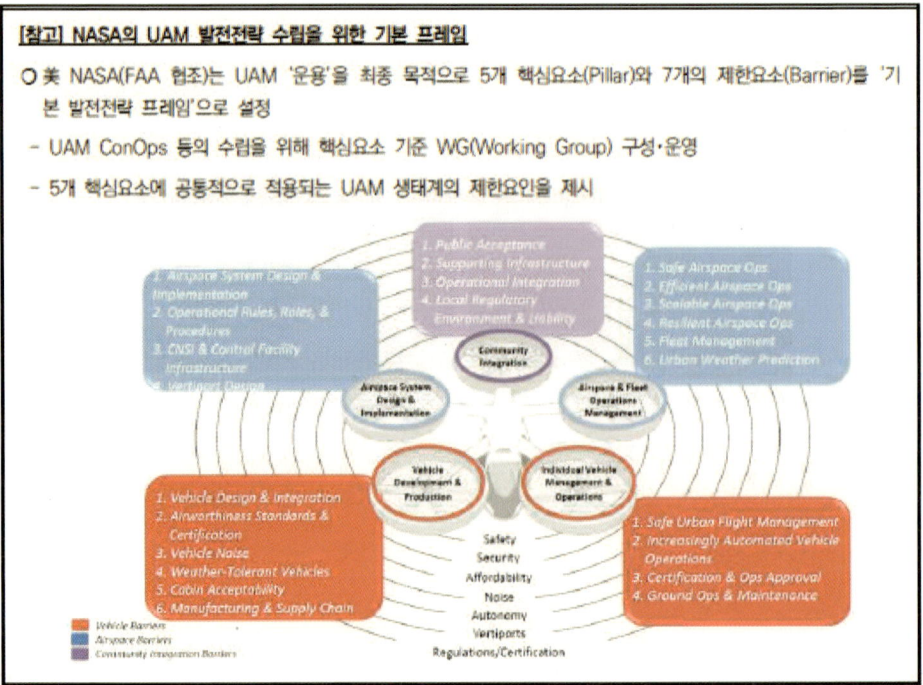

핵심요소	제한 요소	
(공통 제한요소)	안전성 - 보안성 - 수용성 - 소음 - 자율성 - 버티포트 - 규제/인증	
비행체 관리 및 운영	1. 안전한 도심 비행 관리 2. 확장가능한 자율 비행체 운영	3. 인증 및 운영 승인 4. 유지관리보수 등 정비
비행체 개발 및 생산	1. 비행체 설계 및 체계통합 2. 감항성 기준 및 인증 3. 비행체 소음	4. 기상 극복 가능한 비행체 5. 객실 수용성 6. 제조업 및 공급망
공역 시스템 설계 및 구축	1. 공역 시스템 설계 및 구축 2. 운영 규정, 역할 및 절차	3. CNSi 및 교통관리 시설 4. 버티포트 설계
공역 운영 및 운항관리	1. 안전한 공역 운영 2. 효율적인 공역 운영 3. 확장 가능한 공역 운영	4. 유동적인 공역 운영 5. 기단 관리 6. 도심 기상 예측
사회적 통합	1. 대중 수용성 2. 사회 기반 시설	3. 사회적 통합 운영 4. 지역 규제 환경과 법적 책임

■ **(도출과정) 유관 기술구성도 조사 및 벤치마킹, 전문가 자문 수행**

● UAM 기술구성도는 항공분야 로드맵 등을 기반으로 초안 작성 후 관련 전문가 자문을 통해 UAM 기술구성도(안)을 도출

- (프레임설정) UAM을 포함한 국내외 항공분야 연구자료 및 美 FAA/NASA의 UAM 운용 기반 자료를 통해 기본 프레임 설정

  • 'UAM의 운용'을 최종 목적으로 5개 핵심요소(Pillar)와 7개의 공동 제한요소(Barrier)를 '기본 발전전략 프레임'으로 설정

  • 참고1(기술트리) ①미래형 자율비행 개인항공기(OPPAV) 안전체계 개발 및 인프라 구축(다부처), ②무인이동체 기술혁신과 성장 10개년 로드맵(과기부)

  • 참고2(기술분류체계) ①항공핵심기술로드맵(2020)(산업부), ②드론 활성화 지원 로드맵 수립을 위한 연구(국토부), ③과학기술종합조성지원사업(2018) (국토부), ④국가과학기술표준분류체계(건설/교통)(과기부)

[그림 Ⅲ-10] UAM 기술구성도를 위한 기본 프레임

2. 기술구성도(Tech Tree)

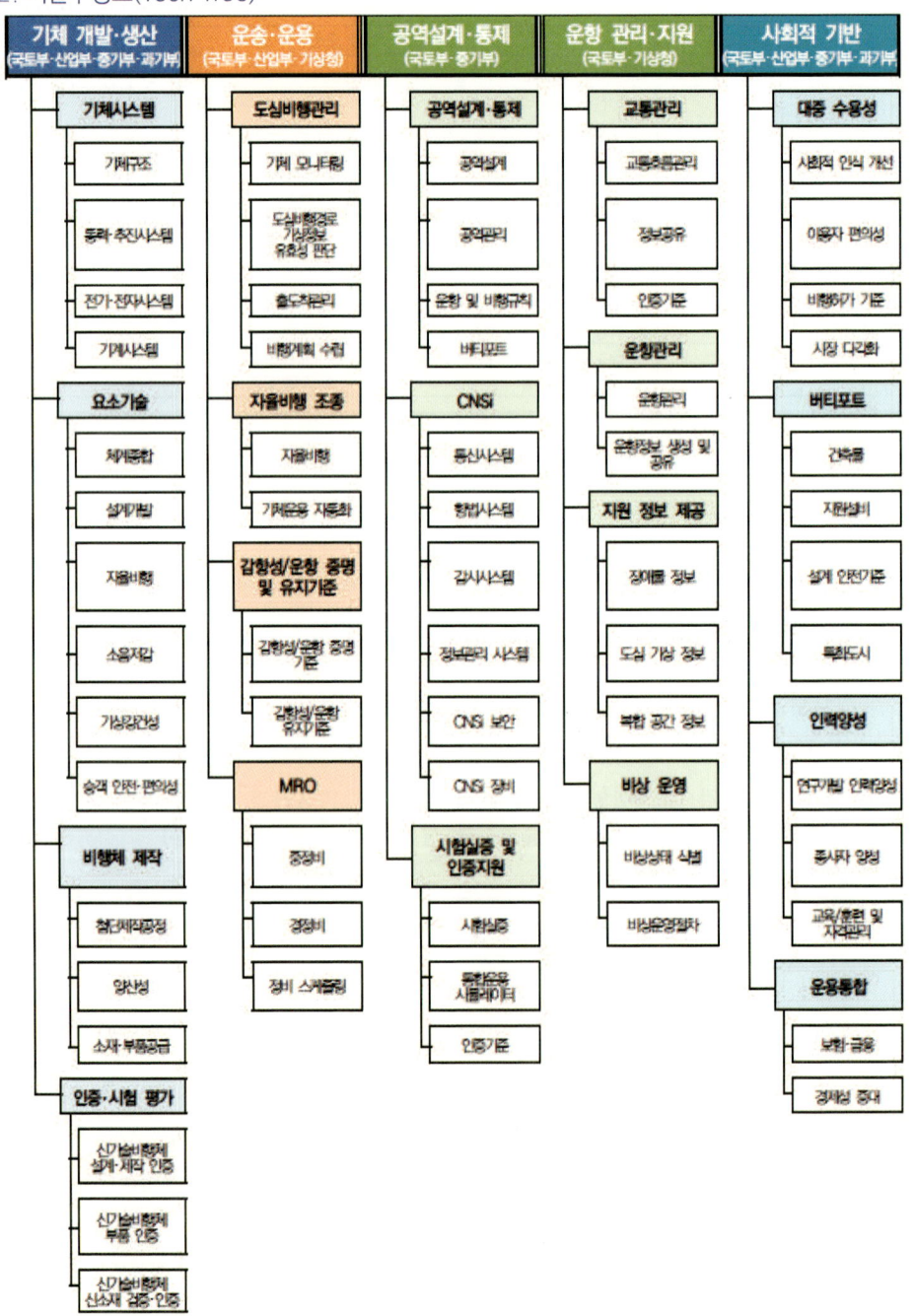

3. 에어모빌리티 UAM 기술구성도(Tech Tree)

대분류	중분류	소분류	세분류
기체개발·생산	기체시스템	기체구조	동체
			주미익
			착륙장치
			객실 구조
		동력·추진시스템	전기구동장치
			프로펠러
			열관리시스템
			에너지 관리시스템
			전기동력 저장 시스템
			전기동력 공급 시스템
		전기·전자시스템	항법장치
			통신장비
			탐지센서
			분석/인지시스템
			기타전자장비(기상센서 등)
			탑재컴퓨터 비행/자세제어 기술
		기계시스템	조종장치
			공조시스템
			비행제어 시스템
	요소기술	설계개발	비행체 통합해석
			비행체 설계기술
		자율비행	자율비행조종기술
			자가건정성
			비상상황대응
			탐지 및 회피
		소음저감	소음원 저감
			객실소음저감
			운용소음 저감
		기상강건성	결빙 강건
			돌풍 강건
			낙뢰 강건
			전자파 강건

대분류	중분류	소분류	세분류
기체개발·생산	요소기술	승객 안전·편의성	저시성 극복
			객실 진동
			좌석 및 안전벨트
			객실 내 정보제공장치
			내추락성 및 생존장비

대분류	중분류	소분류	세분류
기체개발·생산 (계속)	비행체 제작	첨단제작공정	일체성형기술
			신소재 대량양산공정
			원격업그레이드 기술
		양산성	복합재설계
			경량신소재
			부품호환성
			모듈화
			치공구
		소재·부품공급	블록체인 기반 추적관리
			디지털 공증
	인증·시험 평가	신기술비행체 설계·제작 인증	비행체 설계안정성 인증기준 및 절차 구축
			비행체 제작검사 및 제작사 품질시스템 평가 기준/절차 구축
			도심복합환경(전자기, 돌풍 등) 인증기준 및 평가절차
			환경(소음, 배기가스, CO_2 등)기준 및 평가절차
			시험평가 지표/절차 및 장비구축
			감항성유지 체계 및 인증서소지자 안정성 유지/관리 체계 구축
			기상강건성 인증
		신기술비행체 부품 인증	신기술 항공부품 인증기준 및 절차 구축
			인공지능(AI) 및 자율비행시스템 안전성 인증
			전기동력 분산추진체계 안정성 인증
			도심항법 및 충돌회피 시스템 안전성 인증
			신기술 항공부품 시험평가 지표/절차 및 장비구축
			사이버보안성 평가기술 및 인증 절차

기체개발·생산 (계속)	인증·시험 평가	신기술비행체 신소재 검증/인증	신소재(적층가공 등) 인증체계 및 기준/절차
			경량/복합소재 인증체계 및 기준/절차
			신소재 시험평가 지표/절차 및 장비구축

대분류	중분류	소분류	세분류
운송·운용	도심비행관리	기체모니터링	기체상태 모니터링
			기체운용 모니터링
		도심비행경로 기상정보 유효성판단	-
		출도착관리	비행정보공유
			승객등록/확인
		비행계획 수립	위험도 분석기술
	자율비행 조종	자율비행	원격비행조종기술
			자율비행조종기술
		기체운용자동화	기체 비정상 상태 판단
			기체 충돌방지
			비상상황 대응
			비행종료 자동보고
			비행전 비행경로 설정
	감항성/운항 증명 및 유지기준	감항성/운항 증명기준	적합성 입증(AOC)
		감항성/운항 유지기준	유지감항
			정비조직(AMO) 기준
	MRO	중정비	전자/통신장비 수리기술 및 장비
		경정비	비정상.비상상화 대처 솔루션 유지보수
			사이버 보안 유지보수
			원격 업그레이드 기술
		정비 스케줄링	효율적 기체정비 프로그램
			신뢰성 기반 정비기술
			기체상태 모니터링 센서 점검 및 교체

대분류	중분류	소분류	세분류
공역설계·통제	공역설계 및 관리	공역설계	UAM 비행 공역 설계
			UAM 항로(Corridor) 설계
		공역관리	국가 공역 시스템 조정 및 관리
			NOTAM
		운항 및 비행규칙	UAM 비행 공역 내 비행 규칙
			비상상황 대처 절차
			기체 운항 성능 인증 기준
		버티포트	버티포트 위치 선정(공역관점)
	CNSi	통신시스템	고신뢰 통신 데이터링크
			대용량 통신 데이터링크
			통신보안관리체계구축
		항법시스템	지상시스템 기반 PNT 기술
			위성시스템 기반 PNT 기술
			항법 무결성 확보 기술
		감시시스템	항법 무결성 확보 기술
			탑재장비 연동 감시 기술
		정보관리 시스템	공유 필요 정보 식별
			정보 공유 체계
			빅데이터 수집 및 관리
		CNSi 보안	사이버 보안 기술
			전자기 간섭 방어 기술
		CNSi 장비	통신지상장비
			항법지상장비
			감시지상장비
	시험실증 및 인증지원	시험실증	시험실증 지표
			시험실증 기술 및 장비
			시험실증 절차

대분류	중분류	소분류	세분류
공역설계·통제	시험실증 및 인증지원	통합운용시뮬레이터	기체 시뮬레이터
			운항절차 시뮬레이터
			교통관리 시뮬레이터
			이착륙장 시뮬레이터
			가상운용 통합 기상 분석 시스템
		인증기준	PSU 인증 기준
			지원사업자 인증 기준
			CNSi 장비 등 항행시설장비 인증 기준

대분류	중분류	소분류	세분류
운항관리·지원	교통관리	교통흐름관리	교통흐름 모니터링
			교통흐름 조정
		정보공유	교통관리 정보 공유 기술
			PSU 다자간 정보공유 기술
			정보 보안 기술
			ATM-PSU 정보공유 기술
			USS-PSU 정보공유 기술
			군사정보공유 기술
		인증기준	UAM 운항 절차
			PSU 기술 기준
			PSU 인증 절차
	운항관리	운항관리	운항 스케줄 관리 기술
			운항 상태정보 수집 및 모니터링
		운항정보 생성 및 공유	실시간 운항 정보 생성 및 제공
			운항/비행 계획 조정 기술
	지원 정보 제공	장애물 정보	기상정보 수집·분석 및 관리 기술
		도심 기상 정보	기상정보 수집·분석 및 관리 기술
		복합 공간 정보	국소 기상정보 생성 및 관리
	비상 운영	비상상태식별	상태정보 수집
			비상상태 식별
		비상운영절차	-

대분류	중분류	소분류	세분류
사회적 기반	대중 수용성	사회적 인식 개선	지역주민 의견수렴 및 의사결정 지원 시스템
			지역환경 평가 기법 및 지원 시스템
		이용자 편의성	운임 결정 수단 선택 모형
			다중 교통수단연계 예약시스템
		비행허가기준	소음기준
			환경기준(기상 등)
		시장다각화	관광/숙박 등 특수 서비스모델
			B2B 서비스 모델
			긴급의료/재난/치안용 수요전환 모델
	버티포트	건축물	입지(위치, 크기, 수송인원, 기상조건 등)
		지원설비	정보네트워크 장비
			에너지 공급망
			지상 통신시설
			보안통제, 보안검색
			충전기술, 안전지원
			기상관측 시설
		설계·안전기준	버티포트 설계건축 기준
			버티포트 입지 기준(기상 등)
			지원설비 기준(기상관측 시설 등)
		특화도시	유형별 도시공간 구조
			스마트시티 계획 (플랫폼 설계/구축 및 솔루션 융합기술)
			토지이용/도시기능
			도시인프라
			모빌리티 허브 시스템
	인력양성	연구개발 인력양성	기체 개발·생산 전문인력
			교통관리 전문인력
			인프라 설계 전문인력
			ICT 전문인력
			데이터사이언스전문인력

사회적 기반	인력양성	종사자 양성	조종, 장비 전문인력
			운항관리, 관제 전문인력
			감항/인증 전문인력
		교육/훈련 및 자격관리	조종사 자격체계
			정비사 자격체계
			운항관리사 자격체계
			관제사 자격체계
	운용통합	보험·금융	보험 표준 모델 개발
			금융 기법(리스 등)
		경제성 증대	버티포트를 고려한 스케줄링
			기체충전시간단축

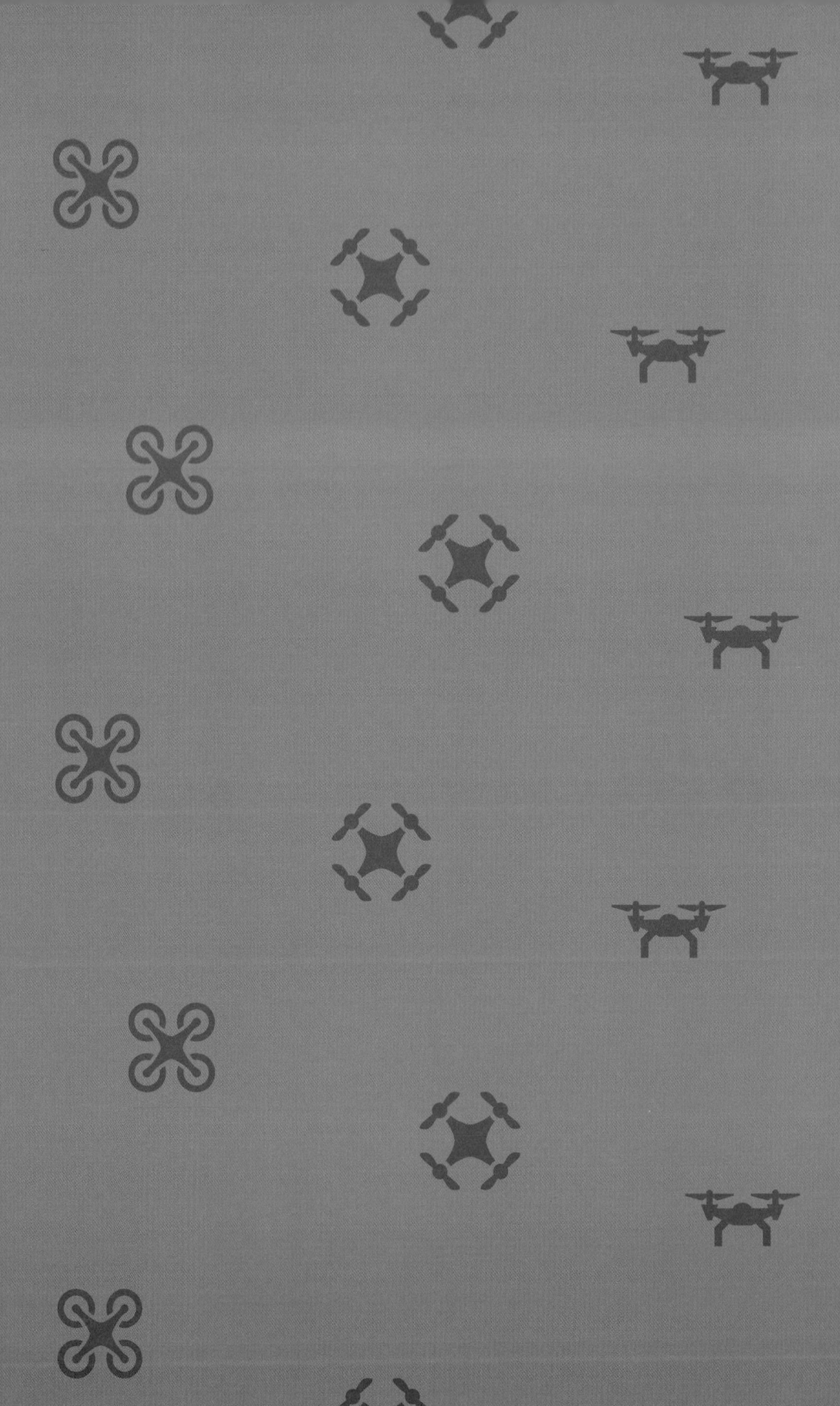

모빌리티 기술혁명 미래보고서 2030

2023년 04월 14일 초판 1쇄 인쇄 | 2023년 04월 21일 초판 1쇄 발행

저자 박승대 | **발행인** 장진혁 | **발행처** (주)형설이엠제이
주소 서울시 마포구 월드컵북로 402 KGIT 상암센터 1212호 | **전화** (070) 4896-6052~3
등록 제2014-000262호 | **홈페이지** www.emj.co.kr | **e-mail** emj@emj.co.kr
공급 형설출판사

정가 24,000원

ⓒ 2023 박승대 All Rights Reserved.

ISBN 979-11-91950-36-6 93550

* 본 도서는 저자와의 협의에 따라 인지는 붙이지 않습니다.
* 본 도서는 저작권법에 의해 보호를 받는 저작물이므로 동영상 제작 및 무단전재와 복제를 금합니다.
* 본 도서의 출판권은 ㈜형설이엠제이에 있으며, 사전 승인 없이 문서의 전체 또는 일부만을 발췌/인용하여 사용하거나 배포할 수 없습니다.

Mobility Technology Revolution Future Report 2030

모빌리티 기술혁명

미래보고서 2030